ÉLÉMENS

D'ARITHMÉTIQUE.

ɪᴍᴘʀɪᴍᴇʀɪᴇ ᴅᴇ ʙᴀᴄʜᴇʟɪᴇʀ,
rue du Jardinet, nᵒ 12.

ÉLÉMENS
D'ARITHMÉTIQUE

PAR

M. BOURDON,

CHEVALIER DE L'ORDRE ROYAL DE LA LÉGION-D'HONNEUR, INSPECTEUR
GÉNÉRAL DES ÉTUDES, EXAMINATEUR POUR L'ADMISSION AUX ÉCOLES
ROYALES POLYTECHNIQUE, MILITAIRE, DE LA MARINE, FORESTIÈRE, etc.;
MEMBRE DE LA SOCIÉTÉ PHILOMATIQUE DE PARIS, DE LA SOCIÉTÉ ROYALE
DES SCIENCES, ARTS ET AGRICULTURE DE LILLE, etc.

OUVRAGE ADOPTÉ PAR L'UNIVERSITÉ.

QUINZIÈME ÉDITION.
Revue, corrigée et augmentée.

PARIS,
BACHELIER, IMPRIMEUR-LIBRAIRE
DE L'ÉCOLE POLYTECHNIQUE, DU BUREAU DES LONGITUDES, etc.,
QUAI DES AUGUSTINS, N° 55.

1837

Tout exemplaire du présent Ouvrage qui ne porterait pas, comme ci-dessous, la signature de l'Auteur et celle du Libraire, sera contrefait. Les mesures nécessaires seront prises pour atteindre, conformément à la loi, les fabricans et les débitans de ces Exemplaires.

TABLE DES MATIÈRES.

PREMIÈRE PARTIE.

INTRODUCTION.

FIN DE LA TABLE DES MATIÈRES.

AVERTISSEMENT.

Établir méthodiquement la nomenclature des nombres et la manière de les écrire en chiffres; chercher dans leur mode de représentation, et dans la nature des opérations auxquelles ils peuvent donner lieu, des procédés propres à conduire aux résultats de ces opérations ; considérer ensuite les nombres d'une manière générale et indépendante de tout système de numération; pénétrer, pour ainsi dire, dans leur intérieur, pour y découvrir les propriétés relatives à leur composition et à leur décomposition ; déduire de ces propriétés, soit de nouveaux procédés, soit des modifications et des moyens de simplifier les procédés déjà connus; poser enfin, autant que possible, des règles fixes pour résoudre toute espèce de questions, en faisant ressortir les rapports qu'ont entre elles les différentes quantités qui font partie des énoncés : *tel est le plan* que je me suis tracé en composant un *Traité* d'Arithmétique.

J'ai divisé cet Ouvrage en **deux** parties, et chacune de ces parties en quatre chapitres.

La première partie a principalement pour objet le développement des quatre règles fondamentales : *l'addition, la soustraction, la multiplication* et *la division.* Ainsi, le *premier* chapitre traite des opérations sur les nombres entiers; le *second,* des opérations sur les fractions d'une nature quelconque; le *troisième* et le *quatrième,* qui ne sont qu'une extension du second, traitent des *nombres complexes* et des *fractions décimales* auxquelles se lie naturellement le *système des nouveaux poids et mesures.*

*

La SECONDE PARTIE renferme surtout des théories dont les démonstrations exigent l'emploi de nouveaux signes, pour représenter les nombres et les opérations qu'on peut avoir à exécuter sur eux. Ainsi, après avoir, dans une introduction, indiqué l'usage de ces signes et la manière d'opérer sur les nombres exprimés par des lettres, je développe la théorie des différens systèmes de numération, les propriétés qui ont rapport à la divisibilité des nombres, à leur composition, et à leur décomposition en facteurs. Revenant alors sur les objets traités dans les premiers chapitres, je déduis de ces propriétés, des modifications dans le procédé de la réduction des fractions au même dénominateur et dans celui du plus grand commun diviseur entre deux ou plusieurs nombres; je fais connaître la théorie des fractions décimales périodiques et les propriétés principales des fractions continues. Ces différens objets composent le *cinquième* chapitre.

Les principes établis dans *l'introduction* à la seconde partie me permettent de développer, dans le *sixième* chapitre, les procédés de l'extraction de la racine carrée et de la racine cubique des nombres; opérations dont la connaissance est indispensable lorsqu'on veut passer de l'Arithmétique à la Géométrie.

Le *septième* chapitre traite des *rapports* et des *proportions*, de leurs applications aux questions usuelles du commerce et de la banque. Je me suis efforcé de donner des idées nettes et précises sur cette partie que l'on doit regarder comme l'une des plus importantes en Mathématiques.

Je consacre le *huitième* et dernier chapitre à l'exposition des propriétés principales des progressions et des logarithmes. J'ai traité avec beaucoup de soin et de détail cette dernière théorie qui, par ses applications aux opérations les plus compliquées, rend de si grands services aux calculateurs.

La considération des logarithmes des fractions, et la nécessité de les exprimer aussi bien que les logarithmes des nombres plus grands que l'unité, conduit naturellement aux *nombres négatifs*, et à la manière de les employer dans les calculs.

Je termine ce chapitre par un rapprochement entre les diverses opérations, qui donne naissance à un nouveau point de vue sous lequel on peut envisager les logarithmes, et qui doit faire regarder leur emploi comme une septième opération de l'Arithmétique.

On peut voir, d'après cette esquisse rapide, que je n'ai rien négligé pour faire de mon ouvrage un traité complet.

Je crois devoir, dans cette édition comme dans les précédentes, répondre à une objection qui m'a été faite par quelques Professeurs : *Pourquoi introduire dans les* ÉLÉMENS *de l'Arithmétique des notions qui lui sont étrangères, et qui sont plutôt du ressort de l'Algèbre ?* Je ferai observer premièrement, pour ma justification, que tous les auteurs qui ont voulu, comme moi, faire connaître certaines propriétés des nombres, mais sans employer les signes de l'Algèbre, n'ont pu les présenter que d'une manière incomplète et peu méthodique ; encore même ont-ils été forcés de faire usage des signes abrégés des opérations arithmétiques. La marche que j'ai suivie, au contraire, m'a permis d'établir un enchaînement entre ces propriétés et leurs applications les plus importantes.

En second lieu, ces propriétés, dont la connaissance est indispensable à ceux qui veulent posséder l'Arithmétique à fond, ne sauraient entrer dans les Élémens d'Algèbre, sans rompre la chaîne des théories qui constituent cette autre partie des Mathématiques.

Lorsque, dans la première édition de mon Algèbre, je crus devoir consacrer un chapitre à l'exposition de ces mêmes propriétés, des observations me furent faites à ce sujet; et c'est pour m'y conformer qu'en publiant un Traité d'Arithmétique, j'ai rendu à cette partie des Mathématiques ce qu'on s'accorde généralement à regarder comme étant de son domaine.

J'ajouterai, pour dernière réflexion, que ces Élémens sont principalement destinés à des jeunes gens qui ont à subir des épreuves difficiles, et dont les premiers pas dans la carrière des sciences, doivent se faire d'une manière sûre et profitable. Ainsi, les principes fondamentaux ne sauraient en être présentés avec trop de rigueur.

Quelques changemens de détail distinguent cette nouvelle édition des précédentes. Jusque alors j'avais renvoyé au cinquième chapitre le principe sur la multiplication de plus de deux facteurs dans un ordre quelconque, et les autres principes qui s'y rattachent, quoiqu'ils servent de base à la réduction des fractions au même dénominateur. Il en résultait ainsi dans l'exposition des théories *un défaut de méthode* que j'ai fait disparaître en introduisant ces principes dans le premier chapitre.

Je donne, dans la théorie de la division, une règle sûre pour déterminer le véritable chiffre du quotient de chaque division partielle, sans qu'on soit obligé d'effectuer d'abord la multiplication du diviseur par le chiffre éprouvé; ce qui est important surtout quand on opère sur le papier.

J'ai repris également avec soin la théorie des différens systèmes de numération, sur l'exposition de laquelle plusieurs observations m'avaient été faites.

Enfin, on trouvera à la fin de l'ouvrage UNE NOTE *sur les approximations numériques*, note que j'avais annoncée dans les dernières éditions, et que plusieurs circonstances m'avaient empêché de rédiger complétement; elle m'est commune avec M. VINCENT, professeur de mathématiques au collége royal de Saint-Louis.

ÉLÉMENS

D'ARITHMÉTIQUE.

PREMIÈRE PARTIE.

INTRODUCTION.

1. On appelle grandeur ou quantité tout ce qui est susceptible d'augmentation ou de diminution. Par exemple, les lignes, les surfaces, les temps, les poids, sont des grandeurs; de même, toute collection ou réunion d'objets de même nature, par exemple, d'arbres, d'hommes, de maisons, etc., est une grandeur en tant que cette collection est susceptible d'augmentation ou de diminution. On ne peut se former une idée bien exacte d'une grandeur, qu'en la rapportant à une autre grandeur de même espèce; et cette seconde grandeur, destinée à servir de terme de comparaison à toutes les grandeurs de la même espèce, s'appelle UNITÉ. Ainsi, quand nous disons qu'un mur a *vingt mètres* de longueur, nous sommes censés avoir acquis déjà l'idée de l'unité de longueur appelée *mètre*, et nous supposons qu'après avoir porté vingt fois le mètre sur la longueur du mur, on soit arrivé tout-à-fait au bout.

L'unité, en Mathématiques, *est donc une grandeur d'une espèce quelconque, prise arbitrairement ou dans la nature, pour servir de terme de comparaison à toutes les grandeurs de*

Arith. B.

même espèce ; d'où il suit qu'il y a autant d'espèces d'unités, que d'espèces de grandeurs.

L'unité est arbitraire quand l'espèce de grandeur à laquelle elle appartient, peut varier d'une manière *continue,* c'est-à-dire augmenter ou diminuer d'aussi peu que l'on veut, comme une ligne, un temps, etc.; au contraire, elle est donnée par la nature même de la grandeur, toutes les fois que celle-ci augmente ou diminue d'une manière brusque ou *discontinue :* tels sont les différens genres de collections. Ainsi, dans un groupe d'arbres, considéré comme quantité, c'est nécessairement *l'arbre* qui est l'unité.

On appelle *nombre,* le résultat de la comparaison d'une grandeur quelconque à son unité.

Un nombre est dit *entier,* lorsqu'il est l'assemblage de plusieurs unités de même espèce. Ainsi, *vingt* francs, *trente* livres poids, *huit, douze, quinze* unités d'une espèce quelconque, sont des nombres entiers.

Une fraction est une partie de l'unité.

Plus généralement, on appelle *nombre fractionnaire,* soit une fraction, telle qu'on vient de la définir, soit l'assemblage de plusieurs unités d'une même espèce, avec une fraction ou partie d'unité.

2. Lorsqu'en énonçant un nombre, on ajoute à la suite de l'énoncé, le nom qui désigne l'espèce de grandeur dont il s'agit, ce nombre s'appelle *concret.* Ainsi, *cinq mètres, quinze heures, six lieues,* sont des nombres concrets. La première fois que l'on prononce un nombre, on ne peut y attacher de sens qu'en se représentant une unité d'une certaine espèce, à laquelle on compare une autre grandeur de la même espèce. Mais peu à peu l'esprit, qui s'accoutume aux abstractions, parvient à se peindre une collection de plusieurs objets semblables mais quelconques, dont chacun est l'unité. Dans ce cas, la collection s'appelle *nombre abstrait,* parce qu'en l'énonçant on fait abstraction de l'espèce d'unité à laquelle on la rapporte. Or, c'est sous ce dernier point de vue qu'on doit envisager les nombres, dans l'exposition des procédés relatifs aux diverses opérations que

l'on peut avoir à effectuer sur eux, si l'on veut que ces procédés soient établis de manière à pouvoir être appliqués à toutes les questions possibles.

De la Numération.

3. Les premières recherches sur les nombres ont dû nécessairement avoir pour objet de leur donner des noms faciles à retenir; et comme *il existe une infinité de nombres*, puisqu'un nombre quelconque étant déjà formé, on peut toujours y ajouter une nouvelle unité, ce qui donne lieu à un nouveau nombre, qui peut lui-même être augmenté d'une unité, il a fallu trouver le moyen d'*exprimer tous les nombres avec un système limité de mots combinés entre eux d'une manière convenable*. Tel est l'objet de *la numération parlée*.

Il y a plus : les mots qui composent la nomenclature des nombres, étant généralement composés de plusieurs sons, et variables avec les différentes langues, on a dû inventer pour les remplacer, une écriture abrégée et plus générale, au moyen de laquelle l'esprit pût saisir avec facilité et indépendamment de la parole, les raisonnemens qu'on est obligé de faire pour découvrir les propriétés des nombres, ou les lois de leurs diverses combinaisons. Tel est le but de la *numération écrite*, laquelle consiste à *représenter les nombres à l'aide d'un nombre limité de caractères* ou CHIFFRES.

4. *Numération parlée.* — Quoique la nomenclature des nombres entiers soit connue de la plupart des jeunes gens pour lesquels ces élémens sont écrits, nous croyons devoir en exposer une analyse succincte, mais raisonnée.

Les premiers nombres sont : *Un* (ou l'unité considérée elle-même comme un nombre), *deux* (ou une unité plus une unité), *trois* (ou deux unités plus une unité), *quatre*, *cinq*, *six*, *sept*, *huit*, *neuf*.

En ajoutant une nouvelle unité au nombre *neuf*, on forme le nombre *dix*, qu'on regarde comme une nouvelle espèce d'unité appelée *dixaine* ou *unité du second ordre*, par opposition à l'unité primitive que l'on nomme *unité simple* ou unité du premier ordre. On compte par dixaines comme on a compté par unités simples ; ainsi l'on dit : une dixaine , deux dixaines , trois dixaines, quatre, cinq , six , sept, huit et neuf dixaines ; ou bien , *dix* , *vingt* , *trente* , *quarante* , *cinquante* , *soixante* , *septante* , *octante* , *nonante.* Aux trois derniers mots, quoi-que conformes à l'analogie , on a substitué les mots *soixante-dix* , *quatre-vingts* , *quatre-vingt-dix.* Ce sont des expres-sions consacrées par l'usage. Entre dix et vingt , il existe neuf autres nombres, qui sont *dix-un* , *dix-deux* , *dix-trois* , *dix-quatre* , *dix-cinq* , *dix-six* , *dix-sept* , *dix-huit* , *dix-neuf;* mais au lieu des six premières dénominations, l'usage a substitué les mots *onze* , *douze* , *treize* , *quatorze* , *quinze* et *seize.*

Entre vingt et trente, il existe aussi neuf nombres qui s'énon-cent de cette manière : *Vingt-un* , *vingt-deux* , *vingt-trois* , *vingt-quatre* , ... *vingt-neuf.* On peut énoncer ainsi tous les nombres jusqu'à *nonante-neuf* ou *quatre-vingt-dix-neuf.*

Ce dernier nombre augmenté d'*un* , donne *dix dixaines* ou le nombre *cent* , qu'on regarde comme une nouvelle unité ap-pelée *centaine* ou *unité du troisième ordre ;* et l'on compte par *centaines* comme on a compté par *dixaines* et par *unités simples.* Ainsi *cent* , *deux cents* , *trois cents* , *quatre cents* , ... *huit cents* , *neuf cents* , expriment des collections d'une centaine, de deux , trois. . . huit, neuf centaines. En plaçant successive-ment entre les mots *cent* et *deux cents* , *deux cents* et *trois cents* , . . . *huit cents* et *neuf cents* , et à la suite de *neuf cents* , les noms de nombres compris depuis *un* jusqu'à *quatre-vingt-dix-neuf* , on a formé les noms de tous les nombres depuis *cent* jusqu'à *neuf cent quatre-vingt-dix-neuf* (*).

Nous pouvons remarquer déjà que dans les énoncés de tous ces nombres, on n'emploie que les mots génériques , *un* , *deux* , *trois* , *quatre* , *cinq* , *six* , *sept* , *huit* , *neuf* , *dix* , *vingt* , *trente* ,

---

(*) Tant que le mot *cent* n'est suivi d'aucun autre nom de nombre, il est déclinable ; dans le cas contraire , il est indéclinable. Il en est de même du mot *vingt.*

quarante ; cinquante, soixante et *cent*. Nous ne parlons pas des six autres mots, onze, douze, ... seize, dont on aurait pu se passer à la rigueur.

En ajoutant *un* au nombre *neuf cent-quatre-vingt-dix-neuf*, on obtient une collection de *dix centaines*, ou le nombre *mille*, qui forme l'*unité de mille*, ou l'*unité du quatrième ordre*. Parvenu à ce nombre, on est convenu, pour ne pas trop multiplier les mots, de regarder *mille* comme une nouvelle *unité principale* devant le nom de laquelle on place les noms des neuf cent quatre-vingt-dix-neuf premiers nombres. Ainsi l'on dit : *un mille, deux mille* (*), ... *neuf mille, dix mille, onze mille, ... vingt mille, vingt-un mille, ... cent mille, deux cent mille, ... neuf cent quatre-vingt-dix-neuf mille.*

Une dixaine de mille forme d'ailleurs l'*unité du cinquième ordre ;* une centaine de mille, l'*unité du sixième ordre.*

Plaçant à la suite d'un nombre quelconque de mille, les noms de tous les nombres inférieurs à *mille*, il est clair qu'on peut ainsi énoncer tous les nombres jusqu'à *neuf cent quatre-vingt-dix-neuf mille neuf cent quatre-vingt-dix-neuf.*

Ce dernier nombre augmenté d'*un*, donne *dix cent mille*, ou *mille mille*, collection à laquelle on a donné le nom de *million ;* de même une collection de *mille millions* s'appelle *billion* (ou *milliard*); une collection de *mille billions* se nomme *trillion*, et ainsi de suite. On compte d'ailleurs par millions, billions, trillions, comme on a compté par mille ; et il est aisé de voir qu'en joignant aux mots génériques indiqués ci-dessus, les mots mille, million, billion, trillion, quatrillion, quintillion... etc., on formera la nomenclature de tous les nombres entiers imaginables.

Observons, pour terminer, qu'un million est l'*unité du septième ordre ;* une dixaine de millions, l'*unité du huitième ordre ;* une centaine de millions, l'*unité du neuvième ordre...* etc.

8. *Numération écrite.* — Quelque simple que soit la nomenclature des nombres, on éprouverait beaucoup de peine à com-

(*) Le mot *mille* est toujours indéclinable quand il désigne un nombre.

biner entre eux, deux ou plusieurs nombres un peu considérables, si l'on n'avait des moyens abrégés de les écrire. Or,
c'est à quoi l'on peut parvenir facilement pour peu qu'on réfléchisse sur cette nomenclature. En effet, observons que parmi
les mots employés pour exprimer les nombres, les uns, tels
que *un, dix, cent, mille, cent mille, million, dix millions,*
expriment les unités des différens ordres, tandis que les mots
un, deux, trois,... neuf, expriment combien de fois chacune
de ces sortes d'unités entre dans un nombre.

Cela posé, si l'on convient d'abord de représenter les neuf
premiers nombres par les caractères ou chiffres

1, 2, 3, 4, 5, 6, 7, 8, 9,
un, deux, trois, quatre, cinq, six, sept, huit, neuf,

toute la difficulté consiste à trouver un moyen de faire exprimer à ces chiffres les différens ordres d'unités que le nombre
proposé renferme. Or, en établissant ce principe, de pure convention, que *tout chiffre placé à la gauche d'un autre exprime
des unités de l'ordre immédiatement supérieur à celles de cet
autre chiffre,* ou en d'autres termes, que, *lorsque plusieurs
chiffres sont écrits les uns à la suite des autres, le premier
chiffre à droite exprime des unités simples, le chiffre immédiatement à gauche exprime des unités de dixaines ou simplement des dixaines, le troisième chiffre de droite à gauche
exprime des centaines, le quatrième des mille, le cinquième des
dixaines de mille,...* il est aisé de voir qu'on pourra, en général,
représenter tous les nombres à l'aide des caractères précédens.

Soit, par exemple, à exprimer en chiffres le nombre *trois
cent soixante-dix-neuf.* Ce nombre se compose évidemment
de 9 unités, plus 7 dixaines, plus 3 centaines, et peut par
conséquent, d'après le principe établi ci-dessus, être exprimé
par 379.

De même, le nombre *vingt-huit mille deux cent quarante-
sept,* se composant de 7 unités, 4 dixaines, 2 centaines, 8 mille,
et 2 dixaines de mille, sera représenté par l'ensemble des cinq
chiffres 28247.

Caractère o. — Il y a cependant des nombres qu'on ne peut écrire en ne faisant usage que des neuf chiffres précédens.

Soient à écrire en chiffres les nombres *dix*, *vingt*, *trente*,... *quatre-vingts*, *quatre-vingt-dix*; ces nombres ne contenant pas d'unités simples, on a dû adopter *un chiffre qui n'ait aucune valeur par lui-même*, mais qui serve à tenir la place des unités de chaque ordre qui manque dans l'énoncé du nombre. Ce chiffre est o, que l'on prononce *zéro*. A l'aide de ce chiffre, les nombres dix, vingt, trente, etc., s'écrivent ou se représentent par 10, 20, 30, 40, 50, 60, 70, 80, 90.

Par la même raison, les nombres *cent*, *deux cents*, *trois cents*,... ne renfermant ni unités simples ni dixaines, s'écrivent par 100, 200, 300, 400,... 900.

En général, le *zéro* est un chiffre qui n'a aucune valeur par lui-même, mais que l'on emploie pour tenir lieu des différens ordres d'unités qui peuvent manquer dans l'énoncé d'un nombre.

Les autres chiffres, appelés *chiffres significatifs*, ont deux espèces de valeurs : l'une nommée *absolue*, qui n'est autre chose que celle du chiffre considéré seul ; l'autre, appelée *relative*, que le chiffre acquiert d'après la place qu'il occupe à la gauche d'autres chiffres.

Maintenant, si l'on réfléchit que tout nombre énoncé se compose d'unités simples, de dixaines, de centaines, etc. ; que la collection des unités de chaque ordre est tout au plus égale à neuf ; que, dans le cas où le nombre est privé de certains ordres d'unités, on a un caractère pour en indiquer la place, on sera convaincu qu'il n'y a pas de nombre entier qui ne puisse être exprimé à l'aide d'une certaine combinaison des *dix* caractères 1, 2, 3, 4, 5, 6, 7, 8, 9, o.

Soit, pour nouvel exemple, le nombre *deux cent huit mille dix-neuf* à écrire en chiffres.

Ce nombre contient 9 *unités simples*, 1 *dixaine*, 8 *unités de mille*, et 2 *centaines de mille* ; mais il n'y a ni *centaines simples* ni *dixaines de mille*. Il suffira donc d'écrire les chiffres 9, 1, o, 8, o, 2, à la suite les uns des autres, en allant de droite à gauche, et le nombre sera représenté par 208019.

Soit encore le nombre *trente-six billions cinq cent millions vingt mille quatre cent sept.*

L'énoncé de ce nombre comprend 7 *unités simples,* o *dixaines,* 4 *centaines ;* o *unités de mille,* 2 *dixaines de mille,* o *centaines de mille ;* o *unités de millions,* o *dixaines de millions,* 5 *centaines de millions ;* 6 *unités de billions,* et 3 *dixaines de billions ;* donc le nombre sera représenté par 36500020407.

Le système de numération qui vient d'être exposé, a reçu la dénomination de *système décimal ;* parce qu'il faut, dans ce système, dix unités d'un certain ordre pour former une unité de l'ordre supérieur, et par suite, qu'on y emploie *dix* chiffres pour exprimer tous les nombres. Le nombre *dix* s'appelle *la base* du système.

6. Faisons maintenant une observation importante : il résulte de la nomenclature, que tout nombre écrit en chiffres se divise en centaines, dixaines, et unités simples ; en centaines, dixaines et unités de mille ; en centaines, dixaines et unités de millions, etc. ; c'est-à-dire en *tranches* d'unités simples, de mille, millions, billions, dont chacune s'exprime par *trois chiffres,* excepté la dernière, qui est celle des unités les plus fortes, et qui peut n'avoir que *deux chiffres* ou même qu'*un seul.* Lors donc que l'on s'est familiarisé avec la manière d'écrire les nombres de trois chiffres, il suffit d'écrire successivement les unes à la suite des autres, en allant de droite à gauche, la tranche des unités, la tranche des mille, celle des millions, celle des billions, etc.

On peut même commencer par la gauche, c'est-à-dire *écrire d'abord la tranche des unités les plus fortes, et à sa droite les autres tranches par ordre de grandeur des unités.* C'est ainsi qu'on doit s'y prendre pour écrire en chiffres un nombre dicté en langage ordinaire, et qui n'est pas déjà écrit en toutes lettres ; mais il faut avoir bien soin de ne pas omettre les zéros destinés à remplacer les ordres d'unités qui manquent ; et il ne peut jamais y avoir d'embarras à ce sujet, puisqu'on sait que chaque tranche, excepté la première à gauche, doit toujours renfermer trois chiffres.

Soit, pour dernier exemple, à écrire le nombre *quatre cent six billions vingt-huit millions deux cent cinquante mille quarante-huit.*

Écrivez à la droite les unes des autres la tranche des *billions*, la tranche des *millions*, la tranche des *mille*, enfin celle des *unités simples;* vous aurez 406,028,250,048.

7. C'est sur l'observation précédente qu'est fondé le moyen de traduire en langage ordinaire un nombre quelconque écrit en chiffres.

Après avoir séparé le nombre en tranches de trois chiffres chacune, à commencer par la droite, énoncez successivement chacune des tranches, en partant de la première tranche à gauche, et ayant soin de donner à chaque tranche le nom qui lui convient.

Soit, pour exemple, le nombre 70345601.

Ce nombre étant ainsi partagé : 70,345,601, se compose de *soixante-dix* MILLIONS, *trois cent quarante-cinq* MILLE, *six cent un.*

On trouvera pareillement que 5302400056702, ou bien 5,302,400,056,702, exprime le nombre *cinq* TRILLIONS, *trois cent deux* BILLIONS, *quatre cent* MILLIONS, *cinquante-six* MILLE, *sept cent deux.*

8. Il nous reste encore, pour compléter la théorie de la numération, à indiquer le moyen d'écrire en chiffres les fractions. Mais auparavant, il est nécessaire de donner une idée claire et précise de cette sorte de nombres, tels qu'on les considère en Arithmétique.

Supposons qu'on ait à déterminer *la longueur d'une pièce d'étoffe.* En prenant l'unité de longueur appelée *mètre*, et la portant une fois, deux fois, en un mot, autant de fois que possible sur la longueur de la pièce, il arrivera de deux choses l'une : ou, après que l'unité aura été portée un certain nombre de fois, 15 fois par exemple, sur la longueur de la pièce, il ne restera rien; ou bien l'on obtiendra un reste plus petit que le mètre. Dans le premier cas, la pièce contiendra *un nombre entier* de mètres, savoir, 15 mètres. Dans le second cas, à ces 15 mètres, il faudra, pour avoir la longueur totale, joindre la fraction ou la partie de mètre qui reste. Mais comment évaluer cette partie? comment la comparer à l'unité? On pourra d'abord concevoir cette unité divisée en deux parties égales ou en *deux moitiés*; et si le reste est justement égal à l'une de ces moitiés, on dira que la pièce d'étoffe a 15 mètres et *demi* de long.

Si le reste est plus petit ou plus grand que la moitié du mètre, on concevra cette *moitié* divisée en *deux* nouvelles parties égales appelées *quarts*; et si ce quart peut être porté *une* fois ou *trois* fois juste sur le reste, on dira que le reste est égal *au quart* ou *aux trois quarts* du mètre.

Au lieu de diviser l'unité en deux ou en quatre parties égales, on peut aussi bien la concevoir divisée en *trois* parties égales appelées *tiers*, en *cinq* parties égales appelées *cinquièmes*, en *six* appelées *sixièmes*, etc. Admettons, pour fixer les idées, que le mètre ait été divisé en *douze* parties égales appelées *douzièmes*, et que ce douzième soit porté *sept* fois juste sur le reste, on dira que ce reste est égal à *sept* fois le *douzième* ou aux *sept douzièmes* du mètre. Donc la pièce d'étoffe aura 15 mètres et *sept douzièmes* de mètre en longueur.

D'où l'on voit que, pour se former une idée nette d'une fraction d'unité d'une espèce quelconque, il faut concevoir cette unité divisée en un certain *nombre entier* de parties égales, et supposer que l'on prenne une, deux, trois, quatre..... de ces parties; l'ensemble des parties que l'on prend est ce qui constitue *la fraction*. Ainsi, l'énoncé d'une fraction comprend nécessairement deux nombres entiers, savoir : *celui qui désigne en combien de parties égales l'unité a été divisée :* on l'appelle DÉNOMINATEUR ; et *celui qui marque combien il faut de ces parties pour former la fraction :* on l'appelle NUMÉRATEUR. Par exemple, *cinq huitièmes* de mètre, *treize vingtièmes* de livre, etc., sont des fractions. Dans la première, on conçoit que le mètre est divisé en *huit* parties égales nommées *huitièmes*, et que l'on prend cinq de ces huitièmes ; *huit* est le dénominateur, et *cinq* le numérateur. Dans la seconde, la livre est conçue divisée en *vingt* parties égales appelées *vingtièmes*, et l'on en prend *treize* ; le dénominateur est *vingt*, et *treize* est le numérateur.

Il résulte encore de là qu'une fraction est une grandeur rapportée à une partie de l'unité principale, partie qu'on peut elle-même considérer comme une sorte d'unité secondaire. Ainsi la fraction *treize vingtièmes* de mètre, étant composée de treize fois le *vingtième* d'un mètre, ce vingtième est une unité particulière que la fraction proposée contient *treize* fois. Cela posé, deux fractions sont dites de même espèce, lorsque leur dénominateur est le même. Par exemple, *cinq douzièmes*, *sept douzièmes*, *onze douzièmes*, sont des fractions de même espèce ; mais *trois quarts* et *deux tiers* sont des fractions d'espèces différentes, parce que les dénominateurs sont différens.

Pour exprimer une fraction en chiffres, on est convenu de placer le numérateur au-dessus du dénominateur, en interposant une barre. Ainsi, la fraction trois *quarts* se désigne par $\frac{3}{4}$, sept *douzièmes* par $\frac{7}{12}$, vingt-trois *trente-cinquièmes* par $\frac{23}{35}$.

Réciproquement, $\frac{7}{8}$, $\frac{13}{15}$, $\frac{47}{72}$ représentent les fractions sept *huitièmes*, treize *quinzièmes*, quarante-sept *soixante-douzièmes*. Pour énoncer une fraction, on énonce d'abord le numérateur, puis le dénominateur, et à la fin de l'énoncé, on ajoute la terminaison *ième* (*).

9. Les premiers besoins de l'homme en société le conduisent journellement à résoudre des questions pour lesquelles il est obligé de combiner deux ou plusieurs nombres, soit de même nature, soit de nature différente. Ces combinaisons constituent les *opérations de l'Arithmétique* ou le *calcul numérique*. Afin

(*) Il y a une exception à faire pour les mots *demi*, *tiers*, *quart*, qui remplacent respectivement les mots *deuxième*, *troisième*, *quatrième*.

d'en faire connaître l'origine et la liaison, nous allons nous proposer quelques questions relatives au commerce.

PREMIÈRE QUESTION. — *Un marchand de drap a vendu à une première personne, 5 aunes $\frac{2}{3}$ d'une certaine étoffe ; à une seconde personne, 7 aunes $\frac{1}{2}$; à une troisième, 12 aunes $\frac{3}{4}$ de la même étoffe ; il désire connaître le nombre total des aunes vendues.*

Il faut, pour cela, qu'il réunisse en un seul nombre les trois nombres d'aunes vendues ; en d'autres termes, qu'il fasse l'ADDITION de ces *trois nombres composés d'entiers et de fractions.*

2ᵉ QUESTION. — *Ces trois nombres d'aunes ayant été levés sur une même pièce dont la longueur était de 30 aunes $\frac{2}{3}$, le marchand veut savoir ce qui doit lui rester.*

Il cherchera la différence entre le nombre 30 $\frac{2}{3}$ qui exprimait la longueur primitive de la pièce, et le nombre total des aunes vendues, c'est-à-dire qu'il sera conduit à SOUSTRAIRE *le second nombre du premier.*

3ᵉ QUESTION. — *Une personne a acheté 48 aunes d'une certaine marchandise à raison de 25 francs l'aune ; on demande la somme qu'elle doit payer pour les 48 aunes.*

Il est clair que pour obtenir le prix cherché, on doit prendre 48 fois 25 francs, ou faire un total de 48 nombres égaux à 25 francs. Cette opération s'appelle MULTIPLICATION, et n'est qu'une espèce d'*addition* : elle consiste à ajouter ensemble plusieurs nombres égaux.

Reprenons la même question, en changeant toutefois les valeurs des nombres ou des *données de la question.*

Une personne a acheté $\frac{7}{12}$ d'aune d'une certaine marchandise, à raison de $\frac{17}{20}$ de franc l'aune ; on demande ce qu'elle doit payer pour les $\frac{7}{12}$ d'aune.

On conçoit que si l'aune coûte $\frac{17}{20}$ de franc, $\frac{7}{12}$ d'aune, qui ne sont qu'une partie de l'aune, doivent coûter une partie de $\frac{17}{20}$ marquée par $\frac{7}{12}$; c'est-à-dire que, pour obtenir la réponse à la question, il faudra prendre les $\frac{7}{12}$ de $\frac{17}{20}$; et cette opération s'appelle une *multiplication de fractions*. On la nomme ainsi parce que la question qui y donne lieu, est absolument la même, aux *données* près, qu'une autre question qui conduirait à une multiplication de nombres entiers.

Au premier abord, le mot *multiplication*, qui présente généralement une idée d'augmentation, ne semble pas propre à désigner une opération qui consiste à prendre d'un nombre une partie indiquée par une fraction. Mais on a trouvé le moyen de lier la multiplication des nombres entiers et la multiplication des fractions, en disant que *multiplier un nombre, quel qu'il soit, par un autre, c'est former un troisième nombre qui soit composé avec le premier, comme le second est composé avec l'unité*. Si les deux nombres sont entiers, il est clair, d'après cette définition, qu'il suffit de prendre le premier autant de fois qu'il y a d'unités dans le second; et si les deux nombres sont des fractions, il faut prendre de la première fraction *une partie* indiquée par la seconde.

4e QUESTION. — *Une personne a acheté 12 aunes d'une certaine étoffe pour la somme de 84 francs; on demande le prix de l'aune.*

On conçoit que, si ce prix était connu, en le prenant 12 fois ou en le multipliant par 12, on devrait avoir un résultat égal à 84. La question conduit donc à *trouver un troisième nombre qui, multiplié par le second 12, reproduise le premier* 84. Cette opération a reçu le nom de DIVISION.

Pour rendre raison de cette dénomination, qui donne l'idée de la séparation d'un nombre en plusieurs parties égales, supposons que l'on ait à *partager également une somme de 84 francs entre 12 personnes*. Il est clair que, si la part de chaque personne était connue, en la multipliant par 12, on devrait produire 84. On voit donc que *diviser un nombre* 84 *en autant de parties égales qu'il y a d'unités dans un nombre* 12 *, et chercher un troisième nombre qui, multiplié par un second* 12 *, reproduise le premier* 84 *, sont deux opérations identiques.*

Reprenons la même question que ci-dessus, mais sur des données fractionnaires. *Une personne a acheté* $\frac{5}{6}$ *d'aune pour* $\frac{19}{20}$ *de franc ; on demande le prix de l'aune.*

La question se réduit encore dans ce cas, à trouver un troisième nombre tel, qu'en en prenant les $\frac{5}{6}$, ou en le multipliant par $\frac{5}{6}$, on reproduise $\frac{19}{20}$. On a donc encore une *division* à effectuer, dans le sens qui vient d'être attribué à ce mot, et non dans le sens d'une séparation en parties égales.

Il nous serait facile de citer de nouvelles questions susceptibles de conduire aux quatre opérations dont nous venons de parler ; et puisque ces questions se présentent à chaque instant dans toutes les circonstances de la vie, il faut avoir des moyens d'exécuter les opérations que leur résolution exige.

L'ARITHMÉTIQUE *a pour objet spécial d'établir des règles fixes et certaines pour effectuer toutes les opérations possibles sur les nombres.* Cette première partie des Mathématiques comprend encore une foule de propriétés qui ont été découvertes à l'occasion des recherches qu'on a dû faire pour parvenir à ces règles, et pour en faciliter l'application. Nous allons les exposer successivement, en nous rappelant (n° 2) que, pour rendre les règles indépendantes des diverses espèces de question, il convient de considérer les nombres comme des *nombres abstraits.* Toutefois, dans les applications destinées à familiariser les commençans avec les procédés, nous pourrons nous proposer des questions relatives à des *nombres concrets.*

Pour aller du simple au composé, nous commencerons par exposer les règles des opérations sur les nombres entiers.

CHAPITRE PREMIER.

Opérations sur les nombres entiers.

DE L'ADDITION.

10. *Ajouter ou additionner plusieurs nombres entre eux, c'est réunir tous ces nombres en un seul; ou bien, c'est former un nombre qui contienne à lui seul autant d'unités qu'il y en a dans ces divers nombres considérés séparément.*

Le résultat de cette opération s'appelle *somme* ou *total*.

L'*addition* des nombres d'un seul chiffre n'offre aucune difficulté; les jeunes gens, dès l'âge le plus tendre, apprennent à faire ces additions au moyen de leurs doigts, et finissent par s'en graver les résultats dans la mémoire.

Ainsi, soit à ajouter les nombres 5, 7, 4, 8 et 6 ;

On dit : 5 et 7 font 12 (*), et 4 font 16, et 8 font 24, et 6 font 30 ; donc 30 est la somme demandée.

On trouverait de même, que 42 est la somme des nombres 7, 9, 6, 5, 8, 7.

Soient maintenant les nombres 7453 et 1534 qu'on se propose d'additionner.

Après avoir écrit les deux nombres comme on le voit ici, et avoir souligné le tout, on dit, en commençant par les unités simples : 3 et 4 font 7 qu'on place sous les unités.

$$\begin{array}{r} 7453 \\ 1534 \\ \hline 8987 \end{array}$$

(*) L'emploi des doigts pour parvenir à ce nombre 12, suppose des additions successives d'une unité. Ainsi l'on dit 5 et 1 font 6 et 1 font 7 et 1 font 8..., ainsi de suite jusqu'à ce qu'on ait ajouté à 5 toutes les unités du nombre 7.

En général, il est difficile d'établir par quelles opérations de l'esprit on obtient les résultats de ces additions élémentaires; et l'on peut dire, jusqu'à un certain point, que chacun a une manière plus ou moins simple d'y parvenir.

Passant aux dixaines, 5 et 3 font 8, qu'on écrit au rang des dixaines.

Puis 4 et 5 font 9, qu'on écrit au-dessous des centaines.

Enfin, 7 et 1 font 8, qu'on écrit au rang des mille.

Le nombre 8987, trouvé par cette opération, est la *somme* des deux nombres proposés, puisqu'il en renferme les unités, dixaines, centaines, et mille, que l'on a rassemblés successivement.

Soit encore proposé d'ajouter les quatre nombres 5047, 859, 3507, 846.

On les écrit comme ci-contre, et l'on dit, en commençant par les unités : 7 et 9 font 16, et 7 font 23, et 6 font 29 ; on place les 9 unités simples sous la première colonne, et l'on retient les deux dixaines pour les joindre aux chiffres de la colonne suivante, qui expriment aussi des dixaines.

```
 5047
  859
 3507
  846
10259
```

Passant à cette colonne, on dit : 2 de retenue et 4 font 6, et 5 font 11, et 0 font 11, et 4 font 15 ; on écrit 5 au rang des dixaines, et l'on retient 1 centaine qu'on reporte à la colonne des centaines.

Opérant sur cette colonne comme sur les précédentes, on trouve 22 centaines, ou 2 centaines, qu'on écrit sous les centaines, et 2 mille qu'on retient pour les reporter à la colonne des mille.

Enfin, 2 de retenue et 5 font 7, et 3 font 10 ; on place le chiffre 0 sous les mille, et le chiffre 1 sous les dixaines de mille ; ce qui donne 10259 pour la somme demandée.

RÈGLE GÉNÉRALE. — *Pour ajouter plusieurs nombres entre eux, commencez par écrire les nombres les uns au-dessous des autres, de manière que les unités d'un même ordre soient sur une même colonne verticale, et soulignez le tout. Ajoutez ensuite successivement les chiffres qui composent chacune des colonnes, en commençant par la colonne des unités simples et passant successivement aux colonnes qui sont à gauche ; écrivez au-dessous de la barre la somme des chiffres de chaque colonne, si cette somme est exprimée par un seul chiffre ; mais si elle surpasse 9*

(auquel cas elle est exprimée par plusieurs chiffres dont le dernier à droite représente des unités de cette colonne, et les autres
à gauche des dixaines du même ordre), écrivez seulement
le chiffre des unités au-dessous de la colonne, et retenez les
dixaines pour les ajouter aux chiffres de la colonne immédiatement à gauche. Après avoir opéré de cette manière sur toutes
les colonnes, vous aurez obtenu au-dessous de la barre la
SOMME DEMANDÉE, puisque ce résultat provient de la réunion
des unités, dixaines, centaines, etc., qui entrent dans les nombres proposés.

11. *Remarque.* — Si la somme des chiffres contenus dans
chaque colonne devait être tout au plus égale à 9, il serait
indifférent de commencer l'opération par l'addition des unités
simples, ou bien par celle des unités de la plus haute espèce.
Mais comme il arrive le plus souvent que plusieurs de ces
sommes surpassent 9, si l'on commençait par la gauche, on
serait souvent obligé de revenir sur ses pas, pour rectifier un
chiffre qu'on aurait écrit, et l'augmenter d'autant d'unités que
l'on aurait obtenu de dixaines d'unités de la colonne suivante,
en opérant sur cette colonne. Voilà pourquoi il convient dans
tous les cas, de commencer par la droite plutôt que par la
gauche.

DE LA SOUSTRACTION.

12. La soustraction a pour but de *chercher l'excès d'un
nombre sur un plus petit.* Cet excès s'appelle encore *reste*
ou *différence.*

On peut aussi définir la soustraction une opération qui a
pour but : *Étant donnés la somme de deux nombres et l'un
d'eux, trouver l'autre nombre;* et sous ce point de vue, la
soustraction est l'inverse de l'addition.

Tant que les nombres proposés ne sont que d'un seul chiffre,
la soustraction est facile. Ainsi, la différence de 9 à 6 est 3; ou
bien, ôtez 6 de 9, il reste 3. De même : 5 de 7, il reste 2.

Il est encore aisé de soustraire un nombre d'un seul chiffre
d'un autre, lorsque le reste ne doit aussi avoir qu'un seul

chiffre. Ainsi, ôtez 7 de 13, il reste 6, puisque 7 et 6 font 13 ; de même, 9 de 17, il reste 8, puisque 8 et 9 font 17.

Ces opérations, qui supposent seulement l'exercice de la mémoire sur l'addition des nombres d'un seul chiffre, vont servir de base à la soustraction des nombres de plusieurs chiffres.

Soit premièrement à soustraire 5467 *de* 8789.

Après avoir placé le plus petit nombre au-dessous du plus grand et souligné le tout, on dit, en commençant par les unités simples : 7 de 9, il reste 2, qu'on place sous la colonne des unités ; passant aux dixaines, 6 de 8, il reste 2, que l'on écrit au rang des dixaines ; opérant de même sur les centaines et sur les mille, 4 de 7, il reste 3, et 5 de 8, il reste 3 ; ce qui donne enfin 3322 pour le *reste demandé.*

$$\begin{array}{r} 8789 \\ 5467 \\ \hline 3322 \end{array}$$

En effet, par la nature même des opérations qui viennent d'être faites, on voit que le plus grand nombre contient de plus que le second, 2 unités simples, plus 2 dixaines, plus 3 centaines, plus 3 unités de mille, et, par conséquent, surpasse le plus petit nombre de 3322.

Proposons-nous, pour second exemple, de *trouver la différence qui existe entre les deux nombres* 83456 *et* 28784.

Ayant disposé les deux nombres comme dans l'exemple précédent, on dit d'abord : 4 de 6, il reste 2, qu'on écrit sous les unités.

$$\begin{array}{r} 83456 \\ 28784 \\ \hline 54672 \end{array}$$

Mais lorsqu'on passe à la colonne des dixaines, il se présente une difficulté : le chiffre 8 de la ligne inférieure est plus fort que le chiffre 5 de la ligne supérieure et ne peut par conséquent en être soustrait. Pour lever cette difficulté, on emprunte par la pensée, sur le chiffre des centaines du nombre supérieur, 1 centaine, qui vaut 10 dixaines, et on l'ajoute aux 5 dixaines que l'on a déjà, ce qui donne 15 ; puis on dit : 8 de 15, il reste 7, qu'on écrit au rang des dixaines.

Passant à la colonne des centaines, on observe que le chiffre 4 de la ligne supérieure doit être diminué de 1, puisqu'on a emprunté cette unité dans la soustraction précédente ; alors on dit : 7 de 3, cela ne se peut ; mais en empruntant, comme tout à l'heure, 1 mille, qui vaut 10 centaines, ce qui donne 13 centaines, on ôte 7 de 13, et il reste 6, que l'on écrit au rang des centaines.

Passant aux mille : 8 de 2, cela ne se peut ; mais 8 de 12, il reste 4, qu'on écrit au rang des mille.

Enfin, comme le chiffre 8 des dixaines de mille doit, à raison de l'emprunt qu'on vient de faire, être remplacé par 7, ou dit : 2 de 7, il reste 5.

Ainsi, le *reste demandé*, ou l'excès du plus grand nombre sur le plus petit, est 54672.

Pour bien comprendre comment, par ce moyen, on parvient au but que l'on s'est proposé, il suffit de remarquer que, d'après les artifices employés pour effectuer les soustractions partielles, on peut disposer les deux nombres de la manière suivante :

	Dixaines de mille.	Mille.	Centaines.	Dixaines.	Unités.
1er nombre...	7	12	13	15	6
2e nombre...	2	8	7	8	4
	5	4	6	7	2

D'où l'on voit que le nombre supérieur contient de plus que le nombre inférieur, 2 unités, 7 dixaines, 6 centaines, 4 mille, et 5 dixaines de mille, ou le surpasse de 54672 unités.

Soit, pour troisième exemple, à retrancher 158429 *de* 300405.

Comme 9, chiffre des unités du nombre inférieur, est plus fort que 5, chiffre correspondant du nombre supérieur, on doit emprunter 1 dixaine sur le premier chiffre à gauche ; mais ce chiffre étant un 0, il faut avoir recours au chiffre 4 des centaines, sur lequel on prend 1, qui vaut 10 dixaines ; et puisqu'on n'a besoin que d'une seule dixaine, on en laisse 9 au-dessus du 0 ; puis on ajoute 1 dixaine à 5, ce qui donne 15, et l'on dit : 9 de 15, il reste 6, qu'on écrit sous les unités.

$$
\begin{array}{r}
99\ 9 \\
300405 \\
158429 \\
\hline
141976
\end{array}
$$

Passant aux dixaines, on dit : 2 de 9, il reste 7.

Pour les centaines, comme le chiffre 4 de la ligne supérieure ne vaut plus que 3, à raison de l'emprunt, et qu'on ne peut soustraire 4 de 3, on a recours au premier chiffre à gauche ; mais celui-ci et le chiffre qui est à sa gauche étant des zéros, on emprunte une unité sur le chiffre significatif 3 ; cette unité en vaut 10 de l'ordre suivant, 100 de l'ordre des mille ; et puisque l'on n'a besoin que d'une seule unité de cet ordre, on en laisse 99 qu'on reporte sur les deux zéros ; ajoutant 1 mille à 3 centaines, il vient 13, et l'on dit : 4 de 13, il reste 9, qu'on place sous la colonne des centaines.

Dans les deux soustractions suivantes, chacun des zéros étant remplacé par un 9, on dit : 8 de 9, il reste 1 ; et 5 de 9, il reste 4.

Passant à la première colonne à gauche, on dit : 1 de 2 (car le chiffre 3 est diminué de 1), il reste 1 ; ainsi, l'on a pour le reste demandé, 141976.

En effet, si l'on réfléchit sur la manière dont le nombre supérieur a été décomposé, on peut disposer ainsi l'opération :

Cent. de mille.	Dix. de mille.	Mille.	Centaines.	Dixaines.	Unités.
1ᵉʳ nombre.. 2	9	9	13	9	15
2ᵉ nombre.. 1	5	8	4	2	9
1	4	1	9	7	6

Donc le nombre supérieur surpasse le nombre inférieur de 6 unités, 7 dixaines, 9 centaines, 1 mille, 4 dixaines de mille, 1 centaine de mille, ou de 141976.

RÈGLE GÉNÉRALE. — *Pour soustraire d'un nombre un autre nombre plus petit, placez le second au-dessous du premier, de manière que les unités d'un même ordre soient sur une même colonne, puis tirez une barre ; soustrayez ensuite successivement les unités du petit nombre des unités du grand, les dixaines des dixaines, les centaines des centaines, etc., et écrivez les restes partiels les uns à la suite des autres, en allant de la droite vers la gauche ; le nombre exprimé par l'en-*

semble de ces chiffres, est le *reste complet*, ou le *résultat demandé*.

Lorsqu'un chiffre de la ligne inférieure est plus fort que le chiffre de la ligne supérieure, augmentez par la pensée ce dernier chiffre de 10 unités, et diminuez le chiffre qui est à sa gauche d'une unité.

Si, immédiatement à la gauche d'un chiffre supérieur plus faible que le chiffre inférieur correspondant, se trouvent un ou plusieurs zéros, augmentez toujours, par la pensée, ce chiffre supérieur, de 10 unités; mais dans les soustractions suivantes, remplacez les zéros par des 9, et diminuez d'une unité le chiffre significatif supérieur qui est immédiatement à la gauche de ces zéros.

On trouvera d'après ce procédé, que si de   603000401

on soustrait. . . , ... 305724787

le résultat de l'opération est. 297275614

13. *Première remarque.* — Si chacun des chiffres du nombre inférieur était moindre que le chiffre supérieur correspondant, il serait indifférent de commencer l'opération par la gauche ou par la droite. Mais comme il arrive souvent que l'un des chiffres de la ligne inférieure surpasse le chiffre de la ligne supérieure, la soustraction partielle ne peut se faire que par un emprunt sur le chiffre ou l'un des chiffres à gauche de celui sur lequel on opère : dès lors, il est nécessaire de commencer par la droite, afin de pouvoir faire les emprunts dont on a besoin.

14. *Seconde remarque.* — Il est clair qu'au lieu de diminuer d'une unité le chiffre sur lequel un emprunt a été fait, on peut laisser ce chiffre tel qu'il est, pourvu qu'on augmente le chiffre inférieur correspondant, d'une unité. Cette manière d'opérer est en général plus commode dans la pratique.

Ainsi, dans le dernier exemple, après avoir dit pour les unités simples : 7 de 11, il reste 4, au lieu de dire pour les dixaines : 8 de 9, il reste 1, on dit : 9 de 10, il reste 1; de même, au lieu de dire pour les centaines : 7 de 13, il reste 6, on dit : 8 de 14 il reste 6; et ainsi de suite.

Mais lorsqu'on emploie cette modification, il faut avoir bien
soin de n'augmenter le chiffre inférieur qu'autant que la soustraction précédente n'a pu se faire immédiatement; c'est surtout
dans la division que nous aurons à faire usage de cette modification.

Preuves de l'addition et de la soustraction.

13. On appelle *preuve d'une opération arithmétique*, une
autre opération que l'on fait pour s'assurer de l'exactitude de
la première.

La preuve de l'addition se fait en ajoutant de nouveau,
mais à commencer par la gauche, les nombres qu'on a déjà
ajoutés. *Après avoir fait la somme des chiffres qui se trouvent dans la première colonne à gauche, on la retranche de la
partie qui lui répond dans la somme totale; on écrit au-dessous le reste, qu'on réduit, par la pensée, en unités de l'ordre du
chiffre suivant, pour les joindre aux autres unités de cet ordre
contenues dans la somme totale. On fait de même la somme
partielle des chiffres de la seconde colonne à gauche, et l'on retranche cette somme partielle de la partie de la somme totale
qui lui répond; on continue ainsi jusqu'à la dernière colonne,
dont la totalité retranchée ne doit laisser aucun reste.*

Ainsi, après avoir trouvé que les quatre nombres

$$5047$$
$$859$$
$$3507$$
$$846$$

doivent avoir pour somme... $\overline{10259}$

$$\overline{xxx\emptyset}$$

pour vérifier ce résultat 10259, on ajoute les mêmes nombres
en commençant par la gauche, et l'on dit : 5 et 3 font 8 mille,
qui ôtés de 10 mille donnent pour reste 2 mille; ces 2 mille
ajoutés au chiffre 2 centaines, font 22 centaines; ensuite, 8
et 5 font 13, et 8 font 21, que l'on ôte de 22, ce qui donne pour

reste 1 centaine, laquelle réunie aux 5 dixaines forme 15 dixaines ; 4 et 5 font 9, et 4 font 13 ; 13 de 15, il reste 2, qui, suivi du 9, donne 29 ; enfin, 7 et 9 font 16, et 7 font 23, et 6 font 29 ; 29 de 29, il reste 0 ; donc l'opération est juste.

La preuve de la soustraction se fait en ajoutant au plus petit nombre le reste trouvé par l'opération ; et il est évident qu'on doit reproduire le plus grand nombre, puisque ce reste n'est autre chose que l'excès du plus grand nombre sur le plus petit.

Ainsi, dans l'exemple ci-contre,............   83456
après avoir trouvé que 54672 est   28784
l'excès du plus grand nombre sur le

plus petit, si l'on ajoute cet excès   reste....   54672
au nombre 28784, on doit retrouver 83456 ; ce qui a lieu en effet.   preuve..   83456

16. Voici de nouveaux exemples d'additions et de soustractions, avec leurs preuves :

Additions.

```
   83054              700548
  256870              897597
  748759                6588
   90874               69764
  130909              407300
    8746              987847
  -------            1207046
  1319212            -------
                     4276690
  3̶2̶4̶3̶3̶0̶            -------
                     3̶2̶4̶3̶3̶4̶0̶
```

Soustractions.

```
4073050062           20004001003
2803767086            8405128605
----------           -----------
1269282976           11598872398
----------           -----------
4073050062           20004001003
```

PROBLÈME. — *Un banquier avait en caisse une somme de*

65750 *fr.; mais il a fait divers paiemens. Il a donné à une première personne* 13259 *fr.; à une seconde,* 18704 *fr.; à une troisième,* 22050 *fr.; à une quatrième,* 9850 *fr.; et il veut connaître l'état de sa caisse après tous ces paiemens.*

  Solution. — Après avoir réuni en une seule les quatre sommes payées successivement, le banquier soustrait la *somme totale* de celle qu'il avait en caisse; et le résultat de cette soustraction exprime ce qui doit lui rester.

Tableau des opérations.

13259	65750 montant de la caisse.
18704	63863 somme payée.
22050	———
9850	1887 différence.
———	
63863	
xxxxø	Il doit rester au banquier 1887 francs.

On remarquera qu'en effectuant l'addition et la soustraction précédentes, on a considéré les nombres proposés comme *abstraits*, quoiqu'ils fussent *concrets* d'après l'énoncé; mais parvenu au résultat 1887, on lui a donné le nom de l'espèce des unités exprimées dans l'énoncé. C'est ainsi qu'il faut toujours se conduire dans les applications. Les procédés des opérations étant tout-à-fait indépendans de la nature des nombres, on envisage ceux-ci sous un point de vue purement abstrait, sauf à donner ensuite au résultat final le nom de l'unité qu'indique l'énoncé de la question.

DE LA MULTIPLICATION.

17. *Multiplier un nombre par un autre, c'est* (n° 9) *former un troisième nombre qui soit composé avec le premier, comme le second est composé avec l'unité;* et quand les deux nombres proposés sont des nombres entiers, leur multiplication revient *à prendre le premier autant de fois qu'il y a d'unités dans le second.*

On appelle *multiplicande* le nombre à multiplier, *multiplicateur* celui par lequel on multiplie, ou qui marque combien de fois on doit prendre le premier, et *produit* le résultat de la multiplication ; les deux nombres proposés portent conjointement le nom de *facteurs du produit.*

A proprement parler, la multiplication n'est autre chose qu'une addition ; car, pour en obtenir le résultat, il suffirait de placer les uns au-dessous des autres autant de nombres égaux au multiplicande, qu'il y a d'unités dans le multiplicateur, puis d'ajouter tous ces nombres entre eux. Mais cette manière d'opérer serait très longue si le multiplicateur était composé de plusieurs chiffres ; on a donc cherché à la simplifier ; et c'est dans cette abréviation que consiste, à proprement parler, *la multiplication.*

18. Tant que les deux *facteurs* sont exprimés chacun par un seul chiffre, le produit s'obtient par des additions successives du même nombre ; ainsi pour multiplier 7 par 5, on dit : 7 et 7 font 14 ; et 7 font 21 ; et 7 font 28, et 7 font 35 : ce dernier nombre étant le résultat de l'addition de 5 nombres égaux à 7, exprime le produit de 7 par 5.

Les commençans doivent s'exercer d'abord à ces sortes de multiplications, afin de s'en graver les résultats dans la mémoire, et de pouvoir ensuite obtenir avec facilité les produits des nombres exprimés par plusieurs chiffres. Toutefois, jusqu'à ce qu'on se soit suffisamment exercé, on fera bien d'avoir sous les yeux une table appelée *table de multiplication*, ou *table de* PYTHAGORE, du nom de son inventeur, ou du moins de celui qui le premier en a répandu l'usage.

Table de Multiplication.

Sens horizontal.

1	2	3	4	5	6	7	8	9
2	4	6	8	10	12	14	16	18
3	6	9	12	15	18	21	24	27
4	8	12	16	20	24	28	32	36
5	10	15	20	25	30	35	40	45
6	12	18	24	30	36	42	48	54
7	14	21	28	35	42	49	56	63
8	16	24	32	40	48	56	64	72
9	18	27	36	45	54	63	72	81

(Sens vertical)

La première bande horizontale de cette table se forme en ajoutant 1 successivement, jusqu'à ce qu'on soit parvenu au nombre 9.

La seconde, en ajoutant 2 successivement ; la troisième, en ajoutant 3 , et ainsi de suite.

Remarquez d'ailleurs qu'on peut également dresser cette table par colonnes verticales. *Chaque colonne verticale est composée des mêmes nombres que la bande horizontale de même numéro.* Ainsi, la sixième bande horizontale se composant des nombres 6, 12, 18,.....54, la sixième colonne verticale renferme les mêmes nombres 6, 12, 18,.....54.

Cela posé, pour trouver, au moyen de cette table, le produit de deux nombres exprimés par un seul chiffre, on cherche le *multiplicande* dans la première bande horizontale ; et, en partant de ce nombre, on descend *verticalement* jusqu'à ce qu'on soit vis-à-vis du *multiplicateur*, qu'on trouvera dans la première colonne verticale : le nombre contenu dans la *case* correspondante, est le produit.

Par exemple , pour trouver le produit de 8 par 5, on descend depuis 8, pris dans la première bande horizontale, jusque vis-à-vis de 5 pris dans la première colonne verticale ; et le nombre 40 contenu dans la petite case, est le produit demandé.

On pourrait également prendre 8 dans la première colonne verticale, et se diriger *horizontalement* jusque au-dessous de 5 pris dans la première bande horizontale : on trouverait encore 40 pour le produit demandé.

19. Supposons maintenant que le *multiplicande étant exprimé par plusieurs chiffres, le multiplicateur n'en ait qu'un seul.* — SOIT A MULTIPLIER 8459 PAR 7.

On pourrait (n⁰ 17) obtenir le résultat en écrivant les uns au-dessous des autres 7 nombres égaux à 8459, comme on le voit ci-contre ; 8459

et en ajoutant successivement les unités simples,   8459
les dixaines, les centaines, etc., on trouverait   8459
ainsi pour résultat, 59213.   8459

Mais il est évident que cela revient à prendre   8459
successivement 7 fois les 9 unités du multipli-   8459
cande, 7 fois les 5 dixaines, etc., et à faire la   8459
somme de tous ces produits.   59213

Ainsi, après avoir placé le multiplicateur 7 au-   8459
dessous du multiplicande , comme on le voit ici, .   7
et avoir souligné le tout, on dit d'abord : 7 fois 9   59213
font 63 (*voyez* la table de multiplication), ou 6
dixaines et 3 unités; on pose 3 sous les unités, et l'on retient les 6 dixaines pour les réunir au produit des dixaines du multiplicande par 7.

On dit ensuite : 7 fois 5 font 35, et 6 de retenue font 41 dixaines, ou 4 centaines et 1 dixaine; on pose 1 au rang des dixaines, et l'on retient les 4 centaines;

7 fois 4 font 28, et 4 de retenue font 32 centaines, ou 3 mille et 2 centaines; on pose 2 au rang des centaines, et l'on retient 3.

Enfin, 7 fois 8 font 56, et 3 de retenue font 59, que l'on écrit à gauche des centaines, parce qu'il n'y a plus de chiffres à multiplier dans le multiplicande.

On trouve ainsi 59213 pour le produit demandé.

D'où l'on voit que POUR MULTIPLIER UN NOMBRE DE PLUSIEURS CHIFFRES PAR UN NOMBRE D'UN SEUL CHIFFRE, *il faut multiplier successivement les unités, dixaines, centaines, etc., du multiplicande, par le multiplicateur, et écrire ces différens produits partiels au rang qui leur convient, en observant, à chaque multiplication partielle, de retenir les dixaines pour les joindre avec les dixaines, les centaines pour les joindre avec les centaines, etc.....*

SOIT, POUR SECOND EXEMPLE, A MULTIPLIER 47008 PAR 9.

On dit d'abord : 9 fois 8 font 72; on écrit 2 au rang des unités, et l'on retient 7.

$$47008$$
$$9$$
$$\overline{423072}$$

Ensuite, 9 fois 0 donnent 0 ; mais comme, dans la première opération, on a retenu 7 dixaines, il faut les écrire au rang des dixaines.

9 fois 0 font 0 ; on écrit 0 au rang des centaines, puisqu'il n'y en a pas, et qu'il faut cependant en conserver la place.

Ensuite, 9 fois 7 font 63 ; on pose 3 et l'on retient 6.

Enfin, 9 fois 4 font 36, et 6 de retenue font 42, que l'on écrit à gauche du chiffre précédent.

Ainsi, le produit demandé est 423072.

20. Avant de passer au cas où le multiplicateur est composé de deux ou de plusieurs chiffres, nous indiquerons le moyen de rendre un nombre 10, 100, 1000.... fois plus grand, ou de le multiplier par 10, 100, 1000....

Il résulte évidemment du principe fondamental de la numération (n° 5), que, si l'on place un 0 à la droite d'un nombre déjà écrit, chacun des chiffres significatifs de ce nombre, reculant d'un rang vers la gauche, exprime alors des unités 10 fois plus grandes qu'auparavant. De même, en plaçant deux 0 à sa droite, on le rend 100 fois plus grand, puisque chaque chiffre significatif exprime des unités 100 fois plus fortes ; et ainsi de suite.

Donc, *pour multiplier un nombre entier quelconque par* 10, 100, 1000, *etc.*, *il suffit d'écrire à sa droite* 1, 2, 3,... *zéros.*

Ainsi, les produits de 439 par 10, 100, 1000, 10000, etc., sont 4390, 43900, 439000, 4390000....

21. *Considérons actuellement le cas où le multiplicande et le multiplicateur sont composés de plusieurs chiffres.*

ON PROPOSE DE MULTIPLIER.............. 87468

PAR....................................... 5847

$$
\begin{array}{r}
612276 \\
3498720 \\
69974400 \\
437340000 \\
\hline
511425396
\end{array}
$$

On commence par disposer le multiplicateur au-dessous du multiplicande, de manière que les unités d'un même ordre soient dans une même colonne ; et l'on souligne le tout. Cela posé, on observe que multiplier 87468 par 5847, revient à prendre le multiplicande 7 fois, plus 40 fois, plus 800 fois, plus 5000 fois, et à réunir les produits partiels.

On peut d'abord trouver, d'après la règle du n° 19, le produit de 87468 par 7 ; ce qui donne 612276.

Mais comment obtenir celui de 87468 par 40 ?

Concevons, pour un instant, qu'on ait écrit les uns au-dessous des autres, 40 nombres égaux à 87468 ; en faisant l'*addition* de tous ces nombres, on aura le produit demandé. Or, il est évident que ces 40 nombres forment 10 groupes de 4 nombres égaux chacun à 87468 ; mais 4 nombres égaux à 87468 font en somme 4 fois 87468, produit que l'on peut former par la règle du n° 19, et qui est égal à 349872. En multipliant ce produit par 10, ce qui revient (n° 20) à placer un o à sa droite, on obtient 3498720 pour le produit de 87468 par 40.

On voit donc que cette seconde opération revient à multiplier le multiplicande par le chiffre 4 considéré comme exprimant des unités simples, à écrire un o à la droite du produit, et à placer, comme on le voit ci-dessus, le résultat 3498720 ainsi obtenu, au-dessous du premier produit partiel.

Pareillement, pour effectuer la multiplication de 87468 par 800, il suffit de multiplier 87468 par 8, ce qui donne 699744, puis d'écrire deux o à la droite de ce produit; et l'on a pour troisième produit partiel 69974400, nombre qu'on place au-dessous des deux produits précédens. En effet, 800 nombres égaux à 87468 et placés les uns sous les autres, forment évidemment 100 groupes de 8 nombres égaux à 87468, ou bien 100 nombres égaux au produit de 87468 par 8, c'est-à-dire 69974400.

On prouverait par un raisonnement semblable, que pour multiplier le nombre 87468 par 5000, il suffit de le multiplier par 5, de placer trois o à la droite du produit, et d'écrire le résultat 437340000 ainsi obtenu, au-dessous des trois premiers produits.

Effectuant maintenant l'addition de ces quatre produits partiels, on trouve enfin pour le *produit total*, 511425396.

N. B. — Dans la pratique, on se dispense ordinairement de placer les zéros à la droite des produits partiels par les chiffres des dixaines, centaines, mille, etc.; mais on écrit chaque produit partiel au-dessous du produit précédent, en le reculant d'un rang vers la gauche par rapport à ce produit, c'est-à-dire en faisant *occuper au premier chiffre à droite le même rang que celui qu'occupe le chiffre par lequel on multiplie.*

RÈGLE GÉNÉRALE. — Pour multiplier un nombre de plusieurs chiffres par un nombre de plusieurs chiffres, *multipliez d'abord tout le multiplicande par le chiffre des unités du multiplicateur* (d'après la règle du n° 19); *multipliez de même tout le multiplicande successivement par le chiffre des dixaines, par celui des centaines, etc., considérés comme des unités simples, et écrivez les produits partiels les uns au-dessous des autres de manière que chacun soit reculé d'un rang vers la gauche par rapport au précédent; puis additionnez ces produits; vous aurez le produit total* demandé.

22. Souvent quelques-uns des chiffres du multiplicateur sont des zéros ; et alors il faut apporter quelques modifications dans la disposition des produits partiels.

Soit a multiplier..................	870497
Par	500407

$$
\begin{array}{r}
6093479 \\
3481988 \\
4352485 \\
\hline
435602792279
\end{array}
$$

On multiplie d'abord tout le multiplicande par 7 ; ce qui donne pour produit, 6093479.

Maintenant, comme il n'y a pas de dixaines au multiplicateur, on passe à la multiplication par 4, chiffre des centaines du multiplicateur, ce qui donne le produit 3481988 ; et comme il faut lui faire exprimer des *centaines*, on le place sous le premier produit, en le reculant de *deux* rangs vers la gauche.

Pareillement, comme il n'y a dans le multiplicateur ni *mille*, ni *dixaines de mille*, on passe à la multiplication par 5, chiffre des *centaines de mille ;* et l'on écrit le produit 4352485 sous le précédent, en le reculant de *trois* rangs vers la gauche par rapport à celui-ci.

En général, *lorsqu'il se trouve un ou plusieurs zéros entre deux chiffres significatifs du multiplicateur, on recule le produit correspondant au chiffre significatif qui est à gauche de ces zéros, d'autant de rangs* PLUS UN *vers la gauche, par rapport au produit précédent, qu'il y a de zéros intermédiaires.* Au reste, pour éviter toute erreur à ce sujet, on peut s'assurer à chaque opération, si le premier chiffre à droite, du produit partiel, est *dans la colonne des unités de même ordre que celui du chiffre par lequel on multiplie.*

23. Si l'un des deux facteurs de la multiplication, où tous les deux, sont terminés par des zéros, on abrége l'opération en multipliant comme si ces zéros n'y étaient pas ; mais on les place ensuite à la droite du produit.

Exemple. — Soit a multiplier........   47000

PAR.   2900

                                        423
                                         94

                                    136300000

Après avoir multiplié 47 par 29, d'après le procédé connu, on écrit 5 zéros à la droite du premier; et l'on obtient 136300000 pour le produit demandé.

En effet, si l'on n'avait d'abord que 47000 à multiplier par 29, il est clair qu'après avoir multiplié 47 par 29, il faudrait faire exprimer au produit, des *mille*, c'est-à-dire des unités de même espèce que le multiplicande; ainsi l'on devrait déjà écrire *trois zéros*. Actuellement, multiplier un nombre par 2900, revient (n° 21) à prendre 100 fois le produit par 29; donc, il faut poser *deux* nouveaux zéros. Le même raisonnement s'appliquerait à tous les cas semblables.

24. Pour peu qu'on réfléchisse sur le procédé de la multiplication, on sent la nécessité de commencer l'opération par la droite, *du moins dans les multiplications partielles par chacun des chiffres du multiplicateur,* à cause des retenues que l'on fait continuellement en multipliant un chiffre du multiplicande par un chiffre du multiplicateur. Mais rien n'empêcherait d'intervertir l'ordre des multiplications partielles par les différens chiffres du multiplicateur, comme on peut le voir dans l'exemple suivant.

On a commencé ici la multiplication par le chiffre des centaines du multiplicateur, et l'on a placé les unités du produit sous les centaines du multiplicateur; mais dans l'opération suivante, on a eu soin d'avancer le produit d'un rang *vers la droite*, c'est-à-dire de le placer au-dessous du premier de manière que le dernier chiffre 2 fût au-dessous des dixaines des deux facteurs. De même, le troisième produit est avancé d'un rang vers la droite, par

5704
487

22816
45632
39928

2777848

rapport au précédent. Mais dans l'usage ordinaire on forme les produits en allant de droite à gauche, parce que cela est plus naturel et plus commode.

De quelques propriétés importantes de la multiplication.

On est souvent conduit, dans les applications, à multiplier successivement plusieurs nombres entre eux.
Soient, par exemple, les cinq nombres pris au hasard

$$23, \quad 35, \quad 72, \quad 49, \quad 156.$$

Former le produit de ces nombres dans l'ordre où ils sont écrits, c'est multiplier d'abord 23 par 35, puis multiplier ce premier produit (805) par 72, puis multiplier ce second produit (57960) par 49, puis multiplier ce troisième produit (2840040) par 156, ce qui donne enfin 443046240 pour le produit demandé.

Or, on pourrait, avec ces cinq facteurs, obtenir le même produit d'un très grand nombre de manières : il suffirait, pour cela, d'intervertir à volonté l'ordre des multiplications successives ; et c'est ce qu'on exprime en disant que le *produit de la multiplication de plusieurs nombres entre eux, est toujours le même dans quelque ordre qu'on effectue les multiplications.*

25. Pour nous rendre compte de cette propriété, qui joue un très grand rôle dans la science des nombres, considérons d'abord le cas de deux facteurs, 459 et 237, par exemple.

Si l'on conçoit l'unité écrite 459   1, 1, 1, 1, 1,....
fois sur une même ligne horizon-   1, 1, 1, 1, 1,....
tale, et qu'on forme 237 lignes pa-   1, 1, 1, 1, 1,....
reilles, il est clair que la somme des   1, 1, 1, 1, 1,....
unités contenues dans ce tableau, ...
est égale à autant de fois les 459   . . . .
unités d'une ligne horizontale, qu'il y a d'unités dans une colonne verticale, ou dans 237 ; c'est-à-dire que cette somme est égale au produit de 459 par 237. Mais on peut dire aussi que cette somme est égale à autant de fois les 237 unités

d'une colonne verticale, qu'il y a d'unités dans une ligne horizontale, ou dans 459; c'est-à-dire qu'elle est égale au produit de 237 par 459. Donc, le produit de 459 multiplié par 237, est égal au produit de 237 multiplié par 459.

Ce raisonnement est d'ailleurs applicable à deux autres nombres entiers quelconques; donc, etc....(*).

Pour faire connaître une première application de ce principe, supposons que la nature d'une question ait conduit à multiplier le nombre 75 par 5642. On fera de préférence le produit de 5642 par 75, parce qu'on n'aura ainsi que *deux* produits partiels à former, tandis que l'on en aurait *quatre* en multipliant 75 par 5642.

26. Avant de passer à la proposition générale, nous commencerons par déduire du cas particulier déjà démontré, une autre propriété qui peut s'énoncer ainsi : *Multiplier un nombre quelconque par un premier facteur, puis le produit résultant par un second facteur, revient à multiplier le nombre proposé par le second facteur, puis le produit résultant par le premier facteur; plus généralement, dans toute multiplication de plus de deux nombres entre eux, on peut intervertir l'ordre des deux derniers facteurs, sans que le produit soit changé.*

Ainsi, par exemple, si l'on multiplie 48 par 15 et le produit résultant par 24, on doit avoir le même résultat que si l'on multiplie 48 par 24 et le produit résultant par 15.

En effet, il résulte d'abord de ce qui a été établi n° 25, que le produit 360 résultant de la multiplication de 15 par 24, s'obtiendrait également en multipliant 24 par 15 ; et si nous pouvons faire voir que le produit de 48 par 360 est le même que celui qu'on trouverait, soit en multipliant 48 par 15, puis le produit résultant par 24, soit en multipliant 48 par 24,

---

(*) On pourrait déduire cette proposition de la table même de PYTHAGORE en observant la manière dont les nombres y sont disposés (n° 19) : il suffirait pour cela de concevoir cette table prolongée au-delà d'une limite convenable, 10000 fois 10000 par exemple, si l'on ne considérait que deux facteurs au-dessous de cette limite ; mais la démonstration ci-dessus nous paraît préférable sous le rapport de la simplicité.

puis le produit résultant par 15, la proposition sera démontrée.

Or, pour former le produit de 48 par 360, il suffit (n° 17) de poser les uns au-dessous des autres 360 nombres égaux à 48, et de faire l'addition de tous ces nombres. Mais, ces 360 nombres ainsi disposés forment évidemment 24 groupes de 15 nombres égaux à 48, ou bien 15 groupes de 24 nombres égaux à 48 (*). Ainsi l'on obtiendra la somme de ces 360 nombres, ou en multipliant 48 par 24 et prenant 15 fois le produit résultant, ou en multipliant 48 par 15 et prenant 24 fois le produit résultant; et ces deux manières d'opérer conduisant évidemment au même résultat, on doit conclure que l'ordre des deux multiplications successives par 15 et par 24 peut être interverti.

27. *Remarque.* — La démonstration précédente donne lieu à une nouvelle proposition qui nous sera également utile par la suite.

On vient de voir que multiplier 48 par 360, qui est le produit de 24 par 15, revient à multiplier 48 par 24, puis le résultat obtenu par 15. Mais 24 étant lui-même égal au produit de 6 par 4, on peut dire encore que multiplier 48 par 360, revient à multiplier d'abord 48 par 6, puis le résultat obtenu par 4, et le nouveau résultat par 15, ou bien par 5 et ensuite par 3 (puisque 15 est égal au produit de 5 par 3). Donc enfin, *multiplier un nombre par un produit de deux ou de plusieurs facteurs, revient à multiplier ce nombre successivement par chacun des facteurs.*

28. Passons actuellement à la démonstration de ce principe général que *le produit de plusieurs nombres est toujours le même, dans quelque ordre qu'on effectue leur multiplication.*

Reprenons les cinq facteurs quelconques

$$23, \quad 35, \quad 72, \quad 49, \quad 156.$$

Il résulte du principe établi n° 26, que, dans les multipli-

(*) Ce raisonnement est analogue à celui que nous avons fait n° 21 pour rendre compte de la multiplication par les dixaines, centaines, etc., du multiplicateur.

cations successives, on peut faire passer le facteur 156 à la place du facteur 49; mais on pourrait également le faire passer à la place du facteur 72, puis à la place du facteur 35, puis enfin à la place du facteur 23. Par la même raison, le facteur 49 que l'on a déjà fait passer à la place de 156, peut passer à la gauche de 72, puis à la gauche de 35, et ainsi de suite. On voit, en un mot, que chaque facteur peut occuper toutes les places possibles dans l'ordre des multiplications successives, sans que le produit de tous ces facteurs cesse d'être le même. Donc, etc.

DE LA DIVISION.

29. Diviser un nombre par un autre, c'est (n° 9) *trouver un troisième nombre, qui, multiplié par le second, reproduise le premier;* ou bien (n° 25), c'est *trouver un troisième nombre tel, que le second multiplié par le troisième, reproduise le premier.*

Ainsi la division a pour but : *étant donnés un produit de deux facteurs et l'un de ces facteurs, déterminer l'autre;* cette opération est donc l'inverse de la multiplication.

Comme, dans une multiplication de nombres entiers, le produit se compose d'autant de fois le multiplicande qu'il y a d'unités dans le multiplicateur, on peut encore dire que diviser un nombre entier par un autre, c'est *chercher combien de fois le premier nombre,* considéré comme produit, *contient le second,* considéré comme multiplicande; ce nombre de fois est alors le multiplicateur. Enfin, on a encore vu (n° 9) que diviser un nombre entier par un autre, c'est *partager le premier nombre en autant de parties égales qu'il y a d'unités dans le second.*

Ces deux derniers points de vue, sous lesquels on envisage quelquefois la division, ne conviennent rigoureusement qu'aux nombres entiers, tandis que la première définition convient à tous les nombres possibles, tant entiers que fractionnaires. Toutefois, les dénominations données aux termes d'une division ont été tirées des deux derniers points de vue.

Ainsi, le premier nombre s'appelle *dividende* (nombre à diviser ou à partager); le second s'appelle *diviseur*; et le troisième se nomme *quotient*, du mot latin *quoties*, parce qu'il exprime combien de fois le dividende contient le diviseur.

Il résulte évidemment de ces définitions, que, lorsqu'on aura obtenu le quotient, pour faire *la preuve* de l'opération, *il suffira de multiplier le diviseur par le quotient*, ou réciproquement; *et, si l'opération est exacte, on devra reproduire le dividende.*

Réciproquement, dans la multiplication, le produit peut être considéré comme *un dividende*, le multiplicande comme le *diviseur* ou le *quotient*, et le multiplicateur comme le *quotient* ou le *diviseur*; ainsi, l'on fera la *preuve* de la multiplication *en divisant le produit par l'un des facteurs; et, si l'opération est exacte, on devra reproduire l'autre facteur.*

Ces notions établies, passons à l'exposition du procédé de la division.

30. De même que la multiplication peut s'exécuter par l'*addition* de plusieurs nombres égaux entre eux, on pourrait aussi trouver le quotient d'une division par une suite de soustractions.

En effet, qu'il s'agisse, par exemple, de *diviser* 60 par 12 : autant de fois on pourra soustraire 12 de 60, autant de fois 12 sera contenu dans 60; ainsi, le quotient est égal au nombre de soustractions qu'il faudra faire pour épuiser le dividende.

Dans cet exemple, comme on est obligé de faire 5 soustractions successives, il s'ensuit que le *quotient* est 5.

Mais cette manière d'obtenir le quotient serait trop longue dans la pratique, surtout si le dividende était très grand par rapport au diviseur. Ce qui constitue *la division* proprement dite, c'est un procédé spécial et abréviatif pour arriver au résultat cherché.

$$
\begin{array}{rl}
60 & \\
12 & \\
\hline
48 & \text{1}^{er}\text{ resté.} \\
12 & \\
\hline
36 & \text{2}^{e}. \\
12 & \\
\hline
24 & \text{3}^{e}. \\
12 & \\
\hline
12 & \text{4}^{e}. \\
12 & \\
\hline
0 & \text{5}^{e}.
\end{array}
$$

31. Dès que l'on connaît de mémoire tous les produits de deux nombres d'un seul chiffre, ou la table de Pythagore (n° 18), on peut *déterminer* aisément *le quotient de la division d'un nombre d'un ou de deux chiffres, par un nombre d'un seul chiffre, pourvu que ce quotient n'ait lui-même qu'un seul chiffre.*

Par exemple, 35 divisé par 7 donne pour quotient 5 ; ou bien on dit : en 35 combien de fois 7 ? Il y est 5 fois (parce qu'on sait que 5 fois 7 donne 35) ; ou bien encore : le 7ᵉ de 35 est 5, parce que 7 fois 5 font 35.

Soit encore 68 *à diviser par* 9. Comme 7 fois 9 ou 63, et 8 fois 9 ou 72, comprennent 68, il s'ensuit que 68 divisé par 9 donne le quotient 7 pour 63 avec un reste 5 ; c'est ce qu'on exprime en disant : le 9ᵉ de 68 est 7 pour 63, et il reste 5.

Pareillement, en 47 combien de fois 8 ? Il y est 5 fois ; ou le 8ᵉ de 47 est 5, et il reste 7.

On verra plus loin ce qu'on doit faire du reste, lorsque le diviseur n'est pas contenu exactement dans le dividende.

32. Passons au cas où *le dividende est composé de plus de deux chiffres, le diviseur n'ayant encore qu'un seul chiffre.*

D'après la liaison intime qui existe entre la multiplication et la division, il est naturel de chercher à déduire le procédé de cette dernière opération de celui qui a été suivi pour la multiplication.

Pour cela, reprenons le premier exemple traité n° 19.

Il résulte de cette multiplication, que le produit 59213 se compose de 7 fois les unités, 7 fois les dixaines, 7 fois les centaines, 7 fois les mille du nombre 8459 ; ainsi ce produit est la somme des

$$\begin{array}{r} 8459 \\ 7 \\ \hline 59213 \end{array}$$

quatre produits partiels qui correspondent aux quatre chiffres du multiplicande. Donc réciproquement, étant donnés le produit 59213 et l'un de ses facteurs, 7, pour retrouver l'autre facteur, il faut tâcher, au moins par la pensée, de décomposer 59213 dans les quatre produits partiels, des *mille*, des *centaines*, des *dixaines*, et des *unités* de ce second facteur multi-

plié par le premier ; prenant alors le 7e de chacun de ces produits, et réunissant les quotiens partiels, on obtiendra le quotient total ou le second facteur.

Voici comment on dispose l'opération :

On écrit le diviseur à la droite du dividende, on les sépare
par un trait vertical, puis on tire une barre horizontale au-
dessous du diviseur.

Cela posé, on prend à la gauche du dividende les deux premiers chiffres formant 59 *mille*, qu'on regarde comme le
premier produit partiel; et l'on dit: en 59
combien de fois 7, ou plutôt (pour se conformer à l'usage suivi, lorsque le diviseur

$$\begin{array}{c|c} 59213 & 7 \\ 32 & \overline{8459} \\ 41 & \\ 63 & \\ 0 & \end{array}$$

est d'un seul chiffre.), le 7e de 59 est 8 pour 56 ; le quotient 8
ainsi obtenu exprime les mille du quotient total (*) et s'écrit
sous le diviseur, comme on le voit ci-dessus ; on retranche le
produit 56 de 59, ce qui donne pour reste 3 *mille*, qu'on
doit regarder comme provenant de la retenue faite dans la
multiplication des *centaines* du quotient par 7.

On abaisse à côté du 3 le chiffre 2 des centaines du dividende, ce qui donne 32 *centaines*, qu'on regarde comme le
second produit partiel ; et l'on dit : le 7e de 32 est 4 pour 28 ;
on écrit le chiffre 4, qui doit exprimer les *centaines* du quotient, à la droite du chiffre 8 ; ensuite on retranche le produit
28 du *dividende partiel* 32, ce qui donne le reste 4 *centaines*,
représentant les retenues faites dans la multiplication des
dixaines du quotient par 7.

On abaisse à côté du nouveau reste 4, le chiffre 1 des
dixaines du dividende, ce qui donne 41 dixaines, et l'on dit :

(*) On prouverait, si cela était nécessaire, que ce chiffre 8 est le véritable
chiffre des mille du quotient, en faisant voir qu'il n'est ni trop fort ni trop
faible. Or, il n'est pas *trop fort*, puisque le produit de 7 par 8000, ou
56000, peut être soustrait du dividende total ; et il n'est pas *trop faible*, car
le produit de 7 par 9000 est 63000, nombre plus grand que le dividende, et
qui ne peut par conséquent en être soustrait.

le 7ᵉ de 41 est 5 pour 35 ; on écrit le chiffre **5** à la droite des deux précédens, comme exprimant les *dixaines* du quotient ; on retranche le produit 35 du dividende partiel 41 ; le reste 6 exprime les *dixaines* provenant de la multiplication des *unités* du quotient par le diviseur.

Enfin, l'on abaisse à côté du chiffre 6 le chiffre 3 ; et l'on dit : le 7ᵉ de 63 est 9 exactement ; on écrit ce chiffre 9 à côté des trois précédens, comme exprimant les unités du quotient ; on retranche le produit 63 du dividende partiel 63 ; et comme on obtient o pour reste, il s'ensuit que 8459 est le *quotient demandé.*

En effet, il résulte évidemment de toutes les opérations précédentes, qu'on a successivement retranché du dividende 59213, 7 fois 8 mille, 7 fois 4 centaines, 7 fois 5 dixaines, 7 fois 9 unités ; et puisque, après toutes ces opérations, il ne reste rien, il s'ensuit que 59213 est égal au produit de 8459 par 7, ou de 7 par 8459 ; ainsi, ce dernier nombre est bien le *quotient cherché.*

Soit, pour second exemple, à diviser 754264 *par* 8.

La première difficulté qui se présente ici, est de connaître la nature des plus hautes unités du quotient, et d'en déter-miner le nombre. Pour y parvenir, obser-vons que, si le premier chiffre à gauche du dividende était plus fort que le diviseur,

$$\begin{array}{r|l} 754264 & 8 \\ \hline 34 & \overline{94283} \\ \!22 & \\ 66 & \\ 24 & \\ \ddot{o} & \end{array}$$

ou lui était égal, le quotient total renfermerait alors des unités de même espèce que celles du chiffre que l'on considère dans le dividende ; cela est évident. Mais comme, dans cet exemple, le premier chiffre 7 est plus faible que 8, on doit conclure que les plus hautes unités du quotient ne peuvent être que des unités de la nature du second chiffre à gauche dans le dividende. Alors, on prend les deux premiers chiffres formant 75 *dixaines de mille,* et l'on dit : le 8ᵉ de 75 est 9 pour 72 ; donc le quotient total renferme 9 *dixaines de mille,* puis-qu'on peut soustraire 8 fois 9 ou 72 *dixaines de mille,* du di-vidende ; on écrit alors 9 sous le diviseur ; on retranche le produit 72 mille, du *dividende partiel* 75; le reste 3 qu'on obtient, provient des retenues de la multiplication des *mille* du quotient total par 8.

On abaisse à côté du reste 3 le chiffre suivant 4 du dividende, et l'on dit : le 8ᵉ de 34 *mille* est 4 pour 32, et l'on écrit 4 sous le diviseur et à droite du chiffre 9; retranchant le produit 4 fois 8, ou 32 de 34; on a pour reste 2, à côté duquel on abaisse le chiffre 2 des centaines du dividende; puis on opère sur le nouveau dividende partiel 22, comme sur le précédent, et l'on continue ces opérations jusqu'à ce qu'on ait abaissé le dernier chiffre 4 du dividende; on obtient ainsi pour le *quotient demandé*, 94283.

Preuve.

$$
\begin{array}{r}
94283 \\
8 \\
\hline
754264
\end{array}
$$

Dans la pratique, toutes les fois que le diviseur n'est que d'un seul chiffre, on abrége l'opération ainsi qu'il suit :

Soit, pour troisième exemple, à diviser 45237324 *par* 6.

Après avoir souligné le dividende, on dit : le 6ᵉ de 45 est 7 que l'on écrit au-dessous de 45, et il reste 3, qu'on réunit par la pensée au chiffre suivant 2, ce qui

$$
\begin{array}{l}
45237324 \mid 6 \\
\text{quotient...} \; 7539554 \\
\phantom{\text{quotient...} \;} 6 \qquad \text{preuve.} \\
\hline
45237324
\end{array}
$$

donne 32; le 6ᵉ de 32 est 5 qu'on écrit à la droite de 7, et il reste 2, qui réuni au chiffre 3, forme 23; le 6ᵉ de 23 est 3, que l'on écrit à la droite des deux chiffres précédens, et il reste 5, qui suivi du chiffre 7, donne 57; le 6ᵉ de 57 est 9 pour 54, et il reste 3, qui suivi du chiffre 3, donne 33; le 6ᵉ de 33 est 5 pour 30, et il reste 3, qui suivi du chiffre 2, donne 32; le 6ᵉ de 32 est 5 pour 30; enfin, le 6ᵉ de 24 est 4. Donc le *quotient cherché* est 7539554. En effet, si l'on multiplie ce dernier nombre par 6, on trouve pour produit, 45237324.

Pareillement, le 8ᵉ du nombre......   9725647 | 8

est................................   1215705...7

et il reste 7.

      Preuve par la multiplication.   8

N. B. — Dans cet exemple, lorsqu'on est parvenu au chiffre 7 des *centaines* du   9725640
quotient, comme on n'obtient pas de   7
reste, et que le chiffre suivant, 4, est   9725647
plus petit que 8, cela indique qu'il n'y a pas de *dixaines* au quotient; alors on met un o pour en tenir lieu; puis, faisant suivre le chiffre 4 du chiffre 7 des unités, ce qui donne 47, on dit : le 8ᵉ de 47 est 5, que l'on écrit à la droite du o, et il reste 7.

33. Venons au cas *où le dividende et le diviseur sont composés de plusieurs chiffres.*

Pour découvrir le procédé de l'opération, proposons-nous de multiplier les nombres 594 et 437; après quoi nous vérifierons le résultat au moyen de la division.

Il résulte de cette multiplication, que le produit 259578 se compose des *trois produits partiels* du multiplicande 594 par les *unités*, les *dixaines*, et les *centaines* du multiplicateur, 437. Donc réciproquement, *étant donnés le produit* 259578 *et l'un de ses facteurs* 594, pour trouver le second facteur, ou le quotient de la division du premier nombre par le second, il faut tâcher de mettre en évidence dans le produit 259578, les trois produits partiels dont il se compose. La chose ne paraît pas facile, à cause des réductions qui se sont opérées entre les chiffres dans l'addition des produits partiels; cependant on y parvient en raisonnant comme il suit :

$$\begin{array}{r} 594 \\ 437 \\ \hline 4158 \\ 1782 \\ 2376 \\ \hline 259578 \end{array}$$

Le produit partiel de 594 par les *centaines* du quotient ne pouvant donner
moins que des centaines, se trouve nécessairement compris dans les 2595 centaines
du dividende. Cela posé, je dis que, si l'on
cherche le chiffre qui exprime *le plus grand
nombre de fois* que 594 est contenu dans
2595, ce chiffre sera celui *des centaines*
du quotient total.

$$
\begin{array}{r|l}
259578 & 594 \\
2376 & \overline{437} \\
\hline
21978 & \\
1782 & \\
\hline
4158 & \\
4158 & \\
\hline
0000 &
\end{array}
$$

D'abord, ce chiffre n'est pas *plus fort* que
le chiffre des centaines, puisque son produit par 594, donnant un nombre plus petit que 2595 *centaines,* le quotient
total est au moins égal à autant de fois 100 qu'il y a d'unités
dans ce chiffre. En second lieu, ce chiffre n'est pas *plus
faible* que le chiffre des centaines, puisque, si on l'augmentait
seulement d'*une unité,* le produit du nouveau chiffre par 594
donnerait au moins 2596 centaines, et ne pourrait par conséquent être soustrait du dividende 259578; ainsi, ce chiffre
doit être celui des *centaines* du quotient.

La difficulté, pour déterminer le chiffre des centaines du
quotient, consiste donc à chercher combien de fois 2595 contient 594, où, ce qui revient au même, à chercher le chiffre
qui, multiplié par 594, donne le plus grand produit contenu
dans 2595. On pourrait d'abord obtenir ce chiffre en soustrayant
successivement et autant de fois que possible, 594 de 2595;
mais on simplifiera cette recherche en observant, d'après la
règle (n° 19) de la multiplication d'un nombre de plusieurs
chiffres par un nombre d'un seul, que 25 est, *à quelques
unités près provenant des réductions;* le résultat de la multiplication du chiffre 5 de 594, par le chiffre cherché. Or, si l'on
divise 25 par 5, on obtient pour quotient, 5 qui est évidemment un chiffre *trop fort :* car, dans la multiplication de 594
par 5, le produit de 9 par 5 est 45 dixaines, ce qui donne 4
centaines à reporter sur le produit de 5 par 5 ou 25. Essayons
donc 4; le produit de 594 par 4 est 2376, nombre qui est plus
petit que 2595, et qu'on écrit alors au-dessous de ce dernier

nombre ; ainsi, 4 est le véritable chiffre des centaines du quotient ; c'est pourquoi on l'écrit sous le diviseur, comme on le
voit ci-dessus. (On voit d'ailleurs que 2376 est le 3ᵉ *produit
partiel* qu'on a obtenu en multipliant 594 par 437.)

Soustrayant 2376 de 2595, et abaissant à côté du reste 219
les chiffres suivans du dividende, on a 21978, nombre qui se
compose encore de la somme des *produits partiels* de 594 par
les *dixaines* et par les *unités* du quotient.

Pour obtenir les *dixaines*, on raisonnera comme précédemment. Le produit de 594 par des dixaines, ne pouvant donner
d'unités d'aucun ordre inférieur à celui des dixaines, se trouve
nécessairement dans les 2197 dixaines du nouveau dividende ;
et si l'on cherche le chiffre qui exprime *le plus grand nombre
de fois* que 594 est contenu dans 2197, ce chiffre sera celui des
dixaines du quotient. D'abord, il n'est pas *trop fort,* puisque
son produit par 594 pouvant être soustrait de 2197 dixaines,
le quotient est au moins égal à autant de *dixaines* qu'il y a
d'unités dans ce chiffre. Ensuite, il n'est pas *trop faible,*
puisque, si on l'augmentait seulement d'une unité, le produit
du nouveau chiffre par 594 donnerait au moins 2198 dixaines
et ne pourrait plus être soustrait du dividende 21978.

Voyons donc combien de fois 2197 contient 594, ou plutôt,
d'après l'observation faite ci-dessus, combien de fois 21 contient 5. On trouve 4; mais dans la multiplication de 594 par 4,
le produit de 9 par 4 est 36, ce qui donne 3 *centaines* à ré-
porter sur le produit de 5 par 4, ou 20 ; ainsi 4 est trop fort.
Essayons 3 ; le produit de 594 par 3 est 1782, nombre plus
petit que 2197 (on l'écrit alors sous 2197) : ainsi, 3 est
le chiffre des dixaines du quotient; et on le place à la droite
du chiffre 4 déjà trouvé. (Le produit 1782 est d'ailleurs le
2ᵉ *produit partiel* de la multiplication de 594 par 437.)

Soustrayant 1782 de 2197, et abaissant à côté du reste 415
le chiffre 8 du dividende, on obtient 4158; nombre qui représente le produit partiel de 594 par les unités du quotient.

Cherchant enfin combien de fois 4158 contient 594, ou plutôt, combien de fois 41 contient 5, on trouve 8 ; mais 8 est trop

fort, comme il est aisé de le voir ; essayons 7 : le produit de 594 par 7 est 4158, nombre qui, soustrait de la partie restante du dividende, donne pour reste o ; ainsi 7 est le chiffre des *unités* du quotient ; donc 437 est le quotient demandé.

En effet, il résulte évidemment des opérations précédentes, qu'on a soustrait successivement du dividende 259578 les produits partiels de 594 par 4 *centaines*, 3 *dixaines*, 7 *unités*; et puisque, après toutes ces opérations, il ne reste rien, il s'ensuit que 259578 est égal au produit de 594 par 437.

34. *Soient maintenant deux nombres*, 3844637 *et* 657, *pris au hasard; et proposons-nous de diviser le premier par le second.*

La première difficulté que présente cette opération, consiste à déterminer l'*ordre* des plus hautes unités du quotient ; et *le nombre* de ces plus hautes unités. Il est d'abord évident que, si l'on prenait à la gauche du dividende autant de chiffres qu'il y en a dans le diviseur, c'est-à-dire *trois*, et que l'ensemble de ces chiffres contînt le diviseur, le quotient cherché aurait des *dixaines de mille*; mais comme il n'en est pas ainsi

$$
\begin{array}{r|l}
3844637 & 657 \\
3_285 & \overline{5851} \\
\hline
559637 & \\
5_256 & \\
\hline
34037 & \\
3_285 & \\
\hline
1187 & \\
657 & \\
\hline
530 &
\end{array}
$$

dans cet exemple, le quotient renferme au plus des *unités de mille*; il en contient au moins *une*, puisque le produit de 657 par 1000, ou 657000, est évidemment plus petit que le dividende ; ainsi, nous sommes certains déjà que le quotient se compose de *mille, centaines, dixaines,* et *unités*.

Pour trouver les mille, remarquons que le produit de 657 par des *mille*, ne pouvant donner moins que des *mille*, se trouve nécessairement dans les 3844 *mille* du dividende ; et si l'on cherche le chiffre qui exprime le *plus grand nombre de fois* que 657 est contenu dans 3844, ce chiffre sera celui des *mille* du quotient. D'abord, ce chiffre n'est pas *trop fort*, puisque son produit par 657 donnant moins que 3844 *mille*, peut être soustrait du dividende, et qu'ainsi, le quotient est au moins égal à autant de fois 1000 qu'il y a d'unités dans ce chiffre ; il n'est pas *trop faible*, car si on l'augmentait seulement d'une unité, le produit par 657 donnerait au moins 3845 mille, et ne pourrait être soustrait du dividende.

Cherchons donc combien de fois 3844 contient 657, ou simplement, combien de fois 38 contient 6. On trouve 6 ; mais 6 est trop fort : car dans la multiplication de 657 par 6, le produit de 5 par 6 est 30, ce qui donne 3 centaines à reporter sur le produit de 6 par 6 ou 36. Essayons donc 5 ; le produit de 657 par 5 est 3285 (qu'on écrit au-dessous de 3844) ; et l'on place 5 au quotient, comme exprimant les *mille* du quotient total.

Soustrayant 3285 de 3844, et abaissant à côté du reste 559 les autres chiffres du dividende, on obtient 559637, nombre qui se compose encore des produits partiels de 657, par les *centaines*, les *dixaines*, et les *unités* du quotient, et sur lequel il faut par conséquent raisonner et opérer comme sur le dividende primitif.

Pour obtenir les centaines, on prend les 5596 centaines du nouveau dividende ; et l'on cherche combien de fois 5596 contient 657, ou simplement, combien de fois 55 contient 6. On trouve 9 pour quotient ; mais 9 est évidemment trop fort. Essayons 8 : le produit de 657 par 8 est 5256, nombre plus petit que 5596 ; ainsi, 8 est le chiffre des *centaines* du quotient ; écrivons ce chiffre à côté du chiffre déjà trouvé, et plaçons d'ailleurs le produit 5256 sous 5596, pour soustraire le premier nombre du second.

Effectuant cette nouvelle soustraction, et écrivant à côté du reste 340, les autres chiffres 37 du dividende, on obtient 34037, nombre qui contient encore les produits partiels de 657 par les *dixaines* et les *unités* du quotient.

Divisant 3403 par 657, ou plutôt 34 par 6, on trouve 5. Le produit de 657 par 5 est 3285, nombre plus petit que 3403 ; ainsi, 5 est le chiffre des *dixaines*, et on l'écrit à la droite des deux précédens ; puis on place le produit 3285 sous 3403, et l'on fait cette nouvelle soustraction.

Écrivant à côté du reste 118 le dernier chiffre 7 du dividende,

on obtient 1187, nombre qui contient évidemment 657 une
fois; ainsi 1 est le chiffre des *unités* du quotient, et on le
place à la droite des trois précédens; ce qui donne 5851 pour
le quotient demandé.

Soustrayant d'ailleurs 657 de 1187, on trouve pour reste
530, ce qui indique que le dividende proposé est compris
entre le produit de 657 par 5851 et celui de 657 par 5852.

On peut d'ailleurs vérifier l'opération, en multipliant 657 par
5851, ou 5851 par 657, et ajoutant au produit le reste 530.

Voici les détails de cette preuve :

$$
\begin{array}{r}
5851 \\
657 \\
\hline
40957 \\
29255 \\
35106 \\
\hline
530 \\
\hline
3844637
\end{array}
$$

N. B. — On peut observer que, dans le cours des opérations,
il suffit de descendre à côté de chaque reste le chiffre suivant
du dividende; et l'on continue ainsi jusqu'à ce qu'on les ait
abaissés tous.

35. La détermination de chaque quotient partiel d'après
le moyen indiqué jusqu'à présent, exige un tâtonnement
plus ou moins long; et encore n'est-on bien sûr de l'exactitude
du chiffre essayé, qu'après que l'on a pu soustraire du dividende partiel le produit du diviseur par ce chiffre.

Il existe toutefois un moyen de s'assurer si le chiffre qu'on
essaie est *bon*, avant d'entreprendre la soustraction dont
nous venons de parler. Ce moyen consiste à *diviser par la
pensée le dividende partiel par le chiffre*, en opérant comme
dans le 3ᵉ exemple du n° 32, *à pousser cette opération tant
que les chiffres obtenus au quotient de cette division mentale,
sont les mêmes que les chiffres correspondans du diviseur
proposé, et à s'arrêter du moment où l'un des chiffres obtenus*

est plus grand ou plus petit que le chiffre correspondant du diviseur. Si le chiffre est *plus grand*, nul doute que le chiffre essayé ne soit *bon*; si le chiffre est *plus petit*, on peut également affirmer que le chiffre essayé est *trop fort*; on le diminue alors d'une unité; puis on opère sur le nouveau chiffre comme sur le précédent.

Soit, pour exemple, à diviser 137836 par 1583.

Le premier dividende partiel étant 13783, on est conduit à dire : en 13 combien de fois 1? 13 fois. Mais le premier quotient partiel ne pouvant être que 9 au plus, il faut essayer 9; et pour cela, on dit : le 9ᵉ de 13 est 1 pour 9, et il reste 4;

$$\begin{array}{r|l} 137836 & 1583 \\ 12664 & \overline{87} \\ \hline 11196 & \\ 11081 & \\ \hline 115 & \end{array}$$

le 9ᵉ de 47 est 5 pour 45, et il reste 2; le 9ᵉ de 28 est 3, chiffre plus petit que le 3ᵉ chiffre 8 du diviseur proposé; donc 9 est *trop fort*, car le 9ᵉ de 13783 étant moindre que ce diviseur, on ne peut soustraire 9 fois celui-ci du dividende partiel. Essayons maintenant 8; or, le 8ᵉ de 13 est 1 pour 8, et il reste 5; le 8ᵉ de 57 est 7, chiffre plus grand que le 2ᵉ chiffre 5 du diviseur proposé; ainsi le chiffre 8 est *bon*, puisque, le 8ᵉ de 13783 surpassant le diviseur proposé, on peut soustraire 8 fois ce diviseur du dividende partiel.

Multipliant 1583 par 8 et soustrayant le produit 12664 du dividende partiel, on obtient pour reste, 1119, et pour second dividende partiel, 11196.

On dit ensuite : en 11 combien de fois 1? 11 fois; mais il est évident que le 2ᵉ quotient partiel ne peut être que 8 au plus, puisque le nouveau dividende partiel est moindre que le premier. Essayons donc 8; or, le 8ᵉ de 11 est 1 pour 8, et il reste 3; le 8ᵉ de 31 est 3, chiffre plus petit que le 2ᵉ chiffre du diviseur proposé; d'où l'on conclut que 8 est *trop fort*, puisqu'on ne saurait soustraire 8 fois ce diviseur du second dividende partiel. Essayons maintenant 7; or, le 7ᵉ de 11 est 1 pour 7, et il reste 4; le 7ᵉ de 41 est 5 pour 35, et il reste 6; le 7ᵉ de 69 est 9, chiffre plus grand que le 3ᵉ chiffre 8 du diviseur primitif; donc le chiffre 7 est *bon*, puisque le 7ᵉ de

11196 étant plus grand que 1583, on peut soustraire 7 fois ce dernier nombre de 11196.

Multipliant 1583 par 7 et soustrayant le produit 11081 de 11196, on obtient pour reste 115, et pour quotient cherché, 87.

N. B. — Quand on est obligé de pousser l'essai jusqu'au chiffre des unités du premier ordre, il en résulte cet avantage, que la soustraction se trouve toute faite.

Ainsi, pour diviser 12670 par 1583, après avoir constaté que 9 serait trop fort, on essaie 8 en disant : le 8ᵉ de 12 est 1 pour 8, et il reste 4 ; le 8ᵉ de 46 est 5 pour 40, et il reste 6 ; le 8ᵉ de 67 est 8 pour 64, et il reste 3 ; le 8ᵉ de 30 est 3 pour 24, et il reste 6.

On reconnaît donc à la fois que le quotient est 8, et que le reste de la soustraction est 6 ; c'est-à-dire que le dividende contient 8 fois le diviseur, et en outre 6 unités.

36. RÈGLE GÉNÉRALE. — Pour diviser deux nombres entiers l'un par l'autre, *écrivez le diviseur à la droite du dividende ; séparez-les par un trait vertical, et tirez une barre au-dessous du diviseur.*

Cela fait, *prenez à la gauche du dividende autant de chiffres qu'il y en a dans le diviseur, ou* UN *de plus si l'ensemble de ces premiers chiffres est plus petit que le diviseur ; vous obtenez ainsi* UN PREMIER DIVIDENDE PARTIEL *dont le chiffre à droite exprime des unités de même ordre que les plus hautes unités du quotient. Cherchez* (n° 35) *combien de fois ce dividende partiel contient le diviseur. Ce quotient obtenu, écrivez-le sous le diviseur ; multipliez le diviseur par ce chiffre, et soustrayez le produit du premier dividende partiel.*

Abaissez à côté du reste le chiffre suivant du dividende, ce qui donne UN SECOND DIVIDENDE PARTIEL. *Cherchez, comme précédemment, combien de fois ce second dividende partiel contient le diviseur, et écrivez ce nouveau quotient à la droite du premier ; multipliez le diviseur par ce second quotient, et retranchez le produit du second dividende partiel.*

Abaissez à côté de ce second reste le chiffre suivant du dividende, ce qui donne UN TROISIÈME DIVIDENDE PARTIEL, *sur lequel vous opérez comme sur les précédens.*

Continuez cette série d'opérations jusqu'à ce que vous ayez abaissé le dernier chiffre, en ayant soin, à chaque opération, d'écrire le quotient que vous obtenez, à la droite des précédens, afin de donner à ceux-ci leur véritable valeur. Si, après toutes ces opérations, il ne reste *rien*, la division est dite *exacte*. Si vous obtenez un reste, vous l'ajoutez, dans la preuve, au produit du diviseur par le quotient *trouvé*.

37. Après s'être bien familiarisé avec les diverses parties de ce procédé, on peut encore abréger beaucoup les opérations partielles en effectuant les multiplications et les soustractions tout-à-la-fois, comme on va le voir dans l'exemple suivant, qui est un des plus difficiles qu'on puisse se proposer.

Diviser 9639475 par 2789.

Je prends d'abord les quatre premiers chiffres à gauche du dividende, puisque leur ensemble contient le diviseur; et je divise 9639 par 2789, ou simplement 9 par 2; il vient 4 pour quotient; mais il est aisé de voir (n°. 35) que ce chiffre est trop fort. J'essaie donc 3, qui est le véritable chiffre, car le *tiers* de 9 est 3, chiffre plus grand que le premier chiffre 2 du diviseur.

$$\begin{array}{r|l}
9639475 & 2789 \\
12724 & \overline{3456} \\
15687 & \\
17425 & \\
691 &
\end{array}$$

Cela posé, au lieu de multiplier 2789 par 3 et d'écrire le produit sous 9639, pour en faire la soustraction, j'opère ainsi qu'il suit : je dis 3 fois 9 font 27; ôtez 27 de 9 (dernier chiffre à droite de 9639), cela ne se peut; je suppose 9 augmenté de 2 dixaines, ce qui donne 29, et je retranche 27 de 29; il reste 2 que j'écris au-dessous de 9639, après avoir souligné ce dernier nombre. Observons maintenant que les 2 dixaines ajoutées sont censées avoir été empruntées sur le chiffre 3, qui ne vaut plus que 1; mais (n° 14) il revient évidemment au même, et cela est plus commode, de retenir les 2 dixaines pour les joindre au produit des dixaines du diviseur par le quotient 3, et pour soustraire le tout, des dixaines du dividende 9639, prises en totalité.

Je dis donc ensuite 3 fois 8 font 24, et 2 de retenue font 26;

26 de 3, cela ne se peut; mais empruntant 3 centaines sur le chiffre des centaines du dividende partiel, j'obtiens 33, et je soustrais 26 de 33; il reste 7, que j'écris sous le 3 du dividende partiel; je retiens d'ailleurs les 3 centaines.

3 fois 7 font 21, et 3 de retenue font 24; 24 de 6, cela ne se peut; mais 24 de 26, il reste 2, que j'écris sous le 6 du dividende partiel, et je retiens 2 *mille*.

Enfin, 3 fois 2 font 6, et 2 de retenue font 8; 8 de 9, il reste 1, que j'écris sous le 9.

Il reste donc 1272; à côté de ce nombre j'abaisse le chiffre 4 du dividende; ce qui donne le *second dividende partiel* 12724, sur lequel j'opère de la même manière.

En 12724 combien de fois 2789, ou en 12 combien de fois 2? Il y est 6 fois; on 6 et même 5 sont trop forts, comme il est aisé de le reconnaître (n° 35); mais 4 est *bon*, et j'écris 4 à la droite du 3, au quotient; et je dis 4 fois 9 font 36; 36 de 4, cela ne se peut; mais 36 de 44, il reste 8, que j'écris au-dessous du 4, et je retiens 4.

4 fois 8 font 32, et 4 de retenue font 36; 36 de 3, cela ne se peut; mais 36 de 42, il reste 6, que j'écris au-dessous du 2, et je retiens 4.

4 fois 7 font 28, et 4 de retenue font 32; 32 de 37, il reste 5, que j'écris sous le 7, et je retiens 3.

Enfin, 4 fois 2 font 8, et 3 de retenue font 11; 11 de 12, il reste 1, que j'écris sous le 2.

Le reste de cette nouvelle opération est 1568, à côté duquel j'abaisse le chiffre suivant du dividende, et j'ai 15687 pour *troisième dividende partiel*, sur lequel j'opère de la même manière, ainsi que sur les suivans, et j'obtiens enfin pour quotient, 3456, avec le reste 691.

Voici le tableau des opérations pour un nouvel exemple :

200658969	39837
147396	5037
278859	

o

4..

38. *Première remarque* sur la division.—Ce dernier exemple
donne lieu à une observation importante :

Après avoir trouvé pour premier quotient 5, et pour premier
reste 1473, on abaisse à côté de ce reste le chiffre suivant, ce
qui donne pour second dividende partiel 14739. Or, ce dividende partiel ne contient pas le diviseur ; donc le quotient
total n'a pas de centaines, puisque, s'il en avait seulement
une, son produit par 39837 devrait pouvoir être soustrait du
dividende partiel 14739 ; ce qui n'a pas lieu. Mais pour conserver au chiffre 5 du quotient la valeur qu'il doit avoir, il
faut écrire au quotient un o qui tienne lieu des *centaines ;* et
abaissant ensuite à côté de 14739 le chiffre suivant 6 du dividende, on continue l'opération ; ce qui donne successivement
le chiffre des *dixaines* et le chiffre des *unités.*

En général, toutes les fois qu'en abaissant à côté d'un reste,
le chiffre suivant, on obtient un nombre moindre que le
diviseur, cela indique que le quotient n'a pas d'unités de
l'ordre du chiffre abaissé; *alors on met au quotient un o,*
pour tenir la place des unités qui manquent, et donner
ainsi aux chiffres significatifs déjà trouvés, leur valeur relative. *On abaisse ensuite à côté de ce dividende partiel, un*
nouveau chiffre, et l'on continue l'opération.

39. — *Seconde remarque.* Lorsqu'une opération partielle a été
bien faite, c'est-à-dire lorsque le chiffre du quotient, relatif
à cette opération, a été *exactement déterminé,* on ne peut pas
dans l'opération suivante, trouver plus de 9 au quotient :
car supposer que l'on pût obtenir seulement 10, ce serait supposer que le chiffre précédent est trop faible d'une unité.

Il existe d'ailleurs un signe certain auquel on reconnaît
qu'un chiffre du quotient est *bien déterminé;* c'est lorsqu'en
soustrayant le produit partiel du diviseur par ce chiffre, *on*
obtient un reste moindre que le diviseur. Si ce reste est supérieur ou égal au diviseur, il faut augmenter d'une unité le
chiffre trouvé d'abord.

40. Comme, dans les trois premières opérations de l'Arithmétique, les calculs s'effectuent à commencer *par la droite,*

il est naturel de demander pourquoi, dans la division, on commence au contraire *par la gauche*. Pour répondre à cette question, il faut observer que, le dividende étant la somme des produits partiels du diviseur par les *unités*, les *dixaines*, les *centaines*, *etc.*, du quotient, tous ces produits partiels se fondent les uns dans les autres ; et il n'est pas possible de mettre d'abord en évidence le produit du diviseur par les unités, le produit par les dixaines, etc. ; tandis que, d'après le procédé, indiqué précédemment, on détermine sur-le-champ dans quelle partie du dividende se trouve *le produit par les unités les plus fortes*.

: (Au reste, on pourrait commencer l'opération par la droite, en l'effectuant par des soustractions successives, comme on l'a indiqué n° 30.)

41. Donnons maintenant quelques usages de la multiplication et de la division.

PREMIÈRE QUESTION. — *On demande le prix de 2564 toises d'un certain ouvrage, en supposant que la toise coûte 47 francs.*

Puisque chaque toise coûte 47 francs, il est clair qu'en répétant cette valeur 2564 fois, on aura le prix des 2564 toises. Ainsi il suffit d'effectuer le produit de 47 par 2564, ou plutôt (n° 25) le produit de 2564 par 47 ; et ce produit exprimera le nombre de francs demandé.

Voici l'opération, et sa preuve par la division :

$$
\begin{array}{r}
2564 \\
47 \\
\hline
17948 \\
10256 \\
\hline
120508
\end{array}
\qquad
\begin{array}{r|l}
120508 & 47 \\
265 & \overline{2564} \\
300 & \\
188 & \\
\hline
000 &
\end{array}
$$

Donc, 2564 toises ont coûté 120508 fr.

SECONDE QUESTION. — *La toise d'un certain ouvrage en maçonnerie coûte 39 francs ; on demande combien on fera construire de toises pour 8395 francs.*

Il est clair qu'autant de fois 39 sera contenu dans 8395, autant de toises on pourra faire construire; ainsi, il suffit de diviser 8395 par 39; et le quotient qu'on obtiendra sera le nombre de toises demandé.

$$
\begin{array}{r|l}
8395 & 39 \\
\hline
59 & 215^{\text{tol.}} \quad \tfrac{10}{39} \\
205 & \\
10 &
\end{array}
\qquad
\begin{array}{r}
\text{Preuve...} \quad 215 \\
39 \\
\hline
1935 \\
645 \\
10 \\
\hline
8395
\end{array}
$$

Comme on obtient, outre le quotient 215, un reste 10, il faut savoir l'usage qu'on doit faire de ce reste.

Observons que, si le dividende renfermait 10 francs de moins, il serait le produit exact de 39 par 215; ainsi, le nombre de toises demandé serait 215; mais comme on a 10 francs de plus, il s'agit de déterminer la *fraction* de toise qu'on peut faire construire avec ces 10 francs.

Or, avec un franc, on aurait évidemment $\frac{1}{39}$ de toise, puisqu'on a une toise pour 39 francs; donc avec 10 francs, on doit avoir 10 fois $\frac{1}{39}$ ou $\frac{10}{39}$ de toise (*voyez* n° 8); ainsi 215 toises plus $\frac{10}{39}$ de toise, forment le résultat demandé.

Tel est, *en général*, l'usage qu'on doit faire du reste d'une division, lorsqu'en effectuant cette opération, on a en vue de résoudre une question relative à des nombres concrets:

On conçoit l'unité du quotient (dont la nature est toujours déterminée par l'énoncé de la question) *divisée en autant de parties égales qu'il y a d'unités dans le diviseur; on prend l'une de ces parties autant de fois qu'il y a d'unités dans le reste de la division; puis on ajoute la fraction qui en résulte au nombre entier déjà obtenu.*

TROISIÈME QUESTION. *On a payé* 21478 *fr. pour* 895 *aunes d'une certaine étoffe ; on demande le prix de l'aune de cette étoffe.*

Si l'on connaissait le prix de l'aune, en le répétant 895 fois, on devrait reproduire 21478 francs ; ainsi, il suffit encore de diviser 21478 par 895.

$$
\begin{array}{r|l}
21478 & 895 \\ \hline
3578 & 23^{fr.}\,\frac{893}{895} \\
893 &
\end{array}
\qquad
\begin{array}{r}
\text{Preuve...} \quad 895 \\
23 \\ \hline
2685 \\
1790 \\
893 \\ \hline
21478
\end{array}
$$

Comme le dividende, outre le produit de 895 par 23, contient encore 893 francs, il s'ensuit que le prix de l'aune est 23 fr., plus *une fraction* qu'il s'agit de déterminer.

Pour y parvenir, remarquons que $\frac{1}{895}$ répété 895 fois, donne 1 ; ainsi, $\frac{893}{895}$ répété 895 fois, donne 893 ; et par conséquent, 23 plus $\frac{893}{895}$ est *un nombre qui, multiplié par 895, reproduit* 21478. Donc enfin, le prix demandé est 23 francs plus $\frac{893}{895}$ de francs.

Ce résultat s'accorde avec la règle établie dans l'exemple précédent.

QUATRIÈME QUESTION. — *Supposons que 498 personnes aient à partager également une somme de 1348708 francs ; on demande la part qui revient à chacune.*

$$
\begin{array}{r|l}
1348708 & 498 \\ \hline
3527 & 2708^{fr.}\,\frac{124}{498} \\
4108 & \\
124 &
\end{array}
\qquad
\begin{array}{r}
2708 \\
498 \\ \hline
21664 \\
24372 \\
10832 \\
124 \\ \hline
1348708
\end{array}
$$

Le quotient de cette division étant 2708, et le reste 124, on peut déjà conclure que, si la somme à partager était diminuée de 124 francs, chaque personne aurait pour sa part, 2708 francs. Mais comme la somme renferme 124 francs de plus que le produit de 2708 par 498, il s'ensuit que chaque personne doit avoir 2708 francs ; plus une partie des 124 francs. Pour se former une idée de cette partie, on peut d'abord *considérer le nombre 124 comme un tout qu'il faut diviser en 498 parties égales, et l'une de ces parties est la fraction qui doit compléter le quotient ;* mais il est plus simple (n° 8) de *concevoir l'unité,* qui est ici le franc, *divisée en 498 parties égales appelées* 498èmes, *et de prendre 124 de ces parties,* ce qui donne $\dfrac{124}{498}$ pour la fraction à ajouter au quotient entier.

42. *N. B.* — Ce dernier exemple nous conduit à une remarque dont nous ferons souvent usage ; c'est que, diviser le nombre 124 en 498 parties égales, revient à prendre 124 fois la 498e partie de l'unité. En effet, si, au lieu de 124, on avait seulement 1 à diviser en 498 parties égales, chaque partie serait $\dfrac{1}{498}$; mais comme le nombre à partager est 124 fois plus grand, on conçoit que le résultat du partage doit être 124 fois plus grand, ou égal à 124 fois $\dfrac{1}{498}$, ou bien enfin, à $\dfrac{124}{498}$.

De même, diviser 15 en 28 parties égales, revient à prendre 15 fois la 28e partie de l'unité. Car, si l'on avait seulement 1 à diviser en 28 parties égales, chaque partie serait égale à $\dfrac{1}{28}$; mais comme on a à partager 15, ou un nombre 15 fois plus grand, le résultat doit être égal à 15 fois $\dfrac{1}{28}$, ou à $\dfrac{15}{28}$.

En général, *diviser un nombre en autant de parties égales qu'il y a d'unités dans un autre, revient à diviser l'unité en autant de parties égales qu'il y a d'unités dans le second, et à prendre l'une de ces parties autant de fois qu'il y a d'unités dans le premier.*

Autres principes sur la multiplication et la division.

43. Des propositions démontrées n°s 25....28, on déduit quelques conséquences qu'il est bon de faire connaître, parce qu'elles sont d'un usage continuel en Arithmétique.

Observons avant tout que, d'après les définitions mêmes de la multiplication et de la division des nombres entiers, on *rend un nombre entier autant de fois plus grand ou plus petit qu'il y a d'unités dans un autre, en multipliant ou divisant le premier nombre par le second.*

Ainsi, lorsqu'on multiplie 24 par 6, le produit qu'on obtient est 6 fois plus grand que 24, puisqu'il résulte de l'addition de 6 nombres égaux à 24. De même, si l'on divise 24 par 6, le quotient est 6 fois plus petit que 24, puisque ce quotient répété 6 fois, reproduit 24.

Cela posé, je dis d'abord que si, dans une multiplication, *on rend le multiplicande ou le multiplicateur un certain nombre de fois plus grand ou plus petit, le produit est*, par ce change-ment, *rendu le même nombre de fois plus grand ou plus petit.*

Soit, par exemple, à multiplier 47 par 6, et supposons qu'au lieu d'effectuer cette opération, on multiplie 47 par 24, qui est 4 fois plus grand que 6; comme, d'après ce qui a été dit n° 26, multiplier 47 par 24 revient à multiplier 47 par 6 et le produit obtenu par 4, il s'ensuit que le produit de 47 par 24 est égal à 4 fois le produit de 47 par 6, ou bien, est 4 fois plus grand que le produit de 47 par 6.

Réciproquement, le produit de 47 par 6 (qui est le *quart* de 24) étant six fois plus petit que le produit de 47 par 24, il s'ensuit que si l'on rend le multiplicateur 4 fois plus petit, ou si on le divise par 4, le produit est, par ce changement, rendu 4 fois plus petit.

On a vu d'ailleurs (n° 25) que, dans une multiplication de deux facteurs, on peut intervertir l'ordre des deux facteurs; donc ce qui vient d'être dit par rapport au multiplicateur, s'applique également au multiplicande; donc, etc....

Il résulte de là qu'*on ne change pas la valeur d'un produit, en rendant le multiplicande un certain nombre de fois plus grand, pourvu qu'on rende en même temps le multiplicateur le même nombre de fois plus petit*, c'est-à-dire en *multipliant le premier facteur par un certain nombre, et divisant le second par le même nombre :* car, d'après ce qui vient d'être dit, il y a évidemment compensation ; c'est-à-dire que la seconde opération détruit l'effet de la première.

C'est sur cette dernière conséquence que se fonde un moyen quelquefois employé pour *vérifier la multiplication.*

Soit 347 *à multiplier par* 72. Multiplier 347 par 72 revient à multiplier 2 fois 347, ou 694, par la moitié de 72, ou par 36. Ainsi, après avoir multiplié 347 par 72, on peut ensuite multiplier 694 par 36 ; et si la première opération est juste, on doit retrouver le même nombre.

Maintenant, puisque, dans la division, le dividende est un produit dont le diviseur et le quotient sont les deux facteurs ; il s'ensuit que, *si l'on rend le dividende un certain nombre de fois plus grand ou plus petit*, c'est-à-dire *si on le multiplie ou si on le divise par un certain nombre entier, le quotient est*, par ce changement, *multiplié ou divisé par le même nombre.*

En effet, comme, après le changement, le quotient multiplié par le diviseur doit reproduire un dividende un certain nombre de fois plus grand ou plus petit que le premier, il faut nécessairement, le diviseur restant le même, que le quotient soit ce même nombre de fois plus grand ou plus petit.

Au contraire, si, sans altérer le dividende, *on rend le diviseur un certain nombre de fois plus grand ou plus petit, le quotient est par-là rendu ce nombre de fois plus petit ou plus grand :* c'est en effet la seule hypothèse admissible pour que la multiplication donne le même produit ou le même dividende.

Donc, *en multipliant ou divisant le dividende et le diviseur par un même nombre, on ne change pas le quotient ;* puisque si, par le changement fait sur le dividende, on multiplie ou divise le quotient par un certain nombre, le second changement rend le résultat le même nombre de fois plus petit ou plus grand, et qu'ainsi il y a compensation.

~~~~~~

CHAPITRE II.

Des Fractions.

44. On a déjà vu (n°s 1 et 8) ce que c'est qu'une fraction, et quelle idée on doit s'en former. On distingue toujours deux termes dans une fraction, le *dénominateur* et le *numérateur*. Le dénominateur indique *en combien de parties égales l'unité est divisée,* et le numérateur, *combien on prend de ces parties;* l'ensemble des parties que l'on prend constitue la fraction.

Ainsi, dans la fraction $\frac{3}{4}$, qu'on énonce *trois quarts*, 4 est le dénominateur et indique que l'unité est divisée en 4 parties égales; 3 est le numérateur et indique qu'on prend 3 de ces parties. De même la fraction $\frac{11}{12}$, que l'on énonce *onze douzièmes,* exprime 11 parties de l'unité supposée divisée en 12 parties égales.

On a vu également (n° 42) qu'une fraction telle que $\frac{13}{15}$ est équivalente à la 15e partie du *tout* exprimé par 13; c'est-à-dire *qu'une fraction peut encore être considérée comme le quotient de son numérateur divisé par son dénominateur;* en sorte que *treize fois le quinzième* de l'unité, ou *treize quinzièmes,* et la *quinzième* partie de *treize,* ou *treize divisé par quinze,* sont des expressions identiques.

45. De la définition que nous venons de donner du numérateur et du dénominateur, il résulte évidemment les conséquences suivantes :

1°. *Si*, sans altérer le dénominateur d'une fraction, *on multiplie ou divise son numérateur par un nombre, la nouvelle fraction sera ce nombre de fois plus grande ou plus petite que la première.*

En effet, lorsqu'on multiplie le numérateur par 2, 3, 4..., on indique par là qu'on prend 2, 3, 4 .... fois plus de parties; et, comme les parties sont les mêmes, la nouvelle fraction est 2, 3, 4... fois plus grande. Ainsi, *soit la fraction* $\frac{6}{25}$; il est clair que $\frac{12}{25}$, $\frac{18}{25}$, $\frac{24}{25}$..., sont des fractions 2, 3, 4... fois plus grandes que la première.

Au contraire, en divisant le numérateur par 2, 3, 4..., on indique que l'on prend 2, 3, 4... fois moins de parties; donc, etc.... Ainsi, $\frac{3}{25}$, $\frac{2}{25}$, sont respectivement 2, 3 fois plus petits que $\frac{6}{25}$.

2°. *Si*, sans altérer le numérateur, *on multiplie ou divise le dénominateur d'une fraction par un nombre, on divise ou multiplie la fraction par ce nombre.*

En effet, lorsqu'on multiplie le dénominateur par 2, 3, 4..., on indique que l'unité est divisée en 2, 3, 4... fois plus de parties égales; les nouvelles parties sont donc 2, 3, 4... fois plus petites, et comme on prend toujours le même nombre de ces parties, il s'ensuit que la fraction résultante est 2, 3, 4... fois plus petite.

Au contraire, si l'on divise le dénominateur par 2, 3, 4..., l'unité se trouve divisée en 2, 3, 4... fois moins de parties égales; les nouvelles parties sont donc 2, 3, 4... fois plus grandes; et comme on en prend toujours le même nombre, il s'ensuit que la fraction résultante est 2, 3, 4... fois plus grande que la première.

3°. *On ne change point la valeur d'une fraction en multipliant ou divisant ses deux termes par un même nombre.*

En effet, il résulte des deux premiers principes, que l'effet de l'opération exécutée sur le dénominateur, détruit l'effet de l'opération exécutée sur le numérateur, et qu'ainsi il y a compensation.

Par exemple, les fractions $\frac{6}{8}$, $\frac{9}{12}$, $\frac{12}{16}$, $\frac{15}{20}$ ... , sont toutes équivalentes à la fraction $\frac{3}{4}$, puisqu'elles résultent de la multiplication de chacun de ses deux termes par 2, 3, 4, 5 .....

De même, la fraction $\frac{24}{36}$ est égale à chacune des fractions $\frac{12}{18}$, $\frac{8}{12}$, $\frac{6}{9}$ ..., puisqu'on obtient ces dernières en divisant les deux termes de $\frac{24}{36}$ par 2, 3, 4....

Ces diverses propositions sont analogues aux principes établis (n° 43) sur la division des nombres entiers, et doivent par conséquent être regardées comme une extension des mêmes principes aux fractions.

46. Comme la troisième proposition est d'une application continuelle, nous croyons devoir en donner une démonstration directe et indépendante des deux premières.

Prenons pour exemple la fraction $\frac{5}{8}$, et multiplions par 3 les deux termes 5 et 8, ce qui donne $\frac{15}{24}$; je dis que cette dernière fraction est équivalente à la première.

En effet, l'unité principale étant d'abord divisée en *huit* parties égales, divisons chaque *huitième* en *trois* parties égales : l'unité se trouve ainsi divisée en *vingt-quatre* parties égales. Chaque *huitième* vaut donc trois *vingt-quatrièmes*, et cinq *huitièmes* valent cinq fois trois, ou quinze *vingt-quatrièmes*, c'est-à-dire que les fractions $\frac{5}{8}$ et $\frac{15}{24}$ ont absolument la même valeur.

On démontrerait de la même manière que les fractions $\frac{11}{12}$ et

$\dfrac{55}{60}$, dont la dernière se forme en multipliant par 5 les deux termes 11 et 12 de la première, sont égales.

Comme réciproquement, on passe de la fraction $\dfrac{15}{24}$ à la fraction $\dfrac{5}{8}$, en prenant *le tiers* de chacun des termes de la première, et de la fraction $\dfrac{55}{60}$ à la fraction $\dfrac{11}{12}$, en prenant *le cinquième* des deux termes de la première, on peut conclure qu'*une fraction ne change pas de valeur lorsqu'on multiplie ou divise ses deux termes par un même nombre.*

Nous allons passer aux diverses opérations que l'on peut avoir à effectuer sur les fractions, dans la résolution d'une question dont les *données* sont des fractions ou des nombres fractionnaires. Mais avant d'exposer les quatre opérations fondamentales, il est nécessaire de faire connaître deux *transformations* d'un usage fréquent, *et particulières* au calcul des fractions.

Réduction des fractions à un même dénominateur.

47. Cette transformation a pour objet, *deux ou plusieurs fractions d'espèces différentes, ou de différens dénominateurs, étant données, de les réduire à la même espèce, ou au même dénominateur.* Or, le principe, qu'on ne change pas la valeur d'une fraction en multipliant ses deux termes par un même nombre, fournit un moyen simple d'exécuter cette transformation.

Soient, par exemple, les fractions $\dfrac{3}{4}$ *et* $\dfrac{5}{7}$, *qu'il s'agit de réduire au même dénominateur.*

Si l'on multiplie les deux termes 3 et 4 de la première par 7, dénominateur de la seconde, et les deux termes 5 et 7 de la seconde par 4, dénominateur de la première, il vient $\dfrac{21}{28}$ et $\dfrac{20}{28}$ pour les deux fractions demandées.

Ces fractions ont la même valeur que les fractions proposées,
d'après le principe du n° 46 ; de plus, elles ont nécessairement
des dénominateurs égaux, puisque chacun d'eux est le produit
des deux dénominateurs primitifs 4 et 7.

Soient encore les fractions $\frac{4}{7}$, $\frac{5}{8}$, $\frac{6}{11}$, *à réduire au même*
dénominateur.

Multipliez les deux termes 4 et 7 de la première fraction
par 88, produit des dénominateurs 8 et 11 de la seconde et
de la troisième fraction ; puis, les deux termes 5 et 8 de la seconde par 77, produit des dénominateurs 7 et 11 de la première
et de la troisième ; enfin, les deux termes 6 et 11 de la troisième par 56, produit des dénominateurs 7 et 8 de la première et
de la seconde ; vous aurez les nouvelles fractions $\frac{352}{616}$, $\frac{385}{616}$, $\frac{336}{616}$.

Ces fractions ont la même valeur que les fractions primi-
tives ; et leurs dénominateurs sont les mêmes, puisque chacun
d'eux est le produit des trois dénominateurs 7, 8, et 11, multipliés seulement dans un ordre différent. (*Voyez* n°ˢ 25—28.)

RÈGLE GÉNÉRALE. — *Pour réduire un nombre quelconque de*
fractions au même dénominateur, multipliez successivement
les deux termes de chacune d'elles par le produit effectué des
dénominateurs des autres fractions.

Voici d'ailleurs la manière d'appliquer cette règle dans la
pratique :

Soient les cinq fractions $\frac{3}{8}$, $\frac{7}{11}$, $\frac{10}{13}$, $\frac{23}{25}$ *et* $\frac{29}{43}$.

Pour plus de simplicité, l'on dispose ainsi l'opération :

$\frac{3}{8}$,	$\frac{7}{11}$,	$\frac{10}{13}$,	$\frac{23}{25}$,	$\frac{29}{43}$,
153725,	111800,	94600,	49192,	28600,
$\frac{461175}{1229800}$,	$\frac{782600}{1229800}$,	$\frac{946000}{1229800}$,	$\frac{1131416}{1229800}$,	$\frac{829400}{1229800}$.

Après avoir formé le produit des cinq dénominateurs 8, 11,

13, 25, 43, ce qui donne pour le dénominateur commun des
fractions transformées, le produit 1229800, on divise successivement ce produit par chacun des dénominateurs, et l'on
obtient les cinq *quotiens* 153725, 111800, 94600, 49192,
28600, que l'on place respectivement au-dessous des cinq
fractions proposées ; après quoi, l'on multiplie le numérateur
de chaque fraction par le *quotient* qui lui correspond ; et l'on a
ainsi les divers numérateurs ; de la sorte, toutes les fractions
se trouvent réduites au même dénominateur.

La raison de cette manière de procéder est facile à saisir : car
le nombre 1229800 étant le produit des cinq dénominateurs,
le quotient 153725 de la division de 1229800 par 8, exprime
nécessairement le produit des quatre autres dénominateurs 11,
13, 25, 43. De même, 111800 étant le quotient de la division
de 1229800 par le second dénominateur 11, est égal au produit
des quatre autres dénominateurs 8, 13, 25, et 43 ; même raisonnement par rapport aux autres quotiens. Ce moyen est
d'ailleurs, sans contredit, beaucoup plus expéditif que si, pour
chaque fraction, l'on effectuait la multiplication des dénominateurs des quatre autres. Mais il n'est réellement avantageux
que quand on a plus de trois fractions à réduire au même dénominateur.

48. Il est un cas où la réduction au même dénominateur peut
s'opérer d'une manière très simple : c'est *lorsque le plus grand
des dénominateurs est exactement divisible par chacun des
autres.*

Soient, *par exemple, les fractions*

$$\frac{2}{3}, \quad \frac{3}{4}, \quad \frac{5}{6}, \quad \frac{7}{12}, \quad \frac{23}{36},$$

$$12, \quad 9 \quad 6, \quad 3, \quad 1,$$

$$\frac{24}{36}, \quad \frac{27}{36}, \quad \frac{30}{36}, \quad \frac{21}{36}, \quad \frac{23}{36}.$$

Il est facile de voir que 36 est divisible exactement par chacun des quatre autres dénominateurs 3, 4, 6, et 12.

Cela posé, l'on effectue successivement ces divisions, et l'on place les quotiens 12, 9, 6, 3, au-dessous des quatre premières fractions; après quoi, l'on multiplie le numérateur de chacune d'elles par le quotient qui lui correspond, en laissant telle qu'elle était la fraction $\frac{23}{36}$; toutes les fractions, se trouvent ainsi réduites au dénominateur 36.

Quelquefois, sans que le plus grand dénominateur soit divisible exactement par tous les autres, on s'aperçoit qu'en le multipliant par 2, 3, 4..., on obtient *un produit divisible exactement par tous les dénominateurs;* dans ce cas, il y a encore lieu à simplification.

Soient proposées les nouvelles fractions

$$\frac{3}{4}, \quad \frac{7}{8}, \quad \frac{11}{12}, \quad \frac{13}{18}, \quad \frac{17}{24}, \quad \frac{25}{36}.$$
$$18, \quad 9, \quad 6, \quad 4, \quad 3, \quad 2,$$
$$\frac{54}{72}, \quad \frac{63}{72}, \quad \frac{66}{72}, \quad \frac{52}{72}, \quad \frac{51}{72}, \quad \frac{50}{72}.$$

Le dénominateur 36 est divisible par 4, 12 et 18, et ne l'est ni par 8, ni par 24; mais en le doublant, on obtient 72, nombre qui est évidemment divisible par chacun des dénominateurs.

Cela posé, l'on forme les quotiens de la division de 72 par ces dénominateurs, et on les place respectivement au-dessous des fractions; ensuite on multiplie le numérateur de chacune d'elles par le quotient qui lui correspond; toutes ces fractions acquièrent ainsi le même dénominateur 72.

Ces simplifications demandent beaucoup d'habitude; mais au reste, nous donnerons plus tard (*chapitre V^e*) le moyen de *réduire un nombre quelconque de fractions au dénominateur commun le plus simple possible.*

Voici quelques applications de la transformation précédente:

49. PREMIÈRE QUESTION. — *On demande, des deux fractions* $\frac{3}{5}$ *et* $\frac{7}{12}$, *quelle est la plus grande?*

Au premier abord, il paraît difficile de répondre à cette

question, parce que si, d'une part, l'unité est, dans la seconde fraction, divisée en un plus grand nombre de parties que dans la première, d'autre part, on prend plus de parties puisque le numérateur 7 est plus grand que le numérateur 3. Mais on levera la difficulté par là réduction au même dénominateur ; car il est évident que *de deux fractions qui ont un même dénominateur, celle-là est la plus grande, qui a le plus grand numérateur.*

Cette réduction opérée, il vient $\frac{36}{60}$ pour la première fraction, et $\frac{35}{60}$ pour la seconde; donc la fraction $\frac{3}{5}$ est la plus grande des deux, et elle est en excès sur l'autre, de $\frac{1}{60}$.

On reconnaîtrait de même que, des trois fractions $\frac{4}{7}, \frac{6}{11}, \frac{8}{13}$, la plus grande est $\frac{8}{13}$; la plus petite, $\frac{6}{11}$, et la moyenne, $\frac{4}{7}$: car, étant réduites au même dénominateur, elles deviennent respectivement $\frac{572}{1001}; \frac{546}{1001}, \frac{616}{1001}$.

On pourrait également réduire les fractions au même numérateur (ce qui se ferait *en multipliant les deux termes de chacune d'elles par le produit des numérateurs de toutes les autres*); et de ces fractions, la plus grande serait celle qui aurait le plus petit dénominateur, puisque l'espèce des parties étant plus grande, on en prendrait le même nombre. Mais le premier moyen a l'avantage de faire connaître en même temps les différences qui existent entre les fractions comparées deux à deux.

SECONDE QUESTION. — *Quel changement produit-on dans une fraction, en ajoutant un même nombre à ses deux termes?*

Soit, par exemple, la fraction $\frac{7}{12}$, *aux deux termes de laquelle on ajoute* 6 : il vient $\frac{13}{18}$ pour la fraction résultante.

Or, si l'on réduit ces deux fractions au même dénominateur,

là première devient $\frac{126}{216}$, et la seconde $\frac{156}{216}$; donc là fraction proposée a augmenté de valeur, et elle a augmenté de $\frac{30}{216}$.

Pour rendre compte de ce *fait* sans aucun calcul, observons que l'unité étant égale à $\frac{12}{12}$, l'excès de l'unité sur $\frac{7}{12}$ est exprimé par $\frac{5}{12}$; de même, l'excès de l'unité sur $\frac{13}{18}$ est exprimé par $\frac{5}{18}$. Les numérateurs de ces deux différences sont les mêmes; et cela doit être : car 18 et 13 ayant été formés par l'addition du même nombre 6 aux deux termes 7 et 12, il s'ensuit qu'il y a même différence entre 18 et 13 qu'entre 12 et 7. Mais la différence $\frac{5}{18}$ est nécessairement moindre que la différence $\frac{5}{12}$; puisque le premier dénominateur est plus grand, et que les numérateurs sont égaux; donc la fraction $\frac{13}{18}$ diffère moins de l'unité que la fraction $\frac{7}{12}$; par conséquent la première est plus grande que la seconde.

On conçoit d'ailleurs que plus le nombre ajouté aux deux termes de la fraction $\frac{7}{12}$ est grand, plus la différence entre l'unité et la nouvelle fraction est petite, puisque le numérateur de cette différence étant toujours 5, le dénominateur augmente de plus en plus, et qu'ainsi la fraction devient de plus en plus grande.

Ce raisonnement pouvant évidemment s'appliquer à toute autre fraction, on peut en conclure que *si, aux deux termes d'une fraction, on ajoute un même nombre, la fraction résultante est plus grande que la fraction proposée; et elle est d'autant plus grande que le nombre ajouté est plus grand.*

Par la raison inverse, *une fraction diminue de valeur lorsqu'on retranche un même nombre de ses deux termes.*

5..

Nous avons cru devoir entrer dans quelques détails sur cette proposition, afin d'empêcher les commençans de penser qu'il en est de cette circonstance comme du cas où l'on *multiplie ou divise les deux termes d'une fraction par un même nombre.* Dans ce dernier cas, on ne change pas (n° 46) la valeur de la fraction ; tandis qu'en ajoutant ou soustrayant un même nombre, on augmente ou diminue la fraction.

Réduction d'une fraction à de moindres termes.

50. Il arrive souvent, dans le calcul des fractions, que l'on est conduit à une fraction exprimée par de grands nombres ; or, plus le numérateur et le dénominateur sont grands, plus on a de peine à se faire une idée nette de la fraction.

Par exemple, la fraction $\frac{12}{15}$ indique qu'il faut diviser l'unité en 15 parties égales, et prendre 12 de ces parties. Mais 12 et 15 étant en même temps divisibles par 3, si l'on effectue les divisions, il vient $\frac{4}{5}$, fraction équivalente à la proposée (n° 46) ; alors, pour s'en former une idée, il suffit de concevoir l'unité divisée en 5 parties égales, et d'en prendre 4 ; ce qui est beaucoup plus simple.

Lors donc que l'on a une fraction dont les termes sont assez grands, il est utile de la réduire, s'il y a lieu, à une autre fraction dont les termes soient moindres.

Le premier moyen qui se présente, c'est de diviser les deux termes par les nombres 2, 3, 4..., tant que cela est possible.

Soit, pour exemple, la fraction $\frac{108}{144}$ *à réduire à de moindres termes.*

Il est aisé de voir que les deux termes sont divisibles par 2 ; effectuant les divisions, on obtient pour premier résultat, $\frac{54}{72}$.

Les deux termes de cette nouvelle fraction sont encore divisibles par 2 ; et il vient pour nouveau résultat, $\frac{27}{36}$.

Essayant maintenant la division par 3, on trouve $\frac{9}{12}$, fraction dont les deux termes sont encore divisibles par 3 ; ce qui donne enfin $\frac{3}{4}$ pour la fraction $\frac{108}{144}$ réduite à son expression la plus simple.

Cette méthode est facile et commode ; mais elle ne peut être généralisée maintenant.

Voici une autre manière de *réduire une fraction proposée à sa plus simple expression* : elle consiste à déterminer directement le plus grand nombre qui divise à la fois les deux termes de la fraction, ou, en d'autres termes, leur *plus grand commun diviseur*.

51. Commençons par établir quelques notions préliminaires :

Un nombre est dit *multiple* d'un autre nombre lorsqu'il le contient un nombre entier de fois, c'est-à-dire quand le premier nombre est exactement divisible par le second.

Réciproquement, le second nombre est dit un *sous-multiple*, ou une *partie aliquote*, ou un *diviseur* du premier.

Ainsi, 24 est multiple de 6, parce que 4 fois 6 font 24 ; réciproquement, 4 et 6 sont *diviseurs*, *sous-multiples*, ou *parties aliquotes* de 24. De même, 60 est *multiple* de 12, puisque 5 fois 12 donnent 60 ; réciproquement, 5 et 12 sont *diviseurs* ou *sous-multiples* de 60.

On appelle *nombre premier* un nombre qui n'est divisible exactement que par lui-même et par l'unité (qui est *diviseur* de tout nombre). Ainsi 2, 3, 5, 7, 11, 13... sont des *nombres premiers* ; mais 4, 6, 8, 9, 12, ne sont pas des nombres premiers, puisqu'ils admettent tous pour diviseurs, l'un des nombres 2, 3, ou tous les deux à la fois.

Deux nombres sont dits *premiers entre eux*, lorsqu'ils n'ont aucun diviseur commun (autre que l'unité) ; ainsi, 4 et 9, 7 et 12, 12 et 25, sont des nombres *premiers entre eux* ; 8 et 12 ne sont pas des nombres premiers entre eux, puisqu'ils sont divisibles en même temps, soit par 2, soit par 4.

PREMIER PRINCIPE. — *Tout nombre qui divise exactement un autre nombre, divise aussi un multiple quelconque de ce second nombre.*

Par exemple, 24 étant divisible par 8, et donnant pour quotient 3, 5 fois 24 ou 120 divisé par 8, donnera (n° 43) pour quotient 5 fois 3, ou 15. De même, 60 étant divisible par 12 et donnant pour quotient 5, 7 fois 60 ou 420 divisé par 12, donnera pour quotient 7 fois 5, ou 35.

DEUXIÈME PRINCIPE. — *Tout nombre décomposé en deux parties divisibles l'une et l'autre par un second nombre, est lui-même divisible par ce second nombre.*

En effet, le quotient de la division du nombre total étant évidemment égal à la somme des deux quotiens partiels, si ces deux quotiens partiels sont entiers, leur somme, c'est-à-dire le quotient total, sera entier.

TROISIÈME PRINCIPE. — *Tout nombre qui divise séparément* UNE SOMME *décomposée en deux parties, et l'une des parties, divise aussi l'autre partie.*

Car, le quotient total étant égal à la somme des deux quotiens partiels, si l'un de ces quotiens partiels étant entier, l'autre était fractionnaire, il s'ensuivrait qu'un *nombre entier* serait égal à un *nombre fractionnaire* (n° 1); ce qui est absurde.

52. Cela posé, *soient les deux nombres* 360 *et* 276 *entre lesquels on se propose de déterminer* LE PLUS GRAND COMMUN DIVISEUR (n° 50).

Il est d'abord évident que ce plus grand commun diviseur ne saurait surpasser le plus petit nombre 276; et comme 276 se divise lui-même, pourvu qu'il divise 360, il sera le plus grand commun diviseur cherché.

Essayant la division de 360 par 276, on trouve pour quotient 1, et pour reste 84; donc 276 n'est pas le plus grand commun diviseur. Je dis maintenant que le plus grand commun diviseur entre 360 et 276, *est le même qu'entre le plus petit nombre* 276 *et le reste* 84 *de la division.*

En effet, le plus grand commun diviseur cherché devant

diviser 360 et l'une de ses parties 276, divise nécessairement (n° 51) l'autre partie 84 ; d'où l'on peut déjà conclure que le plus grand commun diviseur entre 360 et 276 *ne peut surpasser* celui des nombres 276 et 84, puisqu'il doit diviser ces deux derniers. En second lieu, le plus grand commun diviseur entre 276 et 84, divisant les deux parties du *tout* 360, divise nécessairement ce dernier nombre ; et alors, étant diviseur exact de 360 et 276, *il ne peut lui-même surpasser le plus grand commun diviseur entre* 360 et 276. D'où l'on voit que le plus grand commun diviseur entre 360 et 276, et le plus grand commun diviseur entre 276 et 84, ne peuvent être plus grands l'un que l'autre ; donc *ils sont égaux.*

Ainsi, la question est ramenée à rechercher le plus grand commun diviseur entre 276 et 84 ; système plus simple que celui des nombres 360 et 276.

Pour cela, raisonnons sur 276 et 84 comme nous avons raisonné sur les nombres primitifs ; c'est-à-dire, essayons la division de 276 par 84 ; alors, si la division se fait exactement, 84 sera le plus grand commun diviseur entre 276 et 84, et par conséquent, entre 360 et 276.

En effectuant cette nouvelle division, on a 3 pour quotient et 24 pour reste ; donc 84 n'est pas le plus grand commun diviseur cherché. Mais, par un raisonnement analogue à celui qui a été fait ci-dessus, on prouvera que le plus grand diviseur commun à 276 et à 84, *est le même que celui qui existe entre* le premier reste 84 et le second 24.

Répétons ce raisonnement : le plus grand commun diviseur entre 276 et 84, devant diviser 84, divise nécessairement *son multiple* 3 fois 84 ; ainsi, divisant *un tout* 276 et l'une de ses parties, 3 fois 84, il divise l'autre partie 24 ; donc déjà, le plus grand commun diviseur de 276 et 84, *ne saurait surpasser celui de* 84 et 24. D'un autre côté, le plus grand diviseur commun entre 84 et 24, divisant 3 fois 84 et 24, qui sont les deux parties de 276, divise nécessairement 276 ; ainsi, divisant 84 et 276, *il ne peut surpasser le plus grand diviseur* commun à 84 et à 276. Le plus grand commun diviseur de 276 et 84, et celui de 84 et 24, ne peuvent être plus grands l'un que l'autre ; donc ils sont égaux.

La question étant actuellement ramenée à rechercher le plus grand diviseur commun entre 84 et 24, il faut de même diviser 84 par 24. En effectuant cette nouvelle division, on obtient 3 pour quotient et 12 pour reste; donc 24 n'est pas le plus grand diviseur commun; mais, comme ce plus grand commun diviseur est le même que celui qui existe entre 24 et le reste 12, divisons 24 par 12; nous trouvons un quotient exact 2; ainsi 12 est le plus grand commun diviseur entre 24 et 12; il l'est donc aussi entre 84 et 24, entre 276 et 84, entre 360 et 276. Donc enfin, 12 *est le plus grand commun diviseur cherché.*

Dans la pratique, on dispose ainsi l'opération :

	1	3	3	2
360	276	84	24	12
84	24	12	0	

Après avoir divisé 360 par 276, ce qui donne pour quotient 1, qu'on place au-dessus du diviseur (au lieu de le placer au-dessous comme à l'ordinaire), et pour reste 84; on écrit ce reste à la droite du plus petit nombre 276, et l'on divise 276 par 84; on obtient un nouveau quotient 3 que l'on place au-dessus du diviseur 84, et un reste 24 qui s'écrit à la droite de 84; et ainsi de suite.

RÈGLE GÉNÉRALE. — *Pour trouver le plus grand diviseur commun à deux nombres, divisez le plus grand nombre par le plus petit; s'il n'y a point de reste, c'est le plus petit nombre qui est le plus grand commun diviseur.*

S'il y a un reste, divisez le plus petit nombre par ce reste; et si la division se fait exactement, c'est ce premier reste qui est le plus grand commun diviseur.

Si cette seconde division donne un reste, divisez le premier reste par le second; et continuez toujours de diviser par le dernier reste le reste précédent, jusqu'à ce que vous obteniez un quotient exact; alors le dernier diviseur que vous aurez employé, sera *le plus grand commun diviseur cherché.*

Si le dernier diviseur se trouve être l'unité, c'est une preuve que les deux nombres proposés sont *premiers entre eux* (n° 51), puisqu'ils n'ont pas d'autre diviseur commun que *l'unité.*

Réciproquement, si deux nombres proposés sont *premiers entre eux,* et qu'on leur applique le procédé, *on trouvera nécessairement un dernier reste égal à* 1. Car, d'après la nature du procédé, les restes vont en diminuant; d'ailleurs, on ne peut pas obtenir un reste *nul* avant d'avoir obtenu un reste égal à 1, puisque le diviseur autre que l'unité, qui donnerait ce *reste nul,* serait commun diviseur des deux nombres. Ainsi, l'on doit nécessairement, après un nombre d'opérations plus ou moins grand, obtenir l'unité pour reste.

55. Voici de nouvelles applications de ce procédé :

Réduire à sa plus simple expression la fraction $\dfrac{592}{999}$.

Appliquons le procédé du plus grand commun diviseur, aux deux nombres 999 et 592; après avoir trouvé le nombre le plus grand qui les divise à la fois, nous effectuerons leur division par ce nombre; et nous obtiendrons la fraction demandée.

	1	1	2	5		999	37		592	37
999	592	407	185	37		259	27		222	16
407	185	37	0			0			0	

On trouve pour plus grand commun diviseur 37; ainsi, en divisant 999 et 592 par 37, on a $\dfrac{16}{27}$ pour la fraction $\dfrac{592}{999}$ réduite à ses moindres termes.

Soit, pour nouvel exemple, la fraction $\dfrac{912}{3072}$.

	3	2	1	2	2
3072	912	336	240	96	48
336	240	96	48	0	

3072	48		912	48
192	64		432	19
0			0	

Le plus grand commun diviseur est ici 48; et en divisant les deux termes de la fraction par 48, on trouve $\frac{19}{64}$ pour la fraction réduite à sa plus simple expression.

54. *Soit, pour dernier exemple, la fraction* $\frac{317}{873}$.

	2	1	3	15	1	1	2
873	317	239	78	5	3	2	1
239	78	5	28	2	1	0	
			3				

Le procédé conduit, dans cet exemple, à un reste égal à 1; ce qui prouve que 873 et 317 sont deux nombres *premiers entre eux*; dans ce cas, la fraction est dite *irréductible*, comme ne pouvant être ramenée à une expression plus simple au moyen de la division de ses deux termes par un même nombre.

Remarque. — A la troisième opération, on a obtenu le reste 5, qui est un *nombre premier* (n° 51); or, comme 5 ne divise pas le reste précédent 78, on est en droit, sans qu'il soit nécessaire d'aller plus loin, de conclure que les deux termes de la fraction sont *premiers entre eux*. En effet, on a reconnu, dans la démonstration du procédé, que le plus grand commun diviseur de deux nombres, divise nécessairement le reste de chaque division. Ainsi, 5 étant un *nombre premier*, il doit arriver l'une de ces deux choses: ou bien 5 divise le reste précédent, et c'est alors le plus grand commun diviseur; ou bien il ne le divise pas, et dans ce cas, ni 5, ni aucun nombre autre que l'unité, ne peut être un diviseur commun aux deux nombres.

En général, *dès qu'on parvient, dans le cours des opérations, à un reste que l'on sait être* UN NOMBRE PREMIER, *si ce reste ne divise pas le reste précédent, on est certain que les deux nombres proposés sont premiers entre eux; et il est inutile d'aller plus loin.*

Nous reviendrons (*chap. V^e*) sur la recherche du plus grand commun diviseur, recherche qui est une des opérations les plus importantes de l'Arithmétique.

Passons actuellement aux quatre opérations fondamentales sur les fractions.

Addition des fractions.

55. L'addition des fractions a pour but de trouver un seul nombre qui ait la même valeur que plusieurs fractions réunies.

Il peut se présenter deux cas : ou les fractions qu'on doit additionner sont de même espèce, c'est-à-dire ont même dénominateur ; ou bien elles sont d'espèces différentes. Dans le premier cas, *on fait la somme des numérateurs, puis on donne à cette somme le dénominateur commun.* Dans le second, *on commence par réduire les fractions au même dénominateur,* d'après la règle du n° 47, et l'on opère ensuite sur les nouvelles fractions comme il vient d'être dit.

Ainsi, la somme des fractions $\frac{2}{11}$, $\frac{3}{11}$, $\frac{4}{11}$, est égale à $\frac{9}{11}$.

De même, la somme des fractions $\frac{5}{23}$, $\frac{2}{23}$, $\frac{7}{23}$, $\frac{4}{23}$, est égale à $\frac{18}{23}$.

Soient maintenant à ajouter les trois fractions $\frac{2}{3}$, $\frac{3}{4}$, $\frac{7}{8}$.

$$32, 24, 12$$
$$\frac{64}{96}, \frac{72}{96}, \frac{84}{96}.$$

Après avoir réduit ces fractions au même dénominateur, d'après la règle du n° 47, on fait la somme des numérateurs, ce qui donne 220 ; puis on donne à 220 le dénominateur 96, et l'on trouve $\frac{220}{96}$ pour la somme demandée.

56. Ce dernier exemple conduit à un résultat $\frac{220}{96}$ qui a besoin d'être interprété.

De même qu'il faut deux *moitiés*, trois *tiers*, quatre *quarts*, cinq *cinquièmes*, pour former l'unité, de même il faut quatre-vingt-seize *quatre-vingt-seizièmes* pour la former ; donc, autant de fois 220 contiendra 96, autant d'unités il y aura dans $\frac{220}{96}$. Ainsi, comme en divisant 220 par 96, on a pour quotient 2 et pour reste 28, il s'ensuit que $\frac{220}{96}$ est un nombre fractionnaire (n° 1) composé de 2 unités plus une fraction $\frac{28}{96}$ ou $\frac{7}{24}$ (en ôtant le facteur 4 commun aux deux termes).

En général, toutes les fois qu'on parvient à un résultat de forme fractionnaire, et tel, que le numérateur est plus grand que le dénominateur, alors, *pour extraire l'entier contenu dans cette expression, on divise le numérateur par le dénominateur : le quotient représente l'entier, et le reste est le numérateur de la fraction* qui doit être ajoutée à l'entier.

On trouvera par ce moyen, $\frac{17}{12}$ égal à $1\frac{5}{12}$; $\frac{153}{15}$ égal à $10\frac{3}{15}$ ou $10\frac{1}{5}$; $\frac{654}{89}$ égal à $7\frac{31}{89}$.

Réciproquement, lorsqu'on a *un entier joint à une fraction,* pour en former un seul nombre fractionnaire, ce qui est souvent utile, il faut *multiplier l'entier par le dénominateur, ajouter au produit le numérateur, et donner à la somme le dénominateur de la fraction proposée.*

Par exemple, $3\frac{2}{5}$ revient à $\frac{3 \text{ fois } 5}{5}$ *plus* $\frac{2}{5}$, ou à $\frac{17}{5}$; $11\frac{7}{12}$ est égal à $\frac{132}{12}$ *plus* $\frac{7}{12}$, ou à $\frac{139}{12}$; $8\frac{17}{24}$ est égal à $\frac{209}{24}$.

Soustraction des fractions.

87. La soustraction des fractions a pour but de *trouver l'ex-cès d'une plus grande fraction sur une plus petite.*

Si les deux fractions ont même dénominateur, *on retranche*

le plus petit numérateur du plus grand, et l'on donne à la différence le dénominateur commun. Si elles n'ont pas même dénominateur, on *les y réduit*, et l'on opère ensuite comme il vient d'être dit.

Ainsi, de $\frac{11}{12}$ *soit à soustraire* $\frac{5}{12}$, il reste $\frac{6}{12}$ ou $\frac{1}{2}$. De même, de $\frac{17}{24}$ *ôtez* $\frac{7}{24}$, il reste $\frac{10}{24}$ ou $\frac{5}{12}$.

Soit maintenant à soustraire $\frac{2}{3}$ *de* $\frac{7}{8}$.

Ces deux fractions reviennent respectivement à $\frac{16}{24}$ et $\frac{21}{24}$; ce qui donne $\frac{5}{24}$ pour leur différence. On trouve pareillement que si de la fraction $\frac{19}{20}$ on ôte $\frac{13}{17}$, il reste $\frac{63}{340}$.

On peut avoir *un entier joint à une fraction*, à retrancher d'un entier joint à une fraction.

Par exemple, du *nombre fractionnaire* $13\frac{3}{4}\ldots\frac{39}{52}\ldots\frac{91}{52}$, on propose de retrancher le nombre $\quad 3\frac{11}{13}\ldots\ldots\frac{44}{52}$

$$\overline{\qquad\qquad\qquad 7\frac{47}{52}.}$$

Pour effectuer cette opération, l'on commence par réduire les deux fractions au même dénominateur, ce qui donne $\frac{39}{52}$ pour la première, et $\frac{44}{52}$ pour la seconde. Ensuite, comme on ne peut soustraire $\frac{44}{52}$ de $\frac{39}{52}$, on emprunte sur l'entier 13 du nombre supérieur, *une unité* qu'on réduit, avec $\frac{39}{52}$, en un seul nombre fractionnaire, et l'on obtient $\frac{91}{52}$, dont on soustrait

$\frac{44}{52}$, ce qui donne pour reste $\frac{47}{52}$. Passant à la soustraction des entiers, on regarde 13 comme diminué d'une unité, à cause de l'emprunt qui a été fait, et l'on dit : 5 de 12, il reste 7 ; donc, le résultat demandé est $7\,\frac{47}{52}$, comme on le voit ci-dessus.

58. Voici une question où se trouvent réunies une addition et une soustraction de nombres entiers joints à des fractions :

Un marchand de drap a vendu à différentes fois, sur une pièce d'étoffe renfermant 30 *aünes* $\frac{7}{8}$, *savoir :* $7^a\frac{3}{4}, 9^a\frac{2}{3}$, $11^a\frac{5}{12}$; *il désire connaître ce qui doit lui rester de son étoffe.*

Il fera d'abord *la somme* des trois nombres d'aunes vendues; puis il soustraira cette somme de $30^a\frac{7}{8}$: le résultat de la soustraction doit représenter la longueur du reste de l'étoffe.

Pour plus de simplicité, il convient de disposer ainsi l'opération :

$$
\begin{array}{ll}
\overset{12}{} & \qquad 30^a\frac{7}{8}\cdots\frac{21}{24} \\[2mm]
7^a\,\frac{3}{4}\cdots 3\cdots 9 & \\[2mm]
9\,\frac{2}{3}\cdots 4\cdots 8 & \qquad 28\,\frac{10}{12}\cdots\frac{20}{24} \\[2mm]
11\,\dfrac{5}{12}\cdots 1\cdots 5 & \qquad\quad\overline{} \\[2mm]
\overline{} & \qquad 2\,\frac{1}{24} \\[2mm]
\qquad\overset{22}{} & \\[2mm]
28\,\frac{10}{12} &
\end{array}
$$

Après avoir placé les uns au-dessous des autres les trois nombres à ajouter, on observe que les fractions qui en font partie peuvent être réduites au même dénominateur 12. On place ce nombre à la droite, un peu au-dessus des fractions, et on le souligne. Ensuite, on écrit au-dessous de 12 et respectivement sur la même ligne horizontale que les trois fractions les quotiens 3, 4, et 1, résultant de la division de 12 par chacun des dénominateurs ; après quoi l'on multiplie les numérateurs de ces fractions par 3, 4, et 1, ce qui donne 9, 8, et 5 ; on fait la somme 22 de ces trois nouveaux numérateurs, ce qui donne pour la somme des trois fractions, $\frac{22}{12}$, ou $1\frac{10}{12}$. On écrit $\frac{10}{12}$ au-dessous des trois fractions, et l'on retient 1 pour le reporter à la colonne des parties entières qu'on ajoute à la manière ordinaire ; il vient alors $28\frac{10}{12}$ pour la somme des trois nombres d'aunes vendues.

On place cette somme au-dessous de $30\frac{7}{8}$, et l'on effectue la soustraction comme il a été indiqué précédemment, et en remarquant que les deux fractions peuvent être réduites au même dénominateur, 2 fois 12, ou 24.

On trouve enfin 2 aunes $\frac{1}{24}$ pour le reste de la pièce d'étoffe ; ce que le marchand peut aisément vérifier en mesurant le coupon restant des trois ventes.

Multiplication des fractions.

89. La multiplication a en général pour but (n° 9), *deux nombres étant donnés, de former un troisième nombre qui se compose avec le premier de la même manière que le second se compose avec l'unité.*

Cela posé, on distingue plusieurs cas principaux dans la multiplication des fractions. On peut avoir :

1°. UNE FRACTION A MULTIPLIER PAR UN ENTIER.

Soit, par exemple, $\frac{7}{12}$ à multiplier par 5.

D'après la définition ci-dessus, puisque le multiplicateur 5 contient 5 fois l'unité, il s'ensuit que le produit doit être égal à 5 fois $\frac{7}{12}$, ou doit être 5 fois plus grand que $\frac{7}{12}$. Or, on a vu (n° 45) qu'on rend une fraction 5 fois plus grande en multipliant son numérateur par 5; il viendra ainsi $\dfrac{5 \text{ fois } 7}{12}$ ou $\dfrac{35}{12}$

pour le produit demandé.

Donc, *pour multiplier une fraction par un entier, il faut multiplier le numérateur par l'entier, et donner au produit le dénominateur de la fraction.*

Le produit $\dfrac{35}{12}$ revient d'ailleurs à $2\,\dfrac{11}{12}$, comme on peut le voir en extrayant l'entier contenu dans la fraction (n° 86).

On trouvera de même que le produit de $\dfrac{13}{24}$ par 29 est égal à $\dfrac{377}{24}$ ou $15\,\dfrac{17}{24}$.

Soit encore à multiplier $\dfrac{11}{18}$ *par* 9. Il vient d'abord, d'après la règle, $\dfrac{99}{18}$ pour le produit, ou, si l'on extrait l'entier, $5\,\dfrac{9}{18}$, c'est-à-dire $5\,\dfrac{1}{2}$.

Ce résultat pouvait être obtenu plus simplement : car, pour multiplier $\dfrac{11}{18}$ par 9, on peut (n° 45), au lieu de multiplier le numérateur par 9, diviser le dénominateur par 9; ce qui donne $\dfrac{11}{2}$ ou $5\,\dfrac{1}{2}$.

Cette manière d'opérer n'est applicable à l'exemple proposé, que parce que le dénominateur est divisible par le multiplicateur, ce qui n'arrive pas toujours; tandis que la règle établie d'abord est toujours applicable : l'usage seul peut rendre familières ces sortes de simplifications.

2°. Un entier a multiplier par une fraction.

Soit à multiplier 12 *par* $\dfrac{4}{7}$.

Puisque, dans ce cas, le multiplicateur $\dfrac{4}{7}$ est égal à 4 fois le 7e de l'unité, le produit doit être égal lui-même à 4 fois le 7e de 12. Or, le 7e de 12 revient (n° 44) à $\frac{12}{7}$; et pour prendre ce nombre 4 fois, ou pour obtenir un nombre 4 fois plus grand que $\frac{12}{7}$, il suffit (n° 45) de multiplier le numérateur par 4; on obtient alors $\frac{48}{7}$ ou $6\frac{6}{7}$ pour le produit demandé.

Donc, *pour multiplier un entier par une fraction, il faut multiplier l'entier par le numérateur, et donner au produit le dénominateur de la fraction ;* on peut ensuite extraire l'entier s'il y a lieu.

Ainsi, le produit de 29 par $\frac{7}{8}$ est égal à $\frac{203}{8}$ ou $25\frac{3}{8}$. De même, le produit de 24 par $\frac{5}{6}$ est égal à $\frac{120}{6}$ ou 20 ; résultat qu'on trouverait encore en divisant d'abord 24 par 6, ce qui donnerait 4, et multipliant ce résultat par 5. Mais, nous le répétons, ces simplifications ne sont pas toujours possibles.

3°. UNE FRACTION A MULTIPLIER PAR UNE FRACTION.

Soit à multiplier $\frac{3}{4}$ *par* $\frac{5}{8}$.

Le raisonnement est analogue à celui du cas précédent : puisque le multiplicateur $\frac{5}{8}$ est égal à 5 fois le 8e de l'unité, le produit doit être lui-même égal à 5 fois le 8e du multiplicande $\frac{3}{4}$; or, pour prendre le 8e de $\frac{3}{4}$, il faut (n° 45) multiplier le dénominateur par 8, ce qui donne $\frac{3}{32}$; et pour obtenir une fraction 5 fois plus grande que $\frac{3}{32}$, il faut multiplier le numérateur par 5 ; ce qui donne enfin $\frac{15}{32}$ pour le produit demandé.

Donc, *pour multiplier une fraction par une fraction, multipliez numérateur par numérateur et dénominateur par déno-*

minateur ; puis donnez le second produit pour dénominateur au premier.

Ainsi, le produit de $\frac{7}{12}$ par $\frac{5}{6}$ est égal à $\frac{35}{72}$. De même, le produit de $\frac{8}{15}$ par $\frac{3}{4}$ est égal à $\frac{24}{60}$, ou, réduction faite, à $\frac{2}{5}$.

60. *N. B.* — Dans les deux cas précédens, *le produit est toujours plus petit que le multiplicande;* et cela doit être, puisque l'opération revient réellement à prendre du multiplicande une partie indiquée par *la fraction multiplicateur.*

61. Enfin, les deux facteurs de la multiplication, ou l'un des deux, peuvent être *des entiers joints à des fractions ;* mais on ramène facilement ces nouveaux cas aux précédens.

Soit, par exemple, à multiplier $7\frac{2}{3}$ *par* $5\frac{7}{8}$.

Ces nombres reviennent respectivement (n° 56) à $\frac{23}{3}$ et $\frac{47}{8}$; effectuant la multiplication d'après la règle ci-dessus, on obtient pour produit, $\frac{1081}{24}$, ou, extrayant les entiers, $45\frac{1}{24}$.

On pourrait encore effectuer la multiplication par parties, c'est-à-dire multiplier d'abord 7 par 5, $\frac{2}{3}$ par 5, 7 par $\frac{7}{8}$, et $\frac{2}{3}$ par $\frac{7}{8}$, puis ajouter ces *quatre* produits ; mais cette opération serait beaucoup plus longue.

Division des fractions.

62. La division a pour but (n° 29) : *étant donnés un produit de deux facteurs et l'un de ces facteurs, déterminer l'autre.* Il résulte évidemment de cette définition et de celle de la multiplication (n° 59), que le premier nombre, appelé *dividende,* se compose avec le troisième, appelé *quotient,* de la même manière que le second, nommé *diviseur,* se compose avec l'unité.

Cela posé, dans la division comme dans la multiplication des fractions, il se présente trois cas principaux. On peut avoir :

1°. À DIVISER UNE FRACTION PAR UN ENTIER.

Soit, par exemple, la fraction $\frac{5}{7}$ à diviser par 6.

Puisque le diviseur 6 est égal à 6 fois l'unité, il s'ensuit que le dividende $\frac{5}{7}$ doit être égal à 6 fois le quotient cherché ; ou, ce qui revient au même, le quotient doit être le 6e de $\frac{5}{7}$. Or, pour prendre le 6e d'une fraction, ou pour obtenir une fraction 6 fois plus petite, il faut (n° 45) multiplier le dénominateur par 6 ; ainsi, l'on obtient $\frac{5}{6 \text{ fois } 7}$, ou $\frac{5}{42}$, pour le quotient demandé.

Donc, *pour diviser une fraction par un entier, multipliez le dénominateur de la fraction par l'entier, en laissant le numérateur tel qu'il est.*

Ainsi, $\frac{11}{12}$ divisé par 8 donne $\frac{11}{96}$ pour quotient ; $\frac{23}{30}$ divisé par 12 donne $\frac{23}{360}$.

Le quotient de $\frac{18}{25}$ par 6 est $\frac{18}{150}$; mais on peut encore effectuer la division de $\frac{18}{25}$ par 6 en prenant le 6e du numérateur, ce qui donne $\frac{3}{25}$; résultat auquel se réduit d'ailleurs $\frac{18}{150}$ lorsqu'on supprime le facteur 6 commun aux deux termes.

2°. À DIVISER UN ENTIER PAR UNE FRACTION.

Soit à diviser 12 par $\frac{7}{9}$.

De ce que le diviseur $\frac{7}{9}$ est égal à 7 fois le 9e de l'unité, il résulte que le dividende 12 est aussi égal à 7 fois le 9e du quotient cherché. Donc, en prenant le 7e de 12, ce qui donne $\frac{12}{7}$, on aura le 9e du quotient cherché ; et pour obtenir ce quotient lui-même, il suffit de prendre 9 fois $\frac{12}{7}$, ce qui se fait en multipliant le numérateur par 9 ; et l'on obtient ainsi $\frac{9 \text{ fois } 12}{7}$ ou $\frac{108}{7}$, ou, extrayant l'entier, $15\frac{3}{7}$.

Donc, *pour diviser un entier par une fraction, il faut multiplier l'entier par le dénominateur, diviser le produit par le numérateur, et extraire l'entier s'il y a lieu.*

Observons que puisqu'il faut prendre le 7ᵉ de 12, et multiplier le résultat par 9, cela revient à multiplier 12 par $\frac{9}{7}$, ainsi, l'on peut encore dire que, *pour diviser un entier par une fraction, il faut multiplier l'entier par la fraction diviseur renversée. (Voyez le n° 59, 2°.)*

3°. A DIVISER UNE FRACTION PAR UNE FRACTION.

Soit à diviser $\frac{3}{5}$ *par* $\frac{8}{11}$.

Le raisonnement est semblable au précédent. Le diviseur $\frac{8}{11}$ étant égal à 8 fois le 11ᵉ de l'unité, le dividende $\frac{3}{5}$ doit aussi être égal à 8 fois le 11ᵉ du quotient ; donc le 8ᵉ de $\frac{3}{5}$, ou $\frac{3}{40}$, est le 11ᵉ du quotient ; et 11 fois $\frac{3}{40}$, ou $\frac{33}{40}$, est le quotient cherché.

Donc, *pour diviser une fraction par une fraction, il faut multiplier le numérateur de la fraction dividende par le dénominateur de la fraction diviseur, puis le dénominateur de la fraction dividende par le numérateur de la fraction diviseur, et donner le second produit pour dénominateur au premier ; ou bien, en termes plus simples, multiplier la fraction dividende par la fraction diviseur renversée. (Voyez le n° 59, 3°.)*

Ainsi, $\frac{3}{4}$ divisé par $\frac{5}{7}$, revient à $\frac{3}{4}$ multiplié par $\frac{7}{5}$, et donne pour résultat $\frac{21}{20}$, ou $1\frac{1}{20}$.

De même, $\frac{23}{30}$ divisé par $\frac{13}{15}$, revient à $\frac{23}{30}$ multiplié par $\frac{15}{13}$,

et donne pour résultat $\frac{345}{390}$, ou, plus simplement, $\frac{23}{26}$ (parce que 15 est facteur commun aux deux termes).

Enfin, si l'on avait *un entier joint à une fraction, à diviser par un entier joint à une fraction,* on réduirait les entiers en fractions, et l'on opérerait comme il vient d'être dit.

Soit, par exemple, $12\frac{3}{4}$ *à diviser par* $6\frac{2}{3}$.

Ces deux nombres reviennent respectivement à $\frac{51}{4}$ et $\frac{20}{3}$; d'où, effectuant la division comme précédemment, on déduit pour quotient, $\frac{153}{80}$, ou $1\frac{73}{80}$.

De même, $4\frac{7}{11}$ divisé par $15\frac{5}{8}$, donne pour quotient $\frac{408}{1375}$.

63. *N. B.* — Toutes les fois que, dans la division, *le diviseur est une fraction, le quotient est plus grand que le dividende;* car ce quotient résulte de la multiplication du dividende par le *diviseur renversé,* lequel devient alors un nombre plus grand que l'unité.

64. Appliquons à quelques questions les règles de la multiplication et de la division des fractions.

I. *L'aune d'une certaine étoffe coûte 47 francs $\frac{2}{5}$; on demande le prix de 12 aunes $\frac{7}{8}$.*

Puisqu'une seule aune coûte $47^f\frac{2}{5}$, il est clair que $12^a\frac{7}{8}$ doivent coûter 12 fois $47^f\frac{2}{5}$, plus les $\frac{7}{8}$ de $47^f\frac{2}{5}$; c'est-à-dire qu'il faut multiplier $47\frac{2}{5}$ par $12\frac{7}{8}$; le produit exprimera alors, en francs, le prix demandé.

Or, $47\frac{2}{5}$ multiplié par $12\frac{7}{8}$, revient à $\frac{237}{5}$ multiplié par $\frac{103}{8}$, et donne pour produit $\frac{24411}{40}$, ou, si l'on extrait les entiers, $610\frac{11}{40}$. Ainsi, *le prix demandé est* $610^f\frac{11}{40}$.

Pour faire la preuve, on pourrait diviser $610\frac{11}{40}$ par $12\frac{7}{8}$, et l'on devrait retrouver $47\frac{2}{5}$; mais il est plus simple (n° 43) de doubler $47\frac{2}{5}$ et de prendre la moitié de $12\frac{7}{8}$.

Le double de $47\frac{2}{5}$ est $94\frac{4}{5}$; la moitié de $12\frac{7}{8}$ est $6\frac{7}{16}$.

Or, $94\frac{4}{5}$ multiplié par $6\frac{7}{16}$, revient à $\frac{474}{5}$ multiplié par $\frac{103}{16}$, et donne pour produit $\frac{48822}{80}$, ou, effectuant la division, $610\frac{22}{80}$, ou, simplifiant, $610\frac{11}{40}$.

II. *Une personne a acheté 23 aunes $\frac{5}{12}$ d'une certaine étoffe pour la somme de 745 francs $\frac{13}{20}$; on demande combien elle a dû payer l'aune de cette étoffe.*

Le prix de l'aune étant connu, si on le multipliait par $23\frac{5}{12}$, on devrait retrouver $745^f\frac{13}{20}$; donc, pour obtenir le prix demandé, il faut diviser $745\frac{13}{20}$ par $23\frac{5}{12}$.

Or, $745\frac{13}{20}$ *divisé par* $23\frac{5}{12}$, revient à $\frac{14913}{20}$ *divisé par* $\frac{281}{12}$, et donne pour résultat, $\frac{12\text{ fois }14913}{20\text{ fois }281}$ ou $\frac{178956}{5620}$; extrayant l'entier, on obtient $31\frac{4736}{5620}$.

Ainsi, le prix de l'aune est 31 francs plus $\frac{4736}{5620}$ de franc.

Pour la vérification, il suffit de doubler les deux termes de la division (n° 43) : le quotient ne doit pas changer.

Le double de $745 \frac{13}{20}$ est $1491 \frac{3}{10}$; le double de $23 \frac{5}{12}$ est $46 \frac{5}{6}$.

Divisant $1491 \frac{3}{10}$ ou $\frac{14913}{10}$, par $46 \frac{5}{6}$ ou $\frac{281}{6}$, on a pour quotient $\frac{89478}{2810}$, ou, extrayant l'entier, $31 . \frac{2368}{2810}$.

Cette dernière fraction n'est autre que la fraction $\frac{4736}{5620}$ dont les deux termes sont divisés par le facteur commun 2.

Des fractions de fractions.

65. A la multiplication des fractions se rattache une autre espèce d'opération, connue sous le nom de *règle des fractions de fractions.*

Pour donner une idée nette de cette opération, supposons d'abord que de la fraction $\frac{5}{7}$ on ait à prendre une partie indiquée par $\frac{2}{3}$; en d'autres termes, *que l'on cherche les $\frac{2}{3}$ de $\frac{5}{7}$.*

Comme, pour résoudre cette question, il faut prendre deux fois le tiers de $\frac{5}{7}$, cela revient (n° 57) à multiplier $\frac{5}{7}$ par $\frac{2}{3}$, ce qui se fait (n° 59) *en multipliant numérateur par numérateur et dénominateur par dénominateur;* on obtient ainsi $\frac{10}{21}$ pour les $\frac{2}{3}$ de $\frac{5}{7}$.

Maintenant, supposons que de la nouvelle fraction $\frac{10}{21}$ on veuille prendre une partie indiquée par $\frac{8}{13}$, auquel cas la question aura réellement pour objet de *prendre les* $\frac{8}{13}$ *des* $\frac{2}{3}$ *de* $\frac{5}{7}$.

Or, pour obtenir les $\frac{8}{13}$ de $\frac{10}{21}$, il faut multiplier $\frac{10}{21}$ par $\frac{8}{13}$, ce qui se fait en multipliant entre eux, d'une part les deux numérateurs, et d'autre part les deux dénominateurs ; on obtient alors $\frac{80}{273}$ pour les $\frac{8}{13}$ des $\frac{2}{3}$ de $\frac{5}{7}$.

On peut encore, si l'on veut, prendre les $\frac{3}{11}$ de $\frac{80}{273}$, c'est-à-dire multiplier $\frac{80}{273}$ par $\frac{3}{11}$; et le nouveau résultat $\frac{240}{3003}$ représentera les $\frac{3}{11}$ des $\frac{8}{13}$ des $\frac{2}{3}$ de $\frac{5}{7}$.

Soit proposé, pour second exemple, *de prendre les* $\frac{2}{3}$ *des* $\frac{3}{4}$ *des* $\frac{5}{8}$ *des* $\frac{6}{7}$ *de* 12.

D'abord, prendre les $\frac{6}{7}$ de 12 revient à multiplier 12 par $\frac{6}{7}$, ce qui donne $\frac{72}{7}$.

Prendre ensuite les $\frac{5}{8}$ des $\frac{6}{7}$ de 12 revient à prendre les $\frac{5}{8}$ de $\frac{72}{7}$, ou à multiplier $\frac{72}{7}$ par $\frac{5}{8}$, ce qui donne $\frac{360}{56}$.

Prendre les $\frac{3}{4}$ des $\frac{5}{8}$ des $\frac{6}{7}$ de 12 revient à prendre les $\frac{3}{4}$ de $\frac{360}{56}$, ou à multiplier $\frac{360}{56}$ par $\frac{3}{4}$, ce qui donne $\frac{1080}{224}$.

Enfin, pour obtenir les $\frac{2}{3}$ des $\frac{3}{4}$ des $\frac{5}{8}$ des $\frac{6}{7}$ de 12, il faut multiplier $\frac{1080}{224}$ par $\frac{2}{3}$; et l'on obtient $\frac{2160}{672}$.

Extrayant l'entier contenu dans ce résultat, on a $3 \frac{144}{672}$,

ou, réduisant la fraction, $3 \frac{3}{14}$.

Pour peu qu'on réfléchisse sur la marche qui vient d'être suivie, on voit que, *pour prendre des fractions de fractions, il faut multiplier les numérateurs entre eux, en faire de même des dénominateurs, et donner le second produit pour dénominateur au premier.* Si l'on a à prendre des fractions de fractions d'un nombre entier, comme dans le second exemple, il faut mettre cet entier sous la forme d'une fraction en lui donnant 1 pour dénominateur, et appliquer la règle qui vient d'être établie.

PROBLÈME. — *On demandait à un arithméticien quelle heure il était. Il répondit : Il est les $\frac{3}{4}$ des $\frac{5}{6}$ des $\frac{7}{12}$ des $\frac{6}{7}$ de 24 heures. — Quelle heure était-il?*

Pour résoudre cette question, écrivez sur une première ligne horizontale tous les numérateurs, y compris l'entier, et sur une seconde ligne, tous les dénominateurs.

3, 5, 7, 6, 24
4, 6, 12, 7, 1

Cela posé, faites le produit des nombres de la première ligne et celui des nombres de la seconde ligne, puis divisez le premier produit par le second ; vous obtenez $\frac{15120}{2016}$ pour résultat; extrayant l'entier, vous avez $7 \frac{1008}{2016}$, ou réduisant, $7 \frac{1}{2}$.

Donc il était 7 heures $\frac{1}{2}$.

On peut toutefois simplifier l'opération en observant que, comme 7 doit évidemment être un facteur commun au produit des numérateurs et à celui des dénominateurs, rien n'empêche de *supprimer ce facteur avant d'effectuer les multiplications ;* il en est de même du facteur 6, du facteur 12 qui, se trouvant au nombre des dénominateurs, se trouve aussi dans 24 ; on peut encore supprimer le facteur 2, qui, étant le quotient de 24 par 12, se trouve dans le dénominateur 4.

Il vient alors, après la suppression de tous ces facteurs,

$$\frac{3 \text{ fois } 5}{2} \text{ ou } \frac{15}{2} \text{ ou } 7\frac{1}{2},$$ comme on l'a trouvé plus haut.

Mais ces sortes de simplifications demandent beaucoup d'habitude et d'attention, tandis que la règle établie précédemment est générale et conduit au même but.

Autres applications. — Les $\frac{2}{3}$ des $\frac{3}{4}$ *d'un nombre* forment les $\frac{6}{12}$ ou la *moitié* de ce *nombre*. De même, le *tiers du cinquième* d'un nombre est égal à $\frac{1}{15}$ de ce nombre ; la *moitié* des $\frac{3}{4}$ est égale aux $\frac{3}{8}$, etc...

66. *Observation générale sur les fractions.* —Il résulte évidemment de la nature des procédés établis pour le calcul des fractions, que les quatre opérations fondamentales effectuées sur cette sorte de nombres, savoir : l'addition, la soustraction, la multiplication, et la division, se réduisent toujours, en dernière analyse, aux mêmes opérations effectuées sur des nombres entiers.

Ainsi, par exemple, l'addition et la soustraction des fractions se ramènent, par la réduction des fractions au même dénominateur, à l'addition et à la soustraction de leurs numérateurs.

De même, la multiplication s'effectue en multipliant les numérateurs entre eux et les dénominateurs entre eux. La division rentre dans la multiplication, dès que l'on a renversé *la fraction diviseur.*

D'où l'on peut conclure que les principes établis nᵒˢ 25... 28, sur la multiplication des nombres entiers, sont également applicables aux fractions ; c'est-à-dire que, 1ᵒ *multiplier une fraction par le produit de plusieurs autres, revient à multiplier la première fraction successivement par chacun des facteurs du produit ; 2° le produit de deux ou de plusieurs fractions est le même, dans quelque ordre qu'on effectue leur multiplication.*

Enfin, on peut appliquer aux fractions toutes les propositions établies n° 43, sur les changemens qu'éprouve le produit d'une multiplication ou le quotient d'une division, lorsqu'on fait subir certains changemens à l'un des termes de l'opération que l'on a en vue d'effectuer.

~~~~~~

CHAPITRE III.

Des nombres complexes.

67. Ce chapitre et le suivant ne sont, en quelque sorte, qu'une extension du second, puisqu'ils ne renferment que des applications de la théorie générale des fractions à des questions dans lesquelles on considère des fractions d'une espèce particulière.

La théorie des *nombres complexes,* qui fait l'objet de celui-ci, a perdu, il faut l'avouer, un peu de son importance, depuis l'établissement du Système décimal des poids et mesures. Cependant, nous avons cru devoir l'exposer avec autant de développement qu'on lui en donnait dans les anciens ouvrages, parce que nous la regardons comme très propre à familiariser les jeunes gens avec la considération des fractions, et à leur donner cette habitude de calcul, qu'on ne saurait trop leur recommander de travailler à acquérir (*). D'ailleurs, la complication des calculs que cette théorie comporte ne fera que mieux ressortir l'avantage du nouveau Système des poids et mesures sur l'ancien.

_____

(*) Il existe une autre raison puisée dans la considération des mesures étrangères, de la division du temps, etc.

On a déjà vu (n° 8) que, pour évaluer les quantités plus petites que l'*unité principale*, on conçoit cette unité divisée en un certain nombre de parties égales qu'on regarde elles-mêmes comme formant de nouvelles *unités*. Mais afin de rendre les calculs plus commodes, au lieu de partager tout d'un coup l'unité en un grand nombre de parties égales, on ne la divise d'abord qu'en un certain nombre de parties; puis on subdivise celles-ci en d'autres, et ces nouvelles encore en d'autres parties. C'est ainsi que, pour les monnaies, on partageait autrefois la *livre* en 20 parties égales appelées *sous*, le sou en 12 parties égales appelées *deniers*. De même, l'unité de longueur, ou la toise, était divisée en 6 pieds, le pied en douze pouces, etc....

Chaque art subdivisait à sa manière l'unité principale qu'il s'était choisie (*). Voici un tableau qui présente les subdivisions des unités principales de ces différentes sortes de quantités :

Pour les monnaies.

68. La *livre* vaut 20 *sous*, le sou 12 *deniers*; donc la livre vaut 12 fois 20, ou 240 *deniers*.

On dit encore que le *sou* est la 20ᵉ partie de la *livre*; le *denier* est le 12ᵉ du *sou*, ou la 240ᵉ partie de la *livre*.

Pour les longueurs.

La *toise* vaut 6 *pieds*, le pied 12 *pouces*, le pouce 12 *lignes*; donc la toise vaut 12 fois 6, ou 72 *pouces*, 12 fois 72, ou 864 *lignes*.

Ou bien, le *pied* est le 6ᵉ de la *toise*; le *pouce* est le 12ᵉ du *pied*, ou le 72ᵉ de la *toise*; la *ligne* est le 12ᵉ du *pouce*, ou la 864ᵉ partie de la *toise*.

Pour les mesures itinéraires.

La *lieue moyenne* vaut 2250 *toises*; elle se subdivise en *demies*, en *quarts*, et en *demi-quarts* ou *huitièmes* de lieue.

(*) *Voyez*, pour l'histoire et l'origine de ces sortes de mesures, un ouvrage de M. SAISEY, ayant pour titre : *Traité de Métrologie ancienne et moderne*.

Pour les poids.

La *livre* vaut 2 *marcs*, le marc 8 *onces*, l'once 8 *gros*, le gros 72 *grains*; donc la livre poids vaut 8 fois 2, ou 16 onces, 8 fois 16, ou 128 *gros*, 72 fois 128, ou 9216 *grains*.

Ou bien encore, le *marc* est la moitié de la *livre poids*; l'*once* est le 8e du *marc* ou le 16e de la *livre*; le *gros* est le 8e de l'*once* ou la 128e partie de la *livre*; le *grain* est le 72e du *gros* ou la 9216e partie de la *livre*.

Pour le temps.

Le *jour* se subdivise en 24 *heures*; l'heure en 60 *minutes*; la minute en 60 *secondes*, la seconde en 60 *tierces*. L'*année* est de 365 *jours*, (ou de 366 dans les années *bissextiles*).

On appelle *nombre complexe* tout nombre *concret* (n° 2) qui est décomposé en plusieurs parties rapportées respectivement à des unités différentes; et par opposition, celui qui est rapporté à une seule espèce d'unité, s'appelle *nombre incomplexe*. Ainsi, 13^{t} 17^{s} 9^{h}, 25^{T} 4^{P} 7^{P} 6^{l}, 41 ℔ 1^{m} 7^{onc} 5^{g} 17^{gr}.... sont des nombres complexes; 8 livres, 17 toises, 23 grains.... sont des nombres incomplexes.

69. Nous commencerons la théorie des nombres complexes par le développement de deux opérations qui lui sont particulières, et qui peuvent être regardées comme servant de base aux quatre opérations principales. La première a pour objet, *un nombre complexe étant proposé, de le convertir en un seul nombre fractionnaire de l'unité principale*; la seconde, *étant donnée réciproquement une expression fractionnaire d'une unité principale quelconque, d'en déduire le nombre complexe qu'elle représente*.

1°. *Soit* 17^{T} 5^{P} 7^{P} 11^{l} *à réduire en un seul nombre fractionnaire de toise.*

Il est clair que, si l'on parvient à déterminer le nombre de lignes que comprend le nombre proposé, il suffira ensuite de donner le nombre 864 pour dénominateur au résultat, puisque, d'après le tableau (n° 68), la ligne vaut $\frac{1}{864}$ de toise.

Réduisons donc le nombre proposé, en lignes.

D'abord, puisque la toise vaut 6 pieds, on réduira en pieds $17^T 5^P$ en multipliant 17 par 6, et ajoutant au produit les 5 pieds que l'on a déjà ; on obtient ainsi 107^P pour résultat.

$$
\begin{array}{r}
17^T\,5^P\,7^P\,11^l \\
6 \\
\hline
107 \\
12 \\
\hline
1291 \\
12 \\
\hline
15503
\end{array}
$$

Maintenant, comme le pied vaut 12^P, on réduira en pouces $107^P 7^P$ en multipliant 107 par 12 et ajoutant 7 au produit ; ce qui donne 1291^P.

Enfin, puisque le pouce vaut 12 lignes, il suffit, pour réduire $1291^P 11^l$ en lignes, de multiplier 1291 par 12 et d'ajouter 11 au produit, ce qui donne 15503 lignes pour le nombre total de lignes que contient le nombre $17^T 5^P 7^P 11^l$.

Donnant donc à 15503 le dénominateur 864, on obtient $\frac{15503}{864}$ de toise pour le nombre demandé.

N. B. — Dans cette opération, nous avons été conduit deux fois à multiplier par 12. En général, la multiplication par le facteur 12 est très fréquemment employée dans la théorie des nombres complexes ; et il faut savoir multiplier un nombre par 12, comme on le multiplierait par un nombre d'un seul chiffre. Toutefois, en attendant que la mémoire soit assez exercée, on peut faire usage d'une *Table de multiplication* (n° 18), étendue jusqu'à 12 inclusivement.

L'exemple précédent suffit pour mettre au fait de la marche qu'il faut suivre pour effectuer la première opération.

Voici en quoi elle consiste : *multipliez d'abord le nombre d'unités principales que renferme le nombre complexe, par le nombre des unités de la plus haute subdivision, qui entrent dans l'unité principale, et ajoutez au produit les unités de cette subdivision, que vous avez déjà.*

Multipliez le résultat ainsi obtenu par le nombre d'unités de la seconde subdivision, que renferme la première, et ajoutez au produit les unités de la seconde subdivision, que vous avez déjà.

Multipliez le nouveau résultat par le nombre d'unités de la troisième subdivision, que renferme la seconde, et ajoutez au produit, etc...; continuez ainsi l'opération jusqu'à ce que vous soyez parvenu à la dernière subdivision.

Donnez enfin pour dénominateur au dernier résultat, le nombre d'unités de la plus petite subdivision, que contient l'unité principale, nombre qui se trouve compris dans le tableau (n° 68).

70. 2°. *Soit le nombre fractionnaire* $\frac{615}{23}$ *de toise à réduire en un nombre complexe.*

On commence par diviser 615 par 23 comme à l'ordinaire, ce qui donne pour quotient 26 et pour reste 17; ainsi, l'on peut déjà dire que le nombre proposé est égal à $26^T plus. \frac{17}{23}$ de toise. Mais puisque la toise vaut 6 pieds, il s'ensuit que $\frac{17}{23}$ de toise reviennent à $\frac{17}{23}$ de 6 pieds, c'est-à-dire (n° 65) à $\frac{6 \text{ fois } 17}{23}$ ou à $\frac{102}{23}$ de

$$
\begin{array}{r|l}
615. & 23 \\
155 & \overline{26^T 4^P 5^{P_i} 2^{\frac{14}{23}}} \\
17 & \\
6 & \\
\hline
102 & \\
10. & \\
12. & \\
\hline
120. & \\
5 & \\
12 & \\
\hline
60 & \\
14 &
\end{array}
$$

pied; et autant de fois 102 contiendra 23, autant de pieds on aura au quotient. D'où l'on voit que, parvenu au reste 17, pour obtenir des pieds, on doit multiplier 17 par 6 et diviser le produit 102 par 23; ou obtient ainsi pour quotient 4^P et pour reste 10^P : le nombre proposé est donc égal à $26^T 4^P$ plus $\frac{10}{23}$ de pied.

En raisonnant sur cette nouvelle fraction comme sur la

précédente, on verra que, pour la réduire en pouces, il suffit de multiplier le reste 10 par 12, et de diviser le produit 120 par 23 ; il vient alors pour quotient 5^P et pour reste 5^P.

Multipliant ce nouveau reste par 12 pour avoir des lignes, on obtient le produit 60, qui, divisé par 23, donne au quotient 2, avec le reste 14^l.

Donc enfin, le nombre proposé est égal à 26^T 4^P 5^P 2^l $\frac{14}{23}$.

Ordinairement, on néglige la fraction $\frac{14}{23}$ de ligne, ou bien on l'estime à peu près. Ici, par exemple, si l'on avait $\frac{14}{21}$, au lieu de $\frac{14}{23}$, la fraction équivaudrait à $\frac{2}{3}$ ligne. Mais, comme le dénominateur est plus grand que 21, il s'ensuit que $\frac{14}{23}$ est plus petit que $\frac{2}{3}$ ligne. On reconnaîtrait de même que cette fraction est plus grande que $\frac{1}{2}$ ligne.

RÈGLE GÉNÉRALE. — Pour effectuer la seconde opération, *divisez le numérateur du nombre fractionnaire proposé, par le dénominateur; vous obtenez ainsi un quotient qui exprime les unités principales, et un certain reste.*

Multipliez ce reste par le nombre d'unités de la première subdivision, que renferme l'unité principale, et divisez le produit par le dénominateur; vous obtenez un nouveau quotient qui exprime les unités de la première subdivision, et un nouveau reste.

Multipliez ce reste par le nombre d'unités de la seconde subdivision, que contient la première, et divisez le produit par le dénominateur; vous obtenez pour quotient les unités de la seconde subdivision, et un nouveau reste sur lequel vous opérez comme sur les précédens. Vous continuez ainsi l'opération jusqu'à ce que vous soyez parvenu à la dernière subdivision.

71. Au reste, ces deux opérations se vérifient l'une par l'autre, comme il est aisé de le voir.

Par exemple, pour trouver le nombre complexe qui, dans la première, a donné lieu au nombre $\frac{15503}{864}$, on appliquera à celui-ci la règle précédente. Nous nous contenterons d'indiquer le calcul, qui n'offre aucune difficulté.

$$
\begin{array}{r|l}
15503 & 864 \\
6863 & \overline{17^{T}\,5^{P}\,7^{P}\,11^{l}} \\
815 & \\
6 & \\
\hline
4890 & \\
570 & \\
12 & \\
\hline
6840 & \\
792 & \\
12 & \\
\hline
9504 & \\
864 & \\
\hline
0 &
\end{array}
$$

La preuve de la seconde opération a besoin de quelques éclaircissemens.

Après avoir appliqué au nombre $26^{T}\,4^{P}\,5^{P}\,2^{l}$, le procédé de la première opération, on trouve pour résultat 23102^{l}, ou $\frac{23102}{864}$ de toise. Mais, comme à ces 23102 lignes se trouve jointe la fraction $\frac{14}{23}$ de ligne, il faut multiplier 23102 par 23 pour réduire en 23es, puis ajouter au produit 14; ce qui donne pour résultat, 531360, nombre auquel on doit ensuite donner pour dénominateur, 23 fois 864;

$$
\begin{array}{r}
26^{T}\,4^{P}\,5^{P}\,2^{l}\,\frac{14}{23} \\
6 \\
\hline
160 \\
12 \\
\hline
1925 \\
12 \\
\hline
23102 \\
23 \\
\hline
69306 \\
46204 \\
14 \\
\hline
531360
\end{array}
$$

mais puisqu'il faut que $\dfrac{531360}{23 \text{ fois } 864}$ soit égal à $\dfrac{615}{23}$, il s'en-suit que 531360 doit être divisible par 864, ce qu'il est aisé de reconnaître ; et alors, en supprimant le facteur commun 864, on retrouve en effet $\dfrac{615}{23}$.

Voici un autre exemple de la seconde opération et de sa preuve :

Convertir en un nombre complexe de livres poids, marcs, onces, gros, et grains, le nombre fractionnaire $\dfrac{12870}{365}$ de livre poids.

Opération.	*Preuve.*
$12870 \mid 365$	$35℔\ 0^m\ 4^{on}\ 1^g\ 22^{gr}\ \frac{250}{365}$
$1920 \mid 35℔\ 0^m\ 4^{on}\ 1^g\ 22^{gr}\ \frac{250}{365}$	2
95	70
2	8
190	564
8	8
1520	4513
60	72
8	9026
480	31591
115	$22 \quad 118609920 \mid 9216$
72	$324958 \quad 26449 \mid 12870$
230	$365 \quad\ \ 80179$
805	$1624790 \quad 64512$
8280	$1949748 \quad 00000$
980	974874
250	$250 \qquad 12870$
	$118609920 \qquad 365$

Après avoir obtenu, dans la preuve, le nombre 118609920,

qui exprime des 365es de grain, on divise ce nombre par 9216, nombre de grains que contient la livre poids; ce qui donne un quotient exact, 12870; ainsi l'on retrouve le nombre proposé, $\frac{12870}{365}$ de livre poids.

72. Au moyen de ces deux règles préliminaires, les quatre opérations principales sur les nombres complexes peuvent être ramenées à celles qui ont été exposées dans le chapitre précédent. En effet, quelle que soit l'opération proposée, *on peut d'abord convertir les nombres complexes sur lesquels on a à opérer, chacun en un seul nombre fractionnaire de l'unité principale,* d'après la règle du n° **69**; *on effectue ensuite sur les nombres ainsi transformés l'opération demandée,* d'après les règles ordinaires du calcul des fractions; et l'on obtient pour résultat un nombre fractionnaire *que l'on convertit en un nombre complexe,* suivant la règle du n° **70**; ce qui donne enfin le résultat cherché.

Mais cette méthode est en général moins simple, surtout pour les trois premières opérations, que celle dont nous allons donner le développement.

Addition des nombres complexes.

73. Cette opération se fait à peu près comme l'addition des nombres entiers : *on écrit tous les nombres proposés les uns au-dessous des autres,* de manière que les unités de même espèce ou de même subdivision soient dans une même colonne, *et l'on commence par ajouter les unités de la plus petite subdivision;* si leur somme ne compose pas une unité de l'espèce immédiatement supérieure, *on écrit cette somme au-dessous;* mais si elle renferme assez d'unités pour composer une ou plusieurs unités de la subdivision immédiatement supérieure, *on n'écrit au bas de la colonne, que l'excédant de la somme sur le nombre d'unités de l'espèce supérieure, qu'on a pu extraire, et l'on retient celles-ci pour les ajouter avec leurs semblables, sur lesquelles on opère de la même manière.*

PREMIER EXEMPLE.

On propose d'ajouter les nombres

	765^{tt}	19^s	7^d
	1279	17	6
	915	13	11
	2594	19	8
	589	8	6
somme.	6145^{tt}	19^s	2^d
preuve.	3333	33	0

En additionnant d'abord les deniers, je trouve pour somme 38, qui renferme 3 fois 12 deniers ou 3 *sous* et 2 deniers; je pose les 2 deniers, et je retiens 3 sous pour les ajouter avec la somme des unités de l'espèce des *sous*.

Je trouve pour cette nouvelle somme 39; je pose 9 et je retiens 3 dixaines, pour les reporter à la colonne des dixaines de *sous,* ce qui donne 7 dixaines de *sous;* et comme il faut 2 dixaines de sous pour faire une livre, je prends la moitié de 7, qui est 3 avec 1 pour reste; je pose ce reste, et je porte les 3^{tt} à la colonne des livres, que j'ajoute comme à l'ordinaire.

La preuve se fait d'ailleurs de la même manière que pour les nombres entiers. (*Voyez* n° 15.)

SECOND EXEMPLE.

Soit à ajouter	59^{tb}	1^m	7^{on}	6^g	46^{gr}		
(L'unité princi-	47	0	2	7	39	167	72
pale est la	87	1	5	3	53	23	2
livre poids.)	37	1	7	5	29		
	232	1	7	7	23		
	33	2	2	2	0		

En faisant l'addition des grains, on trouve pour somme 167 que l'on écrit d'abord à côté, comme on le voit ci-dessus; puis on divise 167 par 72, nombre de grains que contient le

gros, ce qui donne pour quotient 2 et pour reste 23 ; on écrit
23 au bas de la colonne des grains, et l'on retient 2 qu'on
reporte à la colonne des gros. On trouve pour la somme des
gros, 23, c'est-à-dire 2 fois 8 gros, ou 2 onces plus 7 gros ;
on pose 7 gros, et l'on retient 2 pour les reporter à la colonne
des onces, sur laquelle on opère, ainsi que sur les colonnes
suivantes, comme on a opéré sur celles qui précèdent.

Soustraction des nombres complexes.

74. *Écrivez le plus petit nombre sous le plus grand* de
manière que les unités de même espèce se correspondent, et
*commencez la soustraction par les unités de l'espèce la plus
faible;* si le nombre inférieur de ces unités peut être retranché
du nombre supérieur, *écrivez le reste au-dessous;* s'il ne peut
en être retranché, *empruntez sur la subdivision immédiatement
supérieure une unité, que vous ajoutez à celles de l'espèce sur
laquelle vous opérez, après l'avoir réduite en unités de cette
dernière espèce;* en ayant soin, toutes les fois que vous aurez
fait un emprunt, de *diminuer d'une unité* le nombre sur lequel a été fait cet emprunt.

PREMIER EXEMPLE.

Du nombre.............	327^{tt}	11^{s}	7^{d}
on propose de soustraire....	189	15	11
reste....	137	15	8
preuve.	327	11	7

Comme on ne peut ôter 11 deniers de 7, on emprunte sur
11 sous, une unité, qui vaut 12 deniers, qu'on ajoute à 7, ce
qui donne 19 ; et l'on dit : 11 de 19, il reste 8, qu'on écrit au-
dessous des deniers.

Passant ensuite aux *sous*, on dit : 15 de 10 (et non pas de 11,
à cause de l'emprunt) ; et, comme cela ne se peut, on emprunte 1 livre, qui vaut 20 sous, que l'on ajoute à 10, ce qui
donne 30 sous ; puis on dit : 15 de 30, il reste 15, que l'on pose
au rang des *sous*.

Enfin, on soustrait 189 de 326, et il reste 137.

Ainsi, le reste de la soustraction est 137^{tt} 15^s 8^a; ce qu'on peut vérifier en faisant la somme de ce reste et du plus petit nombre.

SECOND EXEMPLE.

De...............	39^T	4^P	7^P	5^l
on veut ôter...........	27	5	11	7
	11	4	7	10
	39	4	7	5

Comme on ne peut soustraire 7 lignes de 5, on emprunte 1 pouce qui vaut 12 lignes, que l'on ajoute à 5; ce qui donne 17; et l'on dit : 7 de 17, il reste 10. Ensuite, 11 de 6; cela ne se peut; mais 11 de 12 plus 6, ou de 18, il reste 7. Passant aux *pieds* : 6 de 3, cela ne se peut; mais en empruntant 1 toise, qui vaut 6 pieds, on a 6 plus 3, ou 9; et l'on dit : 5 de 9, il reste 4. Soustrayant enfin 27 toises de 38, on obtient 11; donc le reste demandé est 11^T 4^P 7^P 10^l.

TROISIÈME EXEMPLE.

Un vase plein de liquide pèse..	17^{tb}	5^{on}	4^g	17^{gr}
La tare, ou le poids du vase vide, est de...............	4	7	6	49
On demande le poids du liquide.	12	13	5	40
	17	5	4	17

Il est clair que si l'on soustrait du poids total du vase et du liquide qu'il contient, le poids seul du vase, le reste doit représenter le poids du liquide.

Comme on ne peut ôter 49 de 17, on emprunte 1 gros qui vaut 72 grains; et l'on dit : 49 de 72 plus 17, ou de 89; il reste 40. Ensuite, 6 de 8 plus 3, ou de 11, il reste 5. Passant aux onces, 7 de 4, cela ne se peut; mais comme 1 livre vaut 16 onces, on dit : 7 de 16 plus 4, ou de 20, il reste 13.

Enfin, 4 de 16 il reste 12; donc le poids total du liquide est 12^{tb} 13^{onc} 5^g 40^{gr}.

Multiplication des nombres complexes.

Cette opération, plus difficile que les deux premières, demande beaucoup d'attention, et ne peut être développée d'une manière bien nette que sur des exemples.

Pour plus de clarté, nous distinguerons deux cas principaux : ou, le multiplicande étant complexe, le multiplicateur est incomplexe ; ou bien, le multiplicande étant complexe ou incomplexe, le multiplicateur est complexe.

75. Considérons d'abord le premier cas, *celui où, le multiplicande étant complexe, le multiplicateur est un nombre incomplexe ou un nombre entier quelconque.*

Soit à multiplier.............. 247^{tt} 17^{s} 11^{d}

par......................... 9

$\overline{2231^{tt} \quad 1^{s} \quad 3^{d}}$

On obtient ce produit *en multipliant toutes les parties du multiplicande, à commencer par les plus faibles, par le multiplicateur, et ayant soin de retenir les unités des ordres supérieurs, fournies par les produits inférieurs.*

Ainsi, l'on dit : 9 fois 11 deniers font 99 deniers, qui contiennent 8 fois 12 deniers ou 8 sous, et 3 deniers; on pose alors 3 deniers et l'on retient 8 sous pour les reporter sur le produit des sous.

Ensuite, 9 fois 7 font 63, et 8 de retenue font 71 sous; on pose 1 sou et l'on retient 7 dixaines de sous; 9 fois 1 font 9; et 7 de retenue font 16 dixaines de sous; et, comme 2 dixaines de sous font 1 livre, on prend la moitié de 16 qui est 8, que l'on retient pour les reporter au produit des livres, sur lesquelles on opère d'après le procédé connu de la multiplication des nombres entiers; il vient enfin, pour le produit demandé, 2231^{tt} 1^{s} 3^{d}.

Dans cet exemple, où le multiplicateur n'est exprimé que par un seul chiffre, on a commencé par la droite, et l'on a déterminé successivement les sous fournis par le produit des deniers, et les livres fournies par le produit des sous. Mais si le

multiplicateur avait plusieurs chiffres, les mêmes détermina-
tions ne pourraient plus s'exécuter de tête; et pour y parvenir, il faudrait faire à part des multiplications, ensuite des
divisions, afin de convertir les espèces inférieures en espèces
supérieures, ce qui demanderait beaucoup de calcul. Dans ce
cas, l'opération se fait d'une manière plus simple, ainsi qu'on
va le voir sur l'exemple suivant.

Multiplier le nombre.....	784^{tt}	15^s	9^d
par.....	857		
	5488^{tt}		
	3920		
	6272		
pour 10^s.....	428	10^s	
5.....	214	5	
6^d.....	21	8	6^d
3......	10	14	3
	672562^{tt}	17^s	9^d

Après avoir effectué la multiplication de 784 par 857 comme
à l'ordinaire, on passe à la multiplication de 15 sous par 857.
Pour obtenir sur-le-champ ce produit en livres, on observe
que, si l'on avait 1 livre à multiplier par 857, le produit serait
857 livres; mais 15 sous, ou $\frac{15}{20}$ de livre, ne sont que les *trois*
quarts de la livre; ou bien, étant décomposés en 10 sous et
5 sous, ils en sont *la moitié* plus *le quart;* donc le produit
demandé se compose de *la moitié* de 857 livres, plus *le quart*
de 857, ou, ce qui revient au même, plus *la moitié de la*
moitié de 857 livres. Ainsi l'on dira : pour 10 sous, la moitié
de 857 livres est 428 (*voyez* n° 31), et il reste 1 livre qui vaut
20 sous; la moitié de 20^s est 10^s; et l'on obtient 428^{tt} 10^s
pour le produit de 10 sous par 857.

Prenant maintenant la moitié de 428^{tt} 10^s, on a 214^{tt} 5^s
pour le produit de 5 sous par 857.

Passant aux deniers, on remarque que 9 deniers sont dé-
composables en 6 deniers plus 3 deniers; or 6 deniers sont *la*

moitié d'un *sou*, et par conséquent, la moitié du 5ᵉ ou le 10ᵉ de 5 sous ; donc le produit de 6 deniers par 857 est le 10ᵉ du produit précédent, ou de 214ᵗ 5ˢ. Prenant d'abord le 10ᵉ de 214, on a pour quotient 21, et pour reste 4 livres, qui valent 4 fois 20, ou 80 sous, que l'on réunit aux 5 sous ; le 10ᵉ de 85 est 8 sous, et il reste 5 sous qui valent 5 fois 12, ou 60 deniers ; enfin, le 10ᵉ de 60 est 6 ; et l'on a 21ᵗ 8ˢ 6ᵈ pour le produit de 6 deniers par 857.

Pour obtenir le produit de 3 deniers par 857, il suffit de prendre la moitié du produit précédent, et l'on trouve 10ᵗ 14ˢ 3ᵈ.

Soulignant le tout, et faisant la somme des produits particls, on obtient 672562ᵗ 17ˢ 9ᵈ pour le produit total.

Cette manière d'obtenir les produits des subdivisions de l'unité principale du multiplicande, par le multiplicateur, s'appelle *méthode des parties aliquotes*, parce qu'elle consiste à *décomposer les nombres d'unités de ces subdivisions en parties aliquotes, soit de l'unité principale, soit les unes des autres*, c'est-à-dire (n° 51) en parties qui soient respectivement contenues un nombre exact de fois les unes dans les autres ; et alors, pour former un produit correspondant à l'une de ces *parties aliquotes*, on prend de l'un des produits qui précèdent, une partie marquée par le nombre de fois que la *partie aliquote* que l'on considère est contenue dans la partie qui a fourni ce produit déjà obtenu.

Soit, pour nouvel exemple,

à multiplier...................... 67ᵀ 5ᴾ 6ᴾ 5ˡ
par........................ 59

603ᵀ
335

pour 3ᴾ........ 29 3ᴾ
2........ 19 4
6ᴾ........ 4 5 6ᴾ
1........ 0 4 11
4ˡ........ 0 1 7 8ˡ
1........ 0 0 4 11

4007ᵀ 2ᶠ 6ᴾ 7ˡ

Pour obtenir le produit de 5 pieds par 59, on observe que 5 pieds se décomposent en 3 pieds, qui valent $\frac{1}{2}$ toise, plus 2 pieds, qui valent $\frac{1}{3}$ de toise ; donc, comme le produit de 1 toise par 59 serait 59 toises, celui de 5 pieds par 59 se composera de la moitié de 59 toises, plus le tiers de 59 ; prenant d'abord la moitié de 59 toises, on obtient 29, et il reste 1 toise, qui vaut 6 pieds, dont la moitié est 3 pieds ; ainsi, le produit de 3 pieds par 59 est 29^T 3^P. De même, le *tiers* de 59 est 19 pour 57, et il reste 2 toises, qui valent 12 pieds, dont le tiers est 4 ; on a donc 19^T 4^P pour le produit de 2 pieds par 59.

Passant aux pouces, on observe que 6 pouces sont la moitié d'un pied, ou le quart de 2 pieds ; ainsi, pour obtenir le produit de 6 pouces par 59, il suffit de prendre le *quart* du produit 19^T 4^P ; ce qui donne 4^T 5^P 6^P.

Maintenant, 5 lignes se décomposent en 4 lignes plus 1 ligne ; et comme 4 lignes sont le *tiers* d'un pouce, qui lui-même est le 6e de 6 pouces, il s'ensuit que 4 lignes valent le *tiers* du 6e ou le 18e de 6 pouces ; ainsi, on serait conduit à prendre le 18e de 4^T 5^P 6^P, ce qui ne serait pas commode ; mais on peut lever cette difficulté en formant un *produit auxiliaire* (improprement appelé *faux produit*), savoir le produit de 1 pouce par 59. Or, ce produit est le 6e de 4^T 5^P 6^P, ou 0^T 4^P 11^P ; on le place au-dessous des autres produits, en ayant soin toutefois de le barrer, comme on le voit ci-dessus, parce qu'il ne doit pas entrer en ligne de compte ; après quoi, en prenant le *tiers* de ce produit, on obtient celui de 4 lignes par 59, égal à 0^T 1^P 7^P 8^l.

Enfin, 1 ligne étant le *quart* de 4 lignes, on prend le quart du dernier produit, et l'on trouve 0^T 0^P 4^P 11^l.

Additionnant tous les produits partiels, on obtient pour le produit total, 400^T 2^P 6^P 7^l.

76. Considérons actuellement le cas *où le multiplicateur est lui-même un nombre complexe.* Mais prenons d'abord un exemple qui ne soit pas trop compliqué.

L'aune d'une certaine étoffe coûtant 65# 17ˢ 11ᵈ, *on demande le prix de* 39 *aunes* $\frac{7}{8}$.

$$
\begin{array}{llllll}
 & 65^{\#} & 17^{s} & 11^{d} \\
 & 39^{d} & \frac{7}{8} \\
\hline
 & 585^{\#} \\
 & 195 \\
pour\ 10^{s}\ldots & 19 & 10^{s} \\
5.\ldots & 9 & 15 \\
2.\ldots & 3 & 18 \\
6^{d}\ldots & 0 & 19 & 6^{d} \\
3.\ldots & 0 & 9 & 9 \\
2.\ldots & 0 & 6 & 6 & 8 \\
\frac{4}{8}^{d}\ldots & 32 & 18 & 11\tfrac{1}{2}\ldots 4\ldots 4 \\
\frac{2}{8}\ldots & 16 & 9 & 5\tfrac{3}{4}\ldots 2\ldots 6 \\
\frac{1}{8}\ldots & 8 & 4 & 8\tfrac{7}{8}\ldots 1\ldots 7 \\
\hline
 & 2627^{\#} & 11^{s} & 11^{d}\tfrac{5}{8} & \quad 17\ |\ 8 \\
 & & & & \quad\ \, 1\ |\ 2
\end{array}
$$

Puisqu'une aune coûte 65# 17ˢ 11ᵈ, il est clair que 39 aunes $\frac{7}{8}$ doivent coûter 39 fois 65# 17ˢ 11ᵈ, plus les $\frac{7}{8}$ de ce même nombre; c'est-à-dire qu'il faut multiplier d'abord 65# 17ˢ 11ᵈ. par 39, et ensuite par $\frac{7}{8}$.

La première multiplication n'offre aucune difficulté, d'après ce qui a été dit ci-dessus; ainsi, nous ne nous y arrêterons pas. On obtient les 8 premiers produits partiels comme précédemment.

Passons à la multiplication par $\frac{7}{8}$. Or cette fraction peut se décomposer en $\frac{4}{8}$ ou $\frac{1}{2}$, plus $\frac{2}{8}$, qui est la *moitié* de $\frac{4}{8}$, plus $\frac{1}{8}$, qui est la moitié de $\frac{2}{8}$; donc, pour obtenir le produit par $\frac{7}{8}$, il suffit de prendre d'abord la moitié de 65^{tt} 17^s 11^{d}, puis la moitié de cette moitié, et enfin la moitié de la nouvelle moitié.

Prenant donc la moitié du multiplicande, on obtient.....
32^{tt} 18^s $11^{d}\frac{1}{2}$, que l'on écrit au-dessous des produits précédens.

Prenons maintenant la moitié de ce dernier produit ; la moitié de 32 est 16 ; la moitié de 18 est 9 ; la moitié de 11 est 5, et il reste 1, qui, réuni à $\frac{1}{2}$, donne $\frac{3}{2}$, dont la moitié est $\frac{3}{4}$; ainsi le nouveau produit est 16^{tt} 9^s $5^{d}.\frac{3}{4}$.

Prenant encore la moitié de celui-ci, on dit : la moitié de 16 est 8 ; la moitié de 9 est 4, et il reste 1 sou, qui vaut 12 deniers ; 12 et 5 font 17, dont la moitié est 8, et il reste 1, qui, ajouté à $\frac{3}{4}$, donne $\frac{7}{4}$, dont la moitié est $\frac{7}{8}$; ainsi, ce dernier produit est égal à 8^{tt} 4^s $8^{d}\frac{7}{8}$.

Il reste à additionner les produits partiels, en commençant par les fractions.

Comme le dénominateur 8 est, par la nature même des opérations, *multiple* des deux autres, on le place d'abord (n° 58) à la droite et un peu au-dessus de la fraction $\frac{1}{2}$, et l'on souligne ; puis on écrit au-dessous de 8 et respectivement sur la même ligne que les fractions, les quotiens 4, 2, et 1, résultant de la division de 8 par les trois dénominateurs (ce sont les nombres par lesquels il faut multiplier les deux termes des fractions respectivement correspondantes, pour avoir le même dénominateur). Cela posé, on multiplie les numérateurs des fractions par ces quotiens, ce qui donne 4, 6, et 7, dont on fait l'addition, et l'on obtient pour somme 17 ; ainsi, la somme des fractions est $\frac{17}{8}$, ou 2 plus $\frac{1}{8}$. Alors on pose $\frac{1}{8}$ au-dessous des trois fractions, et l'on retient 2 deniers pour les reporter à la colonne des deniers, sur laquelle on opère, ainsi que sur les autres, comme on l'a indiqué précédemment.

On obtient enfin pour le produit demandé, c'est-à-dire pour le prix des $39^a \frac{7}{8}, \ldots 2627^{tt} 11^s 11^{\lambda} \frac{1}{8}$.

On voit d'après cet exemple, que, quand *le multiplicateur contient des parties ou subdivisions de l'unité principale*, l'artifice de la méthode consiste encore à *décomposer les subdivisions de ce facteur en* PARTIES ALIQUOTES, *soit de l'unité principale*, soit les unes des autres, puis à *prendre du multiplicande ou des produits qui en résultent, des parties indiquées par ces parties aliquotes*.

Proposons-nous, pour second exemple, de *déterminer le prix de* $69^T 4^P 11^P$ *d'un certain ouvrage, en supposant que la toise coûte* $25^{tt} 19^s 5^{\lambda}$.

	25^{tt}	19^s	5^{λ}			
	69^T	4^P	11^P			
	225^{tt}					
	150					
pour 10^s….	34	10^s				
5…..	17	5				
2…..	6	18				
2…..	6	18				
4^{λ}….	1	3				
1…..	0	5	9^{λ}		72	
3^P….	12	19	$8\frac{1}{2}$	…36	…36	
1…..	4	6	$6\frac{5}{6}$	…12	…60	
6^P….	2	3	$3\frac{5}{12}$	… 6	…30	
3…..	1	1	$7\frac{17}{24}$	… 3	…51	
1…..	0	7	$2\frac{41}{72}$	… 1	…41	
1…..	0	7	$2\frac{41}{72}$	… 1	…41	
	1813^{tt}	5^s	$4^{\lambda}\frac{43}{72}$		259	72
					43	3

Nous supposerons ici, comme dans l'exemple précédent,

que l'on ait effectué le produit de 25^{tt} 19^{f} 5^{d} par 69; et la somme de ces premiers produits partiels exprimera le prix des 69 toises.

Maintenant, pour déterminer le prix de 4^{P} 11^{P} du même ouvrage, observons qu'une toise coûtant 25^{tt} 19^{f} 5^{d}, 4 pieds, où 3 pieds plus 1 pied, c'est-à-dire $\frac{3}{6}$ plus $\frac{1}{6}$ de toise, doivent coûter les $\frac{3}{6}$ ou la *moitié*, plus le $\frac{1}{6}$, ou le *tiers* de la *moitié* de 25^{tt} 19^{f} 5^{d}. De même, 11 pouces se décomposant en 6 pouces, plus 3 pouces, plus 2 pouces, ou bien, en $\frac{6}{12}$, plus $\frac{3}{12}$, plus deux fois $\frac{1}{12}$ de pied, doivent coûter la *moitié* du prix que l'on aura obtenu pour le pied, plus la *moitié* de cette *moitié*, plus enfin *deux* fois le *tiers* de cette nouvelle moitié. Il faut donc former tous ces produits.

D'abord, pour 3 pieds, on prend la moitié de 25^{tt} 19^{f} 5^{d}, ce qui donne 12^{tt} 19^{f} 8^{d} $\frac{1}{2}$; pour 1 pied, on prend le *tiers* de ce produit, et l'on trouve 4^{tt} 6^{f} 6^{d} $\frac{5}{6}$ (en observant que, lorsqu'on est parvenu aux deniers, il en reste 2, qui, joints à $\frac{1}{2}$, donnent $\frac{5}{2}$ dont le $\frac{1}{3}$ est $\frac{5}{6}$). Pour 6 pouces, on prend la moitié du produit précédent, et il vient 2^{tt} 3^{f} 3^{d} $\frac{5}{12}$; pour 3 pouces, on prend encore la moitié de ce dernier produit, ce qui donne 1^{tt} 1^{f} 7^{d} $\frac{17}{24}$. Enfin, pour 1 pouce, on prend le *tiers* de celui-ci, et l'on a 0^{tt} 7^{f} 2^{d} $\frac{41}{72}$, produit que l'on écrit deux fois.

Quant à l'addition des produits partiels, on la fait, comme dans le premier exemple, en observant toujours que le dénominateur 72 est multiple de tous les autres, et qu'alors on peut appliquer aux fractions les simplifications du n° 48.

Jusqu'à présent le multiplicande exprimait des livres, sous et deniers, et alors le produit représentait des unités et sub-divisions de la même nature. Voici une nouvelle question dans laquelle le multiplicande et le produit expriment des toises, pieds, pouces....

On peut faire exécuter 69^T 4^P 11^P *pour* 1^{tt}; *on demande le nombre de toises qu'on fera exécuter pour* 25^{tt} 19^s 5^d.

Il est évident que, pour obtenir le nombre de toises demandé, il faut multiplier 69^T 4^P 11 P par 25 livres, et par les subdivi-sions de la livre, que comporte l'énoncé; car si pour une livre on a pu faire exécuter 69^T 4^P 11 P, il s'ensuit que pour 19 sous, ou $\frac{19}{20}$ de livre, on peut faire exécuter les $\frac{19}{20}$ de 69^T 4^P 11^P, c'est-à-dire les $\frac{10}{20}$ ou la moitié, plus les $\frac{5}{20}$ ou la moitié de la moitié, plus etc....

Nous nous bornerons à présenter le tableau des calculs de cette nouvelle multiplication :

		69^T	4^P	11^P				
		25^{tt}	19^s	5^d				
		345^T						
		138						
pour	3^P....	12	3^P					
	1.....	4	1					
	6^P....	2	0	6^P				
	3.....	1	0	3				
	2.....	0	4	2				
	10^s....	34	5	5	6			
	5.....	17	2	8	9	20		
	2.....	6	5	10	$8\frac{2}{5}$	...$\overline{4}$...	8	
	2.....	6	5	10	$8\frac{2}{5}$	...4...	8	
	4.....	1	0	11	$9\frac{2}{5}$	...4...	8	
	1.....	0	1	8	$11\frac{7}{20}$	...1...	7	
		1813^T	1^P	7^P	$4^l\frac{11}{20}$		$\frac{31}{11}$	$\frac{20}{1}$

77. *N. B.* — Observons que, dans ce dernier exemple, les deux facteurs de la multiplication sont les mêmes que ceux de l'exemple précédent; et cependant, on a obtenu deux résultats qui diffèrent l'un de l'autre, sinon par l'entier qui y entre, du moins par la nature de l'unité principale, et par les subdivisions de cette unité. Ainsi le principe du n° 25, qui consiste en ce que *l'on peut intervertir l'ordre des facteurs d'un produit, sans changer le produit,* ne semble vrai que pour les nombres abstraits. Pour le rendre applicable au cas de deux nombres complexes, il faudrait concevoir chacun de ces nombres réduit (n° 69) en un seul nombre fractionnaire de l'unité principale qui lui correspond; et les deux nombres qu'on obtiendrait en intervertissant l'ordre des facteurs seraient égaux, abstraction faite toutefois de la nature de l'unité principale, laquelle devrait être différente dans les deux produits. Il résulte, en effet, de la définition de la multiplication, que, toutes les fois que l'on considère des nombres concrets, *le produit et le multiplicande doivent être de même nature;* tandis que le multiplicateur, quoique pouvant être d'abord exprimé par un nombre concret, doit toujours être considéré, dans l'opération, comme un nombre abstrait qui désigne combien de fois on doit répéter le multiplicande, ou quelle partie on en doit prendre. Il faut donc, lorsqu'on a une multiplication à effectuer, avoir soin de déterminer lequel des deux facteurs doit être pris pour multiplicande, ce qui n'est pas difficile, puisqu'il est toujours de même nature que le produit, et que la nature de celui-ci est indiquée par l'énoncé de la question.

78. La preuve naturelle de la multiplication se fait par la division; mais il est en général plus simple, à cause des fractions compliquées que renferme souvent le produit, de *doubler le multiplicande et de prendre la moitié du multiplicateur,* ou réciproquement. Nous engageons les commençans à reprendre les opérations ci-dessus, et à en faire les preuves d'après cette méthode. Voici d'ailleurs de nouveaux exemples sur lesquels ils peuvent s'exercer :

1°. *Déterminer le prix de* 35℔ 1^m 5^{on} 4^s 48^{gr} *d'une certaine marchandise, en supposant que la livre poids coûte* 23^{tt} 17^s 3^{d}.

Résultat : 855^{tt} 8^s 10^{d} $\dfrac{63}{64}$.

2°. *Multiplier* 139^T 5^P 0^P 11^l *par* 25^{tt} 19^s 11^{d}.

Résultat : 3635^T 2^P 5^P 10^l $\dfrac{133}{240}$.

3°. *Multiplier* 31^{tt} 17^s 9^{d} *par* 15^{tt} 11^s 5^{d}.

Résultat : 496^{tt} 10^s 3^{d} $\dfrac{47}{80}$.

Nous aurons à traiter, par la suite (*Chap. VII*), des questions susceptibles de donner lieu à la dernière opération.

Division des nombres complexes.

Nous distinguerons également deux cas principaux : ou le *dividende et le diviseur sont de nature différente ; ou bien ils sont de même nature.*

79. PREMIER CAS. — Le dividende et le diviseur étant de nature différente.

Dans ce cas, il peut arriver deux circonstances : ou le diviseur est incomplexe, ou bien il est complexe.

1°. Si le diviseur est incomplexe, *considérez-le comme abstrait, et effectuez la division du dividende par le diviseur, en réduisant le quotient en unités principales et subdivisions de la même nature que le dividende.*

2°. Si le diviseur est complexe, *convertissez-le* (n° 69) *en un seul nombre fractionnaire de son unité principale; multipliez le dividende par le dénominateur de la fraction diviseur, et divisez le produit par le numérateur, en réduisant toujours le quotient en unités principales et subdivisions de la même nature que le dividende.*

PREMIER EXEMPLE.

On demande le prix de la toise d'un certain ouvrage, en supposant que l'on ait payé 25469^{tt} 19^s 11^{d} *pour* 568 *toises du même ouvrage.*

Le prix de la toise étant connu, en le multipliant par 568 on devrait reproduire 25469^{tt} 19^s 11^{d}; donc il faut diviser ce dernier nombre par 568.

Après avoir divisé 25469 par 568 comme à l'ordinaire, ce qui donne 44 livres pour quotient, et 477 livres pour reste, on réduit ce reste en sous en le multipliant par 20, et l'on ajoute au produit les 19^s du dividende, ce qui

$$
\begin{array}{c|l}
25469^{tt}\ 19^s\ 11^{d} & 568 \\
\quad 2749 & \overline{44^{tt}\ 16^s\ 9^{d}} \\
\quad 477 & \\
\quad\ 20 & \\
\hline
\ 9559 & \\
\ 3879 & \\
\ \ 471 & \\
\ \ \ 12 & \\
\hline
\ 5663 & \\
\ \ 551 &
\end{array}
$$

donne 9559^s, que l'on divise encore par 568; il vient pour quotient 16^s, et pour reste 471^s que l'on multiplie par 12 pour en faire des deniers ; ajoutant au produit les 11 deniers du dividende, on trouve 5663^d, que l'on divise de nouveau par 568, ce qui donne pour quotient 9^d et pour reste 551 ; donc

le quotient total, ou le prix de la toise, est $44^{tt}\ 16^s\ 9^{d}\ \dfrac{551}{568}$.

SECOND EXEMPLE.

On a acheté 258℔ 1^m 7^{on} 5^g de marchandise pour la somme de 3259^{tt} 17^s 10^d; on demande à combien revient la livre poids de cette marchandise.

Le prix de la livre poids étant connu, en le multipliant par 258℔ 1^m 7^{on} 5^g, on devra reproduire 3259^{tt} 17^s 10^d; ainsi, il faut encore diviser le second nombre par le premier.

$$3259^{t}\ 17^{s}\ 10^{d} \qquad\qquad 258℔\ 1^{m}\ 7^{on}\ 5^{gros}$$

128				2	

$$\begin{array}{r} 26072 \\ 6518 \\ 3259 \end{array} \qquad\qquad \begin{array}{r} 517 \\ 8 \\ \hline 4143 \\ 8 \\ \hline 33149 \end{array}$$

pour 10ˢ... 64
5.... 32
2.... 12 16
6.... 3 4
3.... 1 12
1.... 0 10 8

$$417266^{t}\ 2^{s}\ 8^{d}\ \big|\ \underline{33149}$$
$$85776 \qquad\qquad\quad 12^{t}\ 11^{s}\ 9^{d}$$
$$19478$$
$$20$$
―――――――
$$389562$$
$$58072$$
$$24923$$
$$12$$
―――――――
$$299084$$
$$743$$

Après avoir converti le diviseur en un seul nombre fractionnaire, suivant la règle du n° 69, on trouve pour ce diviseur,
$\frac{33149}{128}$, puisque (n° 68) le gros est la 128ᵉ partie de la livre
poids; mais pour diviser $3259^{t}\ 17^{s}\ 10^{d}$ par $\frac{33149}{128}$, il faut
(n° 62) multiplier le dividende par le dénominateur 128, ce qui
donne, comme on le voit de l'autre part, $417266^{t}\ 2^{s}\ 8^{d}$, et
diviser ce produit par le numérateur 33149; cette dernière
opération rentre dans celle de l'exemple précédent, et l'on
trouve, pour le prix demandé, $12^{t}\ 11^{s}\ 9^{d}\ \frac{743}{33149}$.

S..

Ces exemples suffisent pour mettre au fait de la marche qu'il faut suivre dans tout autre.

80. SECOND CAS. — Si le dividende et le diviseur sont de même nature, *réduisez* (n° 69) *les nombres en unités de la plus petite des subdivisions qu'ils renferment, puis effectuez la division du premier résultat par le second, en exprimant,* suivant la règle du n° 70, *le quotient en un nombre complexe de la nature indiquée par l'énoncé de la question.*

Ceci va s'éclaircir sur des exemples.

PREMIER EXEMPLE.

La toise d'un certain ouvrage coûte 47^{tt} 19^{s} 5^{d}; *on demande le nombre de toises que l'on peut faire exécuter pour* 2728^{tt} 17^{s} 10^{d}.

Si l'on connaissait le nombre de toises demandé, il est clair qu'en multipliant le prix d'une toise, ou 47^{tt} 19^{s} 5^{d}, par ce nombre, on devrait reproduire 2728^{tt} 17^{s} 10^{d}; donc il faut diviser 2728^{tt} 17^{s} 10^{d} par 47^{tt} 19^{s} 5^{d}.

2728^{tt} 17^{s} 10^{d}	47^{tt} 19^{s} 5^{d}	654934	11513
20	20	79284	56^{T} 5^{P} 3^{P} 9^{l}
‾‾‾‾	‾‾‾‾	10206	
54577	959	6	
12	12	‾‾‾‾	
‾‾‾‾	‾‾‾‾	61236	
654934	11513	3671	
		12	
		‾‾‾‾	
		44052	
		9513	
		12	
		‾‾‾‾	
		114156	
	reste	10539	

Après avoir réduit en deniers les deux nombres proposés, on trouve que le premier revient à $\dfrac{654934}{240}$ de livre, et le se cond à $\frac{11513}{240}$ de livre. Or, pour diviser le premier nombre par

le second, il faut (n° 62) renverser la fraction diviseur, ce qui

donne $\frac{240}{11513}$, et multiplier $\frac{654934}{240}$ par $\frac{240}{11513}$; mais le fac-

teur 240 entrant à la fois dans le produit des numérateurs et

dans celui des dénominateurs, on peut le supprimer, et il

vient $\frac{654934}{11513}$; donc, tout se réduit à diviser 654934 par 11513,

ce qui est conforme à la règle établie plus haut. Nous n'en-

trerons dans aucun détail sur cette division, qui s'effectue,

comme on le voit ci-dessus, d'après la règle du n° 70; nous

observerons seulement que, suivant l'énoncé de la question, le

nombre fractionnaire $\frac{654934}{11513}$ doit être évalué en toises, pieds,

pouces, etc....

On trouve ainsi pour résultat, 56^T 5^P 3^P 9^l $\frac{10539}{11513}$.

SECOND EXEMPLE.

On a payé 1^{tt} *pour* 15^T 4^P 7^p *d'un certain ouvrage; on demande la somme qu'il faut payer pour* 329^T 5^P 11^P 8^l.

Si l'on connaissait la somme demandée, en multipliant
15^T 4^P 7^P par cette somme, on devrait reproduire 329^T 5^P...;
ou bien encore, autant de fois 329^T 5^P..... contiendront
15^T 4^P 7^P, autant de livres, sous, et deniers, on devra payer.
D'où l'on voit qu'il faut diviser les deux nombres donnés
l'un par l'autre ; et le quotient exprimera en livres, sous, et
deniers, la somme demandée.

$$329^T \; 5^P \; 11^P \; 8^l \qquad 15^T \; 4^P \; 7^P \qquad 285116 \;\big|\; 13620$$

$$6 \qquad\qquad\qquad\qquad 6 \qquad\qquad 12716 \;\big|\; 20^{\#} \; 18^S \; 8^a$$

$$1979 \qquad\qquad\qquad 94 \qquad\qquad 20$$

$$12 \qquad\qquad\qquad\quad 12 \qquad\qquad 254320$$

$$23759 \qquad\qquad\quad 1135 \qquad\qquad 118120$$

$$12 \qquad\qquad\qquad\quad 12 \qquad\qquad 9160$$

$$285116 \qquad\qquad 13620 \qquad\qquad 12$$

$$109920$$

$$960$$

Après avoir réduit les deux nombres en lignes (parce que la ligne est la plus faible des subdivisions qui y entrent) on trouve que le premier équivaut à $\dfrac{285116}{864}$ de toise, et le second à $\dfrac{13620}{864}$ de toise ; d'où l'on tire, en multipliant le premier par le second renversé, $\dfrac{285116}{13620}$; convertissant ce nombre fractionnaire en un nombre complexe de la livre, on obtient pour le quotient cherché, $20^{\#} \; 18^S \; 8^a \; \dfrac{960}{13620}$ ou $\dfrac{16}{227}$.

N. B. — Si l'un des termes de la division était incomplexe, il n'en faudrait pas moins réduire les deux nombres en unités de la plus petite subdivision qui se trouverait dans l'autre.

81. *Remarque.* — Toutes les fois que le dividende et le diviseur sont de même nature par rapport à l'unité principale, *l'énoncé seul de la question* indique quelle doit être la nature de l'unité principale du quotient. Mais lorsque le dividende et le diviseur sont de nature différente, *le quotient doit être de même nature que le dividende*, puisque le dividende étant un produit, doit être (n° 77) de même nature que l'un de ses facteurs.

82. Quant à la preuve de la division, elle pourrait s'effectuer par la multiplication ; mais il est plus commode de doubler les deux termes, ou d'en prendre la moitié, et d'effectuer, sur les deux nombres ainsi modifiés, une nouvelle di-

vision ; le quotient doit être le même (n° 43) que le précédent.

Voici de nouvelles applications,

1°. *Déterminer le prix de l'aune d'une certaine étoffe, en supposant que* $69^a \frac{7}{12}$ *aient coûté* $2728^{tt} 17^s 9^d$.

Résultat : $39^{tt} 4^s 4^d \frac{176}{835}$.

2°. *Diviser* $859^{tt} 11^s 7^d$ *par* $89^T 4^P 7^P 10^l$.

Résultat : $9^{tt} 11^s 5^d \frac{36617}{38783}$.

3°. *Diviser* $1347^T 1^P 7^P$ *par* $9^T 5^P 7^P 10^l$, *le quotient devant être exprimé en livres, sous et deniers.*

Résultat : $135^{tt} 10^s 2^d \frac{466}{859}$.

CHAPITRE IV.

Des Fractions décimales, et du nouveau Système de poids et mesures.

§ Ier. *Des Fractions décimales.*

83. De toutes les manières de subdiviser l'unité principale, la plus simple et la plus commode pour les calculs, est, sans contredit, la subdivision *en parties successives de dix en dix fois plus petites*. Il en résulte des *fractions qui ont pour dénominateur l'unité suivie d'un ou de plusieurs zéros*, et que l'on nomme des *fractions décimales*. Ce mode de subdivision de l'unité offre de grands avantages, en ce qu'il ramène immédiatement, ou du moins à l'aide de transformations extrêmement faciles, les opérations sur les nombres fractionnaires, à de simples opérations sur des nombres entiers. C'est ce que nous développerons, après avoir fait connaître la numération des

fractions décimales, c'est-à-dire leur nomenclature et la manière de les écrire en chiffres.

De même qu'en décuplant successivement l'unité, on forme de nouvelles unités auxquelles on a donné le nom de *dixaines*, *centaines*, *mille*, *dixaines de mille*, etc...; de même aussi, l'on a conçu l'unité divisée en 10 parties égales que l'on a appelées *dixièmes*, chaque dixième divisé en 10 parties que l'on a appelées *centièmes* (parce que l'unité principale contient 10 fois 10, ou 100 de ces nouvelles parties), ensuite le centième divisé en 10 parties appelées *millièmes*, chaque millième en 10 parties nommées *dix-millièmes*, et ainsi de suite; ce qui a donné des *cent-millièmes*, *millionièmes*, *dix-millionièmes*, etc...

En second lieu, il résulte (n° 5) du principe fondamental de la numération écrite des nombres entiers, que les chiffres, en remontant de droite à gauche, ont des *valeurs relatives* de dix en dix fois plus grandes, ou bien, en descendant de gauche à droite, ont des valeurs de dix en dix fois plus petites. D'où il suit que si, à la droite d'un nombre entier déjà écrit en chiffres, on place de nouveaux chiffres, en ayant soin toutefois de distinguer par un signe quelconque, une virgule par exemple, ces nouveaux chiffres, du nombre entier, on aura, par cela même, représenté des parties successives de l'unité de dix en dix fois plus petites, c'est-à-dire des *dixièmes*, des *centièmes*, des *millièmes*, etc...

Ainsi, l'ensemble des chiffres 24,75 exprimera 24 unités, 7 *dixièmes*, et 5 *centièmes*; 5,478 exprimera 5 unités, 4 *dixièmes*, 7 *centièmes*, et 8 *millièmes*.

84. Soit proposé d'*énoncer en langage ordinaire le nombre écrit en chiffres*..... 56,3506.

Ce nombre peut d'abord s'énoncer ainsi : 56 *unités*, 3 *dixièmes*, 5 *centièmes*, 0 *millièmes*, et 6 *dix-millièmes*; mais observons que 3 *dixièmes* valent 30 *centièmes*, ou 300 *millièmes*, ou 3000 *dix-millièmes*; de même, 5 *centièmes* valent 50 *millièmes* ou 500 *dix-millièmes*; donc, le nombre total revient à 56 *unités* 3506 *dix-millièmes*; c'est-à-dire que, pour énoncer en langage ordinaire un nombre fractionnaire décimal écrit en chiffres, *il faut énoncer séparément la partie entière, ou la partie à la gauche de la virgule, énoncer ensuite la partie qui est à la droite, comme si elle exprimait un nombre entier, et placer à la fin de l'énoncé le nom de l'unité de la dernière subdivision décimale.*

Ainsi, 7,49305 représente 7 *unités*, plus 49305 *cent-millièmes.* De même, 249,007056 représente 249 *unités*, plus 7056 *millionièmes.*

On peut encore, si l'on veut, comprendre dans un seul énoncé la partie entière et la partie décimale. En effet, reprenons pour exemple, le nombre 56,3506; comme une unité vaut 10 dixièmes, ou 100 centièmes, 1000 millièmes, 10000 dix-millièmes, il s'ensuit que 56 unités équivalent à 560000 *dix-millièmes;* et par conséquent 56,3506 représente 563506 *dix-millièmes;* de même, 7 unités valant 700000 *cent-millièmes,* le nombre 7,49305 revient à 749305 *cent-millièmes;* c'est-à-dire qu'*il suffit, après avoir énoncé le nombre comme s'il n'y avait pas de virgule, de placer à la fin de l'énoncé le nom de la dernière subdivision.* Mais il est d'usage d'énoncer la partie entière séparément.(*).

Réciproquement, *on propose d'écrire en chiffres une fraction décimale énoncée en langage ordinaire.*

Soit à écrire le nombre *vingt-neuf* unités, *trois cent cinquante-quatre* millièmes. Écrivez d'abord la partie entière 29; ensuite, comme 300 millièmes reviennent à 3 *dixièmes*, et que 50 millièmes forment 5 *centièmes,* placez une virgule à la

---

(*) Nous proposerons, pour énoncer la partie décimale, un autre moyen qui est, en général, plus commode dans la pratique. Après avoir énoncé la partie entière comme il vient d'être dit, *séparez mentalement la partie décimale en tranches de trois chiffres à partir de la virgule* (la dernière tranche pouvant n'avoir que *un* ou *deux* chiffres); *énoncez ensuite chaque tranche séparément, et placez à la fin de chaque énoncé partiel le nom de l'unité qu'exprime le dernier chiffre de cette tranche.*

EXEMPLES. Le nombre 2,74986329 s'énonce: 2 *unités* 749 *millièmes* 863 *millionièmes* 29 *cent-millionièmes.*

De même, 14,023000076 s'énonce: 14 *unités* 23 *millièmes* 0 *millionièmes* 76 billionièmes 4 *dix-billionièmes.*

droite de 29, et écrivez ensuite successivement les chiffres 3, 5, et 4; il viendra 29,354 pour le nombre énoncé. Pareillement, *cent neuf* unités *deux mille trois* dix-millièmes s'écriront 109,2003.

Soit encore à écrire le nombre 8 unités 37 millièmes.

Comme 30 millièmes font 3 centièmes, et qu'il n'y a pas de dixièmes dans l'énoncé, on écrit 8,037 : c'est-à-dire que l'on met à la droite de la virgule, un o pour tenir lieu des dixièmes qui manquent, et donner ainsi aux chiffres qui suivent, leur véritable valeur.

RÈGLE GÉNÉRALE. — Pour écrire en chiffres un nombre décimal énoncé en langage ordinaire, *commencez par écrire la partie entière, et placez une virgule; puis écrivez successivement à la droite de cette virgule, les chiffres qui représentent les dixièmes, centièmes, etc., que renferme l'énoncé, en ayant soin de remplacer par des zéros, les différens ordres qui peuvent manquer.*

S'il n'y a pas de partie entière, c'est-à-dire si le nombre proposé est une fraction proprement dite, *écrivez un o pour tenir lieu de la partie entière, et opérez ensuite comme on vient de le dire.* Ainsi, dix-sept *centièmes* se représentent par 0,17; cent vingt-cinq *dix-millièmes*, par 0,0125; douze mille deux cent quatre *millionièmes*, par 0,012204.

Enfin, dans l'énoncé du nombre, la partie entière peut ne pas être distinguée de la partie décimale; alors le nombre n'en est que plus facile à écrire en chiffres. *Il faut écrire le nombre comme s'il exprimait des unités entières, et ensuite placer une virgule, de manière que le dernier chiffre à droite exprime des unités de la dernière subdivision que comporte l'énoncé.*

Par exemple, pour écrire le nombre quatre mille deux cent quatorze *centièmes*, écrivez d'abord 4214; et comme le dernier chiffre doit exprimer des centièmes; placez la virgule entre 2 et 1, ce qui donne 42,14.

De même, deux cent cinquante-trois mille vingt-neuf *dix-millièmes* se représentera par 25,3029; et ainsi des autres.

85. On sent déjà tout l'avantage que présente cette manière

d'écrire les fractions décimales. Une fraction se compose ordinairement de deux nombres placés l'un au-dessus de l'autre,
savoir : le numérateur et le dénominateur. Ici, la place de la
virgule suffit pour indiquer le dénominateur, *qui est égal à
l'unité suivie d'autant de zéros qu'il y a de chiffres décimaux*,
c'est-à-dire de chiffres à la droite de la virgule. Quant au numérateur, *il se compose de l'ensemble des chiffres qui sont à la
droite de la virgule*; ou bien, si l'on considère l'entier comme
réduit en fraction, *c'est le nombre proposé, abstraction faite
de la virgule.*

Ainsi le nombre 23,5037 mis sous la forme ordinaire d'une
fraction, revient à $23 \frac{5037}{10000}$ ou $\frac{235037}{10000}$; le nombre 2,00409
est égal à $2\frac{409}{100000}$ ou $\frac{200409}{100000}$; enfin, 0,0002154 équivaut à
$\frac{2154}{10000000}$.

Réciproquement, $2\frac{53}{1000}$ ou $\frac{2053}{1000}$ se changent en 2,053;
$\frac{172049}{10000}$ en 17,2049....

Ces transformations de fractions décimales en fractions ordinaires, et de fractions ordinaires en fractions décimales, sont
d'un usage continuel dans le calcul.

86. Il résulte d'abord de ce qui vient d'être dit, que, *si,
dans une fraction décimale, on avance la virgule d'un ou de
plusieurs rangs vers la droite, on multiplie le nombre par
10, 100, 1000, etc.; et qu'au contraire, en la reculant d'un
ou de plusieurs rangs vers la gauche, on divise le nombre par
10, 100, 1000....*

Soit, par exemple, *le nombre 153,07295, et supposons
qu'on avance la virgule de 3 rangs vers la droite; ce qui
donne 153072,95; je dis que le nombre est rendu 1000 fois
plus grand.* En effet, le nombre primitif revient à $\frac{15307295}{100000}$;

et lorsque la virgule est déplacée, il devient $\dfrac{15307295}{100}$, fraction dont le dénominateur est 1000 fois plus petit que celui de l'autre fraction ; donc (n° 45) la seconde fraction est 1000 fois plus grande que la proposée.

Au contraire, si l'on recule la virgule de 2 rangs vers la gauche, il vient 1,5307295 ou $\dfrac{15307295}{10000000}$, fraction dont le dénominateur est 100 fois plus grand que celui de la fraction proposée, $\dfrac{15307295}{100000}$; donc la nouvelle fraction est 100 fois plus petite que celle-ci.

On peut encore démontrer cela en observant que, par le déplacement de la virgule, *la valeur relative* de chaque chiffre devient 10, 100, 1000, etc., fois plus grande ou plus petite. Ainsi, en comparant 153072,95 à 153,07295, on voit que le chiffre 3, qui exprimait dans celui-ci des unités simples, exprime maintenant des *mille* ; le chiffre 5 à la gauche du 3, qui exprimait des dixaines, représente maintenant des *dixaines de mille* ; et ainsi des autres chiffres.

87. *En plaçant un nombre quelconque de zéros à la droite d'une fraction décimale, on n'en change point la valeur.*

Ainsi, 3,415 équivaut à 3,4150, ou 3,41500, ou 3,415000...; en effet, ces nombres peuvent (n° 82) se mettre sous la forme $\dfrac{3415}{1000}$, $\dfrac{34150}{10000}$, $\dfrac{341500}{100000}$ ...; or les deux dernières fractions ne sont autre chose que la première dont on a multiplié les deux termes par 10, 100, ce qui n'en change pas la valeur (n° 46).

Ou bien, on peut observer que les zéros placés à la droite des chiffres déjà écrits n'en changent pas la *valeur relative* ; et, comme ces zéros n'ont aucune valeur par eux-mêmes, la fraction reste toujours la même.

Cette dernière transformation sert à *réduire des fractions décimales au même dénominateur.* Par exemple, les fractions

12,407 | 0,25 | 7,0456 | 23,4, reviennent à 12,4070 | 0,2500 | 7,0456 | 23,4000; et, sous cette forme, elles ont 10000 pour dénominateur commun.

Ces notions établies, nous pouvons passer aux opérations sur les fractions décimales.

: 88. *Addition et Soustraction.* — On effectue l'addition des fractions décimales de la même manière que celle des nombres entiers, *après les avoir toutefois réduites au même dénominateur,* et en ayant soin de *séparer par une virgule, au résultat, autant de chiffres décimaux qu'il y en avait dans celui des nombres qui en renfermait le plus.*

Un seul exemple suffira pour éclaircir cette règle.

On propose d'ajouter les nombres 32,4056 | 245,379 | 12,0476 | 9,38 | *et* 459,2375.

J'écris d'abord *un* o à la droite du second nombre, et *deux* à la droite du quatrième ; puis je place les nombres ainsi préparés, les uns au-dessous des autres, de manière que les unités d'un même ordre se correspondent, et je fais l'addition comme à l'ordinaire.

Je trouve pour résultat 7584497, ou, séparant 4 chiffres décimaux vers la droite, 758,4497, parce que les nombres qu'on a ajoutés, expriment des unités de l'ordre des *dix-millièmes.*

$$
\begin{array}{r}
32,4056 \\
245,3790 \\
12,0476 \\
9,3800 \\
459,2375 \\
\hline
758,4497 \\
\end{array}
$$

Dans la pratique, on peut se dispenser d'écrire des zéros à la droite des nombres qui ont le moins de chiffres décimaux, pourvu que l'on ait bien soin de *disposer les unités d'un même ordre dans une même colonne.*

La soustraction s'effectue aussi comme pour les nombres entiers, *après que l'on a réduit les fractions décimales au même dénominateur* (n° 87).

Par exemple, *soit à soustraire* 23,0784 *de* 62,09.

J'écris deux zéros à la droite de 62,09, ce qui me donne

62,0900 ; puis j'effectue la soustraction
comme à l'ordinaire ; j'ai soin seulement
de séparer 4 chiffres décimaux vers la
droite du résultat.

$$\begin{array}{r} 62,0900 \\ 23,0784 \\ \hline 39,0116 \\ \hline 62,0900 \text{ preuve.} \end{array}$$

Ces procédés sont fondés sur ce que
les unités de différens ordres, dans les
fractions décimales, ayant les mêmes
rapports de grandeur les unes à l'égard des autres, que dans les
nombres entiers, il doit en être pour les retenues, ou pour
les emprunts auxquels on est conduit, comme s'il s'agissait
d'opérer sur des nombres entiers.

89. *Multiplication des fractions décimales.* — Pour effectuer
cette opération, *multipliez les deux nombres proposés l'un par
l'autre, sans faire attention à la virgule qui s'y trouve ;* et
lorsque vous aurez obtenu le produit total, *séparez vers la
droite, par une virgule, autant de chiffres décimaux qu'il y
en a dans les deux facteurs.*

Soit, par exemple, à multiplier 35,407 *par* 12,54.

Pour nous rendre compte du procédé prescrit,
observons que les deux nombres proposés peu-
vent se mettre sous la forme $\frac{35407}{1000}$ et $\frac{1254}{100}$. Or,
pour multiplier deux fractions l'une par l'autre,
il faut (n° 59) *multiplier numérateur par numérateur, et dénominateur par dénominateur ;*
mais les deux numérateurs ne sont autre chose
que les nombres proposés, abstraction faite de
la virgule ; on doit donc premièrement multi-
plier ces deux nombres l'un par l'autre, ce qui donne 44400378.

$$\begin{array}{r} 35,407 \\ 12,54 \\ \hline 141628 \\ 177035 \\ 70814 \\ 35407 \\ \hline 444,00378 \end{array}$$

On a ensuite, pour le produit des dénominateurs, 100000,
c'est-à-dire l'unité suivie d'autant de zéros qu'il y a de chiffres
décimaux dans les deux facteurs ; et il faut diviser le produit
obtenu, par 100000, ce qui revient évidemment à séparer
5 chiffres décimaux vers la droite ; on trouve ainsi pour résultat 444,00378 ; donc, etc.

Autrement : en ôtant la virgule dans le multiplicande, on le multiplie évidemment par 1000, puisqu'il exprimait d'abord des 1000es, et qu'il exprime maintenant des unités principales; donc, en vertu des principes du n° 43, le produit est par-là rendu 1000 fois trop grand; de même, comme en ôtant la virgule dans le multiplicateur, on le rend 100 fois plus grand, il s'ensuit que le produit est de nouveau rendu 100 fois trop grand ; il est donc, par la suppression des deux virgules, rendu 100000 fois trop grand ; et, pour le ramener à sa juste valeur, il faut le diviser par 100000, ou séparer 5 chiffres décimaux vers la droite.

Le raisonnement serait analogue, si l'on avait un plus ou moins grand nombre de chiffres décimaux dans les deux facteurs.

Il peut arriver que l'un des deux nombres seulement renferme des décimales. Dans ce cas, *on sépare vers la droite du produit, autant de chiffres décimaux qu'il y en a dans ce nombre.* La démonstration est trop facile pour que nous nous y arrêtions.

On trouvera d'après ces règles, que

1°. le produit de 4,0567 par 9,503 est égal à 38,5508201.;

2°. le produit de 4,0015 par 29 est 16,0435;

3°. le produit de 0,03054 par 0,023 est 0,00070242.

N. B.—Ce dernier exemple mérite quelque attention. En faisant abstraction de la virgule dans les deux facteurs, et effectuant la multiplication, on trouve pour produit, 70242; mais comme il y a *cinq* chiffres décimaux dans le multiplicande, et *trois* dans le multiplicateur; il en faut *huit* au produit qui cependant ne renferme que *cinq* chiffres. Pour lever la difficulté, on observe que, le produit devant exprimer des unités du 8e ordre décimal, il suffit d'écrire, à la gauche de 70242, des zéros en nombre suffisant pour qu'en plaçant ensuite la virgule, le dernier chiffre 2 occupe le 8e rang décimal. Ici, l'on doit en écrire *quatre*, en comptant celui qui doit tenir la place des entiers; et l'on trouve 0,00070242.

90. *Division des fractions décimales.* — Cette opération n'offre pas plus de difficulté. *Commencez par réduire les deux*

nombres proposés au même dénominateur (n° 87); *effectuez ensuite la division en faisant abstraction de la virgule; vous obtenez ainsi le quotient demandé.*

Soit à diviser 43,047 *par* 2,53698.

Je commence par écrire deux zéros à la droite de 43,047, ce qui donne 43,04700; puis je divise 4304700 par 253698, et j'obtiens, pour le véritable quotient, $16\dfrac{245532}{253698}$.

$$\begin{array}{c|c} 4304700 & 253698 \\ 1767720 & \overline{16} \\ 245532 & \end{array}$$

En effet, après avoir écrit deux zéros à la droite du dividende, ce qui n'en change pas la valeur, on peut mettre les deux nombres proposés sous la forme $\dfrac{4304700}{100000}$ et $\dfrac{253698}{100000}$.
Or, pour diviser le premier par le second, on doit (n° 62) multiplier la fraction dividende par la fraction diviseur renversée. On aura donc, en observant que 100000 est facteur commun des deux termes, le résultat $\dfrac{4304700}{253698}$; c'est-à-dire *qu'il faut faire la division des deux nombres considérés sans la virgule, après avoir toutefois ramené le nombre des chiffres décimaux à être le même de part et d'autre.*

On peut dire encore que, les deux fractions décimales étant réduites au même dénominateur, si l'on ôte la virgule dans les deux termes, on rend le dividende et le diviseur le même nombre de fois plus grands; donc, le quotient ne change pas (n° 43).

On trouvera par ce procédé, que le quotient de la division de 3,4703 par 0,027, est $128\dfrac{143}{270}$.

$$\begin{array}{c|c} 34703 & 270 \\ 770 & \overline{128} \\ 2303 & \\ 143 & \end{array}$$

Celui de 0,596 par 0,00201 est $296\dfrac{104}{201}$.

91. Dans les exemples précédens, on a obtenu facilement la partie entière du quotient de la division; mais les fractions propres à compléter le quotient, ayant des termes très grands,

sont difficiles à évaluer. Il est alors naturel de chercher à exprimer cette fraction en parties plus simples de l'unité principale, par exemple, en *dixièmes, centièmes, millièmes, etc....*

Proposons-nous donc cette nouvelle question générale :

Une fraction quelconque de l'unité principale d'une certaine nature étant donnée, évaluer cette fraction en décimales ; ou bien, la convertir en fraction décimale.

Soit proposée d'abord la fraction $\frac{13}{47}$.

Le nombre proposé, étant rapporté à l'unité principale, exprime les $\frac{13}{47}$ de cette unité ; mais, comme une unité simple vaut 10 *dixièmes*, il s'ensuit que $\frac{13}{47}$ revient à $\frac{130}{47}$ de *dixième ;* ainsi, lorsqu'on a disposé les deux nombres 13 et 47 comme dans la division ordinaire, si l'on met d'abord un *zéro* au quotient pour tenir lieu des entiers, que l'on place une virgule, et qu'on divise 130 par 47, le quotient 2 ainsi obtenu, et écrit à la droite de la virgule, représente le nombre de *dixièmes* contenus dans $\frac{13}{47}$; c'est-à-dire que $\frac{13}{47}$ est égal à 2 *dixièmes*, plus $\frac{36}{47}$ de *dixième*. Pareillement, comme 1 dixième vaut 10 centièmes, il s'ensuit que $\frac{36}{47}$ de *dixième* est égal à $\frac{360}{47}$ de *centième*, ou, effectuant cette nouvelle division, à 7 *centièmes*, plus $\frac{31}{47}$ de *centième*. En écrivant un nouveau o à la droite de 31, et divisant 310 par 47, on trouve pour quotient 6 *millièmes* que l'on écrit à la droite des deux chiffres précédens, et pour reste 28 à côté duquel on pose un nouveau o pour en faire des *dix-millièmes ;* ainsi de suite. En poussant l'opération jusqu'à ce qu'on ait obtenu 5 chiffres

$$
\begin{array}{r|l}
130 & 47 \\
36\text{o} & \overline{0,27659}. \\
3\text{io} & \\
\text{:}8\text{o}. & \\
450 & \\
27 & \\
\end{array}
$$

décimaux, on trouve que $\frac{13}{47}$ équivaut à 0,27659, plus $\frac{27}{47}$ de cent-millième, fraction qu'on peut négliger; et l'on dit alors que 0,27659 est la valeur de $\frac{13}{47}$ à moins d'un cent-millième près, attendu que la fraction négligée est moindre que l'unité de cet ordre.

En général, pour convertir une fraction ordinaire en fraction décimale, *disposez les deux nombres comme dans la division; écrivez un o au quotient, et à la droite de ce zéro une virgule.* Cela posé, *mettez un o à la droite du numérateur, et divisez le nombre résultant par le dénominateur; vous obtenez un quotient qui exprime les* DIXIÈMES, *et un certain reste. Placez un o à la droite de ce reste, et divisez le nombre résultant par le dénominateur; vous obtenez un quotient qui exprime les* CENTIÈMES, *et un nouveau reste; écrivez un o à la droite de ce reste, et divisez le nombre résultant par le dénominateur; vous obtenez un quotient qui exprime les* MILLIÈMES, *et un troisième reste sur lequel vous opérez de la même manière.* Enfin, vous continuez cette série d'opérations jusqu'à ce que vous ayez obtenu autant de chiffres décimaux que vous désirez en avoir, ou que la question l'exige. S'il y a un reste, la fraction décimale que vous obtenez ainsi, ne diffère de la fraction proposée que *d'une quantité moindre que l'unité de l'ordre décimal auquel vous avez arrêté le quotient.*

Si le numérateur de la fraction est plus grand que le dénominateur, *vous commencez par extraire les unités; vous les écrivez au quotient, et vous posez une virgule pour les séparer* des chiffres de la partie fractionnaire.

Il est aisé d'apercevoir l'analogie qui existe entre cette opération et celle qui a pour objet de convertir un nombre fractionnaire d'une unité principale quelconque, en un nombre complexe, c'est-à-dire, en unités principales et subdivisions de cette unité. (*Voyez* n° **70.**)

Nous allons maintenant faire l'application de cette règle aux exemples de division traités dans le numéro précédent.

Soit proposé de diviser 43,047 par 2,53698, et d'évaluer le quotient à moins de $\dfrac{1}{1000}$ *près.*

Après avoir trouvé, comme précédemment, le quotient 16 avec le
reste 245532, on considère ce reste
comme le numérateur d'une fraction
dont le dénominateur est 253698;
et alors on écrit un o à la droite de
ce reste; puis on continue la division,

$$\begin{array}{r|l} 4304700 & 253698 \\ 1767720 & \overline{16,967} \\ 2455320 & \\ 1720380 & \\ 1981920 & \\ 206634 & \end{array}$$

ce qui donne 9 *dixièmes* pour quotient, et pour reste 172038,
à la droite duquel on écrit encore un o; puis on divise le
résultat par le même diviseur; on obtient pour quotient
6 *centièmes*, et pour reste 198192; à côté duquel on place
un o; on divise de nouveau par le même diviseur, ce qui
donne pour quotient 7 *millièmes*, avec un reste qu'on
néglige.

On obtient ainsi 16,967 pour le quotient *à moins de* $\dfrac{1}{1000}$
près, puisque la quantité négligée est une fraction de millième.

Ou trouverait également pour le quotient de la division de
3,4703 par 0,027, *à moins de 0,0001 près*, 128,5296.

De même, 0596 divisé par 0,00201 donne pour quotient
à moins de 0,01 près, 296,51.

Nous reviendrons plus tard, vᵉ CHAPITRE, sur la conversion
d'une fraction ordinaire en fraction décimale, parce que cette
opération présente plusieurs propriétés remarquables que nous
ne pouvons développer d'une manière complète pour le
moment.

92. Lorsque, dans la division, le diviseur est un nombre
entier, ou renferme moins de chiffres décimaux que le dividende, au lieu d'écrire à sa droite des zéros pour le réduire
au même dénominateur que le dividende, il est plus simple
d'opérer ainsi qu'on va le voir.

9.

1°. *Soit à diviser* 437,4825 *par* 56.

La division pouvant ici être considérée comme ayant pour objet de prendre la 56e partie du dividende, on prend d'abord le 56e de 437, ou l'on divise 437 par 56, ce qui donne pour quotient 7 unités, et pour reste 45 qui, suivi des 4 *dixièmes* du dividende, forme 454 *dixièmes* dont il faut prendre encore le 56e; c'est-à-dire que l'on divise 454 par 56, et l'on trouve pour quotient 8 *dixièmes* qu'on écrit à la droite du 7, après avoir placé une virgule.

$$
\begin{array}{r|l}
437,4825 & 56 \\
45\ 4 & \overline{7,8121} \\
68 & \\
122 & \\
105 & \\
49 &
\end{array}
$$

Le reste 6, suivi des 8 *centièmes* du dividende, donne 68 *centièmes* dont le 56e est 1 *centième*, et il reste 12 qui, suivi des 2 *millièmes* du dividende, forme 122 *millièmes*; divisant 122 par 56, on obtient pour quotient 2 *millièmes*, et pour reste 10, à côté duquel on abaisse le dernier chiffre 5; on a 105 qui, divisé par 56, donne au quotient 1 *dix-millième*; donc enfin, le quotient demandé est 7,8121.

Ce quotient n'est exact que jusqu'aux 10000^{ièmes}; mais si l'on voulait obtenir un plus grand degré d'approximation, il faudrait poser un o à la suite du reste 49, et continuer suivant la règle du numéro 91.

Il est facile de reconnaître que cette manière d'opérer est plus simple que si l'on eût d'abord écrit 4 zéros à la droite du diviseur, afin de le réduire au même dénominateur que le dividende.

On trouverait de même que 14,37586, divisé par 219, donne pour quotient 0,06564, à moins de 0,00001 près.

2°. *Soit à diviser* 3,40567 *par* 0,039.

Observons d'abord qu'en vertu des principes démontrés aux numéros 45 et 66, on peut, sans altérer le quotient d'une division, multiplier le dividende et le diviseur par un même nombre.

Cela posé, si l'on multiplie le divi-

$$
\begin{array}{r|l}
3405,67 & 39 \\
285 & \overline{87,32} \\
126 & \\
97 & \\
19 &
\end{array}
$$

seur par 1000, ce qui revient (n° 86) à supprimer la virgule, et qu'on multiplie le dividende par 1000, ce qui revient (même numéro) à avancer la virgule de *trois* rangs vers la droite, on aura ramené la question à diviser 3405,67 par 39, opération qui rentre dans dans le cas précédent.

RÈGLE GÉNÉRALE. — Toutes les fois que le dividende renferme *plus* de chiffres décimaux que le diviseur, *supprimez d'abord la virgule dans le diviseur, puis avancez la virgule, dans le dividende, d'autant de rangs vers la droite qu'il y avait de chiffres décimaux dans le diviseur; et effectuez la division* comme dans le cas où le dividende seul contient des chiffres décimaux.

Par une raison semblable, si le diviseur est un nombre entier terminé par *un* ou *plusieurs* zéros, on peut les supprimer, pourvu qu'on ait le soin de reculer la virgule dans le dividende, d'autant de rangs vers la gauche qu'il y avait de zéros à la droite du diviseur.

Ainsi, par exemple, diviser 234,15 par 8900 revient à diviser 2,3415 par 89, puisqu'on n'a fait autre chose que rendre en même temps 100 fois plus petits les deux termes de la division.

Au reste, nous n'avons présenté ces dernières règles que comme des moyens plus simples d'opérer dans la pratique; car la règle établie précédemment (n° 90) convient à tous les cas.

93. Voici de nouvelles applications :

Déterminer : 1°. *le quotient de* 21,234 *par* 59,37469 (*), *à* 0,001 *près;*

Résultat 0,357;

2°. *Le quotient de* 294 *par* 7,356, *à* 0,0001 *près;*

Résultat 39,9673;

3°. *Le quotient de* 0,004736 *par* 0,034, *à* 0,00001 *près;*

Résultat 0,13929.

Il est inutile de dire que les preuves de ces opérations se font

(*) Pour abréger le discours, nous disons ici à 0,001 près, tandis qu'il serait plus exact (n° 91) de dire : *à moins de* 0,001 *près.* Nous faisons cette observation une fois pour toutes.

par la multiplication ; et les preuves des exemples de multiplication, par la division.

§ II. Système des nouveaux poids et mesures.

Nous sommes maintenant en état d'apprécier tous les avantages que présente le calcul des fractions décimales sur celui
des fractions d'une espèce quelconque, et de juger combien il
serait important d'établir un système de poids et mesures qui
fût lié au Système décimal. C'est à quoi les savans sont par-
venus, non sans beaucoup d'efforts, et malgré les obstacles oc-
casionés par l'ignorance et les préjugés. Commençons par faire
connaître la nomenclature de ce Système.

Mesures linéaires ou de longueur.

94. L'unité de longueur, à laquelle on a donné le nom de
MÈTRE, est *la dix-millionième partie de la distance du pôle à
l'équateur, comptée sur le méridien qui passe à Paris.*

D'après des opérations exécutées et vérifiées avec la plus
grande précision, on a reconnu que *le mètre*, évalué en pieds,
pouces, lignes, etc., *vaut* 3^P 0^{P}11^l,296, à $\frac{1}{1000}$ de ligne
près.

Pour désigner des mesures plus grandes ou plus petites que le
mètre, on est convenu d'employer les mots (tirés du grec et du
latin) :

MYRIA, KILO, HECTO, DÉCA, DÉCI, CENTI, MILLI,

qui signifient :

dix mille, mille, cent, dix, dixième de, centième de, millième de,

et que l'on place, au besoin, en tête du mot *mètre*.

On a formé ainsi le tableau suivant :

Myriamètre, ou mesure de dix mille mètres;

Kilomètre . . . . mille mètres;

Hectomètre . . . . cent mètres;

Décamètre . . . . dix mètres;

MÈTRE . . . . *unité* principale;

Décimètre . . . . dixième de mètre;

Centimètre . . . . centième de mètre;

Millimètre . . . . millième de mètre.

N. B. — Le myriamètre et le kilomètre sont les mesures itinéraires actuellement adoptées; le myriamètre est un peu plus que le *double* de la lieue de 2500 toises; le kilomètre en est un peu plus que le *cinquième*, ou bien, est un peu plus que le *quart* de la lieue de *poste* ou de 2000 toises.

Mesures de superficie (*).

95. L'unité naturelle des surfaces est le *mètre carré*; mais quand il s'agit de grandes surfaces agraires, on prend pour unité *un décamètre carré*, c'est-à-dire un carré qui a pour côté, un décamètre ou *dix mètres*; et cette unité se nomme ARE.

Les multiples de l'are se désignent à l'aide des mots *myria*, *kilo*, *hecto*, . . . employés au numéro 94; ainsi,

Myria-are ou *myriare*, signifie dix mille ares;

Kilo-are ou *kilare* . . . . . mille ares;

Hecto-are ou *hectare* . . . . cent ares;

Déca-are ou *décare* . . . . dix ares;

ARE . . . . unité principale;

Déciare . . . . dixième d'are;

Centiare . . . . centième d'are;

Milliare . . . . millième d'are.

. . . .

. . . .

_____

(*) Pour l'intelligence complète de certains termes et de certaines expressions dont nous nous servirons dans le reste de la nomenclature des nouvelles mesures, nous sommes obligé de renvoyer à la GÉOMÉTRIE.

N. B. — Le myriare, l'hectare, l'arc, le centiare, sont les seules mesures usitées; l'*hectare* remplace l'arpent, dont il est environ le double ; le *centiare* n'est autre chose que *le mètre carré.*

Mesures de solidité.

96. L'unité de solidité est LE MÈTRE CUBE; c'est un cube (forme de dé à jouer) qui a un mètre de côté. Les multiples et les sous-multiples du *mètre cube* n'ont pas, en général, reçu de dénominations particulières ; cependant le 1000ᵉ du mètre cube est appelé *décimètre cube*, parce qu'en effet c'est un cube qui a un *décimètre* de côté ; le 1000000ᵉ du mètre cube s'appelle aussi *centimètre cube,* parce que c'est un cube qui a un centimètre de côté , etc....

Lorsque les mesures de solidité s'appliquent au bois de chauffage ou aux matériaux de construction, l'unité principale, ou le *mètre cube*, s'appelle STÈRE. On considère ensuite le *déca-stère*, mesure de dix stères. Le *stère* est à peu près la *demi-voie* ancienne ; ainsi le *déca-stère* vaut cinq *voies* environ.

Mesures de capacité pour les liquides et pour les grains.

97. L'unité actuelle de capacité est *le décimètre cube*, qu'on nomme LITRE. Quant aux multiples et aux sous-multiples décimaux, voici ceux dont on fait principalement usage :

Hectolitre ou mesure de   cent litres ;
Décalitre ....   dix litres ;
LITRE ....   *unité* principale ;
Décilitre ....   dixième de litre ;
Centilitre ....   centième de litre.

N. B. — Le litre remplace la pinte pour les boissons, et le litron pour les grains. Il est un peu plus grand que la pinte et le litron.

Le *décalitre* tient lieu du *boisseau*, pour la mesure du blé et de toutes sortes de grains ; l'*hectolitre* remplace le *setier*.

On l'emploie encore à évaluer les futailles de vin ou de tout autre liquide.

Le *kilolitre*, qui a la capacité d'un mètre cube, et le *myria-litre*, ne sont guère usités.

Des poids.

98. L'unité de poids actuelle est le poids d'un *centimètre cube* d'eau distillée et ramenée à son *maximum* de densité : on lui a donné le nom de GRAMME.

Sa valeur en poids anciens est de 18^{grains},82715, c'est-à-dire un peu plus qu'*un quart de gros*.

Voici le tableau de ses multiples et sous-multiples décimaux :

Myriagramme,   valant   dix mille grammes ;
Kilogramme   ....   mille grammes ;
Hectogramme   ....   cent grammes ;
Décagramme   ....   dix grammes ;
GRAMME   ....   *unité* principale ;
Décigramme   ....   dixième de gramme ;
Centigramme   .... centième de gramme ;
Milligramme   .... millième de gramme.

N. B. — Le kilogramme étant mille fois plus fort que le gramme, qui, comme nous l'avons dit, est égal à 18^{gr},82715, équivaut à 18827^{gr},15; mais la *livre poids* étant (n° 65) de 9216 grains, il s'ensuit que le kilogramme vaut un peu plus que le double de la livre : ainsi, un *demi-kilogramme* peut remplacer la livre poids ancienne (*).

(*) Les savans auxquels on doit le Système décimal des poids et mesures, avaient d'abord eu l'idée de prendre pour *unité* de poids, celui d'un décimètre cube d'eau distillée, parce que ce poids, qui correspond au *kilo-gramme* actuel, était très propre à remplacer l'unité ancienne ou la *livre*, dont il est à peu près le double; et ils lui avaient donné le nom de *grave*; mais ils ne tardèrent pas à reconnaître les inconvéniens suivans:

1°. Les multiples du grave étaient le *décagrave*, l'*hectograve*, le *kilo-grave* et le *myriagrave*; or, le poids d'un décagrave étant égal à plus de

Des monnaies.

99. La nouvelle unité de monnaie est LE FRANC. Pour l'obtenir, on a pesé *cinq grammes* d'un lingot renfermant 9 *dixièmes* d'argent pur et un dixième d'alliage ; c'est la valeur de cette partie du lingot que l'on a appelée *franc*. Par un heureux hasard, il a été reconnu avoir à peu près la même valeur que la *livre tournois.* Il y a cependant une différence de $\frac{1}{80}$ en faveur du franc ; c'est-à-dire qu'un franc vaut $1^{fr} \frac{1}{80}$, ou $\frac{81}{80}$ de livre ; ou, ce qui revient au même, 80 francs valent 81 livres!

Le dixième d'un franc a été appelé *décime* ; et le centième d'un franc, *centime.* Quant à ses multiples décimaux, on n'a pas jugé à propos de leur donner de dénomination.

100. CONCLUSION. — Tel est l'exposé de la nomenclature des nouvelles mesures. On peut juger dès à présent des avantages que ce Système présente sur l'ancien.

1°. — Il est uniforme et simple ; en ce que les unités principales et subdivisions de ces unités suivent toutes entre elles la loi du Système décimal de numération ; et l'on sait déjà combien le calcul des fractions décimales est facile.

2°. — Il est fixe, invariable, et susceptible d'être adopté dans

---

20 livres, les autres multiples se trouvaient de beaucoup supérieurs aux poids employés dans les arts et le commerce.

2°. Les sous-multiples étaient le *décigrave*, le *centigrave* et le *milligrave.* Comme ce dernier poids n'est autre chose que le *gramme* actuel, il équivaut à 19 grains environ, et il est par conséquent de beaucoup supérieur à ceux qu'on emploie dans les pesées un peu délicates ; en sorte que l'on avait été obligé d'établir de nouvelles subdivisions, telles que le *dix-milligrave*, le *cent-milligrave* et le *millionigrave.* A la vérité, les savans avaient affecté un nom particulier au *milligrave* et en avaient formé une unité secondaire appelée *gravet*, d'où ils avaient déduit le *décigravet*, le *centigravet* et le *milligravet.* La régularité de la nomenclature se trouvait ainsi détruite. La nouvelle n'offre plus les mêmes inconvéniens, et elle comprend tous les poids dont on se sert ordinairement.

tous les pays, puisqu'il n'appartient à aucun climat, à aucune nation en particulier.

Toutes ces mesures découlent d'une mesure primitive, *le mètre*, que l'on a empruntée aux dimensions du globe terrestre. Les monnaies elles-mêmes, qui semblent d'abord n'offrir aucun rapprochement avec cette mesure, s'y rattachent indirectement, puisqu'on a vu que *le franc* est la valeur de *cinq grammes* d'argent allié, et que *le gramme* est le poids d'un *centimètre cube* d'eau distillée.

101. L'application des quatre règles de l'Arithmétique au nouveau Système des poids et mesures, ne pouvant présenter aucune difficulté, d'après ce qui a été dit sur les fractions décimales, nous ne nous y arrêterons pas. Mais nous ferons connaître les moyens de résoudre deux questions, dont l'importance se fera sentir tant que l'ancien Système ne sera pas entièrement aboli. Ce n'était pas tout, en effet, de substituer un nouveau système à l'ancien : il fallait encore que la proportion se soutînt entre le prix et la quantité des objets de commerce, évalués dans les deux systèmes.

Le problème suivant éclaircira ce que nous venons de dire.

Un marchand de drap avait vendu jusque alors l'aune d'un certain drap, 36ᵗ 17ˢ 6ᵈ; on demande à combien de francs, en proportion, doit revenir le mètre du même drap?

Ce problème sera évidemment résolu, si l'on parvient à trouver, d'un côté, la valeur de 36ᵗ 17ˢ 6ᵈ en *francs, décimes* et *centimes*; ce qui donnera le prix de l'aune en *francs*, et de l'autre côté, la valeur du mètre en aunes; car cette dernière indiquera la partie qu'il faut prendre du prix de l'aune réduit en francs, pour avoir celui du mètre.

Nous sommes donc conduits à résoudre ces deux questions : 1°. *Exprimer la valeur d'un nombre complexe de l'ancien Système au moyen de l'unité analogue et des subdivisions décimales de cette unité, considérées dans le nouveau Système;* 2°. Réciproquement, *exprimer un certain nombre d'unités principales du nouveau Système et de subdivisions de cette unité, au moyen de l'unité analogue et des subdivisions ordinaires de cette unité, considérées dans l'ancien Système.*

Nous traiterons successivement ces deux questions, par rapport *aux monnaies*, *aux mesures de longueur*, et *aux poids*, parce que ce sont les mesures les plus usuelles ; il sera facile d'en conclure la marche qu'il faudrait suivre pour d'autres espèces de mesures.

102. Commençons par les monnaies.

1°. — *On propose de déterminer la valeur de* 245^{tt} 19^{s} 7^{d} *en francs, décimes et centimes ?*

Nous avons dit (n° 99) qu'un franc vaut $\frac{1}{80}$ de plus que la

livre ; or $\frac{1}{80}$ de livre fait $\frac{20}{80}$ ou $\frac{1}{4}$ de *sou*, c'est-à-dire 3 deniers ; ainsi, 1 franc vaut 1^{tt} 0^{s} 3^{d}, ou 243 *deniers*. D'un autre côté, 245^{tt} 19^{s} 7^{tt} réduits en deniers, donnent pour résultat 59035 deniers, comme on le voit ici.
Donc, si l'on cherche combien de fois 59035 deniers contiennent 243 deniers, où si l'on divise 59035 par 243, le quotient, évalué en décimales (n° 91), exprimera le nombre demandé de francs, décimes, centimes. Ce quotient, poussé jusqu'aux *millièmes*, est 242^{f},942 ; ainsi, 245^{tt} 19^{s} 7^{d} équivalent à 242^{f} 94^{c}, à *un centime* près.

$$
\begin{array}{r}
245^{tt} \quad 19^{s} \quad 7^{d} \\
20 \\
\hline
49\cdot19 \\
12 \\
\hline
\end{array}
$$

$$
\begin{array}{r|l}
59035 & 243 \\
1043 & \overline{242,942} \\
715 & \\
2290 & \\
1030 & \\
580 & \\
94 & \\
\end{array}
$$

D'où l'on voit que, *pour évaluer en francs, décimes et centimes, un certain nombre de livres, sous et deniers,* il faut, après avoir réduit en deniers le nombre proposé, *diviser ce nombre de deniers par* 243 (qui exprime en deniers la valeur de 1 franc), *puis évaluer le quotient en décimales,* en poussant l'opération jusqu'aux centièmes.

La preuve de cette dernière opération se fait par la question inverse, comme nous allons le voir :

2°. *On demande, en livres, sous et deniers, la valeur de*

242^{fr} 94^{c}, ou *plutôt de* 242^{fr},942. (Nous considérons ici les millièmes de franc, afin que la vérification soit plus complète.)

Puisque 1 franc vaut 1 livre plus $\frac{1}{80}$ de livre, il s'ensuit que

242^f,942 valent 242^{tt},942, plus $\frac{1}{80}$ de 242^{tt},942 ; donc il faut

prendre le 80e de ce dernier nombre, et l'ajouter à ce même nombre, ce qui donnera *en livres et fraction décimale* de livre, la valeur de 242^f,942. Il restera ensuite à évaluer en sous et deniers la fraction décimale.

Pour obtenir le 80e de 242,942, il suffit d'en prendre le 8e, ce qui donne 30,36775, et de diviser ce résultat par 10, ou bien (n° 86) de reculer la virgule d'un rang vers la gauche ; on trouve 3,036775 qui, ajouté avec 242,942, donne 245^{tt},978775.

Pour évaluer la fraction 0^{tt},978775 en *sous*, il faut (n° 70) la multiplier par 20, ce qui donne 19^f,575500 ; enfin, pour évaluer 0^f,575500 en deniers, on multiplie par 12, et l'on trouve 6^d,906000, ou plutôt

7 deniers, à $\frac{1}{10}$ de *denier près*; donc enfin,

242^f,942 équivalent à 245^{tt} 19^f 7^d.

242 ,942
3 ,036775
245^{tt} ,978775
20
19^f ,575500
12
6^d ,906000
245^{tt} 19^f 7^d

RÈGLE GÉNÉRALE. — *Pour convertir en livres, sous, et deniers, un certain nombre de francs, décimes, et centimes, écrivez d'abord le nombre proposé, et au-dessous le 80e de ce même nombre* (lequel s'obtient en prenant d'abord le 8e et reculant la virgule d'un rang vers la gauche); *puis ajoutez ces deux nombres; vous obtenez ainsi le nombre proposé, exprimé en livres et fraction décimale de la livre.*

Multipliez ensuite par 20 *la fraction décimale* (abstraction faite de l'entier qui exprime *les livres*); il en résulte un produit dont la partie entière exprime les *sous.*

Enfin, multipliez par 12 *la fraction décimale de ce résultat;* et vous obtenez un produit dont la partie entière exprime les *deniers;* vous négligez d'ailleurs la partie décimale, à moins que le chiffre des dixièmes ne soit égal ou supérieur à 5, auquel cas vous augmentez d'*un* le nombre de deniers.

Appliquons encore les deux règles à l'exemple suivant :

On demande en *francs, décimes et centimes*, la valeur de 3179^{tt} 17^s 8^d. Nous nous contenterons de donner le tableau des calculs.

Première question.   *Seconde question.*

$$3179^{tt} \ 17^{tt} \ 8^{x}$$
$$20$$

$$3140 \ ,625$$
$$39 \ ,2578125$$

$$63597$$
$$12$$

$$3179^{tt} \ ,8828125$$
$$20$$

$$763172 \ | \ 243$$
$$341 \ | \ \overline{3140,625}$$
$$987$$
$$1520$$
$$620$$
$$1340$$
$$125$$

$$17^{s} \ ,6562500$$
$$12$$

$$7^{d} \ ,8750000$$

$$Rép. \ 3179^{tt} \ 17^{s} \ 8^{d}$$

$$Rép. \ 3140^f \ 63^c.$$

N. B. — Dans la première question, comme le chiffre des *millièmes* du quotient est 5, et que ce chiffre est suivi de plusieurs autres, on a pris pour réponse 3140^f 63^c, parce qu'alors l'erreur commise *en plus* est plus petite que celle que l'on commettrait *en moins* si l'on négligeait le chiffre 5 et les suivans.

Dans la seconde question, l'entier du dernier résultat est 7 deniers, et cependant on a pris 8 deniers, parce que le chiffre des *dixièmes* est 9, nombre plus grand que 5.

On trouvera pareillement que 56275^f 97^c ont pour valeur 56979^{tt} 8^s 5^d; ou réciproquement.

Mesures linéaires.

103. Avant de passer à la résolution des deux questions du

numéro 101, il est nécessaire de rechercher d'abord la valeur de la toise en mètre, et du mètre en toise, c'est-à-dire d'*exprimer l'unité linéaire ancienne en mesures nouvelles*, et, réciproquement, la *nouvelle unité linéaire en mesures anciennes*.

Or on sait que la toise vaut 864 lignes; d'un autre côté, le mètre équivaut (n° 94) à 3^P 0^{P}11^l,296, ou, réduisant en lignes, à 443^l,296. Donc si l'on divise 864 par 443,296, ou plutôt 864000 par 443296, le quotient, réduit en décimales, exprimera la valeur de la toise en mètre.

On trouve, tout calcul fait, que *la toise équivaut, en mètre*, à 1^m,949036, c'est-à-dire à 1 *mètre* 949 *millimètres*, à un *dix-millimètre* près.

De même, si l'on divise 443,296 par 864, d'après la règle du numéro 92, on obtiendra la valeur du mètre en toise et fraction décimale de toise.

Ce nouveau calcul étant effectué, on reconnaît que le *mètre* équivaut, *en toise*, à 0^T,5130740, à 0,0000001 de toise près.

Conséquence. Le myriamètre étant égal à 10000 mètres, vaut donc 10000 fois 0^T,5130740, ou 5130^T,740; ce qui prouve que le *myriamètre* est un peu plus fort que le double de la lieue de 2500 toises, comme nous l'avons énoncé au numéro 94.

Cela posé, 1°. on demande en *mètres*, *décimètres*, *centimètres*, etc., la valeur de 17^T 5^P 4^P 8^l?

Commencez par réduire ce nombre en lignes, ce qui donne 15464 lignes; *puis divisez* 15464 par 443,296 (nombre de lignes que renferme le mètre), ou bien 15464000 par 443296; il vient pour quotient 34,88414, à 0,00001 près.

Donc, 17^T 5^P 4^P 8^l équivalent à 34^m,88414, c'est-à-dire, à 34 *mètres* 834 *millimètres*, à un millimètre près.

2°. *On demande la valeur de* 34^m,88414, *en toises*, *pieds*, *pouces*, *lignes*?

Puisque 1 mètre vaut en toise 0^T,513074, il s'ensuit que *pour avoir la valeur de* 34,88414, *il suffit de multiplier* 0^T,513074 *par* 34,88414; et le produit que l'on obtiendra, exprimera en toises et fraction décimale de toise, la valeur cherchée; il restera ensuite à *convertir cette fraction décimale en pieds, pouces, lignes.*

Voici le tableau du calcul :

On prend de préférence 34,88414 pour multiplicande, parce que l'opération est plus simple. On trouve pour produit 17^T,898, en négligeant les 8 derniers chiffres décimaux.

Pour convertir 0^T,898 en pieds, on multiplie par 6, ce qui donne 5^P,388.

Multipliant 0,388 par 12, pour en faire des pouces, on obtient 4^P,656.

Multipliant enfin 0,656 par 12, pour avoir des lignes, on trouve 7^l,872, ou simplement 8 *lignes ;* donc, 34^m,88414 équivalent à 17^T 5^P 4^P 8^l ; ce qui vérifie la première opération.

N. B. — Dans cette dernière opération, on a négligé les 8 derniers chiffres décimaux du produit, lorsqu'on a voulu l'évaluer en pieds, pouces, lignes. En voici la raison : comme multiplier un nombre successivement par 6, 12, et 12, revient (n° 26) à le multiplier par le produit de ces trois nombres ou par 864, on voit que, si l'on ne tient compte que des 1000es du produit 17^T,89814....., le dernier résultat sera exact à $\frac{864}{1000}$ de ligne près, c'est-à-dire, à moins d'une ligne près. Cette observation abrége de beaucoup les calculs.

Soit encore à évaluer en mètres et fraction décimale du mètre la taille d'un homme de 5^P 6^P 7^l?

Réduisons ce nombre en lignes ; il vient 799 lignes ; divisant 799 par 443,296, ou 799000 par 443296, on trouve pour quotient 1^m,802 millimètres, à 1 millimètre près.

34,88414
0,513074
————————
13953656
24418898
10465242
3488414
17442070
————————
17^T,89814524636
6
————————
5^P,388
12
————————
4^P,656
12
————————
7^l,872

Pour les étoffes.

104. On sait que l'aune vaut 3ᵖ 8ᵖ ou 44 pouces, c'est-à-dire 528 lignes; donc, en divisant 528 par 443,296, ou 528000 par 443296, on obtiendra la valeur de l'aune en mètre.

Effectuant cette division, on trouve que l'aune *a pour valeur* 1ᵐ,191 millimètres, ou plus exactement, 1ᵐ,191077.

Réciproquement, 443,296 divisé par 528, donne pour quotient 0,839576, à $\frac{1}{1000000}$ près; donc, 1 *mètre équivaut à* 0,839576 *d'aune.*

On demande la valeur de 29 aunes $\frac{7}{12}$, en mètres et fraction décimale du mètre?

On pourrait, comme pour la toise et ses subdivisions, *convertir* 29 aunes $\frac{7}{12}$ *en* 12ᵉˢ *de ligne, en multipliant* 29 $\frac{7}{12}$ ou $\frac{355}{12}$, *par* 528, *nombre de lignes que renferme l'aune; convertir pareillement le mètre, ou* 443¹,296, *en* 12ᵉˢ *de ligne, en multipliant ce nombre par* 12, *puis diviser les deux résultats ainsi obtenus, l'un par l'autre, et évaluer le quotient en décimales.*

Mais il est plus simple d'opérer ainsi qu'il suit:

L'expression de l'aune en mètre étant, comme on l'a vu plus haut, 1ᵐ,191077; on multiplie d'abord ce nombre par 29, ce qui donne les deux produits 10,719693 et 23,821540.

Après quoi, décomposant $\frac{7}{12}$ en $\frac{6}{12}$ et $\frac{1}{12}$, on prend d'abord pour $\frac{6}{12}$, la moitié de 1,191077, qui est 0,595538, et qu'on écrit au-dessous des produits déjà obtenus; puis, pour $\frac{1}{12}$, le 6ᵉ de 0,595538, qui est 0,099256, et qu'on place au-dessous des produits précédens. Additionnant tous les produits, on obtient pour résultat 35,236027.

1,191077
29 $\frac{7}{12}$

	10,719693
	23,821540
$\frac{6}{12}$	0,595538
$\frac{1}{12}$	0,099256
	35,236027

Donc 29 aunes $\frac{7}{12}$ équivalent à $35^m,236$ millimètres, à 1 *millimètre* près.

On pourrait également appliquer ce procédé aux toises, pieds, pouces, etc., en partant de *la valeur d'une toise en mètre*; mais on serait entraîné dans des calculs beaucoup plus compliqués.

105: *Poids.* — On sait que la livre poids contient 9216 grains (*Voyez* n° 68). Nous avons dit également (n° 98) que le *kilogramme* vaut $18827^{gra},15$; donc, en divisant 9216 par 18827,15, ou 921600 par 1882715, on obtiendra *la valeur ae la livre poids, en kilogrammes et subdivisions décimales du kilogramme.* Réciproquement, si l'on divise 1882715 par 9216, le quotient, évalué en décimales, *exprimera la valeur du kilogramme en livres poids et subdivisions décimales de la livre poids.*

En effectuant ces deux opérations qui n'offrent aucune difficulté, on trouve

1°. que *la livre poids équivaut à* $0^{kil},4895o585$;

2°. que *le kilogramme est égal à* $2^{tb},04287652$.

N. B. — Ce dernier résultat indique que le kilogramme surpasse le double de la livre, de $\frac{4}{100}$ ou de $\frac{1}{25}$ de *livre*, environ;

c'est-à-dire qu'un kilogramme vaut 2 livres $\frac{1}{25}$, ou $\frac{51}{25}$ de livre à peu près; ou bien, que 25 kilogrammes font 51 *livres*, ou que 100 kilogrammes valent 204 livres poids.

Maintenant, *on demande la valeur de* $69^{tb}.0^m.7^{on}.4^g.29^{gr}$ en *kilogrammes et subdivisions décimales du kilogramme?*

Le nombre proposé, réduit en grains d'après la méthode connue, donne 640253 grains; donc, si l'on divise 640253 par 18827,15, ou 64025300 par 1882715, le quotient 34,0068yy, que l'on obtient par cette opération, est le nombre demandé; c'est-à-dire que 69^{tb} $0^m.7^{on}$ 4^g 29^{gr} équivalent à $34^k,0068yy$, ou bien, à 34 *kilogrammes*, 6 *grammes, et* 899 *milligrammes.*

Réciproquement, *on propose d'évaluer* $34^k,0068yy$ en *livres, marcs, onces*, etc.?

Nous avons vu tout à l'heure qu'un kilogramme vaut 2℔,0428765a; donc 34^k,006899 est égal au produit de ces deux nombres, évalué en livres poids.

Ce produit doit renfermer 14 décimales; mais, en ne tenant compte que des cinq premières à gauche, on trouve 69℔,47189.

Multipliant 0,47189 par 2 pour avoir des marcs, on obtient 0^m,94378.

Multipliant ce dernier nombre par 8, on trouve 7^{on},55024.

Multipliant 0,55024 par 8, on a 4^g,40192.

Enfin, multipliant 0,40192 par 72, on trouve 28^{gr},93824.

Donc, 34^k,006899 équivalent à . . . . 69℔ 0^m 7^{on} 4^g 29^{gr}; ce qui vérifie l'opération précédente.

69℔,47189

2

0^m,94378

8

7^{on},55024

8

4^g,40192

72

80384

281344

28^{gr},93824

N. B. — On n'a tenu compte, dans le premier produit, que des 5 premiers chiffres décimaux, parce que la multiplication par 2, 8, 8, et 72, revenant à la multiplication par 9216, l'erreur commise est moindre que $\frac{9216}{100000}$ de grain, approximation plus que suffisante.

106. Il existe des tableaux de comparaison des anciens poids et mesures aux nouveaux, et réciproquement, à l'aide desquels on peut aisément opérer toutes les réductions dont nous venons de parler. Voici le moyen de former ces tableaux :

Supposons qu'il s'agisse de *construire le tableau de comparaison des mesures linéaires anciennes aux nouvelles, ou réciproquement.*

On a d'abord déterminé la valeur de la toise en mètres, valeur qui, calculée (n° 103) avec huit chiffres décimaux, est égale à 1^m,94903631.

De là, en multipliant par 2, 3, 4, .. 9, on déduit les valeurs de 2, 3, 4 . . . . 9 toises.

Avançant successivement, dans tous ces résultats, la virgule

d'*un*, de *deux*, de *trois*.... rangs vers la droite, on obtient
l es valeurs de 10, 20, 30.....,, 100, 200, 300...,, 1000, 2000,
3000... toises; et ainsi de suite.

D'un autre côté, si l'on prend le 6e de 1,9490363r, on
en déduit la valeur du *pied*, et, par suite, celles de 2, 3, 4,
5 pieds.

Prenant le 12e de la valeur du *pied*, on a la valeur du pouce,
et, par suite, celles de 2, 3,.....11 pouces.

Même opération pour les lignes.

Quant au tableau inverse, sa formation est absolument semblable, pourvu qu'on parte de la valeur du mètre en toise, valeur que l'on a trouvée égale à 0^T,51307407.

Cela posé, *soit à évaluer en mètres, décimètres, centimètres*, etc., 254^T 3^P 7^P 11^l.

On prend successivement dans le tableau, les valeurs de
4^T, 50^T, 200^T, puis celles de 3^P, 7^P, 11^l; et l'on ajoute toutes
ces valeurs. On obtient ainsi les valeurs demandées, par de
simples additions.

Dans la question inverse, on trouve d'abord la valeur d'un
certain nombre de mètres et subdivisions décimales du mètre,
exprimée en toises et fraction décimale de la toise; on convertit ensuite cette dernière fraction en *pieds*, en la multipliant
par 6; puis on multiplie la fraction décimale résultante par 12,
pour en faire des pouces, etc.

Mais, outre que ces tableaux peuvent être fautifs, leur usage
même ne donne pas toujours le degré d'approximation que l'on
désirerait obtenir. Joignez à cela, qu'on peut ne pas les avoir
à sa disposition à l'instant où l'on en aurait besoin. Il était
donc nécessaire de développer les moyens d'opérer ces transformations, en admettant ces seuls résultats : *la valeur du
mètre est* 3^P 0^P 11^l,296; *celle du kilogramme est* 18827^{grains}, 15;
le franc vaut $\frac{81}{80}$ *de livre*.

107. Reprenons actuellement le problème du n° **101** qui nous
avait arrêtés, faute de données suffisantes.

Un marchand de drap avait vendu jusque alors l'aute d'un

certain drap, 36ᵗ 17ˢ 6ᵏ; on demande à combien de francs, en proportion, doit revenir le mètre du même drap?

Réduisons d'abord 36ᵗ 17ˢ 6ᵃ en francs, décimes, etc., soit par le moyen des tableaux, soit d'après la règle du n° **102**; il vient 36ᶠ,4197 pour la valeur de l'aune.

D'un autre côté, le mètre exprimé en aune (n° **104**), a pour valeur 0ᵃ,839576; donc, le prix du mètre est égal à une partie de 36ᶠ,4197, marquée par le produit des deux nombres 36,4197 et 0,839576. Cette multiplication étant effectuée, on trouve 30,5771060472.

D'où il suit que le prix du mètre doit être de 30ᶠ 58ᶜ.

Soit encore proposée cette question : *La livre poids d'une certaine marchandise coûtant* 25ᵗ 11ˢ 9ᵃ, *on demande le prix de* 375ᵏⁱˡ 175ᵍ *de la même marchandise?*

D'abord, le nombre 25ᵗ 11ˢ 9ᵃ réduit en francs, etc., revient à 25ᶠ,271605; ce qui donne déjà le prix de la livre poids en francs, etc....

D'ailleurs, 375ᵏⁱˡ,175 réduits en livres poids, d'après les tableaux, ou d'après la règle du n° **105**, donnent pour résultat 766℔,436198 (en ne tenant compte que des six premiers chiffres décimaux, ce qui suffit); donc, si l'on multiplie 25ᶠ,271605 par 766,436198, le produit sera le prix demandé.

On trouve pour ce produit, à *un centime* près, 19369,07; donc 375ᵏⁱˡ,175 *grammes coûtent* 19369ᶠ,07ᶜ (*).

_____

(*) Avant la 13ᵉ édition, nous avions terminé ce chapitre par l'exposition de deux méthodes abrégées, l'une pour la multiplication, l'autre pour la division, lorsque les termes de ces deux opérations sont composés d'un grand nombre de chiffres, et que l'on n'a besoin d'obtenir les résultats qu'à un certain degré d'approximation. Mais ces méthodes abrégées font maintenant partie d'une note placée à la fin de l'ouvrage, et ayant pour titre : *Note sur les Approximations numériques.*

SECONDE PARTIE.

CHAPITRE V.

Propriétés générales des Nombres.

108. INTRODUCTION. — Avant de pénétrer davantage dans la science des nombres, et pour en découvrir plus facilement de nouvelles propriétés, il est indispensable d'emprunter à l'Algèbre quelques-uns de ses matériaux, tels que les lettres et les signes, à l'aide desquels on indique d'une manière générale et abrégée les opérations et les raisonnemens que comporte la résolution d'une question.

Ces élémens sont au nombre de dix principaux, que nous allons faire connaître successivement.

1°. Les *lettres*, qu'on emploie à la place des chiffres pour représenter les nombres.

Leur usage offre à la fois une écriture plus concise et plus générale que celui des chiffres; il fait mieux ressortir l'existence de telle ou telle propriété, par rapport à une ou plusieurs classes de nombres.

2°. Le signe $+$, dont on se sert pour marquer l'addition de deux ou plusieurs nombres, et qui s'énonce : *plus*.

Ainsi, $45 + 23$ s'énonce : 45 *plus* 23, ce qui signifie 45 *augmenté* de 23; de même, $a + b + c$ s'énonce : a plus b plus c, c'est-à-dire le nombre désigné par a, *augmenté* du nombre exprimé par b, et du nombre exprimé par c.

3°. Le signe $-$, qui s'énonce : *moins*, et que l'on place devant un nombre qu'il s'agit de soustraire d'un autre nombre.

Ainsi, 73 — 49 s'énonce : 73 *moins* 49, c'est-à-dire 73 *diminué* de 49, ou bien encore, l'excès de 73 sur 49 ; a — b s'énonce a moins b.

4°. Le signe de la multiplication, qui est ×, ou un *point*, que l'on place entre deux nombres, et qui s'énonce : *multiplié par.*

Ainsi, 29 × 35, ou 29.35, s'énonce : 29 *multiplié par* 35, c'est-à-dire *le produit de* 29 *par* 25 ; a × b, ou a.b, s'énonce : a multiplié par b.

N..B. — Lorsque les nombres dont il faut indiquer la multiplication, sont exprimés par des lettres, on convient encore de les écrire les uns à la suite des autres sans interposition de signe ; ainsi ab signifie encore a multiplié par b. Mais il est bien entendu que la notation ab ne peut être employée que lorsque les nombres sont désignés par des lettres ; car, si l'on voulait, par exemple, représenter le produit de 5 par 6, et que l'on écrivît 56, on confondrait cette notation avec le nombre *cinquante-six*. Dans ce cas, il est indispensable d'employer le signe × ou un *point*, et l'on écrit 5×6 ou 5.6.

Le signe de la division, composé de deux points : que l'on place entre le dividende et le diviseur, ou bien encore d'une barre —, au-dessus et au-dessous de laquelle on place respectivement le dividende et le diviseur.

Ainsi, 24 : 6, ou $\frac{24}{6}$, s'énonce : 24 *divisé par* 6, ou *le quotient de* 24 *par* 6. De même, a : b, ou $\frac{a}{b}$, s'énonce : a divisé par b. La notation $\frac{a}{b}$ est la plus usitée.

6°. Le *coefficient,* signe que l'on emploie pour indiquer l'addition de plusieurs nombres égaux exprimés par des lettres. Ainsi, au lieu d'écrire a + a + a + a + a, qui représente l'addition de 5 nombres égaux à a, on écrit 5a. De même, 11a exprime l'addition de 11 nombres égaux à a ; 12ab, l'addition de 12 nombres égaux au produit de a par b.

Le coefficient est donc un nombre particulier, écrit à la

gauche d'un autre exprimé par une ou plusieurs lettres, *et qui marque combien de fois on doit prendre la lettre ou le produit que représentent ces lettres.*

7°. *L'exposant*, signe dont on se sert lorsqu'un nombre désigné par une lettre, doit entrer plusieurs fois comme facteur dans un produit. Ainsi, au lieu d'écrire $a \times a \times a \times a \times a$, ou *aaaaa*, on écrit plus simplement a^5, que l'on prononce *a cinq*, ou plutôt *a* 5ème *puissance*.

On appelle *puissance* le résultat de la multiplication de plusieurs nombres égaux, et *degré* de la puissance, la quotité des nombres égaux multipliés entre eux.

L'exposant, signe de ce degré, *s'écrit à la droite et un peu au-dessus d'une lettre; il marque combien de fois la quantité exprimée par cette lettre, doit entrer comme facteur dans un produit.* (Lorsque l'exposant de la lettre doit être 1, on se dispense de l'écrire. Ainsi, a^1 est la même chose que *a*.)

On appelle *racine* 2e, 3e, 4e, ... d'un nombre, un second nombre qui, élevé à la 2e, 3e, 4e ..... puissance, peut produire le premier nombre. Ainsi, 3 est la racine 2e de 9, parce que 3 fois 3 font 9; 7 est la racine 2e de 49, parce que 7 fois 7 font 49; 4 est la racine 3e de 64, parce 4 fois 4 font 16, et que 4 fois 16 font 64.

Les *racines* 2e et 3e s'appellent encore *racines carrée et cubique.*

8°. Le signe $\sqrt{}$, dont on fait précéder un nombre lorsqu'on veut indiquer que l'on a à extraire de ce nombre une racine d'un certain degré. Ainsi, $\sqrt[3]{a}$ s'énonce: *racine troisième de a*; $\sqrt[4]{b}$ s'énonce: *racine quatrième de b.*

Lorsqu'on veut indiquer une simple extraction de racine carrée ou deuxième, on écrit seulement devant le nombre, le signe $\sqrt{}$ sans placer aucun nombre en dedans du signe; ainsi, $\sqrt{a}$ signifie *racine carrée* ou *deuxième de a.*

9°. Le signe au moyen duquel on exprime que deux quantités sont égales. Ce signe est $=$, et s'énonce: *est égal à*, ou simplement, *égale*. Ainsi $a = b$, signifie a est égal à b, ou a égale b.

Pour exprimer brièvement que l'excès de 36 sur 25 est égal à 11, on écrit $36 - 25 = 11$; c'est-à-dire 36 moins 25 égale 11.

Les expressions $a = b$, $36 - 25 = 11$, se nomment des *égalités*; la partie à gauche du signe $=$, s'appelle *premier membre*, et la partie à droite, *second membre*.

10°. Le signe d'inégalité, $>$ ou $<$, dont on se sert pour exprimer qu'une quantité est plus grande ou plus petite qu'une autre (en observant que l'ouverture du signe doit toujours être tournée du côté de la plus grande quantité). Ainsi, $a > b$, signifie a *plus grand* que b; $a < b$, signifie a *plus petit* que b.

109. Pour donner une idée de l'emploi de ces différens signes, et de la simplicité du langage algébrique, faisons quelques applications.

Supposons d'abord que l'on veuille exprimer qu'un nombre représenté par a doit être élevé à la 4ème puissance, que le produit résultant doit être multiplié 3 fois de suite par b, et qu'enfin le nouveau produit doit être multiplié 2 fois de suite par c; on écrira simplement $a^4b^3c^2$.

Veut-on exprimer qu'il faut faire la somme de 7 nombres égaux à ce dernier, ou le multiplier par 7, on écrira $7a^4b^3c^2$.

De même, $6a^5b^2$ est l'expression abrégée de 6 fois le produit de la 5e puissance de a par la deuxième puissance de b.

$3a - 5b$ est l'expression abrégée de l'excès du triple de a sur le quintuple de b.

$2a^2 - 3ab + 4b^2$ est l'expression abrégée du double du carré de a, diminué du triple produit de a par b, et augmenté du quadruple du carré de b.

On appelle *monome*, ou quantité à un seul terme, ou simplement *terme*, une quantité algébrique qui n'est pas composée de parties séparées les unes des autres par les signes de l'addition ou de la soustraction; et *polynome* ou quantité à plusieurs termes, une expression algébrique composée de plusieurs parties séparées par les signes $+$ et $-$; ainsi, $3a$, $5a^2$,

$7a^3b^2$, sont des monômes; $3a - 5b$, $2a^2 - 3ab + 4b^2$, sont des polynomes; la première de ces deux expressions est dite *un binome*, parce qu'elle a *deux* termes; la seconde, *un trinôme*, parce qu'elle en a *trois*; etc....

Voyons maintenant comment on peut effectuer sur des quantités exprimées algébriquement, les opérations fondamentales de l'Arithmétique, en nous bornant toutefois aux cas les plus simples, ceux sur lesquels nous aurons à nous appuyer dans la suite de ce *Traité*.

110. *Addition.* — Pour exprimer qu'il faut ajouter les deux nombres a et b, on écrit simplement $a + b$. De même, $a + b + c$ indique l'addition des nombres a, b, c; cela résulte des notations convenues. De même, $a - b$ et $c + d - f$ ajoutés ensemble, forment la quantité unique $a - b + c + d - f$.

Si l'on avait $a - b$ et $b - c$ à ajouter, on écrirait $a - b + b - c$; mais comme, d'une part, b est soustrait, et que, de l'autre, il est ajouté, ces deux opérations se compensent; d'où il suit que l'expression se réduit à $a - c$. Cette simplification se désigne, en Algèbre, sous la dénomination de *réduction des termes semblables*.

111. *Soustraction.* — Pour soustraire b de a, on écrira $a - b$. De même, si l'on avait c à soustraire de $a - b$, on écrirait $a - b - c$.

Soit maintenant à soustraire l'expression $c - d$ de l'expression $a - b$; on pourra d'abord indiquer la soustraction, de cette manière : $a - b - (c - d)$, en écrivant entre deux *parenthèses* la seconde quantité $c - d$, *et la faisant précéder du signe* —. Mais quand on veut réduire le résultat à un seul polynome, voici comment il faut raisonner :

Si l'on avait c tout entier à retrancher de $a - b$, il viendrait pour résultat, $a - b - c$; or, comme ce n'est pas c, mais bien c diminué de d, que l'on a à soustraire, le résultat $a - b - c$ est trop faible du nombre d'unités qui se trouvent dans d; ainsi, on ramènera le résultat à sa juste valeur, en ajoutant d à $a - b - c$; et il viendra $a - b - c + d$.

D'où il résulte que, *pour soustraire un* ***polynome*** *d'un* autre, *il faut écrire le premier à la suite du second ; en chan-geant les signes de tous les termes du polynome à soustraire.*

On trouvera d'après cette règle, et par des raisonnemens analogues,

$$3a - (2b - 3c) = 3a - 2b + 3c,$$
$$5a - 4b - (6d - f + g) = 5a - 4b - 6d + f - g.$$

112. *Multiplication.* — Soit à multiplier a^4 par b^3 ?

On écrira $a^4 \times b^3$, ou simplement $a^4 b^3$.

Mais si l'on a a^5 à multiplier par a^3, on observera que le nombre a étant 5 fois facteur dans le multiplicande, et 3 fois facteur dans le multiplicateur, doit être $5+3$, ou 8 fois facteur dans le produit ; ainsi l'on a. $a^5 \times a^3 = a^8$; c'est-à-dire que, *quand la lettre est la même dans les deux facteurs de la mul-tiplication, on l'écrit une seule fois en lui donnant pour expo-sant la somme des exposans des deux facteurs.* On trouve-rait de même $a^4 b^2 \times a^2 b^3 = a^6 b^5$; $a^2 b \times ab^3 = a^3 b^4$, en se rappelant (n° 108, 7°) que $b = b^1$; $a = a^1$, et se fondant sur le principe général établi n° 28.

Soit maintenant a — b *à multiplier par* c ?

On peut d'abord indiquer le produit de cette manière : $(a - b)c$.

Mais si l'on veut obtenir un seul polynome, on remarquera que, multiplier $(a - b)$ par c revient (n° 25) à multiplier c par $(a-b)$, c'est-à-dire à prendre c autant de fois qu'il y a d'unités dans a diminué de b ; si donc on multiplie d'abord c par a tout entier, ce qui donne ca ou ac, le produit est trop fort de celui de c par b, ou de bc ; ainsi, il faut retrancher bc de ac, et l'on obtient $ac - bc$ pour le produit demandé.

C'est-à-dire que $(a - b)c = ac - bc$.

Soit encore (a — b) *à multiplier par* (c — d) ?

Le produit peut d'abord s'indiquer ainsi : $(a - b)(c - d)$.

Mais pour obtenir un seul polynome, on commence par multiplier $(a-b)$ par c, ce qui donne $ac - bc$; et l'on observe ensuite que ce n'est pas par c tout entier que l'on avait à multiplier $(a-b)$, mais bien par c diminué de d.

Ainsi, le produit $ac - bc$ est trop fort du produit de $(a - b)$ par d, c'est-à-dire trop fort de $ad - bd$. Donc, pour ramener le premier à sa juste valeur, il faut retrancher $ad - bd$ de $ac - bc$; ce qui donne, d'après la règle de la soustraction, $ac - bc - ad + bd$.

Pour effectuer la multiplication de deux binomes, multipliez séparément chacun des termes du multiplicande par chacun des termes du multiplicateur, en observant par rapport aux signes des produits partiels, la règle suivante : *Si les deux termes que l'on multiplie sont tous les deux affectés du même signe, leur produit doit être affecté du signe + ; mais s'ils sont affectés de signes différens, leur produit doit être affecté du signe —.*

On trouvera, d'après cette règle, que $(a + b)(c - d) = ac + bc - ad - bd$; $(a - b)(c + d) = ac - bc + ad - bd$.

113. Division. — Nous ne considérerons qu'un seul cas de cette opération. C'est celui de deux monomes composés de la même lettre.

Soit a^7 à diviser par a^3 ?

On peut d'abord indiquer le quotient de cette manière, $\dfrac{a^7}{a^3}$ ou $a^7 : a^3$. Mais observons que, comme a^7 est un produit dont a^3 et le quotient sont les deux facteurs, l'exposant 7 du dividende doit être (n° 112) égal à la somme de l'exposant 3 du diviseur et de l'exposant inconnu du quotient ; donc réciproquement, *celui-ci est égal à l'excès de l'exposant du dividende sur l'exposant du diviseur*, c'est-à-dire à $7 - 3$, ou à 4.

Ainsi, $\dfrac{a^7}{a^3} = a^4$; en effet, $a^4 \times a^3 = a^7$.

On trouvera de même $\dfrac{b^9}{b^4} = b^5$; $\dfrac{c^4}{c^3} = c^1$ ou c;..........

$\dfrac{a^3 b^2}{a^2 b} = a^1 b^1 = ab$.

Par analogie, on trouvera $\dfrac{a^2}{a^2} = a^0$, $\dfrac{a^3}{a^3} = a^0$, $\dfrac{a^4}{a^4} = a^0$,... ;

et comme d'ailleurs chacune des expressions $\dfrac{a^2}{a^2}$, $\dfrac{a^3}{a^3}$,

$\frac{a^i}{a^i}$,.... a pour vraie valeur l'*unité*, on en tirera cette con-

séquence :..............................$a^0 = 1.$

La notation a^0 mise quelquefois à la place de l'unité, offre l'avantage de conserver la trace d'une lettre qui, entrant d'abord dans le calcul, a dû disparaître par l'effet des simplifications.

Les autres cas de la division sont inutiles à considérer pour l'objet que nous nous proposons.

Telles sont les seules notions sur l'Algèbre, dont nous aurons à faire usage dans le cinquième chapitre et dans les suivans.

114. Pour faire ressortir dès à présent les avantages que l'on peut retirer de l'emploi des lettres pour représenter les nombres, nous résoudrons les deux questions suivantes :

1°. *Quel changement produit-on dans une fraction en ajoutant un même nombre à ses deux termes.* (cette question a déjà été traitée n° 49)?

Désignons par $\frac{a}{b}$ la fraction proposée, et par m le nombre que l'on ajoute aux deux termes a et b de cette fraction, ce qui donne la nouvelle fraction $\frac{a + m}{b + m}$.

Pour comparer ces deux fractions, réduisons-les au même dénominateur; il vient pour la première fraction, $\frac{a(b + m)}{b(b + m)}$, et pour la seconde, $\frac{(a + m)b}{(b + m)b}$; ou bien, effectuant les calculs d'après la règle du n° 112, $\frac{ab + am}{b^2 + bm}$ et $\frac{ab + bm}{b^2 + bm}$.

Or, les deux numérateurs $ab + am$ et $ab + bm$ ont une partie commune ab, et la partie bm du second numérateur est plus grande que la partie am du premier, puisque l'on a $b > a$. Donc aussi, la seconde fraction est plus grande que la première. *Ainsi, l'on augmente la valeur d'une fraction, en ajoutant un même nombre à ses deux termes.*

La vérité de la proposition exige d'ailleurs, comme on le

voit par le raisonnement précédent, que $\frac{a}{b}$ soit une fraction proprement dite, ou que l'on ait $a < b$; si au contraire on avait $a > b$, la relation aurait lieu dans un ordre inverse, puisque alors on aurait $ab + bm < ab + am$.

N. B. — Ce moyen de démonstration, rigoureux et général tant que les nombres sont désignés par des lettres, cesserait de présenter ce caractère si l'on voulait l'appliquer à des nombres particuliers. Par exemple, que l'on ait la fraction $\frac{12}{17}$, et qu'on ajoute 3 unités à ses deux termes, il vient $\frac{15}{20}$.

Réduisant ces deux fractions au même dénominateur, on obtient, pour la première, $\frac{240}{340}$, et pour la seconde, $\frac{255}{340}$.

On voit bien ici que la seconde fraction est plus grande que la première; mais rien ne prouve que ce qui a lieu dans cet exemple particulier, aurait également lieu dans tout autre.

La démonstration exposée n° 49 est, d'après la nature de ses raisonnemens, aussi générale que celle qui vient d'être donnée; mais celle-ci, quoique moins élégante peut-être, a l'avantage d'être plus concise; la voici réduite à ses moindres termes :

Soient $\frac{a}{b}$ et $\frac{a+m}{b+m}$, les deux fractions que l'on veut comparer.

Réduisons-les au même dénominateur; il vient $\frac{ab+am}{b^2+bm}$ et $\frac{ab+bm}{b^2+bm}$; or, par hypothèse, on a $a < b$, d'où $am < bm$; donc, $ab+am < ab+bm$; ainsi, la seconde fraction est plus grande que la première.

2°. On demande le produit de la somme de deux nombres, multipliée par la différence de ces mêmes nombres?

Soient a et b les deux nombres proposés; leur somme sera exprimée par $(a+b)$, et leur différence par $(a-b)$.

Or, si l'on effectue la multiplication de $a+b$ par $a-b$, d'après les règles du n° 112, on a pour produit, $a^2 - ab + ab - b^2$, ou ; omettant les deux termes $- ab$; $+ ab$; qui se détruisent, $a^2 - b^2$; donc....$(a + b)(a - b) = a^2 - b^2$.

Ce qui prouve que *la somme de deux nombres quelconques, multipliée par leur différence, donne toujours pour produit, la différence de leurs carrés ou secondes puissances.*

Exemple. — Soient les deux nombres 25 *et* 12 *; leur somme est* 37*, et leur différence* 13 ; multipliant 37 par 13, on a pour produit 481.

D'un autre côté, 25×25 donne 625 ; 12×12 donne 144 ; d'où.... $(25)^2 - (12)^2 = 481$.

Donc $(25 + 12)(25 - 12) = (25)^2 - (12)^2$.

Ces derniers raisonnemens ne sont qu'une vérification de la propriété, faite sur deux nombres particuliers ; tandis que ceux qui précèdent forment une démonstration rigoureuse et générale, puisque les nombres y sont désignés par des lettres auxquelles on peut attribuer toutes les valeurs possibles.

Les questions précédentes suffisent pour mettre les commençans en état d'apprécier les avantages qui résultent de l'emploi des lettres pour représenter les nombres. Par leur usage, non-seulement on rend les raisonnemens plus généraux et souvent plus concis, mais encore on conserve la trace des opérations à effectuer sur les nombres qui entrent dans l'énoncé de la question, et qui ne peuvent ainsi se fondre les uns dans les autres comme lorsqu'on opère sur des nombres particuliers.

Ces notions étant établies, nous allons revenir sur nos pas, c'est-à-dire reprendre quelques-uns des objets traités dans la première partie, pour les approfondir davantage ; nous parviendrons ainsi à de nouvelles propriétés, et à des moyens de modifier ou de simplifier les procédés des diverses opérations de l'Arithmétique.

§ 1er. *Théorie des différens systèmes de numération.*

116. Nous avons vu (n° 5) comment, à l'aide de dix caractères ou chiffres, on parvient à représenter tous les nombres, en partant de ce principe de *convention*, que tout chiffre placé à la gauche d'un autre, exprime des unités dix fois plus grandes que celles de cet autre chiffre. Nous nous proposons maintenant de faire voir qu'on peut également écrire tous les nombres avec plus ou moins de *dix* caractères, pourvu qu'il y en ait au moins *deux*, et que le zéro en fasse partie.

On appelle, en général, *base* d'un système de numération, le nombre des chiffres qu'on emploie. Le système où l'on fait usage de deux chiffres, se nomme système *binaire*, celui où l'on en considère trois, système *ternaire*, etc.

Dans tout système de numération analogue au système décimal, on convient que *tout chiffre placé à la gauche d'un autre exprime des unités autant de fois plus grandes, par rapport à celles de cet autre chiffre, qu'il y a d'unités dans* LA BASE, c'est-à-dire *dans le nombre des chiffres du système*. Ainsi, dans le système *binaire*, les unités de chaque chiffre acquièrent des valeurs de *deux* en *deux* fois plus grandes à mesure que l'on recule d'un, de deux, de trois.... rangs vers la gauche; dans le système *ternaire*, les valeurs des unités de chaque chiffre sont de *trois* en *trois* fois plus grandes; et, en général, dans un système dont la base est B, les unités de chaque chiffre acquièrent des valeurs de B en B fois plus grandes, à mesure que l'on recule de droite à gauche.

Lorsqu'un nombre est écrit dans le système dont la base est B, le premier chiffre à droite exprime les unités du *premier ordre*, le chiffre immédiatement à gauche, les unités du *second ordre*, le chiffre à gauche de ces deux-là, les unités du *troisième ordre*, et ainsi de suite. Il faut B unités du premier ordre pour former l'unité du second ordre, B unités du second ordre pour former l'unité du troisième ordre, etc.

117. Ceci bien entendu, passons à la manière d'exprimer en chiffres un nombre entier, quel que soit le système qu'on adopte. Pour fixer les idées, nous considérerons le système *septenaire*, ou le système dans lequel on emploie *sept* chiffres. Les mêmes raisonnemens pourront s'appliquer ensuite à tout autre système.

Les chiffres du système septenaire sont o, 1, 2, 3, 4, 5, 6 ; les six derniers exprimant les six premiers nombres.

Ajoutant l'unité à *six*, on forme le nombre *sept*, ou l'unité du second ordre, qui, d'après le principe énoncé ci-dessus, doit s'écrire 10.

Mettant successivement chacun des chiffres du système à la première et à la deuxième place, on formera évidemment tous les nombres consécutifs, compris depuis *sept*, ou 10, jusqu'au nombre représenté par 66.

Ce nombre étant formé, si l'on ajoute une nouvelle unité, il en résultera *six* unités du second ordre, plus *sept* unités du premier, c'est-à-dire *sept* unités du second ordre, ou *une seule* unité du troisième ordre, qui devra s'écrire ainsi : 100.

Mettant successivement à la première, à la seconde, et à la troisième place, les différens chiffres du système, on formera tous les nombres consécutifs compris depuis 100 jusqu'au nombre représenté par 666.

Raisonnant sur ce dernier nombre comme sur 66, on parviendra d'abord à l'unité du 4me ordre qui s'écrira ainsi : 1000 ; puis on obtiendra successivement tous les nombres consécutifs compris depuis 1000 jusqu'au nombre représenté par 6666 ; et ainsi de suite à l'infini.

D'où l'on voit que tous les nombres entiers possibles sont susceptibles d'être écrits dans ce système.

Quel que soit le système adopté, les unités de différens ordres sont respectivement représentées par 1, 10, 100, 1000, 10000, comme dans le système décimal ; mais les valeurs relatives de ces unités sont essentiellement différentes suivant les systèmes.

118. N. B.—Nous avons dit, n° 116, que le chiffre o était un caractère indispensable dans tout système analogue au système décimal, c'est-à-dire dans un système où la valeur *relative* d'un

chiffre dépend du rang qu'il occupe à la gauche de plusieurs
autres. A la rigueur, on pourrait s'en passer ; mais le système
serait moins régulier, comme nous allons le voir.

Soit propose, par exemple, d'établir le système *ternaire,* en
adoptant les trois chiffres significatifs 1, 2, 3.

Les *trois* premiers nombres seraient d'abord exprimés par ces
chiffres.

Pour représenter *quatre, cinq*, et *six,* il suffirait d'écrire 11,
12, 13.

Pour exprimer *sept, huit, neuf, dix, onze, douze,*
on écrirait   21,   22,   23,   31,   32,   33.

De même   111,   112,   113,   121,   122,   123,
exprimeraient *treize, quatorze, quinze, seize, dix-sept, dix-huit.*

Il n'est pas nécessaire d'aller plus loin pour sentir les inconvéniens de ce système. Son principal défaut consiste en ce que
des unités d'un même ordre sont exprimées d'une manière différente. Ainsi, dans 13 et 23, le chiffre 3 exprime une unité du
second ordre, comme les chiffres 1 et 2 qui sont à sa gauche.
Dans 123, l'ensemble des chiffres 23 exprime *neuf,* ou l'unité
du troisième ordre, ainsi que le chiffre 1 qui est à la gauche
de ces deux-là.

En faisant usage du chiffre 0, il suffit de déterminer les nombres d'unités de différens ordres qui entrent dans le nombre
proposé, et d'écrire à la suite les uns des autres, de droite à
gauche, les chiffres qui expriment ces nombres.

119. L'accord qui existe entre la nomenclature actuelle des
nombres et la manière de les représenter en chiffres dans le
système décimal, permet de les écrire facilement, et pour
ainsi dire, sous la dictée en langage ordinaire, comme aussi de
résoudre là question inverse qui consiste à énoncer en langage
ordinaire un nombre quelconque représenté par un groupe
de chiffres donné. Il en serait de même dans tout système de
numération pour lequel on aurait établi une nomenclature
spéciale. Mais si l'on proposait, par exemple, d'*écrire dans
le système septenaire le nombre* TROIS CENT SOIXANTE-NEUF *rap-*

porté au *système décimal*, il serait difficile de reconnaître *à priori* quels sont les chiffres propres à exprimer les unités du premier, du second, du troisième..... ordre septenaire qu'il renferme. Or, comme ce nombre, écrit en chiffres dans le système décimal, revient à 369, il s'ensuit que la question proposée dépend de la suivante qui est beaucoup plus générale : *Un nombre étant énoncé en langage ordinaire, ou écrit dans le système décimal, traduire ce même nombre dans le système dont la base est B.*

Pour résoudre cette dernière question, observons que, B unités du premier ordre formant une unité du second, autant de fois le nombre proposé contiendra la base B, autant il renfermera d'unités du second ordre du système B; c'est-à-dire que, si l'on divise ce nombre par B, le quotient exprimera des unités du second ordre ; et le reste, qui sera nécessairement moindre que B, exprimera les unités du premier ordre, du nombre écrit dans le système dont la base est B.

De même, puisque B unités du second ordre, dans le système B, forment une unité du troisième ordre dans ce même système, si l'on divise par B le quotient qui exprime des unités du second ordre, le nouveau quotient qu'on obtiendra, exprimera des unités du troisième ordre ; et le reste, toujours moindre que B, représentera les unités du second ordre, du nombre écrit dans le système dont la base est B ; et ainsi de suite.

D'où l'on voit que, pour passer du système décimal au système dont la base est B, il faut : 1°. *diviser le nombre proposé par la base du nouveau système écrite dans le système décimal, ce qui donne un reste que l'on écrit à part, comme exprimant les unités du premier ordre dans le nouveau système ; 2°. diviser le quotient obtenu, par la même base, ce qui donne un second reste qu'on écrit à la gauche du premier, comme exprimant les unités du second ordre ; 3°. diviser le second quotient par la même base, et écrire le troisième reste qu'on obtient ainsi, à la gauche des deux précédens, parce qu'il exprime les unités du troisième ordre ; continuer cette série d'opéra-*

tions jusqu'à ce qu'on soit parvenu à un quotient moindre que la base du nouveau système; ce dernier quotient exprime les unités de l'ordre le plus élevé, et *s'écrit alors à la gauche de tous les restes obtenus successivement.*

Appliquons cette règle au nombre *trois cent soixante-neuf* ou 369, qu'il s'agit de traduire dans le système *septénaire.*

$$
\begin{array}{r|l}
369 & 7 \\
\end{array}
\qquad \text{restes}
$$

	restes	
369 | 7		
52	5	
7	3	(1035)
1	0	
0	1	

Divisant 369 par 7, on a pour quotient 52, et pour reste 5 que l'on écrit à part; ce sont les *unités du premier ordre* dans le nouveau système.

Divisant 52 par 7, on trouve pour quotient 7, et pour reste 3, qui exprime les *unités du second ordre*, et qu'on écrit à la gauche du chiffre 5.

Divisant 7 par 7, on a pour quotient 1, et 0 pour reste, ce qui indique qu'il n'y a pas *d'unités du troisième ordre;* et l'on écrit un o pour en tenir la place.

Enfin, comme le quotient 1 est plus petit que 7, il exprime les unités *du quatrième ordre;* et le nombre traduit dans le système septénaire revient à (1035).

On trouverait de même, pour le nombre 5347 traduit dans le système de *huit* chiffres, o, 1, 2, 3, 4, 5, 6, 7, l'ensemble des nouveaux chiffres (12343).

	restes	
5347 | 8		
668	3	
83	4	(12343)
10	3	
1	2	
0	1	

Remarque. — Il peut arriver que la *base* du nouveau système soit plus grande que *dix* ou celle du système décimal.

Dans ce cas, il y a une observation importante à faire pour l'application de la règle.

Soit, par exemple, le nombre 8423 à traduire dans le système *duodécimal*, ou dans le système de *douze* chiffres.

En convenant d'employer les deux lettres grecques, α, 6, pour désigner les nombres *dix* et *onze*, les chiffres de ce système seront o, 1, 2, 3, 4, 5, 6, 7, 8, 9, α, 6.

$$\begin{array}{c|l}
8423 & 12 \qquad \text{restes}\\
701 & \dots\dots 11 \text{ ou } 6\\
58 & \dots\dots 5 \qquad (4α56)\\
4 & \dots\dots 10 \text{ ou } α\\
o & \dots\dots 4
\end{array}$$

La base *douze* étant exprimée par 12 dans le système décimal, on divise 8423 par 12, ce qui donne le quotient 701, et le reste 11 qui exprime les unités du premier ordre dans le nouveau système. Or, 11 écrit dans le système décimal signifie *onze*, et par conséquent doit s'écrire 6 dans le système duodécimal. On écrit donc à part, non pas 11, mais 6, comme désignant le chiffre des unités du premier ordre.

Pareillement, à la troisième division, on obtient pour reste 10 ou *dix* qui, dans le nouveau système, s'écrit α; on pose donc α à la gauche des deux chiffres déjà trouvés. On obtient ainsi (4α56) pour le nombre proposé, traduit dans le système duodécimal.

120. Réciproquement, *Un nombre étant écrit dans un système quelconque dont la base est* B, *on peut se proposer de l'énoncer en langage ordinaire*, ou ce qui revient au même, de le *traduire dans le système décimal*.

Soit, en général.... *hgfdcba* un nombre écrit dans le système de B chiffres; *a, b, c, d, f,*.... désignant les unités du 1er, du 2e, du 3e,... ordre.

Il résulte du principe fondamental établi n° **116**, que le chiffre *b* exprime des unités B fois plus grandes que s'il était seul; donc sa valeur relative est égale au produit de *b* par B, et peut (n° **108**) se représenter par $b \times B$, ou simplement par bB. De même le chiffre c exprime des unités B fois plus grandes que celles du chiffre b; ainsi sa valeur relative est égale au produit de c par $B \times B$ ou B^2; et peut être représenté par cB^2. On reconnaîtrait pareillement que dB^3; fB^4; gB^5, hB^6,.... sont les valeurs relatives des autres chiffres.

Donc enfin, le nombre proposé a pour expression,

$$a + bB + cB^2 + dB^3 + fB^4 + gB^5 + hB^6....$$

En donnant à la base B et aux chiffres $a, b, c, d, f,...$ des valeurs particulières, on effectuera, dans le système décimal, toutes les opérations arithmétiques indiquées par cette expression; et l'on obtiendra le nombre correspondant à ces données particulières, traduit dans le système décimal.

[L'expression ci-dessus se nomme, en Algèbre, *une formule*, parce qu'elle renferme sous une forme concise, le système d'opérations arithmétiques à effectuer sur différens nombres pour obtenir la réponse à une question générale, et parce qu'on peut en déduire toutes les réponses aux questions de même espèce, dont les énoncés diffèrent seulement par les valeurs numériques des données.]

Traduite en langage ordinaire, cette formule donne lieu à la règle suivante : *Formez d'abord les diverses puissances de la base B écrite dans le système décimal; multipliez ensuite tous les chiffres................* $a, b, c, d, f.....;$ *traduits également dans le système décimal, respectivement par les nombres...* $1, B, B^2, B^3, B^4,...;$ *ajoutez ensuite tous ces produits partiels, et vous aurez le nombre demandé.*

Soit, par exemple, le nombre (57436) écrit dans le système de *huit* chiffres, à traduire dans le système décimal.

Après avoir reconnu par des multiplications successives, que les puissances de 8 jusqu'à la 4ᵉ inclusivement, sont 8, 64, 512, 4096, on peut disposer ainsi les calculs:

$$1^\circ \ldots \ldots \ldots \ldots \quad 1 \times 6 = \quad 6$$
$$2^\circ \ldots \ldots \ldots \ldots \quad 8 \times 3 = \quad 24$$
$$3^\circ \ldots \ldots \ldots \ldots \quad 64 \times 4 = \quad 256$$
$$4^\circ \ldots \ldots \ldots \ldots \quad 512 \times 7 = 3584$$
$$5^\circ \ldots \ldots \ldots \ldots \quad 4096 \times 5 = 20480$$

Donc $\qquad (57436) = 24350.$

Vérification d'après la règle établie n° 119;

$$
\begin{array}{l}
24350 \mid 8 \\
\quad 3043 \ldots \ldots \quad 6 \\
\quad\quad 380 \ldots \ldots \quad 3 \\
\quad\quad\quad 47 \ldots \ldots \quad 4 \qquad (57436) \\
\quad\quad\quad\quad 5 \ldots \ldots \quad 7 \\
\quad\quad\quad\quad\quad 0 \ldots \ldots \quad 5
\end{array}
$$

121. On peut donner de la question inverse une solution plu simple et surtout plus en rapport avec celle de la question directe.

Reprenons le même nombre (57436) qu'il s'agit de faire passer du système de *huit* chiffres au système décimal.

D'après le principe fondamental du n° 116, le premier chiffre à gauche qui est 5, représente des unités 8 fois plus grandes que celles du second chiffre 7; donc, en multipliant 5 par 8, et ajoutant 7 au produit, ce qui donne 47 (ou *quarante-sept*), on aura le nombre total des unités du 4e ordre (système de *huit* chiffres) que renferme le nombre proposé. Par la même raison, si l'on multiplie 47 par 8, et qu'on ajoute 4 au produit, ce qui donne 380 (ou *trois cent quatre-vingt*), on aura le nombre total des unités du 3e ordre (système de *huit* chiffres) que renferme le nombre proposé.

Pareillement, si l'on multiplie 380 par 8, et qu'on ajoute 3 au produit, ce qui donne 3043, on aura le nombre total d'unités du second ordre que renferme le nombre proposé. Multipliant enfin 3043 par 8, et ajoutant 6 au produit, on obtient 24350 pour le nombre total d'unités du premier ordre (ex-

primé dans le système décimal) que renferme le nombre
proposé.

Voici comment on peut disposer le calcul :

$$5 \times 8 = \quad 4o, \quad + 7 = 47$$
$$47 \times 8 = \quad 376, \quad + 4 = 38o$$
$$38o \times 8 = \quad 3o4o, \quad + 3 = 3o43$$
$$3o43 \times 8 = 24344, \quad + 6 = 2435o.$$

Règle générale : *Multipliez le premier chiffre à gauche,
du nombre proposé, par la base* B *écrite dans le système décimal, et ajoutez au produit le second chiffre* (en partant de
la gauche); *multipliez la somme ainsi obtenue par la base* B,
et ajoutez au produit le 3ᵉ chiffre ; et ainsi de suite.

Cette règle est précisément l'inverse de celle qui a été établie n° 119, ainsi qu'on peut le reconnaître en comparant le
tableau des calculs qui viennent d'être exécutés avec celui
qui termine le numéro précédent.

122. Aux deux questions des nᵒˢ 119 et 120, se rattache
une troisième question plus générale qui a pour but de *passer
d'un système dont la base est* B *au système dont la base est* B'.

La règle à suivre dans ce cas, consiste à faire passer le nombre proposé du système B au système décimal (n° 120), puis
de celui-ci au système B' (n° 119).

Proposons-nous, pour exemple, de faire passer le nombre
(23104) du système *quinaire* (où de cinq chiffres) au système
duodécimal.

Voici le tableau des calculs :

$$2 \times 5 = \quad 10, \quad + 3 = \quad 13$$
$$13 \times 5 = \quad 65, \quad + 1 = \quad 66$$
$$66 \times 5 = \quad 33o, \quad + o = \quad 33o$$
$$33o \times 5 = 165o, \quad + 4 = 1654$$

$$\begin{array}{l} 1654 \mid 12 \\ 137 \ldots \text{dix ou } \alpha \\ 11 \ldots \qquad 5 \quad (65\alpha) \\ o \ldots \text{onze ou } 6. \end{array}$$

Donc   (23104, syst. *cinq*) = (65α, syst. *douze*).

On vérifierait ce calcul en reprenant les transformations dans un ordre inverse, c'est-à-dire en passant du système *duodécimal* au système *quinaire*.

123. Les procédés pour effectuer les quatre opérations fondamentales de l'Arithmétique sur des nombres écrits dans un système quelconque, ne diffèrent pas essentiellement de ceux qui ont été établis pour le système décimal. Seulement, il faut bien se rappeler la loi qui existe entre les unités de différens ordres, afin de pouvoir, au besoin, convertir des unités d'un ordre quelconque en unités de l'ordre immédiatement supérieur ou inférieur.

Pour familiariser les commençans avec les différens systèmes de numération, nous proposerons un exemple de chacune des opérations, exécutée dans le système *duodécimal*, dont les caractères sont, comme nous l'avons déjà vu n.° 119,

$$0, 1, 2, 3, 4, 5, 6, 7, 8, 9, \alpha, \mathcal{C}.$$

1°. *Soit à ajouter les nombres*

$$3704\alpha, \quad 62956, \quad 276\alpha5, \quad 48\alpha\mathcal{C}.$$

En commençant d'abord par les unités simples, on dit α et 6 font 14, et 5 font 19, et 6 font 28. On pose 8 et l'on retient 2 *douzaines* pour les reporter à la colonne des unités du 2.e ordre.

$$\begin{array}{r} 3704\alpha \\ 62956 \\ 276\alpha5 \\ 48\alpha\mathcal{C} \\ \hline 15\alpha678 \end{array}$$

On dit ensuite : 2 et 4 font 6, et 5 font 𝒞, et α font 19, et α font 27. On pose 7 et l'on retient 2 pour les reporter à la colonne des unités du 3.e ordre, sur laquelle on opère comme sur les précédentes ; et ainsi de suite. On obtient enfin 15α678 pour la somme demandée.

2°. *Soit à soustraire de*..................... 5α0046
  Le nombre....:........................ 47α68𝒞
  ─────────
        121577

Comme on ne peut soustraire 𝒞 de 6, on a recours à l'artifice du n° **14**, et l'on dit 6 de 16, il reste 7. Passant à la colonne suivante, on augmente 8 d'une unité, et l'on dit: 9 de 14, il reste 7. Ensuite 7 de 10, il reste 5; 6 de 10, il reste 1; 8 de *α*, il reste 2; enfin 4 de 5, il reste 1. Ainsi 121577 est le résultat demandé.

3°. *Soit à multiplier*................. 3407α

       par..................... 5α68
                              ——————
                              228528

[Nous sommes censés avoir sous les   18036o
yeux une table de multiplication,   294664
poussée jusqu'à 6 (ou *onze*) qui est   148332
le plus haut chiffre du système.]   ——————
                                177608828

En multipliant d'abord 3407α par 8, je dis : 8 fois *α* font 68 ; je pose 8 et retiens 6. Ensuite, 8 fois 7 font 48, et 6 de retenue font 52 ; je pose 2 et retiens 5. 8 fois o font o, et 5 de retenue font 5 ; je pose 5; 8 fois 4 font 28 ; je pose 8 et retiens 2. Enfin 8 fois 3 font 20, et 2 de retenue font 22 ; je pose 2 et avance 2. Le premier *produit partiel* est donc 228528.

Quant aux autres produits partiels du multiplicande par les autres chiffres du multiplicateur, on prouverait, par des raisonnemens analogues à ceux qui ont été faits (n° 21) pour le système décimal, que tout se réduit à multiplier successivement le multiplicande par chacun de ces chiffres considérés comme exprimant des unités simples, et à écrire chacun des produits au-dessous du précédent, en les avançant au fur et à mesure d'un rang vers la gauche.

Additionnant enfin tous ces produits, on trouve pour résultat, 177608828.

4°. Vérifions cette opération par la division; il suffit, pour cela, de diviser le produit obtenu, par l'un des facteurs, 5α68 par exemple.

Pour obtenir le chiffre des unités les plus élevées du quotient, il faut prendre les cinq premiers

                   177608828 ⎱ 5α68
                     16α08 ⎰ ——————
                      3α082   3407α
                      4α968
                      0000

chiffres à gauche du dividende, et diviser 17760 par 5α68.
Pour cela, on cherche en 17 combien de fois 5; il y est 3 fois
pour 13, et l'on écrit 3 au quotient. Multipliant le diviseur
par 3, et retranchant le produit, du premier dividende partiel, on obtient pour reste 1α0 qui, suivi du chiffre 8, donne
1α08 pour le second dividende partiel, sur lequel on opère
comme sur le précédent.

Divisant 1α08 par 5α68, ou plutôt 16 par 5, on a pour
quotient 4, que l'on écrit à la droite du précédent; et pour
reste de la nouvelle division partielle, 3α0.

Comme, le chiffre suivant 8 étant abaissé, le nouveau dividende partiel 3α08 ne contient pas le diviseur, on met un 0
au quotient, et l'on abaisse le chiffre 2 du dividende; ce qui
donne 3α082 pour nouveau dividende partiel.

Opérant sur celui-ci comme sur les précédens, on trouve
pour quotient 7, et pour reste 4α96.

Abaissant enfin le dernier chiffre du dividende, et divisant
4α968 par 5α68, on obtient α pour quotient et 0 pour reste.

Donc, 3407α est le quotient demandé.

Nous engageons les élèves à s'exercer sur d'autres exemples
pris au hasard, et dans différens systèmes, particulièrement
sur les deux dernières opérations, ces exercices étant très
propres à leur donner l'habitude du calcul.

124. La question du n° 122, qui a pour objet de passer
d'un système quelconque B à un autre système B', peut être
résolue directement, c'est-à-dire sans que l'on soit obligé
de passer d'abord du système B au système décimal, et ensuite de celui-ci au système B'. Il suffirait, pour cela, de traduire la base B' dans le système B, et d'appliquer la règle du
n° 119, en effectuant les opérations dans le système B; ou
bien encore de traduire la base B dans le système B' et d'appliquer l'une des règles des n°ˢ 120 et 121, en effectuant les opérations dans le système B'.

Nous ne nous arrêterons pas davantage sur ces opérations
qui n'offrent aucune difficulté.

125. Remarque générale. — Le système duodécimal offre

quelques avantages sur le système décimal, en raison de ce
que sa base *douze* renferme un plus grand nombre de facteurs
que *dix*. En effet, *douze* est divisible par 2, 3, 4, 6, tandis
que les seuls facteurs de *dix* sont 2 et 5. Mais on ne pourrait
substituer le système duodécimal, ou tout autre, au système
décimal, sans modifier la nomenclature de manière à l'appro-
prier au système adopté, et à lui permettre d'énoncer conformément à ce nouveau système de numération, les nombres
écrits en chiffres.

Nous aurons, d'ailleurs, plus d'une occasion de reconnaître que la plupart des propriétés qui ont été découvertes
sur les nombres, sont indépendantes du système de numération que l'on adopte. Quelques-unes semblent apparte-
nir au système décimal en particulier; mais leurs analogues
n'en existent pas moins dans les autres systèmes. L'emploi des
lettres de l'alphabet, pour représenter les nombres, est très
propre à faire ressortir la généralité de ces propriétés, en ce
qu'elles sont applicables à tous les nombres, quel que soit le système de numération dans lequel ils sont énoncés ou exprimés.

§ II. *Divisibilité des nombres.*

126. La propriété dont jouissent certains nombres d'être
exactement divisibles par d'autres, et la recherche des diviseurs
d'un nombre, forment une des théories les plus importantes
de l'Arithmétique. Cette théorie repose sur une série de principes dont l'exposition exige beaucoup d'ordre; nous allons les
développer successivement.

Définitions préliminaires. — On dit qu'un nombre entier
est *exactement divisible* par un autre, lorsqu'il existe un troisième nombre entier, qui, multiplié par le second, donne le
premier.

Tout nombre entier qui en divise exactement un autre, est
appelé *facteur, diviseur,* ou *sous-multiple* de ce nombre; et
celui-ci est dit *multiple* du premier.

Tout nombre entier qui n'a d'autres *diviseurs* que lui-même et l'unité , est appelé *nombre premier absolu ,* ou simplement *nombre premier.*

Deux nombres entiers sont dits *premiers entre eux* lorsqu'ils n'ont d'autre *diviseur commun* que l'unité (qui est diviseur de tout nombre).

Il résulte de là qu'un nombre *premier* qui ne divise pas exactement un autre nombre entier, est *premier* avec cet autre, puisque alors ils ne peuvent avoir de *diviseur commun* que l'unité.

Ces définitions ont déjà été établies au numéro 51.

127. PREMIER PRINCIPE. — *Tout nombre entier* P *qui divise exactement l'un des facteurs du produit* A $\times$ B, *divise nécessairement le produit;* ou, ce qui revient au même, *tout nombre entier qui en divise exactement un autre, divise nécessairement les multiples de cet autre nombre.* (Voyez n° 51.)

En effet, soit Q le quotient supposé exact, de la division de A par P ; on a A $=$ P $\times$ Q, d'où, multipliant les deux membres de cette égalité par le même nombre B,

$$A \times B = P \times Q \times B = P \times QB \ (\text{n}^{\text{o}} \ 26);$$

on voit donc que P divise exactement le produit AB.

128. SECOND PRINCIPE. — *Tout nombre entier* P *qui divise exactement un produit* AB, *et qui est premier avec l'un des deux facteurs, divise nécessairement l'autre facteur.*

Supposons, par exemple, que P, diviseur exact du produit AB , soit premier avec A , je dis que P doit diviser B.

En effet, puisque A et P sont deux nombres *premiers entre eux,* il s'ensuit que, si on leur appliquait le procédé du commun diviseur (n° 52), on parviendrait, après un certain nombre d'opérations, à un dernier reste égal à 1.

Appelons R, R′, R″, R‴.... 1, les restes successifs de cette série d'opérations (R′, R″, R‴.... s'énoncent R^{prime}, R^{seconde}, R^{tierce}).

Cela posé, si, au lieu d'opérer sur A et P , on appliquait le procédé aux produits A $\times$ B, P $\times$ B, il est facile de voir que, dans cette nouvelle série d'opérations, on obtiendrait les mêmes quotiens que dans la première ; mais les restes seraient respectivement $R \times B$, $R' \times B$, $R'' \times B \ldots$, $1 \times B$. Par conséquent, comme le plus grand commun diviseur entre A et P est 1, celui des produits $A \times B$ et $P \times B$, est nécessairement $1 \times B$, ou B.

D'un autre côté, il suit du troisième principe établi n° 81, que *tout nombre qui en divise deux autres, divise leur plus grand commun diviseur,* puisqu'en vertu de ce principe, il doit diviser le reste de chacune des divisions auxquelles donne lieu le procédé du n° 82. Or P divise $A \times B$ par hypothèse ; il divise aussi évidemment $P \times B$; donc il divise $1 \times B$ ou B ; *ce qu'il fallait démontrer.*

N. B. — Il est nécessaire de supposer que P est premier avec l'un des deux facteurs ; car, par exemple, 56×15 ou 840 est divisible par 40 et donne pour quotient 21, quoique aucun des nombres 56 et 15 ne soit divisible par 40. Cela tient à ce que, 40 étant égal à 8×5, le premier facteur 8 se trouve dans 56 ou 7×8, et le second facteur 5 se trouve dans 15 ou 5×3 ; donc 56×15 est égal à $7 \times 8 \times 5 \times 3$, ou $7 \times 3 \times 8 \times 5$, ou enfin, à 21×40.

129. TROISIÈME PRINCIPE. — *Tout nombre premier absolu* P, *qui divise exactement un produit* $A \times B$, *doit diviser l'un des deux facteurs.*

En effet, supposons que P ne divise pas A, il est nécessairement *premier avec* A (n° 126) ; donc il doit diviser B (n° 128).

De là résultent les conséquences suivantes :

150. 1°. *Tout nombre premier absolu qui divise* A^2, *et en général une puissance quelconque* A^m *de* A ; *doit diviser* A.

En effet, A^2 est la même chose que $A \times A$. Or, tout nombre premier qui divise ce produit, doit (n° 129) diviser l'un des facteurs. De même A^3 étant égal à $A^2 \times A$, tout nombre premier qui divise A^3 doit diviser A ou A^2 ; et pour diviser ce dernier facteur, il doit diviser A ; ainsi de suite.

151. 2°. *Tout nombre* P, *premier avec chacun des deux facteurs d'un produit* $A \times B$, *est aussi premier avec ce produit.*

En effet, un nombre premier absolu qui diviserait AB, devrait diviser A ou B; ainsi P et A, ou bien P et B, ne seraient pas premiers entre eux; ce qui serait contre la supposition.

152. 3°. *Lorsqu'un nombre* N *a été formé par la multiplication de plusieurs autres,* A, B, C, D...., *ce nombre ne peut avoir d'autres facteurs* PREMIERS *que ceux qui entrent déjà dans* A, B, C, D...

En effet, tout nombre premier qui divise le produit ABCD et ne divise pas D, doit diviser ABC (n° 129); de même, tout nombre premier qui divise ABC et ne divise pas C, doit diviser AB, et par conséquent A ou B.

Ainsi, en d'autres termes, *un nombre étant formé par la multiplication de plusieurs autres, on ne peut l'obtenir de nouveau en multipliant des nombres qui renfermeraient des facteurs premiers différens de ceux qui entrent dans les nombres déjà multipliés.*

153. QUATRIÈME ET DERNIER PRINCIPE. — *Tout nombre* N, *divisible par deux ou plusieurs nombres,* a, b, c..., *premiers entre eux, est divisible par leur produit.*

En effet, puisque a divise N, on a N = aq, q étant un nombre entier; mais par hypothèse, b divise aussi N; donc b divise aq; et comme a, b, sont supposés *premiers entre eux,* il faut (n° 128) que b divise exactement q, et l'on a q = bq'; d'où l'on déduit N = a × bq' = ab × q'. Ainsi N est divisible par ab.

Pareillement, c divisant N, doit diviser ab × q'; d'ailleurs, c est premier avec a, b, et par conséquent avec ab (n° 131). Donc, c doit diviser q', et l'on a q' = cq''; d'où l'on tire N = ab × cq'' = abc × q''; ce qui prouve que N est divisible par abc; et ainsi de suite.

154. *Conséquence.* — Si a, b, c..., étant des nombres *premiers entre eux,* chacun entre comme facteur dans N un certain nombre de fois exprimé par n, p, q...; le nombre N est divisible exactement par $a^n b^p c^q$..., et par tous les nombres qu'on peut obtenir en multipliant deux à deux, trois à trois, etc..., les diverses puissances de a, b, c..., comprises de-

puis la première jusqu'à celle dont le degré est marqué par n pour a, par p pour b, par q pour c....

En effet, a, b, c..., étant des nombres premiers entre eux, il en est de même de a^n, b^p, c^q...; donc (n° 133) leurs produits deux à deux, trois à trois..., doivent être aussi des diviseurs exacts de N.

Ce principe sert de base à *la recherche des diviseurs d'un nombre, tant simples que composés*, question dont nous nous occuperons bientôt.

135. *Caractères de divisibilité d'un nombre par d'autres.*

Il existe des signes auxquels on peut souvent reconnaître qu'un nombre est ou n'est pas divisible par d'autres nombres; ce qui est utile dans la pratique.

Les raisonnemens dans lesquels nous serons entraînés pour établir ces caractères, reposent sur le principe suivant:

Soit un nombre A décomposé en deux parties B et C, en sorte qu'on ait $A = B + C$.... (1).

1°. *Si un quatrième nombre* D *divise exactement les deux parties* B *et* C, *il divise aussi leur somme* A. (Voyez n° 51.)

2°. *Si le nombre* D *divise l'une des parties* B, *sans diviser l'autre* C, *il ne divise pas non plus* A; *et le reste de la division de* A *par* D *est égal à celui que donne la division de* C *par* D.

La première partie de ce principe est facile à démontrer. En effet, divisons par D les deux membres de l'égalité (1); il vient

$$\frac{A}{D} = \frac{B}{D} + \frac{C}{D} \cdots (2).$$

Or les deux termes du second membre sont des nombres entiers, puisque B et C sont, par hypothèse, divisibles par D; donc le premier membre doit aussi être un nombre entier; autrement on aurait un nombre fractionnaire égal à un nombre entier; ce qui serait absurde. Ainsi A est divisible par D.

Quant à la seconde partie, il est clair, d'après l'égalité (2), que si, B étant divisible par D, C ne l'était pas, A ne le serait pas non plus; car autrement, il en résulterait encore un nombre entier égal à un nombre fractionnaire. Mais il s'agit actuellement de prouver que *le reste de la division de A par D est égal au reste de la division de C par D.*

Pour cela, observons que, B étant divisible par D, on a B = DQ (Q est un nombre entier); C n'étant pas divisible par D, on a C = DQ' + R.

Donc B + C ou A = DQ + DQ' + R = D(Q + Q') + R (n° 112).

D'où l'on voit que A divisé par D, donne pour quotient Q + Q', et pour reste R, qui n'est d'ailleurs autre chose que le reste de la division de C par D; ce qu'il fallait démontrer (*).

Passons actuellement au développement des différens caractères de divisibilité.

156. PROPRIÉTÉS DES NOMBRES 2 et 5, 4 et 25, 8 et 125....

1°. *Tout nombre terminé par l'un des chiffres, 0,2,4,6,8, est divisible par 2.*

En effet, ce nombre peut être décomposé en deux parties, savoir : la partie à gauche des unités simples, considérée avec sa valeur relative, et le chiffre des unités simples. (Par exemple, 38576 revient à 38570+6.) Or la première partie étant terminée par un 0, est multiple de 10; 10 est d'ailleurs divisible par 2, puisque l'on a 10 = 2 × 5; donc aussi cette première partie est divisible par 2. Mais un quelconque des chiffres 0, 2, 4, 6, 8, est divisible par 2; ainsi (n° 155) le nombre total est divisible par 2.

Si le nombre est terminé par l'un des chiffres 1, 3, 5, 7, 9, il n'est pas divisible par 2, puisque l'une de ses parties est divisible, et que l'autre ne l'est pas.

N. B. — Tout nombre divisible par 2, ou terminé par l'un des chiffres 0, 2, 4, 6, 8, est dit un *nombre pair.* Les autres sont des *nombres impairs.*

Tous les nombres *pairs* sont compris dans la formule 2n, n étant un nombre entier quelconque, et les nombres *impairs* dans la formule (2n + 1).

(*) Toutes les propositions établies depuis le n° 127 jusqu'au n° 155 inclusivement, sont vraies dans tous les systèmes de numération.

Arith. B.. 12

2°. *Tout nombre terminé par un o ou un 5, est divisible par 5.* — Même démonstration que pour le diviseur 2.

Si le dernier chiffre est différent de o ou de 5, le nombre n'est pas divisible par 5; *et le reste de la division de ce nombre par 5, est égal au reste de la division du dernier chiffre par 5* (n° 155); c'est-à-dire que le reste est le chiffre lui-même si celui-ci est moindre que 5; et dans le cas contraire, le reste est l'excès de ce chiffre sur 5.

Ainsi 1327 divisé par 5 donne pour reste 2, qui est égal au reste de la division de 7 par 5, ou à l'excès de 7 sur 5.

De même, 34789 et 71436 donnent respectivement pour restes 4 et 1.

3°. *Tout nombre est ou n'est pas divisible par 4 ou par 25, suivant que le nombre exprimé par les deux derniers chiffres est ou n'est pas divisible par 4 ou par 25.*

En effet, ce nombre peut se décomposer en deux parties : la partie à gauche des dixaines, considérée avec sa valeur relative; et la collection des dixaines et unités. (Par exemple, 3548 et 27875 reviennent à 3500 + 48 et 27800 + 75.) Or la première partie étant terminée par deux zéros, est multiple de 100 ; 100 est divisible par 4 ou par 25, puisque 100 = 25 × 4; donc cette première partie est aussi divisible par 4 ou par 25; mais la seconde partie est elle-même, par hypothèse, divisible par 4 ou par 25; donc le nombre total est divisible par 4 ou par 25.

Ainsi 3548 est divisible par 4, parce que 48 est un multiple de 4 ; 27875 est divisible par 25, parce que 75 est un multiple de 25.

Mais 13758 n'est pas divisible par 4 et donne le reste 2, c'est-à-dire le même que celui de la division de 58 par 4.

25659 n'est pas divisible par 25 et donne pour reste 9, ou le reste de la division de 59 par 25.

N. B. — Pour le nombre 25, il n'y a évidemment que les nombres terminés par oo, 25, 50, ou 75, qui soient divisibles par 25.

4°. *Tout nombre est ou n'est pas divisible par 8 ou par 125,* suivant que le nombre exprimé par les trois derniers chiffres est ou n'est pas divisible par 8 ou par 125.

Nous ne développerons pas la démonstration, parce qu'elle est analogue aux précédentes. Il nous suffit d'observer qu'elle est fondée sur ce que 1000 = 125 × 8. D'ailleurs, cette propriété n'est guère en usage.

137. PROPRIÉTÉS DES NOMBRES 3 et 9. — *Tout nombre dont la somme des chiffres, considérés avec leur valeur absolue, est divisible par 3 ou par 9, est lui-même divisible par 3 ou par 9.*

Remarquons d'abord que, si d'une puissance quelconque de 10, ou de l'unité suivie d'un nombre quelconque de zéros, on retranche 1, le résultat est divisible par 9; car ce résultat se compose d'autant de chiffres 9 écrits les uns à la suite des autres, qu'il y avait de zéros. Or, la valeur absolue de chaque chiffre 9 est divisible, soit par 3, soit par 9; donc il en est de même de sa valeur relative, qui est un multiple de la valeur absolue. Ainsi, le résultat est aussi divisible par 3 ou par 9.

Cela posé, pour généraliser davantage nos raisonnemens, nous appellerons N le nombre proposé, et nous désignerons par $a, b, c, d...$, les chiffres de ses *unités, dixaines, centaines, mille,...* en sorte que l'on aura N = ... *gfdcba*, ou plutôt, en vertu du principe fondamental de la numération décimale,

$$N = a + 10 b + 10^2 c + 10^3 c + 10^4 d + ...$$

Or, cette égalité peut être mise sous la forme

$$N = \left\{ \begin{array}{l} +(10-1)b +(10^2-1)c +(10^3-1)d +(10^4-1)f + \\ +a \quad +b \quad\quad +c \quad\quad +d \quad\quad +f + \end{array} \right.$$

[Par exemple, $10^3 . d = 10^3 . d - d + d = (10^3 - 1)d + d.$]

Or, d'après ce qui vient d'être dit, $10-1, 10^2-1, 10^3-1...$; et en général, $10^n - 1$, étant divisibles par 3 ou par 9, la première ligne horizontale se compose d'une suite de nombres multiples de 3 ou de 9; ainsi, cette première partie du nombre N est elle-même divisible par 3 ou par 9. Donc, si la seconde partie, qui n'est autre chose que *la somme des chiffres du nombre proposé, considérés avec leur valeur absolue*, si cette seconde partie, dis-je, est divisible par 3 ou par 9, le nombre total est lui-même divisible par 3 ou par 9.—C.Q.F.D.

158. Pour obtenir le reste de la division d'un nombre quelconque, par 9 ou par 3, il *suffit de faire la somme des chiffres considérés avec leur valeur absolue, et de diviser cette somme par 9 ou par 3.* Si cette division ne donne pas de reste, le nombre total est divisible par 9 ou par 3 ; mais si l'on obtient un reste, il est le même que celui qu'on obtiendrait en divisant le nombre total par 9 ou par 3.

C'est une conséquence du principe établi n° 135.

159. PROPRIÉTÉ DU NOMBRE 11. — *Tout nombre est divisible par 11 lorsque la différence entre la somme des chiffres de rang impair, à partir de la droite, et la somme des chiffres de rang pair, est 0 ou un multiple de 11.*

Avant de démontrer cette propriété, il est nécessaire de remarquer

1°. Que *toute puissance d'un degré pair, de 10, diminuée d'une unité, donne un résultat divisible par 11.*

En effet, ce résultat est nécessairement composé d'une suite de chiffres 9 en nombre pair, écrits à la suite les uns des autres ; or, chaque tranche de deux chiffres, considérée seule, forme 99 ou 9×11, et est par conséquent divisible par 11 ; donc la valeur relative de chaque tranche, qui est un multiple de la valeur absolue, est elle-même divisible par 11. Donc, en général, $10^{2n} - 1$ est divisible par 11 (en exprimant, comme nous l'avons déjà dit, un nombre pair).

2°. Que *toute puissance d'un degré impair, de 10, augmentée d'une unité, donne un résultat divisible par 11.*

En effet, une puissance d'un degré impair quelconque de 10, peut être exprimée par 10^{2n+1} (n° 156). Or, on a

$$10^{2n+1} = 10^{2n} \times 10 \ (voyez \ n° 112);$$

ou bien encore,

$$10^{2n+1} = 10^{2n} \times 10 - 10 + 10 = (10^{2n} - 1) \ 10 + 10;$$

ajoutant 1 aux deux membres, on en conclut

$$10^{2n+1} + 1 = (10^{2n} - 1) 10 + 11.$$

Mais $10^{2n} - 1$ est divisible par 11, d'après la première remarque ; 11 est d'ailleurs divisible par lui-même ; donc $10^{2n+1} + 1$ est aussi divisible par 11.

Cela posé, soit $N = \ldots hgfdcba$ le nombre proposé. On a, d'après le principe fondamental de la numération décimale,

$$N = a + 10\,b + 10^2\,c + 10^3\,c + 10^4\,d + 10^5\,f + \ldots;$$

égalité qu'on peut mettre sous la forme

$$N = \begin{cases} \quad +(10+1)b+(10^2-1)c+(10^3+1)d+(10^4-1)f+\ldots \\ +a \quad\quad -b \quad\quad\quad +c \quad\quad\quad -d \quad\quad\quad +f \quad\quad -\ldots \end{cases}$$

Or, d'après les deux remarques précédentes, la première ligne se compose de nombres essentiellement divisibles par 11, et forme par conséquent une première partie qui est elle-même divisible par 11. Donc si la seconde partie, qui n'est autre chose *que la différence entre la somme* $a+c+f+h+\ldots$ *des chiffres de rang impair, et la somme* $b+d+g+\ldots$ *des chiffres de rang pair*, est divisible par 11, comme on l'a supposé, le nombre total N est aussi divisible par 11. — C. Q. F. D.

140. Lorsque la différence entre la somme des chiffres de rang impair et la somme des chiffres de rang pair, n'est pas 0 ou un multiple de 11, le nombre total n'est pas divisible par 11, puisque l'une de ses parties est divisible et que l'autre ne l'est pas. Mais alors il y a deux cas à considérer relativement à la manière d'obtenir le reste de la division :

1°. *Si la somme des chiffres de rang impair est plus grande que la somme des chiffres de rang pair*, la différence devra être ajoutée à la première ligne horizontale de la valeur de N. Désignant donc cette première ligne par B, et la différence à ajouter par C, on aura $N = B + C$; et si C n'est pas divisible par 11, *le reste de la division de* N *par* 11 *est celui qu'on obtiendrait en divisant* C *par* 11 (n° 133).

2°. *Si, au contraire, la somme des chiffres de rang pair est plus grande que celle des chiffres de rang impair, la diffé-*

rence devra être soustraite de la première ligne, et l'on aura
$N = B - C$; C désignant toujours la valeur numérique de la
différence.

Or, B étant multiple de 11, et C renfermant lui-même, en
général, un certain multiple de 11 plus un reste R moindre
que 11, il s'ensuit que N ou $B - C$ peut être mis sous la
forme

$$N = 11 \times m - R,$$

ou bien, $$N = 11 (m - 1) + \overline{11 - R}.$$

D'où l'on voit que, dans ce cas, *le reste de la division de* N
par 11 est égal, non pas au reste de la division de C par 11,
mais au résultat qu'on obtient en retranchant R *de* 11.

Soit, pour fixer les idées, le nombre 47356708. En faisant
la somme des chiffres de rang impair, à partir de la droite, on
trouve 27; faisant de même la somme des chiffres de rang
pair, on obtient 13. Or, la première somme est plus grande
que la seconde. Donc, si l'on prend la différence, ce qui donne
14, le reste 3, de cette différence divisée par 11, sera égal à
celui de la division du nombre total; ce qu'on peut vérifier aisément, en effectuant cette dernière division comme à
l'ordinaire.

Mais si l'on avait le nombre 370546345, puisque la somme
des chiffres de rang impair est 15, et que celle des chiffres de
rang pair est 22 > 15, il s'ensuit que, si l'on prend la différence entre ces deux sommes, ce qui donne 7, le reste de la division du nombre total par 11, n'est pas 7, mais bien 11 — 7,
ou 4, comme on peut s'en assurer.

141. *Preuves par* 9 *et par* 11 *de la multiplication et de la
division.* — Nous ne pouvons passer sous silence un moyen
simple et très commode de vérifier la multiplication et la division des nombres entiers. En voici l'énoncé :

*Faites successivement la somme des chiffres du multipli-
cande et la somme des chiffres du multiplicateur, en ayant
soin d'ôter, au fur et à mesure, tous les* 9 *que ces deux sommes
renferment; vous obtenez ainsi deux restes qui* (n° 138) *ne*

sont autre chose que les restes de la division des deux facteurs par 9.

Multipliez ces deux restes l'un par l'autre, et cherchez de la même manière le reste de la division de leur produit par 9.

Enfin, *faites la somme des chiffres du produit obtenu; en ôtant tous les 9 qui se trouvent dans cette somme; vous obtenez un nouveau reste qui doit être égal au précédent pour que l'opération soit exacte.*

Soit, par exemple, à multiplier l'un par l'autre les deux nombres 5786 et 475; la multiplication étant effectuée d'après le procédé connu, on fait la somme des chiffres du multiplicande, en ôtant les 9 au fur et à mesure; ainsi l'on dit, en commençant par la gauche :

$$\begin{array}{r} 5786 \\ 475 \\ \hline 28930 \\ 40502 \\ 23144 \\ \hline 2748350 \end{array} \qquad \begin{array}{c|c} 8 & 2 \\ \hline 7 & 2 \end{array}$$

5 et 7 font 12; de 12 ôtez 9, il reste 3; 3 et 8 font 11; de 11 ôtez 9; il reste 2; enfin, 2 et 6 font 8; c'est le reste de la division du multiplicande par 9; et on l'écrit à part.

On opère de la même manière sur le multiplicateur; ce qui donne pour reste 7, que l'on écrit au-dessous de 8, comme on le voit ci-dessus.

On multiplie 8 par 7; il vient 56 et l'on dit : 5 et 6 font 11; ôtez 9, il reste 2 qu'on place à la droite de 8. Enfin, l'on opère sur le produit total comme sur les deux facteurs; ce qui donne le nouveau reste 2 qui doit être égal au précédent pour que l'opération soit exacte.

Pour rendre raison de la preuve par 9 d'une manière générale, désignons par A et B les deux facteurs proposés, par Q, Q', R et R', les quotiens et les restes de la division du multiplicande et du multiplicateur par 9; on a les égalités suivantes :

$$A = 9 \times Q + R,$$
$$B = 9 \times Q' + R'.$$

Multipliant membre à membre ces deux égalités, on obtient

112)... $AB = 9^2 \cdot QQ' + 9 \cdot Q'R + 9 \cdot QR' + RR'.$

Or, les trois premiers termes du second membre de cette nouvelle égalité sont évidemment des *multiples* de 9; donc (n° 155) le reste de la division du produit AB par 9, doit être égal à celui que donne le produit RR′ divisé par 9; ce qu'il fallait démontrer.

Si l'un des deux facteurs de la multiplication est divisible par 9, le produit doit l'être également; alors R ou R′ est nul. Il en est de même si le produit RR′ est multiple de 9.

Quant à *la preuve de la division*, il peut arriver deux cas : ou, en effectuant la division d'après le procédé connu, l'on n'obtient pas de reste, ou bien l'on en obtient un.

1°— S'il n'y a pas de reste, le dividende est censé le produit exact du diviseur par le quotient obtenu; et dans ce cas, on peut appliquer la règle précédente, en regardant le diviseur et le quotient comme les deux facteurs d'une multiplication, et le dividende comme le produit.

2°.— Si l'on obtient un reste, comme, en appelant N le dividende total, D le diviseur, Q le quotient, et R le reste, on a l'égalité

$$N = DQ + R,$$

il s'ensuit que le reste de la division de N par 9 doit être égal à la somme du reste de la division de DQ par 9, et du reste de la division de R par 9 (somme qu'il faut toutefois diminuer de 9 si elle est plus grande que ce dernier nombre).

N. B. — Toutes les fois qu'on fait usage de la preuve par 9, et que le reste trouvé au produit total, n'est pas égal au 3e reste, on peut conclure que la multiplication n'a pas été faite exactement; mais si le reste du produit est égal au 3e, il est présumable que l'opération est juste; cependant, on ne saurait l'affirmer, pour deux raisons principales : *la première*, parce qu'on a pu écrire, soit dans les produits partiels, soit dans le produit total, des *zéros* pour des *9*, et d'après la nature de la preuve, on ne pourrait s'apercevoir de l'erreur; *la seconde*, parce que deux chiffres, soit des produits partiels, soit du produit total, peuvent être, l'un trop fort, l'autre trop faible *du même nombre d'unités;* ce qui ferait compensation dans l'addition des chiffres du produit; ainsi, l'on ne s'apercevrait pas encore de l'erreur.

Cette preuve, quoique très commode dans la pratique, n'est donc pas rigoureuse; et l'on ne doit la regarder, lorsqu'elle réussit, que comme une *demi-preuve*, que l'on emploie seulement lorsqu'on est pressé par le temps; mais quand elle ne réussit pas, on est toujours sûr que l'opération est fausse.

La preuve par 11, qui ne diffère de la preuve par 9 que dans la manière d'obtenir le reste de la division d'un nombre par 11 (*voyez* n° 140), est préférable, quoique étant elle même sujette à quelques erreurs; mais ces erreurs doivent se présenter beaucoup plus rarement.

-- Du reste, ces preuves sont susceptibles d'être appliquées également à la multiplication et à la division des fractions décimales, puisque ces opérations s'effectuent à la manière de celles des nombres entiers.

142. Il existe également des caractères auxquels on peut reconnaître qu'un nombre est divisible par les nombres *premiers* 7, 13, 17...; mais les règles qu'il faut suivre sont, dans la pratique, beaucoup plus longues que l'opération qui consiste à essayer directement la division du nombre par 7,13... Ces questions, de pure curiosité, exigent d'ailleurs d'autres notions algébriques que celles dont nous avons fait usage jusqu'à présent.

-. Nous engageons seulement les élèves à s'exercer sur la question suivante : *Quels sont, dans un système de numération quelconque dont la base est* B, *les deux nombres qui jouissent de propriétés analogues à celles de* 9 *et de* 11 (*onze*) *dans le système décimal; et démontrer ces propriétés?* On y parviendra facilement en se rappelant que, dans tout système de numération, une puissance quelconque de la base est exprimée par l'unité suivie d'autant de zéros qu'il y a d'unités dans le degré de la puissance, c'est-à-dire par 10^n, n étant ce degré.

143. Quant aux *caractères de divisibilité* d'un nombre par

les multiples 6, 12, 15, 18, 36, 45, des nombres premiers 2, 3, et 5, ils sont assez simples pour trouver place ici.

1°. Un *nombre est divisible par* 6 *ou par* 18 lorsque, ce nombre étant *pair*, la somme de ses chiffres, considérés dans leur valeur absolue, *est divisible par* 3 *ou par* 9.

Car ce nombre est alors divisible par 2, et par 3 ou par 9; or, 2 et 3, ou 2 et 9, sont premiers entre eux; donc (n° 135) le nombre est divisible par 6 ou par 18.

2°. Un *nombre est divisible par* 12 *ou par* 36 lorsque les deux derniers chiffres, considérés dans leur valeur relative, formant un nombre *multiple de* 4, la somme des chiffres est, en outre, *divisible par* 3 *ou par* 9. Car alors, le nombre est divisible par 4, et par 3 ou par 9; donc il est divisible par 4×3 ou par 4×9, c'est-à-dire par 12 ou par 36.

3°. Enfin, *un nombre est divisible par* 15 *ou par* 45 lorsque, le dernier chiffre étant un o ou un 5, la somme des chiffres est divisible par 3 ou par 9; car alors le nombre est divisible par 5, et par 3 ou par 9, et par conséquent par 15 ou par 45.

Passons actuellement à la recherche de tous les diviseurs d'un nombre, tant simples que composés. Comme cette question est d'une très grande importance, nous allons l'exposer d'une manière complète et générale.

144. Soit N un nombre dont il faut trouver tous les diviseurs tant simples que composés.

Désignons par a le plus petit *nombre premier*, à partir de 2, qui divise N, et effectuons la division de N par a autant de fois successives qu'il est possible; soit n le nombre de fois que la division a pu s'effectuer, en sorte qu'on ait $N = a^n \times N'$, N' ne renfermant plus le facteur a. Puisque tout nombre premier différent de a, qui divise N, doit (n° 129) diviser N', il s'ensuit que la recherche des facteurs premiers de N, autres que a, est ramenée à celle des facteurs premiers de N', nombre plus simple que N.

Désignons de même par b le plus petit *nombre premier* qui divise N', et par p le nombre de fois que ce facteur y entre;

on aura $N' = b^p \times N''$; d'où l'on déduit $N = a^n b^p \times N''$, N'' ne renfermant plus les facteurs premiers a et b.

Désignons encore par c le plus petit nombre premier qui divise N'', et par q le nombre de fois que ce facteur y entre; on trouvera $N'' = c^q \times N'''$, et par conséquent $N = a^n b^p c^q \times N'''$.

En continuant cette série d'opérations, on obtiendra bientôt un quotient qui sera un nombre premier ou une certaine puissance d'un nombre premier (circonstance qui se reconnaît à ce qu'en prenant ce nombre premier pour diviseur, autant de fois successives qu'il est possible, *on finit par trouver un quotient égal à l'unité*).

Supposons, pour fixer les idées, que N''' soit égal à d^r, d étant un nombre premier; on aura alors $N = a^n b^p c^q d^r$; a, b, c, d, représentant (n° 152) les seuls facteurs premiers que puisse renfermer N.

Le nombre N est dit alors *décomposé en ses facteurs simples*.

Si l'on veut ensuite former les diviseurs composés, il faudra (n° 134) déterminer tous les produits qu'on peut obtenir en multipliant deux à deux, trois à trois, etc..., les puissances de ces facteurs premiers, comprises depuis la première jusqu'à la puissance $n^{ième}$ pour a, $p^{ième}$ pour b, $q^{ième}$ pour c...

Pour être sûr d'obtenir tous les diviseurs, il est convenable de suivre un certain ordre; et pour cela, on forme les deux tableaux suivans :

Soit proposé le nombre 5880.

Premier tableau. — Recherche des diviseurs simples.

$$
\begin{array}{r|l}
5880 & 2 \\
2940 & 2 \\
1470 & 2 \\
735 & 3 \\
245 & 5 \\
49 & 7 \\
7 & 7
\end{array}
$$

Après avoir tracé à droite de 5880 une barre verticale, on

écrit 2 qui est le plus petit diviseur de 5880, à côté de la barre, et sur la même ligne que 5880 ; puis on effectue la division, et l'on place le quotient 2940 au-dessous de 5880.

2940 étant encore divisible par 2, on écrit ce nouveau diviseur au-dessous du précédent, et le nouveau quotient 1470 au-dessous de 2940.

1470 étant encore divisible par 2, on place ce nouveau diviseur au-dessous du précédent, et le nouveau quotient 735 au-dessous de 1470.

Le quotient 735 n'est plus divisible par 2, mais il l'est par 3, nombre premier le plus simple après 2. On écrit 3 au-dessous du dernier diviseur 2, puis on divise 735 par 3, ce qui donne pour quotient 245 qu'on place au-dessous de 735.

245 n'est plus divisible par 3, mais il l'est par 5 que l'on écrit au-dessous du diviseur 3 ; et l'on a pour nouveau quotient 49, qu'on place au-dessous de 245.

49 n'est plus divisible par 5, mais il l'est par 7, qu'on écrit sous le diviseur 5. Le quotient de 49 par 7 est 7, qu'on place au-dessous de 49.

Enfin, 7 étant un nombre premier, on l'écrit de nouveau comme diviseur, dans la colonne à droite ; et l'opération est terminée.

On obtient alors, pour le résultat de toutes ces opérations,

$$5880 = 2^3 \times 3 \times 5 \times 7^2 ;$$

et le nombre se trouve ainsi *décomposé en ses facteurs simples.*

Second tableau. — Formation de tous les diviseurs, tant simples que composés. (*Voyez* la page suivante.)

Pour obtenir tous ces diviseurs, on écrit d'abord sur une même ligne horizontale les *quatre* nombres 1, 2, 4, 8, qui sont évidemment diviseurs de 5880, puisque 1 est diviseur de tout nombre, et que, d'après la décomposition opérée ci-dessus, 5880 a pour facteurs 2^1, 2^2, 2^3.

Cela posé, on multiplie tous les termes de cette première ligne par le facteur 3, et l'on obtient une nouvelle ligne de diviseurs, 3, 6, 12, 24, qu'on place respectivement au-dessous des précédens.

Passant au facteur 5, on multiplie tous les termes des deux lignes précédentes par ce facteur, et l'on obtient *deux* nouvelles lignes de diviseurs, 5, 10.., 15, 30...

Passant au facteur 7 qui entre *deux* fois dans le nombre proposé, on multiplie d'abord tous les termes des quatre lignes précédentes, par ce facteur, ce qui donne *quatre* nouvelles lignes de diviseurs, puis tous les termes de ces quatre dernières lignes, par le même facteur 7, ce qui donne encore *quatre* nouvelles lignes de diviseurs.

On a donc, *en tout*, 12 lignes de 4 nombres chacune, ou 48 nombres qui sont autant de diviseurs de 5880.

$$1, \quad 2, \quad 4, \quad 8 = 2^3$$
$$3, \quad 6, \quad 12, \quad 24 = 2^3 \times 3$$
$$5, \quad 10, \quad 20, \quad 40$$
$$15, \quad 30, \quad 60, \quad 120 = 2^3 \times 3 \times 5$$
$$7, \quad 14, \quad 28, \quad 56$$
$$21, \quad 42, \quad 84, \quad 168$$
$$35, \quad 70, \quad 140, \quad 280$$
$$105, \quad 210, \quad 420, \quad 840 = 2^3 \times 3 \times 5 \times 7$$
$$49, \quad 98, \quad 196, \quad 392$$
$$147, \quad 294, \quad 588, \quad 1176$$
$$245, \quad 490, \quad 980, \quad 1960$$
$$735, \quad 1470, \quad 2940, \quad 5880 = 2^3 \times 3 \times 5 \times 7^2$$

Il est d'ailleurs facile de voir 1°. que tous les produits obtenus dans cette opération, sont des diviseurs du nombre proposé (cela résulte de l'expression $5880 = 2^3 . 3 . 5 . 7^2$); 2°. que ce nombre ne saurait en avoir d'autres. (*Voyez* n° **132**.)

N. B. — Dans la pratique, il convient, pour la formation du second tableau, d'écrire sur la première colonne horizontale, les puissances du facteur premier qui entre *le plus de fois* dans le nombre proposé; l'ordre des autres facteurs est ensuite tout-à-fait indifférent.

Nous proposerons pour exercice, de trouver tous les diviseurs des nombres

$$1764, \quad 1665, \quad 5670, \quad 30527,$$

que l'on reconnaîtra respectivement égaux à

$$2^2.3^2.7^2, \quad 3^2.5.37, \quad 2.3^4.5.7, \quad 7^3.89.$$

145. Dès qu'on a opéré la décomposition d'un nombre en ses facteurs simples, on peut aisément obtenir l'expression du *nombre total des diviseurs* que renferme le nombre proposé, sans être obligé de former le second tableau.

Reprenons en effet l'expression générale:

$$N = a^n \, b^p \, c^q \, d^r,$$

et considérons la première ligne de diviseurs

$$1, a^1, a^2, a^3 \ldots, a^n,$$

dont le nombre est exprimé par $(n+1)$.

En multipliant tous les nombres de cette première ligne, successivement par les termes b^1, b^2, b^3,... b^p, qui sont en nombre p, on forme un nombre p de nouvelles lignes de diviseurs de $(n+1)$ termes chacune, ou $(n+1) \times p$ diviseurs, auxquels il faut ajouter les $(n+1)$ diviseurs de la première ligne, ce qui donne $(n+1)p + (n+1)$, ou $(n+1)(p+1)$. [Tous ces diviseurs sont des puissances de a et de b prises isolément ou combinées deux à deux.]

Multipliant maintenant tous les termes de ces différentes lignes de diviseurs, successivement par les termes c^1; c^2; c^3; ...c^q, qui sont en nombre q ; nous obtiendrons un nombre de nouvelles lignes de diviseurs, exprimé par $(n+1)(p+1) \times q$, auquel il faudra ajouter le nombre $(n+1)(p+1)$ des diviseurs formés précédemment.

Ainsi le nombre total des diviseurs déjà obtenus est exprimé par

$$(n+1)(p+1) \times q + (n+1)(p+1), \text{ ou } (n+1)(p+1)(q+1).$$

et ainsi de suite.

D'où l'on déduit cette règle : *augmentez d'une unité chacun des exposans* n, p, q, *des différens facteurs premiers qui entrent dans* N, *puis multipliez entre eux ces exposans ainsi augmentés d'une unité ; le produit exprime* LE NOMBRE TOTAL *des diviseurs de* N, *y compris l'unité et le nombre lui-même*, qui doivent l'un et l'autre entrer en ligne de compte.

Dans l'exemple traité ci-dessus, comme on a trouvé

$$5880 = 2^3 \times 3^1 \times 5^1 \times 7^2 ;$$

on doit avoir $(3+1)(1+1)(1+1)(2+1)$, ou $4.2.2.3$, ou 48, pour le nombre total des diviseurs ; c'est en effet ce qui résulte de la formation du second tableau.

146. *Remarque.* — Il arrive quelquefois qu'en essayant la division d'un nombre N par les facteurs premiers $2, 3, 5, 7 \dots$, on n'en trouve aucun qui le divise exactement. Or, *lorsqu'on a poussé l'épreuve jusqu'à la partie entière de la racine carrée de* N (*voyez le numéro* 108, 7°), *sans trouver aucun diviseur exact, il est inutile d'essayer de nouveaux diviseurs, et l'on peut assurer que* N *est un nombre premier.*

Ainsi, 73 est un nombre premier ; car la racine carrée de 73 est comprise entre 8 et 9, et aucun nombre entier jusqu'à 8 inclusivement, ne divise exactement 73.

Pour démontrer cette proposition, soient deux nombres A et B, dont le produit est égal à N ; et désignons par R la racine carrée de N.

On a $\quad\quad\quad A \times B = R \times R.$

Or, pour que cette égalité subsiste, il faut évidemment que, si l'on a $A > R$, on ait par compensation, $B < R$; ce qui prouve qu'il ne peut exister un diviseur de N, plus grand que R, par cela seul qu'il n'y en a pas de plus petit. Ainsi le nombre est *premier*.

Les jeunes gens qui savent déjà extraire des racines carrées reconnaîtront sans peine, d'après la remarque précédente que 113,719,977,3329,8123...., sont des nombres premiers (*).

147. *Formation d'une table des nombres premiers.*

Soit proposé, par exemple, de former une table de tous les nombres premiers depuis 1 jusqu'à 1000.

En concevant les 1000 premiers nombres écrits à la suite les uns des autres, on commence par supprimer 1°. tous les nombres pairs, autres que 2 ; 2°. tous les nombres multiples de 3, autres que 3 (n° 157) ; 3°. tous les nombres terminés par un 5, autres que 5 (n° 156).

Ces premières suppressions opérées, on peut déjà affirmer que tous les nombres, compris depuis 1 jusqu'à 7×7 ou 49, et qui n'ont pas été effacés, sont des nombres premiers (puisque le plus petit multiple de 7 restant, ne peut être que 7×7).

Ainsi, tous les nombres premiers depuis 1 jusqu'à 47 inclusivement, sont déjà connus.

Maintenant, si l'on efface tous les multiples de 7 à partir de 49, on peut affirmer que les nombres non supprimés, jusqu'à 11×11 ou 121 exclusivement, sont des nombres premiers (puisque tous les multiples de 11 inférieurs à celui-là, ont dû disparaître).

Donc tous les nombres premiers depuis 1 jusqu'à 113 sont connus.

Effaçant de nouveau tous les multiples de 11, à partir de 11×11, on pourra conclure que tous les nombres non effacés et compris depuis 113 jusqu'à 167, nombre premier immédiatement inférieur à 169 ou 13×13, sont des nombres premiers; et ainsi de suite. On voit avec quelle promptitude

(*) Ceux auxquels cette opération ne serait pas familière peuvent se borner à la règle suivante :

Lorsque *après avoir essayé successivement, sans aucun succès, les nombres premiers* 2, 3, 5, 7,...., *on parvient à un quotient moindre que le dernier diviseur essayé, on peut affirmer que le nombre* est PREMIER.

on peut former une table de nombres premiers assez étendue (*).

148. *Réduction des fractions au même dénominateur.* — La règle générale établie, nº **47**, pour réduire deux ou plusieurs fractions au même dénominateur, conduit ordinairement à des fractions dont les termes sont très grands. Cependant, lorsque les dénominateurs primitifs renferment des facteurs communs, il est possible d'obtenir un nombre beaucoup plus petit que leur produit, qui serve ensuite de dénominateur commun à toutes les fractions. C'est donc une question importante à traiter, pour la simplicité des calculs, que celle qui consiste à *déterminer le plus petit multiple commun aux dénominateurs de deux ou de plusieurs fractions.*

Or, voici la règle qu'il faut suivre pour obtenir ce nombre : *Décomposez*, d'après la règle nº **144**, *les différens dénominateurs dans leurs facteurs premiers ; formez ensuite le produit de tous ces facteurs premiers élevés respectivement à la plus haute des puissances auxquelles ces facteurs se trouvent élevés dans les différens dénominateurs. Le produit ainsi formé est le nombre demandé.*

D'abord, ce nombre est *multiple* de chaque dénominateur, puisqu'il contient tous les facteurs premiers à une puissance au moins égale à celle qui entre dans ce dénominateur. Je dis, en outre, que c'est le *plus petit multiple commun à tous* ; car, pour contenir exactement un dénominateur quelconque, il faut qu'il renferme chaque facteur premier à une puissance au moins égale à celle qui entre dans ce dénominateur.

Soit, par exemple, proposé de réduire à un même dénominateur les six fractions suivantes,

$$\frac{13}{60}, \frac{17}{28}, \frac{23}{240}, \frac{173}{225}, \frac{319}{490}, \frac{523}{720}.$$

Les six dénominateurs décomposés dans leurs facteurs sim-

(*) Cette méthode est connue sous le nom de *Crible* d'Ératosthène.

Arith. **B.** 13

ples, d'après la règle connue, reviennent à

$$2^2.3.5, \quad 2^2.7, \quad 2^4.3.5, \quad 3^2.5^2, \quad 2.5.7^2, \quad 2^4.3^2.5.$$

Les seuls facteurs premiers qui entrent dans ces dénominateurs, sont 2, 3, 5 et 7 ; et les plus hautes puissances auxquelles ces facteurs premiers s'y trouvent élevés, sont 2^4, 3^2, 5^2, 7^2. Formant donc le produit de ces plus hautes puissances, on trouve 176400 pour le plus petit multiple commun à tous les dénominateurs ; et ce nombre est le dénominateur commun auquel il s'agit de réduire toutes les fractions.

Pour exécuter cette opération, on divise séparément le dénominateur commun par le dénominateur de chacune des fractions proposées ; et l'on multiplie le numérateur par le quotient correspondant.

Ainsi, dans cet exemple, considérons d'abord la première fraction.

La division de 176400 par 60, donne 2940 pour quotient ; d'où, en multipliant le numérateur de cette fraction par 2940, on obtient $\dfrac{38220}{176400}$.

Passant à la seconde fraction et divisant 176400 par 28, on a pour quotient 6300 ; d'où, multipliant le numérateur par 6300, on déduit $\dfrac{107100}{176400}$.

On trouverait de même pour les quatre dernières fractions,

$$\frac{16905}{176400}, \quad \frac{135632}{176400}, \quad \frac{114840}{176400}, \quad \frac{128135}{176400}.$$

Ces diverses opérations sont déjà assez compliquées ; mais elles seraient bien plus laborieuses, et l'on parviendrait à un dénominateur incomparablement plus grand si l'on suivait la règle établie n° 47. (On trouverait 3200601600000.)

Au reste, les décompositions des dénominateurs dans leurs facteurs simples se font, le plus souvent, à la seule inspection de ces nombres, surtout lorsqu'ils renferment plusieurs fois les facteurs 2, 3, 5, pour lesquels on a *des caractères de di-*

visibilité, ainsi que pour leurs multiples 4, 6, 8, 9, 12, 15, 18, 24, 25, 36, 75....

Nous proposerons pour exercice les fractions suivantes,

$$\frac{13}{20}, \frac{17}{48}, \frac{113}{280}, \frac{527}{960}, \frac{1211}{1800}, \frac{3613}{5040}, \frac{5237}{6860}.$$

(Le plus petit multiple de tous les dénominateurs est $2^6 . 3^2 . 5^2 . 7^3 = 4939200$.)

149. — *Remarques sur le plus grand commun diviseur.* Nous avons établi, n° 52, un procédé pour obtenir le nombre le plus grand qui puisse diviser à la fois deux nombres proposés. Ce procédé est simple; et la démonstration que nous en avons donnée, ne laisse rien à désirer sous le rapport de la rigueur. Cependant nous allons faire connaître quelques propriétés importantes de ce plus grand commun diviseur, qui nous conduiront à des simplifications dans la pratique.

Puisqu'un nombre entier quelconque, décomposé en ses facteurs simples, ne peut avoir d'autres diviseurs (n° 132) que ces facteurs premiers et leurs combinaisons deux à deux, trois à trois, etc.; il s'ensuit que deux nombres entiers n'ont pour diviseurs communs, que les facteurs premiers communs, ou les combinaisons communes de ces facteurs.

Donc le plus grand commun diviseur de deux ou plusieurs nombres est le produit des facteurs premiers communs à ces nombres, élevés respectivement à la plus faible des puissances auxquelles entrent ces facteurs dans les nombres proposés.

CONSÉQUENCE. — *Tout diviseur commun à plusieurs nombres divise leur plus grand commun diviseur;* cette proposition a déjà été établie, n° 52, pour deux nombres.

150. Cette propriété fournit un autre moyen de déterminer le plus grand commun diviseur de deux nombres A et B. *Commencez par rechercher tous les diviseurs du nombre A, d'après la méthode du n° 144; déterminez de même tous les diviseurs du nombre B. Voyez ensuite quel est le plus grand de tous les* *diviseurs qui se trouvent communs aux deux tableaux; vous obtenez ainsi le diviseur demandé.*

Ou bien encore, ce qui est plus court, *après avoir seulement décomposé les deux nombres en leurs facteurs simples* (n° 144), *faites un produit des facteurs premiers communs, élevés respectivement à la plus faible des deux puissances auxquelles ces facteurs entrent dans les deux nombres.*

Soient, par exemple, les deux nombres 2150 et 3612, dont on veuille obtenir le plus grand commun diviseur.

2150	2		3612	2	
1075	5		1806	2	
215	5		903	3	$2 \times 43 = 86.$
43	43		301	7	
			43	43	

On trouve pour les diviseurs simples de 2150.: 2,5,5,43, et pour les diviseurs simples de 3612........ 2,2,3,7,43. Donc 2×43 ou 86 est le plus grand commun diviseur cherché. (On voit de plus, que 5×5 ou 25, et $2 \times 3 \times 7$ ou 42, sont les quotiens de la division de 2150 et 3612 par 86.)

151. Ce procédé est toutefois moins simple, en général, que le procédé ordinaire, surtout lorsqu'on apporte, dans la pratique de celui-ci, les modifications suivantes :

Puisque le plus grand commun diviseur de deux nombres ne se compose que des facteurs premiers communs aux deux nombres, *on peut*, sans inconvénient, *supprimer dans l'un d'eux un facteur commun qui s'y trouve en évidence et qui n'entre pas dans l'autre.*

On peut même, si l'on veut, *supprimer un facteur qui est évidemment commun aux deux nombres,* pourvu qu'à la fin de l'opération subséquente, on en tienne compte en *multipliant le résultat auquel on parvient, par le facteur supprimé.*

Observons d'ailleurs que le plus grand commun diviseur de deux nombres étant (n° 52) le même que celui qui existe entre le plus petit nombre et le premier reste; entre ce reste et le second, etc. ; ces suppressions peuvent se faire dans chacune des opérations que comporte le procédé.

« Ainsi, reprenons les deux nombres 2150 et 3612.

« Je vois que 2150 contient le facteur 5, et même le facteur 25 qui n'entre pas dans 3612 ; je supprime donc ce dernier facteur ; et il vient pour quotient 86.

« De même, 3612 contient le facteur 3 qui n'entre pas dans 2150 ; je le supprime, et il vient pour quotient 1204.

« Les deux nombres 86 et 1204 ont évidemment le facteur commun 2 que je mets à part ; et la question est ramenée à rechercher le plus grand commun diviseur entre 43 et 602.

Divisant 602 par 43, je trouve un quotient exact 14 ; donc 43 × 2 ou 86 est le plus grand commun diviseur cherché.

« Soient encore proposés les deux nombres 377 et 249.

« Je commence par supprimer le facteur 3 qui, se trouvant dans 249, n'entre pas dans 377 ; et la question est ramenée à rechercher le plus grand commun diviseur entre 377 et 83.

Appliquons le procédé : en divisant 377 par 83, on a pour quotient 4, et pour reste 45 ; mais au lieu de diviser 83 par 45, comme à l'ordinaire, je remarque que $45 = 3^2.5$; or, les facteurs 3 et 5 n'entrent pas dans 83 ; je puis donc supprimer dans 45 les facteurs 3^2 et 5 ; ce qui me donne pour quotient final l'unité. Donc 377 et 83, et par conséquent 377 et 249, sont premiers entre eux. »

Avec un peu d'habitude, ces modifications abrégent beaucoup la pratique du procédé. Au reste, nous ne les avons présentées que parce qu'elles deviennent indispensables dans la recherche du plus grand commun diviseur algébrique.

152. On peut avoir besoin de déterminer le plus grand diviseur commun à plus de deux nombres. Voici la règle qu'il faut suivre :

(Pour abréger, nous désignerons les quatre mots, plus grand commun diviseur, par p. g. c. d.)

Pour trouver le p. g. c. d. entre plusieurs nombres à la fois, il faut d'abord chercher le p. g. c. d. entre deux de ces nombres, puis le p. g. c. d. entre celui qui vient d'être trouvé et un troisième nombre, puis le *p. g. c. d.* entre ce dernier commun diviseur et un quatrième nombre......

Soient A, B, C, E, F...., les nombres proposés; et appelons D le *p. g. c. d.* entre A et B, D' le *p. g. c. d.* entre D et C; je dis d'abord que D' est le *p. g. c. d.* de A, B, C. En effet, le *p. g. c. d.* de A, B et C, devant diviser A et B, divise D, qui est leur *p. g. c. d.* (*voyez* n° 52) ; d'ailleurs il divise C ; ainsi il doit diviser D' qui est, par hypothèse, le *p. g. c. d.* de D et C. D'un autre côté, D' divisant D, divise A et B ; ainsi, D' divise A, B, C, et par conséquent, leur *p. g. c. d.* Donc ce *dernier nombre* et D' sont réciproquement divisibles l'un par l'autre ; ainsi ils sont égaux.

Pareillement, le *p. g. c. d.* entre A, B, C, E, devant diviser A, B, C, divise D' qui est leur *p. g. c. d.* ; d'ailleurs, il divise E ; ainsi il doit diviser le *p. g. c. d.* D'' entre D' et E. D'un autre côté, D'' divisant D', divise A, B, C ; ainsi D'' divise A, B, C, E, et par conséquent leur *p. g. c. d.* Ce dernier nombre et D'' étant réciproquement divisibles l'un par l'autre, sont égaux. Et ainsi de suite.

N. B. — On conçoit qu'il y a, en général, de l'avantage à opérer d'abord sur les deux nombres les plus simples, puisque le *p. g. c. d.* cherché ne saurait surpasser celui qui existe entre ces deux nombres.

On trouvera, par ce procédé, que les nombres 504, 756, 1260 et 2058, ont pour plus grand diviseur commun 42.

On pourrait également décomposer les quatre nombres en leurs diviseurs simples, et opérer comme il a été dit pour deux nombres (n° 150).

183. *Remarques sur les fractions irréductibles.* — On appelle (n° 54) fraction irréductible, *une fraction qui ne peut être exprimée en termes plus simples.*

Il résulte évidemment de cette définition, que *les deux termes d'une fraction irréductible sont premiers entre eux* ; car s'ils avaient un facteur commun, autre que l'unité, on pourrait, en les divisant par ce facteur, obtenir une fraction plus simple, ce qui serait contre la définition.

Réciproquement, *toute fraction dont les deux termes sont premiers entre eux est irréductible.*

En effet, désignons par $\frac{a}{b}$ la fraction proposée, dont les termes sont, par hypothèse, premiers entre eux; et soit une autre fraction $\frac{c}{d}$ égale à la première.

On a $\qquad \frac{a}{b} = \frac{c}{d}$, d'où l'on déduit $c = \frac{ad}{b}$.

Or, c est un nombre entier; donc $\frac{ad}{b}$ doit aussi être un nombre entier; mais, par hypothèse, b est premier avec a; ainsi (n° **128**) b doit diviser d, et l'on a $d = bq$.

Substituant cette valeur de d dans l'expression de c, on obtient

$$c = \frac{abq}{b} = aq.$$

Cela prouve évidemment que pour qu'une fraction $\frac{c}{d}$ soit équivalente à une fraction $\frac{a}{b}$ dont les deux termes sont premiers entre eux, il faut que *les deux termes c et d soient des équimultiples de a et b.*

Donc la fraction $\frac{a}{b}$ ne peut être équivalente à aucune autre fraction plus simple.

Il résulte de là que quand on a divisé les deux termes d'une fraction par leur plus grand commun diviseur, *la fraction résultante est irréductible;* proposition que nous avons énoncée au numéro 54, mais sans la démontrer.

154. On peut encore conclure de ce qui vient d'être dit, que *deux fractions irréductibles ne peuvent être égales, à moins qu'il n'y ait identité, d'une part entre les numérateurs, d'autre part entre les dénominateurs.*

En effet, la première fraction étant irréductible, doit avoir ses deux termes *premiers entre eux;* donc, pour que la seconde

lui soit égale, il faut que ses deux termes soient *des équimultiples* des deux termes de la première ; et comme la seconde
fraction a aussi ses deux termes premiers entre eux, ceux-ci
doivent être simplement égaux aux deux termes de la première.

§ III. *Des fractions décimales périodiques.*

188. L'évaluation d'une fraction ordinaire en fraction décimale, c'est-à-dire en *dixièmes, centièmes*... de l'unité principale, donne lieu à des circonstances qui méritent d'être exa
minées ; mais avant de les faire connaître, il est nécessaire de
revenir sur le procédé qui sert à convertir une fraction ordinaire en fraction décimale.

Nous avons vu (n° 91) que, pour opérer cette réduction, il
faut, après avoir écrit un zéro au quotient et une virgule à la
droite de ce zéro, 1°. *placer à la droite du numérateur un o et
diviser le nombre résultant par le dénominateur,* ce qui donne
au quotient *des dixièmes* et un certain reste ; 2°. *placer un nouveau o à la droite de ce reste et diviser le nombre résultant par
le dénominateur,* ce qui donne au quotient *des centièmes* et un
second reste ; 3°. *placer à la droite de ce reste un nouveau o, et
diviser le nombre résultant par le dénominateur;* on continue
d'ailleurs cette série d'opérations, jusqu'à ce qu'on ait obtenu
le degré d'approximation qu'on veut avoir.

Or, il est évident que poser successivement à la droite des
différens restes autant de zéros qu'on veut obtenir de chiffres
décimaux, revient à écrire tout de suite ces zéros à la droite
du numérateur de la fraction proposée, c'est-à-dire à *multiplier le numérateur par l'unité suivie d'autant de zéros que l'on
veut avoir de chiffres décimaux, à diviser le produit résultant
par le dénominateur, et à séparer ensuite vers la droite du
quotient, le nombre de chiffres décimaux demandé :* car, d'après
le procédé ordinaire de la division des nombres entiers, on est
conduit à abaisser successivement à la droite de chaque reste,
les zéros qu'on a écrits tout d'abord.

Cette remarque va nous servir à démontrer les deux propriétés suivantes :

156. 1°. *Toute fraction ordinaire dont le dénominateur ne renferme pas d'autres* FACTEURS PREMIERS *que* 2 *et* 5; *est réductible en une fraction décimale d'un nombre* LIMITÉ *de chiffres décimaux;* c'est-à-dire qu'après un certain nombre d'opérations, on doit parvenir à un reste nul; auquel cas la fraction décimale obtenue exprime la valeur exacte de la fraction proposée.

En outre, si la fraction ordinaire proposée est irréductible (ce qu'on peut toujours supposer), *le nombre total des opérations à effectuer, est marqué par le plus grand des deux exposans de* 2 *et* 5, *qui entrent dans le dénominateur.*

Ainsi, les fractions $\frac{7}{8}$, $\frac{13}{25}$, $\frac{11}{40}$, $\frac{317}{1250}$, qui peuvent évidemment se mettre sous la forme

$$\frac{7}{2^3}, \frac{13}{5^2}, \frac{11}{2^3.5}, \frac{317}{2.5^4},$$

sont réductibles en une fraction décimale d'un nombre *limité* de chiffres décimaux.

La première et la troisième donnent lieu à 3 opérations; la seconde à 2, et la quatrième à 4.

On trouve en effet, pour leurs valeurs,

$$0,875; \quad 0,52; \quad 0,275; \quad 0,2536;$$

ce qu'on peut vérifier aisément en opérant leur réduction en décimales, d'après le procédé ordinaire.

Pour nous rendre compte de cette propriété, remarquons que 10, 100, 1000.... étant égaux à 2.5, $2^2.5^2$, $2^3.5^3$,...... si, pour opérer la réduction en fraction décimale, on multiplie (n° 155) le numérateur par 10, 100, 1000..., le produit résultant sera divisible par 2.5, $2^2.5^2$, $2^3.5^3$....; donc, si l'on multiplie ce numérateur par l'unité suivie d'autant de zéros qu'il y a d'unités dans le plus grand des exposans de 2 et 5 que renferme le dénominateur, le produit résultant sera nécessairement *multiple* de ce dénominateur.

Donc le nombre des opérations à effectuer est *limité*, et égal au plus grand des deux exposans de 2 et 5 qui entrent dans le dénominateur.

157. *Toute fraction ordinaire dont le dénominateur ren-ferme un ou plusieurs* FACTEURS PREMIERS *différens de 2 et 5, qui n'entrent pas en même temps dans le numérateur, donne lieu à une fraction décimale d'un nombre de chiffres décimaux* ILLIMITÉ *ou* INFINI. De plus, *cette fraction décimale est* PÉRIO-DIQUE, c'est-à-dire qu'après un certain nombre d'opérations, les mêmes chiffres décimaux se reproduisent constamment dans le même ordre.

En effet, la multiplication du numérateur par 10, 100, 1000....., ne fait qu'introduire les facteurs premiers 2 et 5 chacun à une certaine puissance ; ainsi le *facteur premier* que l'on suppose exister dans le dénominateur sans entrer dans le numérateur, ne se trouvera pas davantage (nº 129) dans le produit du numérateur par une puissance quelconque de 10. Donc, quelque nombre de zéros qu'on écrive, on ne pourra obtenir un produit exactement divisible par le dénominateur ; ainsi les opérations se continueront à *l'infini*.

Je dis en outre que la fraction sera *périodique*. En effet, comme, suivant le procédé du nº 155, chaque reste qu'on obtient est toujours moindre que le diviseur, qui reste *constant*, il s'ensuit que, quand on aura fait *tout au plus* autant d'opérations qu'il y a d'unités dans le diviseur *moins un*, on devra retomber sur l'un des restes déjà obtenus.

Or, en écrivant un zéro à la droite de ce reste, on aura un nouveau dividende partiel *semblable* à l'un des précédens ; et puisque le diviseur est le même, le nouveau quotient et le nouveau reste seront aussi *semblables* à ceux qu'avaient donnés le premier dividende retrouvé et le diviseur. Écrivant à la droite de ce reste un nouveau zéro, on reproduira le divi-dende partiel qui suit immédiatement celui qu'on avait d'abord retrouvé, et par conséquent aussi le quotient qui vient après celui qu'on a déjà retrouvé. Ainsi de suite.

Donc *certains chiffres du quotient doivent se reproduire pé-riodiquement et dans le même ordre.*

Faisons quelques applications.

153. *Premier exemple.* — Soit proposé de réduire en déci-

males la fraction $\dfrac{6}{7}$.

Il suffit, pour cela, de lui
appliquer la règle du n° 91. Ici
la période commence après la
6ᵐᵉ opération, c'est-à-dire après
autant d'opérations qu'il y a d'u-
nités dans le diviseur 7 diminué
d'une unité.

$$
\begin{array}{r|l}
60 & 7 \\
40 & 0{,}857142857142. \\
50 & \\
10 & \\
30 & \\
20 & \\
6 & \\
\end{array}
$$

Second exemple. — Soit la fraction $\dfrac{13}{37}$.

Dans cet exemple, la période se
manifeste après la 3ᵐᵉ opération,
c'est-à-dire beaucoup plus tôt que
ne le marque le diviseur 37.

$$
\begin{array}{r|l}
130 & 37 \\
190 & 0{,}351\,351\ldots \\
50 & \\
13 & \\
\end{array}
$$

Troisième exemple. $\dfrac{147}{875}$.

Ici, la fraction décimale est limitée, quoique le dénominateur 875, ou 7×125, renferme le facteur 7. Mais observons que ce
même facteur se trouve dans le numérateur; et, en le supprimant haut et bas, on

$$
\begin{array}{r|l}
1470 & 875 \\
5950 & 0{,}168 \\
7000 & \\
0000 & \\
\end{array}
$$

trouve $\dfrac{21}{125}$ ou $\dfrac{21}{5^3}$, fraction qui (n° 156) peut être convertie

en une fraction décimale d'un nombre *limité* de chiffres décimaux.

Quatrième exemple. $\dfrac{29}{84}$.

Dans cet exemple, la période se manifeste après la 8ᵐᵉ opération. Mais, ce qu'il y a de remarquable, c'est que les deux premiers chiffres décimaux ne font pas partie de la période ; tandis que, dans les deux premiers exemples, la période commence au premier chiffre décimal.

$$290 \overline{\smash{\big)}84}$$
$$380 \,|\, 0{,}34523809|\, 523809\ldots$$
$$440$$
$$200$$
$$320$$
$$680$$
$$800$$
$$44$$

Les fractions décimales périodiques dont la période commence au premier chiffre décimal, s'appellent *fractions périodiques simples;* et celles dont la période ne commence que plus tard, se nomment *fractions périodiques mixtes.*

189. Nous venons de voir que certaines fractions ordinaires, réduites en décimales, donnent lieu à des fractions décimales périodiques.

Réciproquement, *toute fraction décimale périodique, simple ou mixte, provient d'une fraction ordinaire; et l'on peut retrouver facilement la fraction qui lui a donné naissance.*

Cette question présente deux cas distincts : ou la fraction périodique est *simple,* ou bien elle est *mixte.*

Considérons d'abord le premier cas, et supposons, pour fixer les idées, une fraction périodique simple dont la période ait *cinq* chiffres.

Soit o,*abcde abcde abcde....* la fraction proposée, et désignons par x la valeur inconnue de cette fraction. On a d'abord

$$x = 0,abcde\ abcde\ abcde\ldots \quad (1).$$

Multiplions les deux membres de cette égalité par 10⁵, ou par l'unité suivie d'autant de zéros qu'il y a de chiffres dans la période, ce qui se fait (n° 86) en avançant la virgule de 5 rangs vers la droite ; il vient

$$10^5 . x, \quad \text{ou} \quad 100000 \times x = abcde, \quad abcde\ abcde\ldots,$$

$$\text{ou} \quad 100000 \times x = abcde + 0, \quad abcde\ abcde\ldots\ldots (2).$$

Si maintenant on retranche l'égalité (1) de l'égalité (2), en observant que $100000\,x - x = 99999\,x$,

on obtiendra $99999\,x = abcde$;

donc enfin
$$x = \frac{abcde}{99999}.$$

Ce qui prouve qu'*une fraction décimale périodique simple est équivalente à une fraction ordinaire qui a pour numérateur l'ensemble des chiffres de la période, et pour dénominateur un nombre composé d'autant de 9 qu'il y a de chiffres dans la période.*

Ainsi la fraction $0,351351351\ldots$ est, d'après cette règle, équivalente à la fraction $\dfrac{351}{999}$.

Celle-ci peut être simplifiée si l'on remarque que ses deux termes sont divisibles par 9. On obtient, par la suppression de ce facteur, $\dfrac{39}{111}$; supprimant de nouveau le facteur 3 qui est encore commun, on trouve enfin pour la fraction réduite, $\dfrac{13}{37}$. C'est la fraction du second exemple traité au numéro 158.

Soit encore la fraction $0,0396\,0396\ldots$

La période est ici 0396; donc la fraction est équivalente à $\dfrac{0396}{9999}$, ou simplement, à $\dfrac{396}{9999}$. (On supprime le 0 comme inutile; mais on a dû d'abord en tenir compte, parce qu'il fait partie des chiffres de la période.)

Le facteur 9 étant commun aux deux termes de ce résultat, on le supprime, et il vient $\dfrac{44}{1111}$, fraction dont les termes sont encore divisibles par 11; et en supprimant ce facteur, on obtient enfin $\dfrac{4}{101}$ pour la fraction réduite à ses moindres termes.

Nous citerons, comme remarquables, les exemples suivans :

$$0,9999\ldots = \frac{9}{9} = 1;$$

$$0,012345679012345679\ldots = \frac{1}{81};$$

$$0,987654320987654320\ldots = \frac{80}{81}.$$

N. B. — Si la fraction périodique renfermait un entier, on en ferait d'abord abstraction ; puis on l'ajouterait à la fraction ordinaire équivalente, après l'avoir réduite à ses moindres termes.

Ainsi, soit proposé de trouver la valeur de $4,16216\ldots$

On a d'abord $0,16216\ldots = \dfrac{162}{999} = \dfrac{18}{111} = \dfrac{6}{37};$

donc $\qquad 4,16216\ldots = 4 + \dfrac{6}{37} = \dfrac{154}{37}.$

160. Passons au cas des *fractions périodiques mixtes.*

Pour fixer encore les idées, nous supposerons qu'il y ait *qua-tre* chiffres avant la période et *cinq* dans la période ; mais la manière de raisonner n'en sera pas moins générale.

Soit donc $0,pqrs\,abcde\,abcde\ldots$ la fraction proposée.

Remarquons qu'en la multipliant et divisant en même temps par 10000, on peut la mettre sous la forme

$$\frac{1}{10000}(pqrs,abcde\,abcde\ldots).$$

Or, la quantité entre parenthèses équivaut, d'après la règle précédente, à $pqrs + \dfrac{abcde}{99999}$; ou bien, réduisant l'entier en

fraction, à $\qquad \dfrac{pqrs \times 99999 + abcde}{99999}.$

Donc, si l'on désigne par x la fraction proposée,

$$10000x = \frac{pqrs \times 99999 + abcde}{99999};$$

et par conséquent, $x = \dfrac{pqrs \times 99999 + abcde}{999990000}.$

Mais ce résultat est susceptible d'une modification qui le rend plus commode pour les applications.

Comme on a $\qquad$ 99999 = 100000 — 1 ;

il en résulte $\qquad$ $pqrs \times 99999 = pqrs00000 - pqrs$;

d'où $\qquad$ $pqrs \times 99999 + abcde = pqrsabcde - pqrs$.

Donc enfin la fraction proposée a pour valeur,

$$x = \frac{pqrsabcde - pqrs}{999990000}.$$

Ce qui prouve qu'*une fraction périodique mixte quelconque est équivalente à une fraction ordinaire ayant pour* NUMÉRATEUR *l'ensemble des chiffres de la partie non périodique et de la la première période, diminué de la partie non périodique, et pour* DÉNOMINATEUR *un nombre formé d'autant de 9 qu'il y a de chiffres dans la période, suivi d'autant de zéros qu'il y a de chiffres dans la partie non périodique.*

Soit pour exemple, la fraction

$$x = 0,3193069306\ldots$$

En appliquant la formule précédente, on trouve

$$x = \frac{319306 - 31}{999900} = \frac{319275}{999900},$$

ou, divisant successivement les deux termes par les facteurs 9, 25, et 11, qui leur sont évidemment communs (*voyez* les caractères de divisibilité établis pour ces trois nombres),

$$x = \frac{129}{404}.$$

Nous proposerons pour exercice les fractions

$16,285714285714\ldots$; $4,94285714285\gamma 1\ldots$; $5,52027027\ldots$

Mais, dans l'application des règles précédentes, il faudra nécessairement faire d'abord abstraction de la partie entière, sauf à l'ajouter ensuite à chacun des trois résultats réduits à leur plus simple expression.

161. La formule $x = \dfrac{pqrsabcde - pqrs}{999990000}$,

conduit à des résultats assez remarquables.

D'abord, il est évident que, les calculs indiqués au nu-mérateur étant effectués, le résultat ne peut être terminé par un ou plusieurs zéros; car, pour que cela fût, il faudrait que quelques-uns des derniers chiffres de *pqrs* fussent les mêmes que les derniers chiffres de *abcde*; et dans ce cas, la période ne commencerait pas après le 4ᵉ chiffre décimal, comme on l'a supposé. (Par exemple, si l'on avait $s = e$, $r = d$, la fraction primitive serait o,*pqdeabcdeabcde...*; et la période, commençant au 3ᵉ chiffre, serait *deabc*.) On voit donc qu'après la réduction de l'expression ci-dessus à ses moindres termes, le résultat doit être une fraction dont le dénominateur renferme les deux facteurs 2 et 5, ou au moins l'un des deux, à la 4ᵉ puissance, c'est-à-dire à une puissance d'un degré marqué par le nombre des chiffres qui ne font pas partie de la période.

Nous pouvons conclure de là les deux propositions suivantes:

1°. *Toute fraction dont le dénominateur ne renferme aucun des deux facteurs premiers 2 et 5, ou est premier avec 10, donne lieu, étant réduite en décimales, à une fraction pério-dique simple.*

En effet, si l'on pouvait parvenir à une fraction périodique mixte, il s'ensuivrait que la fraction ordinaire équivalente à laquelle on parviendrait d'après la règle du n° 160, étant ré-duite à ses moindres termes, serait égale à la fraction pro-posée. Or cela est impossible, car on a vu (n° 155) qu'une fraction dont les deux termes sont premiers entre eux, ou qui est irréductible, ne peut être égale à une autre fraction si les termes de celle-ci ne sont *des équimultiples* des termes de la première; il en résulterait donc que le dénominateur de la fraction proposée serait multiple de 2 ou de 5; ce qui est contre l'hypothèse.

2°. *Toute fraction* IRRÉDUCTIBLE *dont le dénominateur ren-*

ferme un des deux facteurs 2 et 5, ou tous les deux, donne lieu à une fraction périodique mixte dont la période doit commencer après AUTANT de chiffres qu'il y a d'unités dans le plus grand des deux exposans de 2 et de 5, qui entrent au dénominateur.

D'abord, la fraction périodique ne peut pas être *simple*; car la formule pour ces sortes de fractions, étant $\dfrac{abcde\dots}{99999\dots}$; il est impossible (n° 154) que cette dernière fraction, dont le dénominateur ne renferme aucun des facteurs 2 et 5, soit, après la réduction à ses moindres termes, égale à la fraction proposée dont le dénominateur renferme ces mêmes facteurs.

En second lieu, si n désigne le plus grand des deux exposans de 2 et 5, qui se trouvent dans le dénominateur, la période doit commencer après n chiffres; car supposons, par exemple, qu'elle commence après $n-1$ chiffres; la fraction équivalente à cette fraction périodique aurait un dénominateur qui ne renfermerait les deux facteurs 2 et 5, ou l'un d'eux, qu'à la $(n-1)^{ième}$ puissance, et ne pourrait être égale à la fraction proposée, puisque d'ailleurs ces deux fractions sont supposées irréductibles.

Par exemple, les fractions $\dfrac{6}{7}$, $\dfrac{13}{37}$ (n° 161), ont donné lieu à des fractions périodiques *simples*, parce que 7 et 37 sont premiers avec 10; mais la fraction $\dfrac{29}{84}$ a donné lieu à une fraction périodique dont la période commençait après le second chiffre, parce que 84 est égal à $2^2.21$.

Enfin, la fraction $\dfrac{145}{176}$, pouvant se mettre sous la forme $\dfrac{145}{2^4.11}$, donnerait lieu à une fraction périodique dont la période commencerait après le 4me chiffre décimal.

On trouve, en effet, pour la valeur de cette fraction en décimales, $0,8238636363\dots.$

162. Nous ne pousserons pas plus loin l'examen des propriétés des fractions décimales périodiques. Nous nous bornerons à

observer que des propriétés analogues aux précédentes se mani-
festeraient dans un système quelconque de numération dont la
base serait B.

D'abord, pour réduire une fraction ordinaire en subdivisions
de B en B fois plus petites que l'unité, il faudrait, conformément à la règle du n° 91, *multiplier le numérateur par* B, ou 10,
*c'est-à-dire : écrire un o à sa droite, et diviser le produit par
le dénominateur,* ce qui donnerait au quotient des unités B fois
plus petites que l'unité principale, et un certain reste ; *écrire
à la droite du reste un nouveau o, et diviser le résultat par le
dénominateur,* ce qui donnerait au quotient des unités B fois
plus petites que les précédentes, ou B² fois plus petites que
l'unité principale ; et ainsi de suite. Ceci admis :

*Toute fraction ordinaire dont le dénominateur ne renferme
pas d'autres facteurs premiers que ceux qui entrent dans la
base* B, *étant réduite en subdivisions de* B *en* B *fois plus petites
que l'unité, donne lieu à une fraction d'un nombre* LIMITÉ *de
chiffres. Mais toute fraction* IRRÉDUCTIBLE *dont le dénominateur renferme des facteurs premiers différens de ceux qui
composent la base, donne lieu à une fraction d'un nombre* IN-
DÉFINI *de chiffres, et* PÉRIODIQUE ; etc...

Et ainsi des autres propriétés ; nous laissons aux élèves le soin
d'en rechercher les énoncés et les démonstrations.

§ IV. *Des fractions continues* (*).

163. Les fractions continues doivent leur naissance à l'évaluation approchée des fractions dont les termes sont considérables, et premiers entre eux.

Pour nous faire mieux comprendre, soit proposée la fraction

(*) Quelques-uns des numéros de ce paragraphe supposent des notions
d'Algèbre un peu plus étendues que celles qui ont fait l'objet de l'introduction au cinquième chapitre ; mais les élèves peuvent passer outre, sauf
à y revenir lorsqu'ils se seront familiarisés davantage avec les opérations de
l'Algèbre, ou lorsqu'ils sentiront la nécessité d'étudier cette théorie.

$\frac{159}{493}$ dont les deux termes sont premiers entre eux, comme il est aisé de le vérifier, et qui, pour cette raison, est (n° 185) irréductible.

En laissant la fraction sous cette forme, on s'en ferait difficilement une idée bien nette; mais si, en vertu d'un principe connu, l'on divise ses deux termes par 159, ce qui n'en change pas la valeur, elle devient $\dfrac{1}{\left(\dfrac{493}{159}\right)}$, où, effectuant la division

indiquée au dénominateur, $\dfrac{1}{3 + \dfrac{16}{159}}$ . . . .

Cela posé, négligeons, pour le moment, la fraction $\frac{16}{159}$; la fraction $\frac{1}{3}$ qui en résulte, est plus grande que la proposée, puisque l'on a diminué le dénominateur.

D'un autre côté, si, loin de négliger $\frac{16}{159}$, on remplace cette fraction par 1, ce qui donne alors $\dfrac{1}{3+1}$ ou $\dfrac{1}{4}$, cette nouvelle fraction est à son tour, plus petite que la proposée, puisqu'on a augmenté le dénominateur.

D'où l'on peut conclure que la fraction $\frac{159}{493}$ est comprise entre $\frac{1}{3}$ et $\frac{1}{4}$. Ceci donne déjà une idée assez exacte de la fraction.

Si l'on veut un plus grand degré d'approximation, il n'y a qu'à opérer sur $\frac{16}{159}$ comme on a opéré sur $\frac{159}{493}$.

On trouve $\qquad \dfrac{16}{159} = \dfrac{1}{\left(\dfrac{159}{16}\right)} = \dfrac{1}{9 + \dfrac{15}{16}}$;

et la proposée devient

$$\cfrac{1}{3+\cfrac{1}{9+\cfrac{15}{16}}}.$$

Si l'on néglige $\frac{15}{16}$, on a $\frac{1}{9}$ qui est plus grand que $\frac{16}{159}$; d'où il suit que $\cfrac{1}{3+\cfrac{1}{9}}$ est plus petit que $\frac{159}{493}$. Mais $\cfrac{1}{3+\cfrac{1}{9}}$ revient

à $\cfrac{1}{\left(\frac{28}{9}\right)}$ ou $\frac{9}{28}$; ainsi la proposée est encore comprise entre

$\frac{1}{3}$ et $\frac{9}{28}$.

La différence de ces deux dernières fractions est $\dfrac{28-27}{3\times 28}$

ou $\frac{1}{84}$. Donc l'erreur que l'on commet en prenant $\frac{1}{3}$ pour la va

leur de la proposée, est moindre que $\frac{1}{84}$.

Opérant sur $\frac{15}{16}$ comme on a opéré précédemment, on a

$$\frac{15}{16}=\cfrac{1}{\left(\frac{16}{15}\right)}=\cfrac{1}{1+\cfrac{1}{15}};$$ et la fraction proposée peut se mettre

sous la forme

$$\cfrac{1}{3+\cfrac{1}{9+\cfrac{1}{1+\cfrac{1}{15}}}}$$

Négligeons $\frac{1}{15}$. Le nombre $\frac{1}{1}$, ou 1, est plus grand que $\frac{15}{16}$;

donc $\cfrac{1}{9+\cfrac{1}{1}}$ ou $\frac{1}{10}$, est plus petit que $\frac{16}{159}$.

Donc $\dfrac{1}{3+\dfrac{1}{9+\dfrac{1}{1}}}$, ou $\dfrac{1}{3+\dfrac{1}{10}}$, ou $\dfrac{10}{31}$, est plus grand que $\dfrac{159}{493}$.

D'où l'on voit que $\dfrac{159}{493}$ est compris entre $\dfrac{9}{28}$ et $\dfrac{10}{31}$. La première fraction est trop petite, et la seconde trop grande. Or, la différence de ces deux fractions est $\dfrac{10}{31} - \dfrac{9}{28}$, ou $\dfrac{1}{868}$; ainsi, l'erreur que l'on commet en prenant, soit $\dfrac{9}{28}$, soit $\dfrac{10}{31}$, pour la valeur de la fraction proposée, est moindre que $\dfrac{1}{868}$.

On voit comment, par cette suite d'opérations, on parvient à trouver, en termes plus simples, des fractions qui donnent des valeurs approchées d'une autre fraction dont les termes sont très grands.

L'expression

$$3+\cfrac{1}{9+\cfrac{1}{1+\cfrac{1}{15}}}$$

est ce qu'on appelle une *fraction continue*.

En général, on entend par fraction continue, *une fraction qui a pour numérateur l'unité, et pour dénominateur un nombre entier plus une fraction qui a elle-même pour numérateur l'unité, et pour dénominateur un entier plus une fraction; et ainsi de suite.*

Souvent, le nombre proposé est plus grand que l'unité. Ainsi, pour généraliser davantage la définition d'une fraction continue, il faut dire : Une fraction continue est une expression composée *d'un entier, plus une fraction qui a pour numérateur l'unité, et pour dénominateur, etc....*

Telle est l'expression $\qquad a+\cfrac{1}{b+\cfrac{1}{c+\cfrac{1}{d+\ldots}}}$,

$a, b, c, d \ldots$, étant des nombres entiers.

164. En réfléchissant sur la marche qui vient d'être suivie pour réduire $\frac{159}{493}$ en fraction continue, on voit que l'on a divisé d'abord 493 par 159, ce qui a donné 3 pour quotient et 16 pour reste. On a divisé ensuite 159 par 16, ce qui a donné pour quotient 9, et pour reste 15; puis on a divisé 16 par 15, ce qui a donné 1 pour quotient et 1 pour reste. De là il est facile de conclure le procédé suivant pour réduire une fraction ou un nombre fractionnaire en fraction continue:

Opérez sur les deux termes de la fraction proposée, comme pour trouver leur plus grand commun diviseur. (Voyez n° 82.) *Poussez l'opération jusqu'à ce que vous obteniez un reste égal à zéro. Les quotiens successifs auxquels vous serez parvenu, seront les dénominateurs des fractions proprement dites qui constituent la fraction continue.*

Dans l'hypothèse où le nombre proposé est plus grand que l'unité, le premier quotient représente la partie entière qui entre dans l'expression de la fraction continue.

On peut, d'après ce procédé, réduire en fractions continues les deux nombres $\frac{65}{149}$ et $\frac{829}{347}$.

Voici le type des opérations :

1°.

	2	3	2	2	1	2
149	65	19	8	3	2	1
19	8	3	2	1	0	

donc

$$\frac{65}{149}=\cfrac{1}{2+\cfrac{1}{3+\cfrac{1}{2+\cfrac{1}{2+\cfrac{1}{1+\cfrac{1}{2}}}}}}$$

2°.

	2	2	1	1	3	19
829	347	135	7	58	19	1
135	77	58	19	1	0	

d'où
$$\frac{829}{347} = 2 + \cfrac{1}{2 + \cfrac{1}{1 + \cfrac{1}{1 + \cfrac{1}{3 + \cfrac{1}{19}}}}} \ldots \ldots \ldots \ldots$$

Les fractions continues jouissent d'un grand nombre de propriétés dont la recherche a été l'objet des travaux des plus célèbres géomètres. Nous ne voulons en faire connaître ici que les propriétés élémentaires, celles dont on fait un usage fréquent, et dont les démonstrations sont fondées sur les premiers principes de l'Algèbre. Nous renvoyons, pour de plus amples détails, aux *Additions de Lagrange à l'Algèbre d'Euler*.

DÉFINITIONS.

165. Reprenons la fraction continue générale

$$a + \cfrac{1}{b + \cfrac{1}{c + \cfrac{1}{d + \cfrac{1}{e + \ldots}}}},$$

que nous supposons d'ailleurs représenter la valeur d'un nombre fractionnaire désigné par x.

On appelle *fractions intégrantes* les fractions $\frac{1}{b}, \frac{1}{c}, \frac{1}{d} \ldots$, dont l'ensemble constitue la fraction continue, et *quotiens incomplets*, les dénominateurs $b, c, d \ldots$ (On nomme ainsi ces dénominateurs, parce que b, par exemple, n'est que la partie entière du nombre exprimé par $b + \cfrac{1}{c + \cfrac{1}{d + \ldots}}$; que c n'est que la partie entière du nombre exprimé par $c + \cfrac{1}{d + \cfrac{1}{e + \ldots}}$;

et ainsi de suite.)

Par opposition, on a donné le nom de *quotiens complets*

aux expressions $b + \cfrac{1}{c + \cfrac{1}{d +} \dots}$, $c + \cfrac{1}{d + \cfrac{1}{e +} \dots}$

dont b, c, d, ... ne sont que les parties entières.

Chaque *quotient complet* renferme implicitement, outre l'entier qui y est contenu, tous les quotiens suivans de la fraction continue, puisque c'est par le développement de ce quotient complet qu'on trouve tous les quotiens suivans. Le dernier *quotient complet*, qui n'est autre chose que le dénominateur de la dernière fraction intégrante, est toujours au moins égal à 2, d'après la nature du procédé pour réduire une fraction ordinaire en fraction continue (n° 164).

On appelle *réduites* les résultats qu'on obtient en convertissant successivement en un seul nombre fractionnaire chacune

des expressions $a + \dfrac{1}{b}$, $a + \cfrac{1}{b + \cfrac{1}{c}} \dots$

On les nomme aussi *fractions convergentes*, parce que, comme nous le démontrerons bientôt, ces résultats approchent de plus en plus du nombre réduit en fraction continue, à mesure que l'on prend un plus grand nombre de *fractions intégrantes*.

FORMATION DES RÉDUITES CONSÉCUTIVES.

166. Voyons s'il n'existerait pas un moyen simple et facile de former ces différentes réduites.

La première est a, qu'on peut mettre sous la forme $\dfrac{a}{1}$.

La seconde est $a + \dfrac{1}{b}$, ou, réduisant l'entier en fraction, $\dfrac{ab + 1}{b}$.

Pour obtenir la troisième, représentée par $a + \cfrac{1}{b + \cfrac{1}{c}}$,

il suffit de substituer dans la seconde, $b + \dfrac{1}{c}$ à la place de b ;

car, en désignant $b + \frac{1}{c}$ par b', on aura

$$a + \cfrac{1}{b + \frac{1}{c}} = a + \frac{1}{b'} = \frac{ab' + 1}{b'},$$

expression qui ne diffère de $\frac{ab + 1}{b}$ qu'en ce que b' ou $b + \frac{1}{c}$ remplace b.

Faisons donc cette substitution; il vient pour la troisième réduite, $a + \cfrac{1}{b + \frac{1}{c}}$, ou $\cfrac{a\left(b + \frac{1}{c}\right) + 1}{b + \frac{1}{c}}$, ou $\cfrac{ab + \frac{a}{c} + 1}{b + \frac{1}{c}}$;

ou bien, réduisant les entiers en fractions, et multipliant haut et bas par c, $\dfrac{(ab + 1)c + a}{bc + 1}.$

La quatrième s'obtiendra également en substituant dans la troisième, $c + \frac{1}{d}$ à la place de c, ce qui donnera

$$a + \cfrac{1}{b + \cfrac{1}{c + \frac{1}{d}}} = \cfrac{(ab+1)\left(c + \frac{1}{d}\right) + a}{b\left(c + \frac{1}{d}\right) + 1} = \cfrac{(ab+1)c + \frac{ab+1}{d} + a}{bc + \frac{b}{d} + 1},$$

ou, réduisant les entiers en fraction et multipliant haut et bas par d, $\dfrac{[(ab+1)c + a]d + ab + 1}{(bc+1)d + b}.$

Sans aller plus loin, on peut voir déjà que le numérateur de la troisième réduite peut s'obtenir en multipliant le numérateur de la seconde par le troisième quotient c, et ajoutant au produit le numérateur de la première fraction. Quant au dénominateur, il se forme de la même manière, au moyen des dénominateurs de la seconde et de la première fraction.

Le numérateur et le dénominateur de la quatrième réduite

s'obtiennent également en multipliant respectivement les deux termes de la troisième, par le quatrième quotient d, et en ajoutant aux deux produits les deux termes de la seconde fraction.

Si l'on fait attention à la manière dont la troisième et la quatrième réduite ont été formées, on sentira que cette *loi de formation* doit s'étendre aux réduites suivantes; mais, pour en démontrer rigoureusement la généralité, nous aurons recours à un moyen auquel on a souvent recours en Mathématiques. Nous ferons voir que, si cette relation a lieu pour trois réduites consécutives de rang quelconque, elle a encore lieu pour la réduite suivante; car alors, ayant été reconnue applicable à la troisième, elle le sera à la quatrième; étant applicable à celle-ci, elle le sera à la cinquième, et ainsi de suite indéfiniment.

Soient donc $\frac{P}{P'}$, $\frac{Q}{Q'}$, $\frac{R}{R'}$, trois réduites consécutives, r le *quotient incomplet* auquel on s'est arrêté pour former $\frac{R}{R'}$; et supposons que l'on ait $\frac{R}{R'} = \frac{Qr + P}{Q'r + P'}$ (R et R' étant respectivement égaux à $Qr + P$ et $Q'r + P'$).

Ajoutons maintenant une nouvelle fraction intégrante $\frac{1}{s}$ à la suite de r, et soit $\frac{S}{S'}$ la réduite correspondante; il est clair que, pour former $\frac{S}{S'}$, tout se réduit à remplacer dans l'expression de $\frac{R}{R'}$, r par $r + \frac{1}{s}$; ainsi l'on aura

$$\frac{S}{S'} = \frac{Q\left(r + \frac{1}{s}\right) + P}{Q'\left(r + \frac{1}{s}\right) + P'} = \frac{(Qr + P)s + Q}{(Q'r + P')s + Q'} = \frac{Rs + Q}{R's + Q'};$$

et l'on voit que $\frac{S}{S'}$ se déduit des deux précédentes, d'après la loi énoncée plus haut. Donc cette loi est générale.

Ainsi, *le numérateur d'une réduite quelconque se forme en multipliant le numérateur de la réduite précédente par le quotient incomplet qui lui correspond, et en ajoutant au produit le numérateur de la réduite qui précède de deux rangs celle qu'on veut former. Le dénominateur se forme* D'APRÈS LA MÊME LOI, *au moyen des deux dénominateurs précédens.*

N. B.—Lorsque le nombre réduit en fraction continue, ou x, est moindre que l'unité, on substitue $\frac{0}{1}$ à la place de a, afin de pouvoir former la troisième réduite d'après la loi, qui suppose nécessairement qu'on ait d'abord formé les deux premières réduites.

Soit proposé pour premier exemple, de former les réduites consécutives de la fraction continue,

$$\frac{65}{149} = 0 + \cfrac{1}{2 + \cfrac{1}{3 + \cfrac{1}{2 + \cfrac{1}{+ 2 \cfrac{1}{1 + \frac{1}{2}}}}}}.$$

On a pour les deux premières réduites, $\frac{0}{1}$ et $\frac{1}{2}$.

Pour former la troisième, multiplions le numérateur 1 de la seconde par 3, et ajoutons 0 au produit ; multiplions ensuite le dénominateur 2 de la seconde par 3, et ajoutons au produit le dénominateur 1 de la première ; il vient $\frac{3}{7}$.

On trouve de même pour les réduites suivantes,

$$\frac{7}{16}, \quad \frac{17}{39}, \quad \frac{24}{55}, \quad \frac{65}{149}.$$

On obtiendrait également pour les différentes réduites de la fraction continue provenant de $\frac{829}{347}$ (*voyez* n° 164),

$$\frac{2}{1}, \frac{5}{2}, \frac{7}{3}, \frac{12}{5}, \frac{43}{18}, \frac{829}{347}.$$

167. *Conséquence de la loi précédente.* — Il résulte évidemment de cette loi, que les termes des différentes réduites augmentent à mesure que l'on prend un plus grand nombre de fractions intégrantes, puisque le numérateur ou le dénominateur d'une réduite quelconque *est au moins égal* à la somme des numérateurs ou à la somme des dénominateurs des **deux** réduites qui la précèdent.

PROPRIÉTÉS DES RÉDUITES.

168. PREMIÈRE PROPRIÉTÉ.—Si l'on prend dans les deux exemples précédens, la différence entre deux réduites consécutives quelconques, en convenant de retrancher toujours une réduite de celle qui la suit, on trouvera constamment pour le numérateur de cette différence, $+1$ ou -1, suivant que la seconde des deux réduites que l'on considère, est de rang *pair* ou de rang *impair;* le dénominateur de la différence étant d'ailleurs toujours égal au produit des dénominateurs des deux réduites.

Ainsi, dans le premier exemple, on a

$$\frac{1}{2} - \frac{0}{1} = \frac{+1}{2 \times 1}, \frac{3}{7} - \frac{1}{2} = \frac{-1}{2 \times 7}, \frac{7}{16} - \frac{3}{7} = \frac{+1}{16 \times 7} \dots \dots ;$$

or, nous allons démontrer que *cette propriété est générale.*

Pour cela, prenons dans la fraction continue générale, trois réduites consécutives quelconques, $\frac{P}{P'}, \frac{Q}{Q'}, \frac{R}{R'}.$

On a d'abord $\frac{R}{R'} - \frac{Q}{Q'} = \frac{RQ' - QR'}{R'Q'}.$

Mais, d'après le n° 156, $R = Qr + P$, $R' = Q'r + P'.$

Mettant pour R et R' ces valeurs dans le numérateur de la différence précédente, on obtient

$$\frac{R}{R'} - \frac{Q}{Q'} = \frac{(Qr + P)Q' - Q(Q'r + P')}{R'Q'};$$

ou, effectuant les calculs et réduisant,

$$\frac{R}{R'} - \frac{Q}{Q'} = \frac{PQ' - QP'}{R'Q'}.$$

D'où l'on voit que le numérateur de la différence $\frac{R}{R'} - \frac{Q}{Q'}$, est *numériquement égal*, mais *de signe contraire*, au numérateur de la différence $\frac{Q}{Q'} - \frac{P}{P'}$, ou $\frac{QP' - PQ'}{Q'P'}$.

C'est-à-dire que *les numérateurs de deux différences consécutives sont numériquement égaux*, mais *de signes contraires*.

Or, si l'on considère les deux premières réduites $\frac{a}{1}$ et $\frac{ab+1}{b}$, on a $\frac{ab+1}{b} - \frac{a}{1} = \frac{+1}{b \times 1}$;

donc, d'après ce qui vient d'être dit, le numérateur de la différence suivante doit être — 1 ; le numérateur de la troisième différence doit être + 1 ; et ainsi de suite.

Donc, en général, *le numérateur d'une différence quelconque est* + 1 *si la seconde des deux réduites que l'on considère est de rang pair, et* — 1 *si elle est de rang impair;* quant au dénominateur, il est évidemment égal au produit des dénominateurs des deux réduites. C. Q. F. D.

169. CONSÉQUENCE DE LA PROPRIÉTÉ PRÉCÉDENTE. — *Une réduite de rang quelconque,* $\frac{R}{R'}$, *est toujours une fraction ou un nombre fractionnaire irréductible.*

En effet, supposons pour un instant que R et R' aient un facteur commun h; comme, d'après la propriété précédente, on a $RQ' - QR' = \pm 1$, il en résulte

$$\frac{RQ' - QR'}{h} \text{ ou } \frac{RQ'}{h} - \frac{QR'}{h} = \pm \frac{1}{h}.$$

Or, le premier membre de cette égalité est un nombre entier puisque R et R' sont divisibles par h, tandis qu'au contraire le second membre est essentiellement une fraction;

donc il est absurde de supposer que R et R' ne soient pas premiers entre eux.

Il résulte de là que, si l'on convertit en fraction continue une fraction dont les deux termes ne sont pas premiers entre eux, et si l'on forme ensuite toutes les réduites jusqu'à la dernière inclusivement, on ne retrouvera pas la fraction proposée, sous sa forme primitive, mais bien *cette même fraction réduite à sa plus simple expression,* c'est-à-dire débarrassée du plus grand diviseur commun à ses deux termes.

Soit, par exemple, la fraction $\dfrac{348}{924}$.

En la convertissant en fraction continue, on trouve

$$\frac{348}{924} = 0 + \cfrac{1}{2 + \cfrac{1}{1 + \cfrac{1}{1 + \cfrac{1}{1 + \cfrac{1}{9}}}}} \dots\dots\dots ;$$

et les réduites sont.....

$$\frac{0}{1}, \frac{1}{2}, \frac{1}{3}, \frac{2}{5}, \frac{3}{8}, \frac{29}{77}.$$

La dernière réduite $\dfrac{29}{77}$ est la valeur de la fraction $\dfrac{348}{924}$ débarrassée du facteur 12 commun à ses deux termes.

170. Seconde propriété. — En reprenant la fraction continue

générale $\quad x = a + \cfrac{1}{b + \cfrac{1}{c + \cfrac{1}{d + \dots}}} \dots\dots\dots\dots ,$

On reconnaîtrait aisément, par un raisonnement analogue à celui qui a déjà été fait au n° 165 sur un exemple particulier, que la valeur de x est comprise entre la première et la seconde réduite, entre la seconde et la troisième, et ainsi de suite ;

d'où l'on pourrait conclure, par analogie, qu'en général *la valeur de* x *est comprise entre deux réduites consécutives de rang quelconque.*

Mais nous allons démontrer cette propriété fort importante d'une manière plus générale.

Soient, pour cet effet, deux réduites consécutives, $\dfrac{P}{P'}$, $\dfrac{Q}{Q'}$, de rang quelconque; et proposons-nous d'évaluer les différences

$$x - \frac{P}{P'}, \quad x - \frac{Q}{Q'}.$$

Remarquons que si, dans l'expression de la réduite suivante, $\dfrac{R}{R'}$ ou $\dfrac{Qr + P}{Q'r + P'}$, on met à la place du *quotient incomplet* r, le *quotient complet* y, ou $r + \cfrac{1}{s + \cfrac{1}{t + \dots}}$

dont r n'est que la partie entière, on reproduira la valeur du nombre réduit en fraction continue, puisque alors on aura la réduite de la fraction continue totale. On aura donc, d'après cette remarque,

$$x = \frac{Qy + P}{Q'y + P'};$$

d'où

$$x - \frac{P}{P'} = \frac{Qy + P}{Q'y + P'} - \frac{P}{P'} = \frac{(QP' - PQ')y}{(Q'y + P')P'},$$

et

$$x - \frac{Q}{Q'} = \frac{Qy + P}{Q'y + P'} - \frac{Q}{Q'} = \frac{PQ' - QP'}{(Q'y + P')Q'};$$

ou, à cause de $QP' - PQ' = \pm 1$, $PQ' - QP' = \mp 1$ (n° 168),

$$x - \frac{P}{P'} = \frac{\pm y}{(Q'y + P')P'},$$

$$x - \frac{Q}{Q'} = \frac{\mp 1}{(Q'y + P')Q'}.$$

Cela posé, comme les nombres y, P, P', Q, Q', sont, par leur nature, essentiellement positifs, il s'ensuit que les deux résultats précédens sont *de signes contraires*. Donc, si l'on a $x >$ ou $< \dfrac{P}{P'}$, on doit avoir nécessairement $x <$ ou $> \dfrac{Q}{Q'}$; ce qui veut dire que, si le nombre réduit en fraction continue est plus grand ou plus petit que la réduite $\dfrac{P}{P'}$, ce même nombre est plus petit ou plus grand que $\dfrac{Q}{Q'}$. Donc enfin, *la valeur du nombre réduit en fraction continue est toujours comprise entre deux réduites consécutives de rang quelconque.*

Remarque. — Si la réduite $\dfrac{Q}{Q'}$ est de rang pair, le numérateur de la différence entre $\dfrac{Q}{Q'}$ et $\dfrac{P}{P'}$, ou $QP' - PQ'$, est positif et égal à $+ 1$ (n° 168); ainsi l'on a $x > \dfrac{P}{P'}$ et $x < \dfrac{Q}{Q'}$. Donc, *toutes les réduites de rang pair sont des fractions plus grandes, et toutes les réduites de rang impair sont des fractions plus petites que le nombre réduit en fraction continue.*

171. Troisième propriété. — *Une réduite de rang quelconque donne une valeur plus approchée de* x *que celle qui la précède.*

En effet, considérons encore les deux différences du n° 170. Comme on a (n° 167) $Q' > P'$, il s'ensuit que le dénominateur $(Q'y + P') Q'$ est $> (Q'y + P') P'$; d'ailleurs y est > 1; donc, par cette double raison, la différence entre x et $\dfrac{Q}{Q'}$ est *numériquement* moindre que la différence entre x et $\dfrac{P}{P'}$.

Remarque. — Puisque, d'après la remarque du n° 170, les réduites de rang *pair* sont des fractions plus grandes, et les réduites de rang *impair* sont des fractions plus petites que la valeur de x, et que d'ailleurs, en vertu de ce qui vient d'être démontré, les réduites *convergent* sans cesse vers la valeur de x, à mesure qu'elles s'éloignent de la première réduite; on doit nécessairement conclure :

1°. — Que les réduites de rang *pair* vont en diminuant de

valeur, à partir de la seconde ; 2°. Qu'au contraire, les réduites de rang *impair*, à partir de la première, vont *en augmentant* de valeur.

172. QUATRIÈME PROPRIÉTÉ. — Le degré d'approximation que donne chaque réduite, peut être évalué de plusieurs manières :

D'abord, de ce que (n° 170) la valeur de x est comprise entre deux réduites consécutives quelconques $\frac{P}{P'}$, $\frac{Q}{Q'}$, il s'en-suit que la différence entre x et l'une de ces réduites est moindre que $\frac{1}{P'Q'}$, différence qui existe entre les deux réduites. Donc déjà, *l'erreur commise lorsqu'on prend une de ces deux réduites pour la valeur de x, est moindre que l'unité divisée par le produit de leurs dénominateurs.*

En second lieu, puisque la différence entre x et $\frac{Q}{Q'}$, est, abstraction faite du signe, exprimée (n° 170) par.......
$\frac{1}{(Q'y+P')Q'}$, et que l'on a $y > 1$, d'où $(Q'y+P')Q' > (Q'+P')Q'$, il en résulte nécessairement

$$x - \frac{Q}{Q'} < \frac{1}{(Q'+P')Q'},$$

et à *fortiori*,

$$x - \frac{Q}{Q'} < \frac{1}{Q'^2}.$$

Ainsi, *la différence entre x et $\frac{Q}{Q'}$, ou l'erreur commise lorsqu'on prend $\frac{Q}{Q'}$ pour la valeur de x, est moindre que l'unité divisée par le produit du dénominateur de la réduite, multiplié par la somme faite de ce même dénominateur et de celui de la réduite précédente ; ou moins exactement, mais en termes plus simples, que l'unité divisée par le carré du dénominateur de la réduite considérée.*

N. B. Il est à remarquer que les trois propriétés précédentes reposent sur le même calcul, celui du n° **170** : ce qui en rend les démonstrations plus faciles à retenir.

173. CINQUIÈME ET DERNIÈRE PROPRIÉTÉ. — *Une réduite de rang quelconque approche plus de la valeur de x , non-seulement qu'aucune des réduites précédentes, mais encore qu'aucune autre fraction dont le dénominateur est moindre que celui de la réduite considérée;* en sorte que l'on peut assurer qu'il n'existe pas d'autre fraction qui, *en termes plus simples,* donne une valeur plus approchée de x.

Soient $\frac{Q}{Q'}$ la réduite que l'on considère, et $\frac{m}{m'}$ une fraction quelconque, telle que l'on ait $m' < Q'$; je dis que $\frac{m}{m'}$ n'approche pas plus de x que $\frac{Q}{Q'}$.

En effet, remarquons d'abord que la fraction $\frac{m}{m'}$ ne saurait être comprise entre $\frac{Q}{Q'}$ et $\frac{P}{P'}$; car, pour que cela fût, il faudrait que la différence entre $\frac{m}{m'}$ et $\frac{P}{P'}$, savoir, $\frac{mP' - Pm'}{m'P'}$, fût numériquement moindre que la différence $\frac{1}{P'Q'}$ entre $\frac{Q}{Q'}$ et $\frac{P}{P'}$: ce qui est impossible puisque $mP'-Pm'$, *nombre entier,* est au moins égal à 1, et que $m'P'$ est plus petit que $P'Q'$, à cause de l'hypothèse $m' < Q'$. (On ne peut supposer $mP' - Pm' = 0$, car il en résulterait $\frac{m}{m'} = \frac{P}{P'}$; et la fraction $\frac{m}{m'}$ étant identique avec la réduite qui précède $\frac{Q}{Q'}$, la proposition serait déjà démontrée.)

Puisque (**170**), x est compris entre $\frac{P'}{P}$ et $\frac{Q}{Q'}$, et que, d'après ce qui vient d'être dit, il ne peut en être de même de la fraction $\frac{m}{m'}$, il s'ensuit nécessairement que, si l'on écrit ces quatre nombres par ordre de grandeur, on ne pourra former que les deux combinaisons suivantes :

$$\frac{P}{P'}, \; x, \; \frac{Q}{Q'}, \; \frac{m}{m'}; \; \text{ou bien } \frac{m}{m'}, \; \frac{P}{P'}, \; x, \; \frac{Q}{Q'}.$$

Dans le premier cas, il est évident que la différence entre x et $\frac{m}{m'}$ est plus grande que la différence entre x et $\frac{Q}{Q'}$.

Dans le second, elle est plus grande que la différence entre x et $\frac{P}{P'}$, et à plus forte raison, plus grande que celle qui existe entre x et $\frac{Q}{Q'}$. C. Q. F. D.

C'est au reste ce qu'on peut encore reconnaître en calculant, d'après le procédé du n° 170, la différence $x - \frac{m}{m'}$, et comparant son expression à celle de la différence $x - \frac{Q}{Q'}$, établie même numéro.

174. Pour terminer la théorie élémentaire des fractions continues, nous indiquerons l'usage qu'on peut en faire dans l'évaluation approximative d'une fraction irréductible dont les termes sont très grands.

On réduit d'abord le nombre proposé en fraction continue, d'après le procédé du n° 164; puis on forme les réduites consécutives, en suivant la loi du n° 166. On obtient ainsi une série de fractions alternativement plus grandes et plus petites que le nombre proposé (n° 170); et parmi ces fractions, on choisit celle qui donne le degré d'approximation que l'on désire avoir pour la fraction. Ce degré est (n° 172) marqué par $\frac{1}{(Q' + P)Q'}$

ou $\frac{1}{Q'^2}$, *si* $\frac{Q}{Q'}$ *est la réduite considérée. La réduite doit être (n° 171) d'un rang d'autant plus éloigné qu'on veut avoir un plus grand degré d'approximation.*

Soit proposé, pour exemple, d'évaluer approximativement *le rapport de la circonférence au diamètre.*

On sait que ce rapport, exprimé en décimales, a pour valeur, à moins d'un cent-millième près, 3,14159 ou, $\frac{314159}{100000}$.

On trouve d'abord pour la valeur de ce nombre réduit en fraction continue,

$$\frac{314159}{100000} \text{ ou } x = 3 + \cfrac{1}{7 + \cfrac{1}{15 + \cfrac{1}{1 + \cfrac{1}{25 + \cfrac{1}{1 + \cfrac{1}{7 + \frac{1}{4}}}}}}};$$

ce qui donne, pour les réduites consécutives, d'après la loi du numéro 166,

$$\frac{3}{1}, \ \frac{22}{7}, \ \frac{333}{106}, \ \frac{355}{113}, \ \frac{9208}{2931}, \ \frac{9563}{3044}, \ \frac{76149}{24239}, \ \frac{314159}{100000}.$$

En prenant d'abord $\frac{22}{7}$ pour la valeur du nombre proposé, on commettrait une erreur moindre que $\frac{1}{7(7+1)}$, ou $\frac{1}{56}$; mais cette réduite donne encore un degré d'approximation plus considérable : car, puisque le nombre proposé est compris entre $\frac{22}{7}$ et $\frac{333}{106}$, il s'ensuit que $\frac{22}{7}$ diffère de ce nombre d'une quantité moindre que $\frac{22}{7} - \frac{333}{106}$, ou $\frac{1}{742}$; ainsi, l'erreur commise est beaucoup moindre que $\frac{1}{100}$. Aussi ce nombre $\frac{22}{7}$, ou $3\frac{1}{7}$, est-il fréquemment employé pour exprimer le rapport de la circonférence au diamètre. *C'est le rapport donné par Archimède.*

La quatrième réduite, $\frac{355}{113}$, qui n'est pas beaucoup plus compliquée que $\frac{333}{106}$, donne une valeur bien plus approchée : car le nombre proposé étant compris entre $\frac{355}{113}$ et $\frac{9208}{2931}$, la différence entre ce nombre et $\frac{355}{113}$ est moindre que $\frac{1}{113 \times 2931}$, fraction évidemment plus petite que $0,00001$. Il est à remarquer que les deux fractions $\frac{355}{113}$ et $\frac{314159}{100000}$, dont la première est exprimée en termes bien plus simples, donnent, en décimales, la même approximation pour le rapport de la circonférence au diamètre. *C'est le rapport donné par Adrien Métius.* Les réduites suivantes sont trop compliquées pour être substituées avec avantage au nombre proposé.

Nous ne pousserons pas plus loin l'examen des propriétés des nombres; mais nous recommanderons aux jeunes gens qui, déjà familiarisés avec l'analyse algébrique, voudraient étendre leurs connaissances sur cette partie, la lecture de deux ouvrages intitulés : *Théorie des Nombres,* par *Legendre,* et *Disquisitiones Arithmeticæ,* de *Gauss,* ouvrage traduit avec beaucoup de succès par M. *Poulet-Delisle.*

CHAPITRE VI.

Formation des Puissances, et extraction des Racines carrées et cubiques des nombres.

§ Ier. *Formation du carré et extraction de la racine carrée.*

175. *Notions préliminaires.* — On appelle *carré* (n° 108) ou *seconde puissance* d'un nombre, le produit de ce nombre multiplié par lui-même, ou le produit de deux facteurs égaux à ce nombre, et *racine carrée* ou 2me d'un nombre, un second nombre qui, multiplié par lui-même, ou élevé au carré, donne pour résultat le nombre proposé.

Ainsi, 7 a pour carré 49 ; et réciproquement, 49 a pour racine carrée 7. De même, 12 a pour carré 12×12 ou 144 ; et réciproquement, la racine carrée de 144 est 12.

La formation du carré d'un nombre entier ou fractionnaire n'exige aucun procédé particulier : il suffit de multiplier ce nombre par lui-même, d'après les règles connues.

Mais il n'en est pas de même de l'extraction de la racine carrée, qui a pour objet : *Un nombre étant donné, trouver le nombre qui, multiplié par lui-même, peut produire le nombre proposé.* Cette question ne peut être résolue que par une opération essentiellement différente de celles qui ont été exposées jusqu'ici ; elle est d'ailleurs d'une très grande importance dans la Géométrie et dans l'Algèbre.

Cela posé, les dix premiers nombres entiers étant

$$1, \ 2, \ 3, \ 4, \ 5, \ 6, \ 7, \ 8, \ 9, \ 10,$$

dont les carrés sont

$$1, \ 4, \ 9, \ 16, \ 25, \ 36, \ 49, \ 64, \ 81, \ 100,$$

il en résulte que réciproquement, les nombres de la seconde ligne ont pour racines carrées les nombres de la première.

A l'inspection de ces deux lignes, on reconnaît que, parmi les nombres entiers d'un ou de deux chiffres, il n'y en a que *neuf* qui soient des *carrés d'autres nombres entiers ;* les autres ont pour racine carrée un nombre entier plus une fraction.

Ainsi, 53, qui est compris entre 49 et 64, a pour racine carrée 7 plus une fraction. De même, 91 a pour racine carrée 9 plus une fraction.

176. Mais, ce qui est très remarquable, c'est qu'*un nombre entier qui n'est pas le carré d'un autre nombre entier, ne peut pas avoir non plus pour racine, un nombre fractionnaire exact.*

Cette proposition qui, au premier abord, peut paraître un paradoxe, est une conséquence du principe établi (n° 130) sur la divisibilité des nombres. En effet, pour qu'un nombre frac-tionnaire exact, $\frac{a}{b}$, puisse être regardé comme la racine carrée d'un nombre entier, il faut que son carré, $\frac{a}{b} \times \frac{a}{b}$, ou $\frac{a^2}{b^2}$, soit égal à un nombre entier. Or, cela est impossible : car, suppo-sons, ce qui est toujours permis, que $\frac{a}{b}$ soit réduit à sa plus simple expression ; a^2 et b^2 n'ont pas (n° 130) d'autres facteurs premiers que ceux qui entrent dans a et b ; et puisque ces deux derniers nombres sont premiers entre eux, il en est de même de a^2 et b^2. Ainsi, $\frac{a^2}{b^2}$ est un *nombre fractionnaire irréductible,* et ne peut, par conséquent, être égal à un nombre entier.

La racine carrée d'un nombre entier qui n'est pas le carré d'un autre nombre entier, ne pouvant être exprimée par au-cun nombre exact, s'appelle *nombre incommensurable* ou *ir-rationnel;* c'est-à-dire qui ne peut pas se mesurer exactement au moyen de l'unité. Ainsi, $\sqrt{2}$, $\sqrt{5}$, $\sqrt{11}$, sont des nombres incommensurables ou irrationnels.

On dit alors que le nombre proposé n'est pas *un carré parfait*.

177. La différence de deux *carrés parfaits consécutifs* est d'autant plus considérable que les racines de ces carrés sont plus grandes ; et l'expression de cette différence est utile à connaître.

Soient, à cet effet, deux nombres entiers consécutifs, a et $a + 1$.

On a (n° 112) $(a+b)^2 = (a + b)(a + b) = a^2 + 2ab + b^2$; d'où, en faisant $b = 1$, $(a+1)^2 = a^2 + 2a + 1$.

La différence entre $(a+1)^2$ et a^2 est donc $2a + 1$; d'où l'on voit que *la différence entre les carrés de deux nombres entiers consécutifs est égale au double du plus petit de ces deux nombres, augmenté d'une unité.* Ainsi, la différence entre les carrés de 348 et de 347, est égale à 2 fois 347 plus 1, ou à 695; ou bien, en d'autres termes, les carrés de 347 et de 348 comprennent 694 nombres entiers, qui ne sont pas des carrés parfaits.

Ces notions établies, proposons-nous de rechercher un procédé pour extraire la racine carrée d'un nombre, en commençant par les nombres entiers.

178. *Extraction de la racine carrée d'un nombre entier.*

Si le nombre n'a qu'un ou deux chiffres, sa racine s'obtient immédiatement d'après l'inspection des neuf premiers nombres (n° 175); considérons donc un nombre de plus de deux chiffres, 6084, par exemple.

Ce nombre étant composé de plus de deux chiffres, sa racine en a plus d'un; d'ailleurs, il est plus petit que 10000, qui est le carré de 100; ainsi, la racine n'a ni plus, ni moins, que deux chiffres, c'est-à-dire qu'elle renferme des dixaines et des unités. Or, si l'on désigne les dixaines par a, et les unités par b, on a (n° 177)

$$6084 = (a + b)^2 = a^2 + 2ab + b^2;$$

ce qui prouve que le carré d'un nombre composé de dixaines et d'unités, renferme *le carré des dixaines, plus le double produit des dixaines par les unités, plus le carré des unités.*

Cela posé, si l'on pouvait découvrir dans 6084 le carré des dixaines de la racine, on obtiendrait facilement les dixaines ; mais le carré d'un nombre exact de dixaines ne pouvant donner qu'un nombre exact de centaines, il s'ensuit que ce carré doit se trouver dans la partie 60 à gauche des deux derniers chiffres, que l'on sépare, pour cette raison, par un point ; mais cette partie peut d'ailleurs, outre le carré des dixaines, renfermer des centaines et mille, provenant des autres termes du carré. Or, le nombre 60 est compris entre les deux carrés 49 et 64, dont les racines respectives sont 7 et 8 ; et, je dis que 7 est *le chiffre des dixaines* cherché ; car 6000 est évidemment compris entre 4900 et 6400, qui sont les carrés de 70 et 80 ; il en est de même de 6084. Donc la racine demandée se compose de 7 dixaines, et d'un certain nombre d'unités moindre que dix.

Le chiffre des dixaines, 7, étant trouvé, on l'écrit à droite du nombre donné, en le séparant par un trait vertical ; puis on retranche son carré 49, de 60, ce qui donne 11 pour reste, à côté duquel on abaisse les deux autres chiffres, 84. Le résultat 1184 de cette première opération contient encore *le double produit des dixaines par les unités et le carré des unités.* Or, des dixaines multipliées par des unités ne pouvant donner au produit des unités moindres que des dixaines, le dernier chiffre 4 ne fait pas partie du double produit des dixaines par les unités ; ainsi ce double produit se trouve renfermé dans la partie à gauche 118 qu'on sépare du chiffre 4 par un point.

Donc, si l'on double les dixaines, ce qui donne 14, et qu'on divise 118 par 14, le quotient 8 *est le chiffre des unités,* ou un chiffre plus fort que celui des unités. Ce quotient ne peut pas être trop faible, puisque 118 contenant le produit du double des dixaines, 14, par les unités, il faut qu'on puisse en retrancher le produit de 14 par le chiffre qu'on essaie ; mais il peut être trop fort, parce que 118, outre ce double produit,

contient encore des dixaines provenant du carré des unités.
Pour vérifier si le quotient 8 exprime les unités, il suffit de
l'écrire à la droite de 14, ce qui donne 148, puis au-dessous de
lui-même, et de multiplier 148 par 8. On forme évidemment
par là 1°. le carré des unités, 2°. le double produit des dixaines
par les unités. Or, cette multiplication effectuée donne pour
produit 1184, nombre égal au résultat de la première opération ; et en le retranchant de ce résultat, on a o pour reste ;
donc 78 est la racine demandée.

En effet, il résulte des opérations précédentes, que l'on a
retranché successivement de 6084, le carré de 7 dixaines ou
de 70, plus le double produit de 70 par 8, plus enfin le carré
de 8, c'est-à-dire les trois parties qui entrent dans la composition du carré de 70 + 8 ou 78 ; et comme le résultat de la
soustraction est o, il s'ensuit que 6084 est égal au carré de 78.

Soit, pour second exemple, le nombre 841.

Ce nombre étant compris entre 100 et
1000, sa racine se compose encore de
deux chiffres, ou de dixaines et d'unités.
On prouvera, comme dans l'exemple précédent, que la racine du plus grand carré
contenu dans 8, ou dans la partie à gauche

$$
\begin{array}{c|c}
8.4\,1 & 29 \\
4 & \overline{49} \\
\hline
4.4.1 & 9 \\
4.4\,1 & \overline{441} \\
\hline
o &
\end{array}
$$

des deux derniers chiffres, est le chiffre des dixaines de la racine. Or, le plus grand carré contenu dans 8 est 4, dont la
racine est 2 : c'est *le chiffre des dixaines.* Si l'on retranche le
carré de 2, ou 4, du nombre 8, il reste 4 ; abaissant à côté
de ce reste la tranche suivante 41, on obtient 441, résultat
qui renferme encore *le double produit des dixaines par les
unités, plus le carré des unités.*

On prouvera encore, comme dans l'exemple précédent, que,
si l'on sépare le dernier chiffre 1 par un point, et qu'on divise
la partie à gauche 44 par 4, *double des dixaines,* le quotient
sera *le chiffre des unités,* à moins qu'il ne soit plus fort que ce
chiffre. Ici, le quotient est 11, et il est évident qu'on ne peut
pas avoir plus de 9 pour les unités (car autrement, ce serait
supposer que le chiffre trouvé pour les dixaines ne serait pas

le véritable). Il faut donc essayer 9 : pour cela, on place 9 à la
droite de 4, double des dixaines, puis au-dessous de lui-
même, et l'on multiplie 49 par 9. Or, cette multiplication
donne le produit 441, qui est égal au résultat de la première
opération; ainsi, 29 est la racine demandée.

En réfléchissant sur le procédé qu'on vient de suivre pour
extraire la racine carrée d'un nombre de *trois ou de quatre chiffres*, on voit qu'il se compose de deux opérations principales.
La première consiste, après avoir séparé les deux derniers
chiffres à droite, *à extraire la racine du plus grand carré
contenu dans la partie à gauche, et à retrancher ce carré.* Cette
racine exprime nécessairement les dixaines de la racine totale ;
car le carré de cette racine suivie d'un zéro, et le carré de
cette même racine augmentée d'une unité et suivie également
d'un zéro, comprennent évidemment le nombre proposé. *La
seconde* opération consiste, après avoir abaissé les deux chiffres
à droite du reste, et après avoir séparé le dernier de ces deux
chiffres par un point, consiste, dis-je, *à diviser la partie à
gauche par le double du chiffre déjà trouvé à la racine.* Le
quotient exprime les unités, à moins qu'il ne soit trop fort; et
pour s'assurer s'il n'est pas trop fort, on forme le carré de ce
quotient, et le produit du double des dixaines par ce quotient.
Si la somme qu'on obtient est égale ou inférieure au résultat
de la première opération, on est sûr que le quotient représente
les unités, et on l'écrit alors à la droite des dixaines ; dans le
cas contraire, on diminue le quotient d'une ou de plusieurs
unités.

Remarque. — Dans la recherche de la racine carrée d'un
nombre, on ne peut obtenir d'abord le carré des unités : car
ce carré donne en général (n° 175) des dixaines qui se combi-
nent avec celles que fournit le double produit des dixaines par
les unités; en sorte qu'il est impossible de déterminer d'une
manière précise dans quelle partie du nombre proposé se
trouve le carré des unités.

Nous prendrons pour troisième exemple, un nombre qui
n'est pas un carré parfait : soit le nombre 1287.

En appliquant à ce nombre le procédé
ci-dessus, on trouve 35 pour racine, et 62
pour reste; ce qui indique que le nombre
1287 n'est pas un carré parfait, mais qu'il
est compris entre le carré de 35 et celui
de 36. En effet, le carré de 35 est 1225, et

```
1 2.8 7 | 35
  9     | ‾65‾
3 8.7   |  6
3 2 5   | ‾325‾
  6 2
```

celui de 36 est 1296, nombre qui surpasse 1225 de 71 ou de
$35 \times 2 + 1$. (n° **177**).

Ainsi, lorsqu'un nombre entier n'est pas un carré parfait, le
procédé prescrit fait connaître *la racine du plus grand carré
contenu dans ce nombre*, ou bien encore, *la partie entière de
la racine carrée de ce nombre.*

Nous verrons bientôt comment on obtient approximativement la fraction qui doit compléter la racine.

179. Passons à l'extraction de la racine carrée d'un nombre
de plus de quatre chiffres.

Soit 56821444 le nombre proposé.

```
5 6.8 2.1 4.4 4 | 7538
4 9             | 145   1503   15068
  7 8.2         |   5      3       8
  7 2 5         | ‾‾‾   ‾‾‾‾   ‾‾‾‾‾‾
    5 7 1.4     | 725   4509   120544
    4 5 0 9
    ‾‾‾‾‾‾‾
    1 2 0 5 4.4
    1 2 0 5 4 4
    ‾‾‾‾‾‾‾‾‾‾
          o
```

Le nombre proposé surpassant 10000, sa racine doit être
plus grande que 100, c'est-à-dire avoir plus de deux chiffres.
Mais quoi qu'il en soit, on peut toujours la regarder comme une
collection d'unités simples et de dixaines (car soit 5367 un
nombre quelconque, il est décomposable en 5360 + 7, ou 536
dixaines plus 7 unités).

Dès-lors, le carré de cette racine, ou le nombre proposé, se composé de trois parties, savoir : le carré des dixaines, plus le double produit des dixaines par les unités, plus le carré des unités. Or le carré des dixaines donne au moins des centaines ; donc la dernière tranche, 44, ne peut en faire partie ; et c'est dans la partie à gauche que se trouve ce carré.

Je dis maintenant que, si l'on cherche *la racine du plus grand carré* contenu dans 568214 considéré comme exprimant des unités simples, on aura *le nombre total* des dixaines de la racine demandée.

En effet, soit a la racine du plus grand carré contenu dans 568214 ; il s'ensuit d'abord que la racine demandée a au moins un nombre a de dixaines, puisque $a^2 \times 100$ peut alors être retranché de 56821400, et *à fortiori*, de 56821444. D'ailleurs, la racine ne saurait avoir $(a + 1)$ dixaines ; car $(a+1)^2$ étant plus grand que 568214, $(a+1)^2 \times 100$ surpasse 56821400 d'une centaine au moins, et par conséquent est plus grand que 56821444.

Donc enfin, la racine demandée se compose de a dixaines plus un certain nombre d'unités moindre que *dix ;* et la question est ainsi ramenée à extraire la racine carrée du nombre 568214, considéré, pour le moment, comme exprimant des unités simples.

En raisonnant sur ce nombre comme sur le nombre proposé, on est conduit, pour avoir les dixaines de sa racine, à extraire la racine du plus grand carré contenu dans la partie gauche de 14, c'est-à-dire dans 5682 ; et pour obtenir les dixaines de cette nouvelle racine, il faut encore faire abstraction des deux derniers chiffres 82, et extraire la racine du plus grand carré contenu dans 56.

Extrayons donc la racine de 56 : il vient 7 pour 49 ; on écrit 7 à la droite du nombre proposé, et l'on retranche 49 de 56, ce qui donne pour reste 7, à côté duquel on abaisse la tranche suivante 82 (parce qu'il faut maintenant déterminer le second chiffre de la racine du plus grand carré contenu dans 5682). Séparant le dernier chiffre à droite de 782, puis divisant 78 par 14, double de la racine déjà trouvée, on a pour quotient 5 que l'on écrit à la droite de 14, ce qui donne 145 ; puis écrivant 5 au-dessous de 145, on multiplie 145 par 5, et l'on soustrait le produit 725, de 782 ; 75 représente alors la collection des dixaines de la racine du nombre 568214.

Pour en obtenir les unités, on abaisse à côté du reste 57, la tranche 14, ce qui donne 5714 dont on sépare le dernier chiffre. Divisant 571 par 150, double de la racine déjà trouvée, on a pour quotient 3 que l'on écrit à droite de 150, ce qui donne 1503 ; puis écrivant 3 au-dessous de 1503, on multiplie 1503 par 3 et l'on retranche le produit 4509, de 5714 ; 753 exprime alors le *nombre total* des dixaines de la racine demandée.

Enfin, pour avoir le chiffre des unités, on abaisse à côté du reste 1205, la dernière tranche 44 ; puis faisant abstraction du dernier chiffre, on divise la partie à gauche 12054 par 1506, double de la racine déjà trouvée ; il vient pour quotient 8 que l'on écrit à la droite de 1506, ce qui donne 15068. Multipliant 15068 par 8, et soustrayant le produit 120544, on obtient zéro pour reste. Donc 7538 est la racine demandée. Pour vérifier l'opération, il suffit de multiplier 7538 par lui-même, d'après les règles de la multiplication arithmétique.

Si l'on a bien saisi les différentes parties de l'opération précédente, on en conclura facilement le procédé suivant :

Séparez le nombre en tranches de deux chiffres chacune, à commencer par la droite. (LE NOMBRE DES TRANCHES EST ÉGAL AU NOMBRE DES CHIFFRES DE LA RACINE). *Prenez la racine du plus grand carré contenu dans la première tranche à gauche, qui peut n'avoir qu'un seul chiffre, et retranchez le carré du chiffre trouvé, de la première tranche à gauche.*

Abaissez à côté du reste la seconde tranche à gauche, dont vous séparez le dernier chiffre par un point ; puis divisez la partie à gauche de ce chiffre par le double de la racine déjà trouvée. Écrivez le quotient à côté du double de la racine ; multipliez le nombre ainsi formé, par ce quotient, et retranchez le produit, du premier reste suivi de la seconde tranche.

Abaissez à côté du nouveau reste la troisième tranche ; séparez le dernier chiffre, et divisez la partie à gauche par le double de la racine déjà trouvée; écrivez le quotient à la droite de ce diviseur, puis multipliez le nombre ainsi formé, par le quotient, et retranchez le produit, du second reste suivi de la troisième tranche. Continuez ainsi cette série d'opérations jusqu'à ce que vous ayez abaissé toutes les tranches.

Si, à la fin de toutes ces opérations, vous n'obtenez aucun reste, le nombre proposé est un carré parfait. Si vous obtenez un reste, le nombre n'est pas un carré parfait; mais vous connaissez alors *la racine du plus grand carré contenu dans le nombre*, ou, ce qui revient au même, *la partie entière de la racine carrée de ce nombre*. Ce reste doit être (n° **177**) moindre que le double de la racine trouvée, plus 1 : autrement, les chiffres de la racine auraient été mal déterminés.

180. Nous proposerons pour nouvelles applications, d'extraire les racines carrées des nombres 17698849 et 698485; on trouvera

$$\sqrt{17698849} = 4207, \quad \sqrt{698485} = 835, \text{ avec un reste } 1260.$$

Première remarque. — Dans le premier de ces deux exemples, quand on a abaissé l'avant-dernière tranche et séparé le dernier chiffre, comme la partie gauche se trouve moindre que le double de la racine déjà trouvée, cela indique que la racine n'a pas d'unités de l'ordre des dizaines; alors il faut mettre un o à la racine afin de donner aux chiffres déjà obtenus leur valeur relative.

Deuxième remarque. — Il résulte de la nature même du procédé précédent, que le *nombre des chiffres de la racine est égal au nombre des tranches de deux chiffres qu'on peut former dans le nombre proposé.* Mais cette proposition se démontre *à priori*, c'est-à-dire sans le secours du procédé.

En effet, le carré de 10^{n-1}, ou du plus petit nombre de n chiffres, est égal à l'unité suivie de $2(n-1)$ ou de $2n-2$ zéros, et exprime le plus petit nombre de $2n-1$ chiffres.

D'un autre côté, le carré de 10^n, ou du plus petit nombre de $(n+1)$ chiffres, est égal à l'unité suivie de $2n$ zéros, et exprime le plus petit nombre de $(2n+1)$ chiffres.

Donc tout nombre composé de $(2n - 1)$, chiffres, ou de $2n$ au plus, c'est-à-dire un nombre décomposable en n tranches de 2 chiffres (dont l'une peut n'avoir qu'un seul chiffre), a sa racine comprise entre 10^{n-1} et 10^n, et par conséquent composée de n chiffres.

181. *Troisième remarque.* — On reconnaît souvent à la simple inspection d'un nombre entier, qu'il n'est pas un carré parfait; et cela peut être utile dans la pratique. Voici les indices principaux :

1°. Tout nombre pair pouvant être exprimé par $2n$, son carré $4n^2$ est essentiellement divisible par 4.

Ainsi, *Tout nombre pair qui n'est pas divisible par 4* (n° 156), *n'est pas un carré parfait.* De même, le carré d'un nombre impair $(2n+1)$ étant $(4n^2 + 4n + 1)$, nombre qui, diminué d'une unité, devient nécessairement divisible par 4, il s'ensuit que *tout nombre impair qui, diminué de 1, ne donne pas un résultat divisible par 4, ne peut être un carré parfait.*

2°. En général, *Tout nombre qui, ayant un facteur premier a, n'est pas divisible par a^2, ne peut être un carré parfait.* Car, la racine carrée de ce nombre, si elle était entière, ne pourrait être (n° 150) que de la forme an dont le carré a^2n^2 est divisible par a^2. Ainsi un nombre divisible par 3 ou 5 doit être en même temps divisible par 9 ou 25 pour pouvoir être un carré parfait. De même, un nombre divisible par 15, doit être divisible par 225, même numéro, pour pouvoir être un carré parfait.

3°. *Aucun nombre terminé par un des quatre chiffres 2, 3, 7, 8, ne peut être un carré parfait.* Car, d'après la composition du carré d'un nombre qui renferme plus d'un chiffre (n° 175), les unités simples de ce carré ne peuvent provenir que du carré des unités de la racine. Or, en formant les carrés des neuf premiers nombres, on voit qu'aucun d'eux n'est terminé par les chiffres 2, 3, 7, 8.

4°. *Aucun nombre terminé par le chiffre 5, ne peut être un carré parfait si le chiffre de ses dixaines n'est pas 2.* Ce caractère se déduit encore de la composition du carré d'un nombre de deu ou plusieurs chiffres. Les deux derniers chiffres du nombre proposé ne peuvent, dans ce cas, provenir du carré des unités de la racine, puisque le chiffre des unités étant 5, le double produit des dixaines par ce chiffre est nécessairement un certain nombre de centaines. Or le carré de 5 est 25; donc le nombre doit être terminé par 25.

5°. Enfin, *Aucun nombre terminé par des zéros en nombre impair, ne peut être un carré parfait.* Cela est évident, puisque, si la racine était exacte, elle ne pourrait être qu'un nombre entier terminé par un ou plusieurs zéros; et son carré devrait être terminé par deux fois autant de zéros qu'il y en aurait à la racine, et par conséquent, par *un nombre pair de zéros*, ce qui serait contraire à la supposition.

Extraction de la racine carrée par approximation.

182. Lorsqu'un nombre entier n'est pas le carré d'un autre nombre entier, on ne peut (n° **176**) obtenir la valeur exacte de sa racine carrée; mais il est du moins possible d'approcher autant que l'on veut de la véritable valeur de cette racine.

Avant d'exposer les règles relatives à l'évaluation approchée des racines carrées, il est nécessaire d'établir que, le carré d'une fraction ou d'un nombre fractionnaire, $\frac{a}{b}$, étant $\frac{a}{b} \times \frac{a}{b}$ ou $\frac{a^2}{b^2}$, réciproquement, la racine carrée de $\frac{a^2}{b^2}$ est $\frac{a}{b}$.

Donc, *pour extraire la racine carrée d'une fraction dont les deux termes sont des carrés parfaits, il suffit d'extraire la racine carrée du numérateur et celle du dénominateur, puis de diviser la première par la seconde.*

Cela posé, soit, en général, proposé d'*extraire la racine carrée*, à une fraction près, $\frac{1}{n}$ (*voyez* la note du n° **93**), *d'un nombre a*, entier ou fractionnaire; supposons, en d'autres termes, que l'on demande un nombre qui diffère de la racine carrée de *a*, d'une quantité moindre que la fraction $\frac{1}{n}$.

Pour y parvenir, observons que a peut être mis sous la forme

$$\frac{a \times n^2}{n^2}.$$

Or, si l'on désigne par r la partie entière de la racine carrée de an^2, ce nombre an^2 est alors compris entre r^2 et $(r+1)^2$; donc aussi $\frac{an^2}{n^2}$ est compris entre $\frac{r^2}{n^2}$ et $\frac{(r+1)^2}{n^2}$; par conséquent la racine de a est elle-même comprise entre celles de $\frac{r^2}{n^2}$ et de $\frac{(r+1)^2}{n^2}$, c'est-à-dire entre $\frac{r}{n}$ et $\frac{r+1}{n}$.

Donc enfin $\frac{r}{n}$ représente la racine carrée de a, à une fraction près, $\frac{1}{n}$.

D'où l'on peut conclure le procédé suivant : *Multipliez le nombre donné* a, *par le carré du dénominateur* n, *de la fraction qui détermine le degré d'approximation que vous voulez avoir; extrayez la partie entière de la racine carrée du produit, et divisez cette partie entière par le dénominateur* n.

Soit, pour premier exemple, à extraire la racine carrée de 59, à $\frac{1}{12}$ près.

Multipliez 59 par $(12)^2$ ou 144; il vient 8496 dont la racine carrée a pour partie entière 92.

Donc $\frac{92}{12}$ ou $\frac{93}{12}$ est la racine carrée de 59, à $\frac{1}{12}$ près.

Répétons sur cet exemple la démonstration qui a été développée ci-dessus.

Le nombre 59 peut être mis sous la forme.. $\frac{59 \times (12)^2}{(12)^2}$,

ou, effectuant les calculs du numérateur,.... $\frac{8496}{(12)^2}$.

Mais la racine de 8496, à une unité près, étant 92, il s'ensuit que $\frac{8496}{(12)^2}$, ou 59, est compris entre $\frac{(92)^2}{(12)^2}$ et $\frac{(93)^2}{(12)^2}$. Donc la racine carrée de 59 est elle-même comprise entre $\frac{92}{12}$ et $\frac{93}{12}$; c'est-à-dire que cette racine diffère en moins de $\frac{92}{12}$, et en plus de $\frac{93}{12}$, d'une fraction moindre que $\frac{1}{12}$.

En effet, les carrés de $\frac{92}{12}$ et de $\frac{93}{12}$ sont $\frac{8464}{(12)^2}$; $\frac{8649}{(12)^2}$, nombres qui comprennent entre eux $\frac{8496}{(12)^2}$ ou 59.

Soit, pour second exemple, le nombre fractionnaire $31\frac{4}{7}$ ou $\frac{221}{7}$, dont on demande la racine carrée à $\frac{1}{23}$ près.

Le produit de $\frac{221}{7}$ par $(23)^2$ est $\frac{221 \times (23)^2}{7}$, ou effectuant les calculs indiqués au numérateur, $\frac{116909}{7}$, où effectuant la division, $16701\frac{2}{7}$, nombre dont la racine carrée, à *une unité* *près*, est 129.

Ainsi $\frac{129}{23}$ ou $5\frac{14}{23}$ est la racine carrée de $31\frac{4}{7}$, à $\frac{1}{23}$ près.

N. B. — Dans l'exemple précédent, on a extrait la racine carrée de $16701\frac{2}{7}$ en faisant abstraction de la fraction $\frac{2}{7}$, parce qu'il est évident que, si 16701 est compris entre les carrés de 129 et de 130, il doit en être de même de $16701\frac{2}{7}$.

Cette observation est applicable à tous les cas où l'on a besoin de connaître seulement la partie entière de la racine carrée d'un nombre fractionnaire : il suffit de considérer la partie entière contenue dans ce nombre, et d'en extraire la racine à une unité près.

Nous proposerons pour exercice, les exemples suivans :

$$\sqrt{11} = \frac{49}{15} = 3\,\frac{4}{15}, \text{ à } \frac{1}{15} \text{ près,}$$

$$\sqrt{223} = \frac{597}{40} = 14\,\frac{37}{40}, \text{ à } \frac{1}{40} \text{ près,}$$

$$\sqrt{79\,\frac{8}{11}} = \frac{178}{20} = 8\,\frac{18}{20} = 8\,\frac{9}{10}, \text{ à } \frac{1}{20} \text{ près,}$$

$$\sqrt{\frac{7}{13}} = \frac{22}{30} = \frac{11}{15}, \text{ à } \frac{1}{30} \text{ près.}$$

L'artifice qui sert de base au procédé pour approcher de la racine carrée d'un nombre, consiste à *comprendre le nombre proposé entre les carrés de deux nombres fractionnaires dont le dénominateur commun soit celui de la fraction qui détermine l'approximation, et dont les numérateurs ne diffèrent entre eux que de l'unité.*

183. *L'approximation en décimales,* qui est la plus usitée, est une conséquence de la règle précédente.

Pour obtenir la racine carrée d'un nombre entier à $\frac{1}{10}$, $\frac{1}{100}$, $\frac{1}{1000}$.... près, il faut, en vertu de cette règle, multiplier le nombre proposé par $(10)^2$, $(100)^2$, $(1000)^2$...., c'est-à-dire, *placer à la droite du nombre, deux, quatre, six.... zéros, puis extraire la racine carrée du produit, à une unité près, et diviser cette racine par* 10, 100, 1000....

En d'autres termes, *écrivez à la droite du nombre proposé* DEUX FOIS *autant de zéros que vous voulez avoir de chiffres décimaux ; extrayez la partie entière de la racine carrée de ce nouveau nombre, et séparez vers la droite du résultat le nombre de chiffres décimaux demandé.*

Soit, par exemple, à extraire la racine carrée de 7, à $\frac{1}{1000}$ près.

En écrivant *six* zéros à la droite de 7, on obtient 7000000, nombre dont la racine carrée a pour partie entière, 2645. Ainsi 2,645 est la racine demandée ; ce qui veut dire que la racine carrée de 7 est comprise entre 2,645 et 2,646.

N. B. — Comme, après avoir écrit le nombre de zéros convenable, on est conduit à séparer le nombre en tranches de deux chiffres, à partir de la droite, on peut se dispenser d'écrire d'avance les tranches de deux zéros, et ne placer chaque tranche qu'au fur et à mesure qu'on veut obtenir un nouveau chiffre décimal à la racine.

Voici le tableau du calcul, pour l'exemple précédent :

$$
\begin{array}{c|ccc}
7 & 2645 & & \\
\overline{3}\ 0.0 & \overline{4.6} & 52.4 & 528.5 \\
\overline{2\ \overline{4}\ 0.0} & 6 & 4 & 5 \\
\overline{3\ 0\ \overline{4}\ 0\ 0} & & & \\
\overline{3\ 9\ 7\ 5} & & &
\end{array}
$$

Donc 2,645 est la racine demandée.

On trouverait pareillement

$$\sqrt{29} = 5,38, \text{ à } \frac{1}{100} \text{ près ;}$$

$$\sqrt{227} = 15,0665, \text{ à } \frac{1}{10000} \text{ près.}$$

Remarque. — La fraction décimale provenant de la racine carrée d'un nombre entier qui n'est pas un carré parfait, quoique composée d'un nombre *illimité* de chiffres, ne saurait jamais être *périodique ;* car sans cela, comme on a vu (n⁰ˢ 159 et 160) que toute fraction périodique équivaut à une fraction ordinaire *limitée*, il en résulterait qu'un nombre commensurable serait égal à un nombre irrationnel (n° 176), ce qui est absurde.

184. Lorsque le nombre dont on demande d'évaluer la racine carrée en décimales, est fractionnaire, il peut se présenter deux cas : ou le nombre proposé est déjà une *fraction décimale*, ou

bien, c'est une fraction ordinaire. Examinons successivement
ces deux cas.

PREMIER CAS. — *Soit proposé d'extraire la racine carrée de
3,425.*

Comme, d'après la règle du n° 182, il faut multiplier ce
nombre par (1000)² ou 1000000, cela revient évidemment à
écrire d'abord *trois* zéros à la droite du nombre, puis à supprimer la virgule. On obtient ainsi 3425000, nombre dont la racine, à unité près, est 1849.

Donc 1,849 est la racine demandée, à $\frac{1}{1000}$ près.

RÈGLE GÉNÉRALE. — *Pour extraire la racine carrée d'une fraction décimale, rendez d'abord le nombre des chiffres décimaux
DOUBLE du nombre des chiffres décimaux que vous voulez avoir
à la racine, ce qui se fait en écrivant un nombre convenable
de zéros à la droite du nombre proposé; faites abstraction de
la virgule dans le nouveau nombre, et extrayez-en la racine, à
une unité près; puis enfin, séparez vers la droite de cette racine le nombre de chiffres décimaux demandé.*

Cette règle est d'ailleurs une conséquence du procédé (n° 89)
de la multiplication des fractions décimales, en vertu duquel
le carré d'une fraction décimale, ou le produit de cette fraction par elle-même, doit contenir le double du nombre des
chiffres décimaux qui entrent dans la racine.

N. B. — Dans l'exemple précédent, si l'on demandait la racine de 3,425 à $\frac{1}{10}$ près seulement, il suffirait, pour multiplier par (10)² ou 100, d'avancer la virgule de deux rangs vers
la droite, ce qui donnerait 342,5; puis (N. B., n° 182), faisant
abstraction de la partie à droite de la virgule, on extrairait la
racine carrée de 342 à une unité près. On trouverait 18 pour
cette racine; et par conséquent 1,8 serait la racine demandée.

SECOND CAS. — Pour évaluer en décimales la racine carrée d'un
nombre fractionnaire quelconque, *réduisez d'abord le nombre
en décimales, d'après le procédé du n° 91, et poussez l'opéra-*

*tion jusqu'à ce que vous ayez deux fois autant de chiffres dé-
cimaux que vous voulez en avoir à la racine; puis opérez
comme dans le cas précédent.*

Soit, par exemple, *à extraire la racine carrée de* $\dfrac{310}{13}$ *à*

$\dfrac{1}{100}$ *près*.

On trouve d'abord, d'après le procédé cité, $\dfrac{310}{13} = 23,8461$;
d'où, appliquant la règle du premier cas,

$$\sqrt{\dfrac{310}{13}} = 4,88, \text{ à } \dfrac{1}{100} \text{ près}.$$

Voici de nouvelles applications des deux règles précédentes :

$$\sqrt{31,027} = 5,570; \text{ à } 0,001 \quad \text{près};$$
$$\sqrt{0,01001} = 0,10004, \text{à } 0,00001 \text{ près};$$
$$\sqrt{2\dfrac{13}{15}} = 1,6931, \text{ à } 0,0001 \quad \text{près};$$
$$\sqrt{\dfrac{11}{14}} = 0,886, \text{ à } 0,001 \quad \text{près};$$

OBSERVATIONS IMPORTANTES *sur l'extraction de la racine carrée
des fractions.*

185. Jusqu'à présent nous avons supposé que, dans l'évaluation approchée des racines, le degré d'approximation était indiqué d'avance; et les transformations que nous avons fait
subir aux nombres proposés, étaient des conséquences de
cette supposition. Mais il y a des questions numériques pour
lesquelles le degré d'approximation n'est pas d'abord fixé;
et dans ce cas, il est du moins nécessaire de soumettre
les nombres à des préparations qui permettent de se former une idée nette du degré d'approximation obtenu pour le
résultat.

Pour nous faire mieux comprendre, proposons-nous d'extraire *la racine carrée* d'une fraction $\frac{a}{b}$ ayant pour dénominateur, ou un nombre *premier*, ou un nombre dont les facteurs premiers n'y soient élevés qu'à la première puissance : tels sont les nombres 13, 14 ou 2×7, 15 ou 3×5.

En multipliant les deux termes de cette fraction par le dénominateur b, on obtient $\frac{ab}{b^2}$; et si l'on désigne par r la partie entière de la racine du numérateur ab, il s'ensuit que $\frac{ab}{b^2}$ ou $\frac{a}{b}$ est compris entre $\frac{r^2}{b^2}$ et $\frac{(r+1)^2}{b^2}$. Donc la racine carrée de $\frac{a}{b}$ est elle-même comprise entre $\frac{r}{b}$ et $\frac{r+1}{b}$; ainsi $\frac{r}{b}$ représente la racine de $\frac{a}{b}$, à une fraction près marquée par $\frac{i}{b}$.

Le résultat n'est approché ici qu'à $\frac{i}{b}$. Mais si l'on voulait un plus grand degré d'approximation, on pourrait chercher la racine carrée de ab à une fraction près, $\frac{1}{n}$ par exemple. (*Voy.* n° 182.) Désignant alors par $\frac{r'}{n}$ la valeur de cette racine, on aurait $\sqrt{ab}$ compris entre $\frac{r'}{n}$ et $\frac{r'+1}{n}$, et par conséquent $\sqrt{\frac{ab}{b^2}}$ ou $\sqrt{\frac{a}{b}}$ compris entre $\frac{r'}{nb}$ et $\frac{r'+1}{nb}$.

Ainsi $\frac{r'}{nb}$ serait la valeur de $\sqrt{\frac{a}{b}}$, à une fraction près marquée par $\frac{1}{nb}$.

Soit, par exemple, $\frac{7}{13}$ la fraction proposée. Cette fraction revient $\frac{7 \times 13}{(13)^2}$ ou $\frac{91}{(13)^2}$. Or la racine carrée de 91 est 9, à une unité près ; donc $\frac{9}{13}$ est la racine demandée, à $\frac{1}{13}$ près.

Veut-on un plus grand degré d'approximation? Extrayant la racine carrée de 91 à 0,01 près (n° 185), on trouve 9,53.

Donc $\sqrt{\dfrac{7}{13}} = \dfrac{9,53}{13} = \dfrac{953}{1300}$, à $\dfrac{1}{1300}$ près.

N. B. — Dans cet exemple, on a trouvé $\dfrac{9}{13}$ pour une valeur approchée de la racine carrée de $\dfrac{7}{13}$, c'est-à-dire une *fraction plus grande* que la fraction proposée elle-même. Or cela doit être, puisque le carré d'une fraction est le produit de cette fraction par elle-même, et que, dans la multiplication des fractions proprement dites (n° 60), le produit est toujours plus petit que l'un des facteurs.

; L'artifice de la transformation précédente, qui consiste à *multiplier les deux termes de la fraction par le dénominateur,* a pour objet de rendre le dénominateur un *carré parfait;* afin que la valeur approchée de la racine à extraire, soit représentée par une fraction ordinaire exacte, et qu'on puisse juger ainsi du degré d'approximation obtenu. Or nous avons déjà dit (n° 8) qu'on ne peut se former une idée nette d'une fraction ou d'un nombre fractionnaire, qu'en concevant l'*unité divisée en un nombre exact de parties égales dont on prend un certain nombre.*

. **186.** Il y a des cas où l'on peut rendre le dénominateur d'une fraction un carré parfait sans être obligé de multiplier les deux termes par ce dénominateur : ce sont ceux où le dénominateur renferme déjà un facteur carré parfait. Dans ce cas, il suffit de *multiplier les deux termes de la fraction par le facteur non carré parfait.*

Soit, par exemple, la fraction $\dfrac{23}{48}$.

: Remarquons que 48 est égal à 16×3 ou $(4)^2 \times 3$; ainsi, en multipliant les deux termes par 3, on a pour fraction équivalente, $\dfrac{23 \times 3}{(4)^2 \times (3)^2}$ ou $\dfrac{69}{(12)^2}$; et le dénominateur est ainsi rendu un carré parfait.

Extrayant maintenant la racine de 69 à $\frac{1}{10}$ près, par exemple,

ce qui donne 8, 3, on trouve $\frac{8,3}{12}$ ou $\frac{83}{120}$ pour la racine deman-

dée, à $\frac{1}{120}$ près.

C'est à cette modification qu'on doit rapporter la préparation qu'il faut avoir soin de faire subir à toute fraction décimale dont on veut extraire la racine carrée, préparation qui
consiste à *rendre le nombre des chiffres décimaux* PAIR (s'il ne
l'est pas déjà).

Soit, par exemple, la fraction décimale 5,249.

Le dénominateur de cette fraction étant 1000 ou 100 × 10,
il suffit de multiplier par 10 les deux termes de la fraction, ce
qui revient à placer un 0 à la droite du nombre proposé; et l'on
obtient ainsi 5,2490. Extrayant alors la racine de 52490 à une
unité près, on trouve 229. Ainsi 2,29 est la racine demandée à

$\frac{1}{100}$ près.

187. Presque tous les auteurs, en rendant compte de l'extraction de la racine carrée par approximation, établissent *en
principe*, que, pour extraire la racine carrée d'une fraction,
*il faut extraire la racine carrée du numérateur et celle du dé-
nominateur.* Ce principe est évident (n° 182) lorsque les deux
termes sont des carrés parfaits; mais il cesse de l'être si les
deux termes sont des nombres entiers quelconques. Voilà
pourquoi nous n'avons établi ce principe que pour le cas où
les deux termes sont des carrés parfaits. Il résulte ensuite de ce
qui a été dit n°s 183 et 185, qu'il est encore vrai pour une
fraction dont le dénominateur est un carré parfait; et maintenant, *on peut l'admettre pour toute espèce de fraction,*
sans aucun inconvénient, dans les applications numériques,
puisqu'en définitive, il faut toujours, pour évaluer la racine
carrée de la fraction, en venir à rendre le dénominateur un
carré parfait.

188. SCOLIE GÉNÉRAL. — Il résulte évidemment des principes

qui ont été développés ci-dessus, qu'un nombre entier étant donné, on peut toujours obtenir l'expression exacte de sa racine carrée si ce nombre est un carré parfait, ou bien, une valeur aussi approchée que l'on veut de cette racine si le nombre n'est pas un carré parfait; et il en est de même des nombres fractionnaires.

Ces principes sont d'ailleurs tout-à-fait indépendans du système de numération dans lequel on opère; c'est-à-dire que les procédés qui ont été établis pour la recherche de la racine carrée des nombres, soit entiers, soit fractionnaires, dans le système décimal, seraient absolument semblables dans tout autre système de numération. Les commençans, pour se familiariser avec ces procédés, feront bien d'effectuer des extractions de racine dans divers systèmes, par exemple dans le système duodécimal. Ils reconnaîtront sans peine que, pour l'extraction de la racine carrée d'un nombre entier, soit exactement, soit en fractions duodécimales, il suffit d'opérer d'après les règles exposées aux n°^{s} 179 et 183; que, pour l'extraction de la racine carrée des fractions, il faut faire subir aux fractions des préparations analogues à celles qui ont été indiquées aux n°^{s} 184, 185, 186.

Telle est, enfin, la nature des nombres reconnus pour être des *carrés parfaits* dans le système décimal, que ces mêmes nombres exprimés dans un tout autre système, y sont encore des carrés parfaits; et les nombres qui n'ont pas de racines exactes dans le système décimal n'en ont pas davantage dans un autre système. Ainsi, les nombres *quatre, neuf, seize....; quarante-neuf...., quatre-vingt-un....*, sont des carrés parfaits dans tous les systèmes; et les nombres *deux, trois....., sept....., onze....*, n'ont de racine exacte dans aucun système. Cela tient à ce que la proposition du n° 176 repose sur les principes démontrés aux n°^{s} 129 et 130, et que ces principes sont indépendans de toute hypothèse particulière sur le système de numération.

§ II. *Formation du cube et extraction de la racine cubique des nombres.*

189. On appelle *cube* ou *troisième puissance* d'un nombre, le produit de trois facteurs égaux à ce nombre, et *racine cubique* ou *troisième* d'un nombre, le nombre qui, élevé au cube, reproduit le nombre proposé.

La formation du cube d'un nombre entier ou fractionnaire se réduit donc à deux multiplications successives, que l'on effectue d'après les règles connues.

Les dix premiers nombres étant :

$$1, \; 2, \; 3, \; 4, \; 5, \; 6, \; 7, \; 8, \; 9, \; 10,$$

on trouvera pour expressions de leurs cubes,

$$1, \; 8, \; 27, \; 64, \; 125, \; 216, \; 343, \; 512, \; 729, \; 1000.$$

Par exemple, le cube de 7 étant égal à $7 \times 7 \times 7$, on dit d'abord : 7 fois 7 font 49 ; et ensuite 7 fois 49 font 343 ; et ainsi des autres.

Réciproquement, les nombres de la seconde ligne ci-dessus ont pour *racines cubiques* les nombres de la première.

On reconnaît, à l'inspection de ces lignes, que parmi les nombres d'un, de deux, ou de trois chiffres, il n'y en a que *neuf* qui soient des *cubes parfaits;* chacun des autres a pour racine cubique un nombre entier plus une fraction, laquelle *ne peut s'exprimer exactement.* En effet, admettons pour un instant qu'un nombre entier N ait pour racine 3ᵉ exacte un nombre fractionnaire tel que $\frac{a}{b}$; il faudrait qu'en élevant $\frac{a}{b}$ au cube, on pût reproduire N. Or cela est impossible, car $\frac{a}{b} \times \frac{a}{b} \times \frac{a}{b}$ donne pour résultat $\frac{a^3}{b^3}$; et comme on peut toujours supposer que $\frac{a}{b}$ est un nombre fractionnaire irréductible, il s'ensuit que a et b sont premiers entre eux ; donc (n° 150) il en est de même de a^3 et b^3 ; ainsi $\dfrac{a^3}{b^3}$ est aussi un nombre fractionnaire irréductible, qui, par conséquent, ne peut être égal à un nombre entier N.

Les racines cubiques des nombres entiers qui ne sont pas des cubes exacts d'autres nombres entiers ne peuvent donc pas s'obtenir exactement, et sont aussi (n° 176), par conséquent, des nombres INCOMMENSURABLES OU IRRATIONNELS.

190. De même que, pour découvrir le procédé de l'extraction de la racine carrée d'un nombre entier quelconque, nous avons eu besoin de nous fonder sur l'expression du carré d'un binome $(a + b)$, c'est-à-dire de la somme de deux quantités ; de même, pour l'extraction de la racine cubique, il est indispensable de connaître la composition du cube de cette somme $(a + b)$.

Or, on a déjà trouvé (n° 177) que

$$(a + b)^2 \text{ ou } (a + b)(a + b) = a^2 + 2ab + b^2.$$

Si l'on multiplie ce premier résultat par $a + b$, ... d'après la règle établie (n° 112) pour la multiplication des polynomes, et qu'on fasse la réduction des termes semblables, on obtiendra

$$
\begin{array}{r}
a^2 + 2ab + b^2 \\
a + b \\
\hline
a^3 + 2a^2b + ab^2 \\
+ a^2b + 2ab^2 + b^3 \\
\hline
a^3 + 3a^2b + 3ab^2 + b^3
\end{array}
$$

$$(a + b)^3 = a^3 + 3a^2b + 3ab^2 + b^3.$$

Soit fait dans cette formule, $b = 1$; elle devient

$$(a + 1)^3 = a^3 + 3a^2 + 3a + 1 ;$$

d'où l'on déduit $(a + 1)^3 - a^3 = 3a^2 + 3a + 1 ;$

ce qui nous apprend que la différence entre les cubes de deux nombres quelconques qui diffèrent d'une unité, est égale au triple du carré du plus petit nombre, plus le triple de ce même nombre, plus 1.

Ainsi, la différence entre le cube de 90 et celui de 89 est égale

à $3 \times (89)^2 + 3 \times 89 + 1 = 24031$.

On peut juger, d'après cela, combien deux cubes parfaits consécutifs sont différens l'un de l'autre, dès que leurs racines prises dans la série naturelle des nombres, sont des nombres un peu considérables.

191. Recherchons maintenant un procédé *pour extraire la racine cubique d'un nombre entier.*

D'abord, si le nombre n'a que trois chiffres au plus, *sa racine s'obtient immédiatement d'après l'inspection des cubes des neuf premiers nombres.* Ainsi, la racine cubique de 125 est 5, la racine cubique de 72 est 4 plus une fraction, ou 4, à une unité près. La racine cubique de 841 est 9, à une unité près, puisque 841 tombe entre 729 ou le cube de 9, et 1000 ou le cube de 10.

Considérons donc un nombre de plus de trois chiffres.

Soit, par exemple, 103823 le nombre proposé.

$$
\begin{array}{ll}
103.823 \\
64 \\
\overline{398.23}
\end{array}
\left.
\begin{array}{l}
\\
\\
\end{array}
\right\}
\begin{array}{l}
4 \\
\overline{48}
\end{array}
$$

48	47
48	47
────	────
384	329
192	188
────	────
2304	2209
48	47
────	────
18432	15463
9216	8836
────	────
110592	103823

Ce nombre étant compris entre 1000 qui est le cube de 10, et 1000000 qui est le cube de 100, sa racine cubique est nécessairement composée de deux chiffres, c'est-à-dire de dixaines et d'unités. Désignons par *a* les dixaines et par *b* les unités, nous aurons (n° **190**)

$$103823 = (a + b)^3 = a^3 + 3a^2b + 3ab^2 + b^3.$$

D'où l'on voit que le cube d'un nombre composé de dixaines et d'unités *contient le cube des dixaines*, plus *le triple produit du carré des dixaines par les unités*, plus *le triple produit des dixaines par le carré des unités*, plus *le cube des unités*.

Cela posé, le cube des dixaines ne pouvant donner des unités d'un ordre inférieur à celui des *mille*, les trois derniers chiffres à droite n'en peuvent faire partie; et c'est dans la partie 103 (qu'on sépare des trois derniers chiffres par un point) que se trouve le cube des dixaines. Or, la racine du plus grand cube contenu dans 103 étant 4 pour 64, 4 est le chiffre des dixaines de la racine cherchée; car 103823 est compris entre 64000 ou (40)³ et 125000 ou (50)³; donc la racine est composée de 4 dixaines, plus un certain nombre d'unités moindre que *dix*.

Le chiffre des dixaines étant trouvé, retranchons son cube 64 de 103; il reste 39, qui, suivi de la tranche 823, donne 39823; et ce résultat contient encore *le triple carré des dixaines par les unités*, plus les deux autres parties énoncées précédemment. Or, le carré d'un nombre de dixaines ne pouvant donner des unités d'un ordre inférieur à celui des centaines, il s'ensuit que le triple produit du carré des dixaines par les unités ne peut se trouver que dans la partie à gauche 398 des deux derniers chiffres 23 (qu'on sépare encore, pour cette raison, par un point). D'un autre côté, l'on peut former le triple du carré des 4 dixaines, ce qui donne 48; donc, si l'on divise 398 par 48, le quotient 8 sera le chiffre des unités de la racine, ou un nombre plus fort que ce chiffre, parce que les 398 centaines contiennent, outre le triple produit du carré des dixaines par les unités, des retenues provenant des deux autres parties. Pour vérifier si le chiffre 8 n'est pas trop fort, on pourrait, comme pour la racine carrée, former, à l'aide de ce chiffre 8 et du chiffre 4 des dixaines, les trois parties qui

entrent dans 39823 ; mais *il est*, en général, *plus simple* d'é-
lever 48 au cube.

Or, on trouve pour ce cube, 110592, nombre plus grand que
103823 ; ainsi le chiffre 8 est trop fort. En formant le cube de
47, on obtient 103823 ; donc le nombre proposé est un cube
parfait et a pour racine cubique, 47.

N. B. — On ne peut pas rechercher d'abord le chiffre des
unités, par la raison que le cube des unités pouvant (n° 189)
donner des dixaines, et même des centaines, ces dixaines et
ces centaines se trouvent confondues avec celles qui proviennent des autres parties du cube.

Soit encore à extraire la racine cubique de 47954.

$$
\begin{array}{c|cc}
47\,.954 & 36 & \\
\underline{27} & \underline{27} & 36 \\
209 & & 36 \\
& & \overline{216} \\
47954 & & 108 \\
\underline{46656} & & 1296 \\
\overline{1298} & & \underline{36} \\
& & \overline{7776} \\
& & 3888 \\
& & \overline{46656} \\
\end{array}
$$

Le nombre 47954 étant compris entre 1000 et 1000000, sa
racine est comprise entre 10 et 100, c'est-à-dire, renferme des
dixaines et des unités. Le cube des dixaines se trouve dans
47 *mille ;* et l'on prouverait, comme dans l'exemple précédent,
que 3, racine du plus grand cube contenu dans 47, exprime le
nombre des dixaines. Retranchant le cube de 3, ou 27, de 47, on
a pour reste 20 ; abaissant à côté de ce reste, le seul chiffre 9
de la tranche 954, on a 209 *centaines*, nombre qui se compose *du triple produit du carré des dixaines par les unités,* plus
des retenues provenant des autres parties. Donc, si l'on forme
le triple produit du carré des dixaines 3, ce qui donne
27 *centaines*, et qu'on divise 209 par 27, le quotient 7 est

le chiffre des unités de la racine ; ou un nombre plus fort que ce chiffre. En élevant 37 au cube, on trouve 50653, nombre plus fort que 47954 ; mais si l'on forme le cube de 36, on obtient 46656, nombre qui, retranché de 47954, comme on le voit dans le tableau ci-dessus, donne pour reste 1298. Ainsi, le nombre proposé n'est pas un cube parfait ; et sa racine, à une unité près, est 36. En effet, la différence entre le nombre proposé et le cube de 36, est, comme on vient de le voir, 1298, nombre plus petit que $3 \times (36)^2 + 3 \times 36 + 1$ [différence entre $(37)^3$ et $(36)^3$], puisqu'on a obtenu dans le cours de la vérification, 3888 pour le triple du carré de 36.

192. Soit maintenant proposé d'extraire la racine cubique d'un nombre de plus de six chiffres, 43725658 par exemple.

```
43.725.658 | 352
27         | 27    35              352
           |       35              352
  167              175             704
                   105
                   1225            1760
  43725             35             1056
  42875            6125            123904
   8506            3675             352
                  42875           247808
  43725658                        619520
  43614208                        371712
                                  43614208
reste..... 111450
```

Quelle que soit la racine cherchée, elle a nécessairement plus d'un chiffre, et l'on peut la regarder comme composée d'unités et de dixaines seulement (le nombre des dixaines pouvant avoir plusieurs chiffres).

Or, le cube des dixaines donne au moins des *mille*; ainsi, ce cube se trouve nécessairement dans la partie à gauche des trois derniers chiffres 658. Je dis maintenant que, si l'on extrait la racine du plus grand cube contenu dans 43725 considéré comme exprimant des unités simples, on aura le nombre total des dixaines de la racine demandée. En effet, soit *a* la racine du plus grand cube contenu dans 43725, il s'ensuit d'abord que la racine demandée a au moins un nombre a de dixaines, puisque $a^3 \times 1000$ peut être retranché de 43725000, et à fortiori, de 43725658. D'ailleurs, la racine ne saurait avoir $(a+1)$ dixaines ; car $(a+1)^3$ étant plus grand que 43725, $(a+1)^3 \times 1000$ surpasse 43725000 d'au moins *un mille*, et est par conséquent plus grand que 43725658. Donc enfin, la racine demandée se compose de a dixaines plus un certain nombre d'unités moindre que *dix*.

La question est alors ramenée à extraire la racine cubique de 43725 ; mais ce nouveau nombre ayant plus de trois chiffres, sa racine en a plus d'un, c'est-à-dire renferme des dixaines et des unités. Pour obtenir les dixaines, il faut séparer les trois derniers chiffres, 725, et extraire la racine du plus grand cube contenu dans 43. (On voit assez ce qu'il faudrait faire si ce nouveau nombre avait plus de trois chiffres.)

Le plus grand cube contenu dans 43 est 27, dont la racine est 3 ; et ce chiffre exprime alors les dixaines de la racine de 43725 (ou le chiffre des centaines de la racine totale). Retranchant le cube de 3, ou 27, de 43, on a pour reste 16, à côté duquel il faut abaisser le premier chiffre 7 de la tranche suivante, 725, ce qui donne 167.

Formant le triple carré des dixaines 3, on trouve 27 *mille* ; et si l'on divise 167 par 27, le quotient 6 est le chiffre des unités de la racine de 43725, ou bien un nombre plus fort. Il est aisé de reconnaître que ce chiffre est en effet trop grand ; ainsi, il faut essayer 5, et pour cela, élever 35 au cube ; il vient pour résultat, 42875, nombre qui, retranché de 43725, donne pour reste, 850. (Ce reste est évidemment plus petit que $3 \times (35)^2 + 3 \times 35 + 1$, puisque déjà le carré de 35 est, d'après le tableau ci-dessus, égal à 1225.) Ainsi, 35 est la racine du plus grand cube contenu dans 43725 : c'est donc *le nombre total des dixaines de la racine cherchée*.

Pour obtenir les unités, on abaisse à côté du reste 850, le premier chiffre 6 de la dernière tranche 658, ce qui donne 8506 ; on forme d'ailleurs le triple carré des dixaines 35 (ce qui est facile, puisque, dans la vérification du chiffre précédent, on a déjà formé le carré de 35); puis on divise 8506 par ce triple carré 3675; le quotient est 2, que l'on essaie en élevant 352 au cube; on obtient ainsi 43614208, résultat plus petit que le nombre proposé. En le soustrayant de celui-ci, on obtient pour reste 111450. Donc 352 est la racine cubique de 43725668, à une unité près.

RÈGLE GÉNÉRALE. — *Pour extraire la racine cubique d'un nombre entier, séparez le nombre en tranches de trois chiffres chacune, à partir de la droite, jusqu'à ce que vous parveniez à une tranche d'un, de deux, ou de trois chiffres au plus* (LE NOMBRE DES TRANCHES EST ÉGAL AU NOMBRE DES CHIFFRES DE LA RACINE); *extrayez la racine du plus grand cube contenu dans la première tranche à gauche, et retranchez ce cube, de la première tranche; abaissez à côté du reste le premier chiffre de la seconde tranche, et divisez le nombre ainsi formé, par le triple carré du chiffre déjà trouvé à la racine; écrivez le quotient à la droite de ce chiffre, et élevez au cube l'ensemble des deux chiffres; si ce cube est plus fort que l'ensemble des deux premières tranches du nombre proposé, diminuez le quotient, d'une ou de plusieurs unités, jusqu'à ce que vous obteniez un cube qui puisse se retrancher de l'ensemble des deux premières tranches; la soustraction faite, abaissez à côté du reste le premier chiffre de la troisième tranche, puis divisez le nombre ainsi formé, par le triple carré de l'ensemble des deux chiffres déjà trouvés; le quotient, s'il n'est pas trop fort, doit être tel qu'en l'écrivant à la droite des deux premiers chiffres de la racine, et élevant au cube le nombre qui en résulte, on puisse retrancher le produit, de l'ensemble des trois premières tranches. Cette nouvelle soustraction faite, abaissez à côté du reste le premier chiffre de la quatrième tranche, et continuez la même série d'opérations jusqu'à ce que vous ayez abaissé toutes les tranches.*

Remarque. — Souvent, dans le cours des opérations, on est conduit à soupçonner qu'un des quotiens dont nous venons de parler, est beaucoup trop fort, et alors on croit pouvoir le diminuer d'avance de deux ou plusieurs unités; mais en élevant au cube la racine déjà trouvée, suivie de ce chiffre, et retranchant ce cube, de l'ensemble des tranches considérées dans le nombre proposé, on peut obtenir un reste très grand, qui donne à penser que le dernier chiffre placé à la racine est trop faible. Or, pour savoir si cette présomption est fondée, il faut s'assurer si *le reste surpasse* ou *égale le triple du carré de la racine déjà obtenue, plus le triple de cette même racine, plus un.* Dans ce cas, on doit augmenter la racine d'une ou de plusieurs unités de l'ordre du dernier chiffre obtenu.

Voici des exemples sur lesquels on peut s'exercer:

$$\sqrt[3]{483249} = 78, \text{ avec un reste } 8697.$$

$$\sqrt[3]{9163250864\iota} = 4508, \text{ avec un reste } 20644129.$$

$$\sqrt[3]{32977340218432} = 32068, \text{ exactement.}$$

193. — *Extraction de la racine cubique par approximation.* Lorsque le nombre proposé n'est pas le cube d'un autre nombre entier, le procédé ci-dessus ne donne que la partie entière de la racine. Quant à la fraction qui doit compléter la racine, nous avons déjà vu (n° 189) qu'elle ne peut être obtenue exactement; mais on peut trouver une autre fraction qui n'en diffère que d'une quantité aussi petite que l'on veut, d'après une règle analogue à celle du numéro 182.

Soit, en général, proposé d'extraire la racine cubique, ou troisième, du nombre a (entier ou fractionnaire), à une fraction près $\frac{1}{n}$.

Le nombre a peut être mis sous la forme $\dfrac{a \times n^3}{n^3}$; et si l'on désigne par r la racine du plus grand cube contenu dans an^3, c'est-à-dire la racine cubique de an^3, à une unité près, le nombre $\dfrac{an^3}{n^3}$, ou a, est compris entre $\dfrac{r^3}{n^3}$ et $\dfrac{(r+1)^3}{n^3}$; donc aussi, $\sqrt[3]{a}$ est comprise entre les racines 3èmes de ces deux nombres, ou entre $\frac{r}{n}$

et $\frac{r+1}{n}$; donc enfin, $\frac{r}{n}$ est la racine demandée, à une fraction

près $\frac{1}{n}$.

Ainsi, *pour extraire la racine 3me d'un nombre, à une fraction près $\frac{1}{n}$, multipliez le nombre par le cube du dénominateur* n; *extrayez, à moins d'une unité près, la racine cubique du produit, et divisez le résultat par* n.

Exemple. — *On demande la racine cubique de* 15, *à* $\frac{1}{12}$ *près.*

On a $15 \times 12^3 = 15 \times 1728 = 25920$. Or, la racine cubique de 25920, à une unité près, est 29. Donc la racine demandée est $\frac{29}{12}$, ou $2\frac{5}{12}$.

Soit encore à *extraire la racine cubique de* $37\frac{8}{13}$ ou $\frac{489}{13}$, à $\frac{1}{20}$ *près?*

On a $\frac{489}{13} \times (20)^3 = \frac{489 \times 8000}{13} = \frac{3912000}{13} = 300923\frac{1}{13}$.

Or, la racine cubique de $300923\frac{1}{13}$ ou de 300923, à une unité près, est 67; donc $\frac{67}{20}$, ou $3\frac{7}{20}$, est la racine demandée, à $\frac{1}{20}$ près.

On trouverait pareillement

$$\sqrt[3]{47} = \frac{72}{20} = 3\frac{12}{20} = 3\frac{3}{5}, \text{ à } \frac{1}{20} \text{ près};$$

$$\sqrt[3]{23\frac{7}{8}} = \frac{37}{13} = 2\frac{11}{13}, \text{ à } \frac{1}{13} \text{ près};$$

$$\sqrt[3]{\frac{5}{7}} = \frac{26}{30} = \frac{13}{15}, \text{ à } \frac{1}{30} \text{ près}.$$

194. L'approximation en décimales est une conséquence de la règle précédente.

Soit proposé d'évaluer $\sqrt[3]{25}$ à 0,001 près.

Il faut (n° 193) multiplier 25 par le cube de 1000, ou par 1000000000, c'est-à-dire placer *neuf* zéros à la droite de 25, ce qui donne 25000000000. Or, la racine cubique de ce nombre est 2924, à une unité près. Donc 2,924 est la racine demandée, $\frac{1}{1000}$ près.

En général, *pour évaluer la racine cubique d'un nombre entier en décimales, écrivez à la droite du nombre,* TROIS FOIS *autant de zéros que vous voulez avoir de chiffres décimaux à la racine; extrayez, à une unité près, la racine cubique du nouveau nombre; puis séparez vers la droite du résultat, le nombre de chiffres décimaux demandé.*

N. B. — On peut, comme pour la racine carrée (n° 183), se dispenser d'écrire sur-le-champ toutes les tranches de trois zéros, et ne les placer que successivement et au fur et à mesure qu'on veut obtenir de nouveaux chiffres décimaux à la racine.

195. Lorsque le nombre proposé est fractionnaire, il y a deux cas à considérer : Ou ce nombre est *décimal,* ou il est *quelconque.*

PREMIER CAS. — Soit à *extraire la racine cubique de* 3,1415 à $\frac{1}{100}$ *près* ?

Comme, en vertu de la règle du n° 193, il faut multiplier le nombre par (100)³ ou 1000000, il suffit évidemment d'écrire *deux* zéros à la droite de 3,1415, puis de supprimer la virgule, ce qui donne 3141500. Or, la racine cubique de ce dernier nombre, à une unité près, est 146. Donc 1,46 est la racine demandée, à $\frac{1}{100}$ *près.*

Si l'on voulait un nouveau chiffre décimal à la racine, il suffirait de placer à la droite du reste obtenu, une nouvelle tranche de *trois* zéros ; et l'on continuerait l'opération.

RÈGLE GÉNÉRALE. — Pour extraire la racine cubique d'une fraction décimale, à un degré d'approximation déterminé, *faites en sorte* (en plaçant à la droite de la fraction proposée un nombre convenable de zéros) *que le nombre des chiffres décimaux soit* TRIPLE *de celui qu'on veut avoir à la racine; supprimez la virgule; puis extrayez la racine 3ᵉ du nombre résultant, à une unité près, et séparez vers la droite de cette racine le nombre de chiffres décimaux demandé.*

SECOND CAS. — Lorsqu'il s'agit d'un nombre fractionnaire quelconque, *on le réduit d'abord en décimales* (n° 94), *en poussant l'opération jusqu'à ce qu'on ait au quotient* TROIS FOIS *autant de chiffres décimaux que l'on veut en avoir à la racine; puis on opère comme dans le cas précédent.*

Voici de nouvelles applications :

$$\sqrt[3]{79} = 4,2908, \text{ à } \frac{1}{10000} \text{ près;}$$

$$\sqrt[3]{3,00415} = 1,4429, \text{ à } \frac{1}{10000} \text{ près;}$$

$$\sqrt[3]{0,00101} = 0,10, \text{ à } \frac{1}{100} \text{ près;}$$

$$\sqrt[3]{\frac{14}{25}} = 0,824, \text{ à } \frac{1}{1000} \text{ près.}$$

196. *Remarque* sur l'extraction de la racine cubique des fractions.

Toutes les fois que l'on a à extraire la racine cubique d'une fraction, et que le degré d'approximation n'est pas fixé d'avance, on doit, comme pour la racine carrée (n° 185), faire subir au nombre proposé quelques transformations.

Soit $\frac{a}{b}$ le nombre proposé, b étant supposé d'abord un nombre premier, ou le produit de facteurs premiers élevés à la première puissance.

Commençons par rendre le dénominateur un cube parfait, en multipliant les deux termes par b^2 : la fraction se change alors en celle-ci, $\dfrac{ab^2}{b^3}$. Désignant par r la partie entière de la racine cubique de ab^2, on reconnaît aisément que $\dfrac{ab^2}{b^3}$ ou $\dfrac{a}{b}$ est compris entre $\dfrac{r^3}{b^3}$ et $\dfrac{(r+1)^3}{b^3}$. Donc $\sqrt[3]{\dfrac{a}{b}}$ est elle-même comprise entre $\dfrac{r}{b}$ et $\dfrac{r+1}{b}$; ainsi $\dfrac{r}{b}$ est la racine cubique de $\dfrac{a}{b}$ à une fraction près marquée par $\dfrac{1}{b}$.

Si l'on voulait une plus grande exactitude, il n'y aurait qu'à rechercher une valeur plus approchée de $\sqrt[3]{ab^2}$, et diviser le résultat par b.

Lorsque le dénominateur b renferme des facteurs dont les uns sont des cubes parfaits, et les autres des carrés parfaits, la préparation à faire subir à la fraction est plus simple.

Soit, pour exemple, la fraction $\dfrac{113}{360}$.

Le nombre 360 est égal (n° 144) à $2^3.3^2.5$; donc, si l'on multiplie les deux termes de la fraction par 3×5^2 ou 75, la fraction pourra être mise sous la forme

$$\frac{113 \times 75}{2^3 \times 3^3 \times 5^3} = \frac{8475}{(30)^3}$$

Extrayant la racine cubique de 8475, à une unité près, ce qui donne 20, on trouve $\dfrac{20}{30}$ ou $\dfrac{2}{3}$ pour la racine demandée, à $\dfrac{1}{30}$ près.

La règle de l'extraction de la racine cubique des fractions décimales, peut être considérée comme un cas particulier de cette dernière transformation.

Pour que le dénominateur d'une fraction décimale soit *un cube parfait*, c'est-à-dire soit égal à $(10)^3$, $(100)^3$, il faut *rendre le nombre des chiffres décimaux multiple de* TROIS, ce qui se fait en écrivant des zéros en nombre convenable.

Enfin, tout ce qui a été dit nᵒˢ 187 et 188, sur la racine carrée des nombres, s'applique également à la racine cubique, et en général aux racines d'un degré quelconque.

Nous ne pouvons toutefois exposer dans ces élémens les procédés de l'extraction des racines d'un degré supérieur au 3ᵉ, parce que ces procédés sont fondés sur la composition d'une puissance de degré quelconque d'un binome, et que *la formule* qui a rapport à cette composition exige, pour être développée complétement, des connaissances assez étendues en Algèbre. Nous donnerons, d'ailleurs, dans le dernier chapitre de cet ouvrage, un moyen abrégé d'effectuer les extractions de racines de tous les degrés.

CHAPITRE VII.

Applications des règles de l'Arithmétique. Théorie des Rapports et des Proportions.

197. *Introduction.* — Après avoir fait connaître les procédés relatifs aux diverses opérations de l'Arithmétique, il nous reste une tâche assez difficile à remplir, c'est celle d'initier les commençans à la résolution de toutes sortes de questions sur les nombres.

On distingue deux genres principaux de questions, les théorèmes et les problèmes.

On peut avoir pour but de démontrer l'existence de certaines propriétés dont jouissent des nombres connus et donnés, auquel cas la question porte le nom de *théorème*. Le cinquième chapitre offre une foule de questions de ce genre : les principes sur la divisibilité des nombres ; les propriétés des fractions décimales périodiques et des fractions continues, sont autant de théorèmes.

Ou bien, on se propose de déterminer certains nombres d'après la connaissance d'autres nombres qui ont avec les premiers des relations indiquées par l'énoncé ; et alors c'est un *problème* que l'on veut résoudre. Telles sont les questions que nous avons présentées, dans le cours des deux premiers chapitres, comme applications des diverses règles de l'Arithmétique.

Mais on peut avoir à résoudre des problèmes plus compliqués, dont les énoncés soient tels qu'on ait quelque peine à *découvrir et à déterminer la série des opérations qu'il faut effectuer sur les nombres connus et donnés, pour parvenir à la connaissance des nombres que l'on cherche;* c'est cette détermination qui constitue ce qu'on appelle l'*analyse* ou *la résolution* du problème.

Il existe toutefois une certaine classe de problèmes, pour la résolution desquels on peut établir des règles fixes et certaines : ce sont ceux qui dépendent de la théorie des rapports et des proportions. Il est donc naturel de commencer par le développement de cette théorie, qui, d'ailleurs, à cause de ses nombreuses applications, doit être regardée comme l'une des plus importantes des Mathématiques.

§ I. *Des Rapports et des Proportions.*

198. Nous avons déjà dit (n° 1) qu'il n'y a point de grandeur absolue ; que, pour se former une idée d'une grandeur quelconque, il faut la comparer à une autre grandeur convenue, de même espèce, qui peut d'ailleurs être prise arbitrairement ou dans la nature. Le résultat de cette comparaison est ce que nous avons appelé *nombre*.

Mais si, au lieu de comparer une grandeur à son unité, on veut comparer deux grandeurs quelconques d'une même espèce, ce qui revient à comparer les deux nombres qui les expriment, le *résultat de cette comparaison* est ce qui constitue le *rapport* ou *la raison* des deux nombres. Ces deux mots, *rapport* et *raison*, sont synonymes en Mathématiques, et expriment l'idée qu'on se fait d'une grandeur par le moyen d'une autre grandeur à laquelle on la compare, et qui doit être essentiellement de même espèce.

Dans ce sens, *un nombre* est l'expression du rapport ou de la raison d'une grandeur à son *unité*.

En général, *il y a deux manières de comparer deux grandeurs l'une à l'autre :*

Ou bien, on veut savoir de combien la plus grande surpasse la plus petite ; et le résultat s'obtient en soustrayant la plus petite de la plus grande.

Ou bien, on veut savoir combien de fois l'une contient l'autre, ou y est contenue, ce qui se fait en divisant les deux quantités l'une par l'autre.

Ainsi, soient 24 et 6 les deux nombres que l'on veut comparer.

On a $$24 - 6 = 18, \text{ et } \frac{24}{6} = 4.$$

Le résultat de la comparaison par soustraction, est 18 ; tandis que le résultat de la comparaison par division, est 4.

Pour distinguer ces deux espèces de rapports, on appelait autrefois le premier, *rapport arithmétique*, et le second, *rapport géométrique*. Mais ces dénominations insignifiantes sont maintenant remplacées par celles-ci : pour la première espèce, *rapport par soustraction*, ou simplement *différence*, parce que c'est le résultat d'une soustraction ; et pour la seconde, *rapport par division*, ou simplement *rapport*, parce que c'est presque toujours pour savoir combien de fois l'une des quantités contient l'autre, que l'on compare deux grandeurs en Mathématiques.

Par exemple, dans la théorie des nombres complexes, le *rapport de l'unité principale* d'une certaine nature *à l'une de ses subdivisions*, ou le *rapport de deux subdivisions entre elles*, n'est autre chose que le nombre de fois que l'une contient l'autre. Dans la comparaison du nouveau système des poids et mesures à l'ancien, *le rapport du mètre à la toise*, et celui *de la toise au mètre*, *le rapport du kilogramme à la livre poids*, et celui *de la livre poids au kilogramme*, sont les nombres entiers ou fractionnaires qui résultent de la division de deux nombres exprimant *en unités de même espèce*, les mesures que l'on compare.

Ainsi dorénavant, lorsque nous nous servirons du mot *rapport*, il exprimera *le résultat ou le quotient de la division de deux nombres;* et si nous voulons exprimer que deux nombres sont comparés entre eux par soustraction, nous emploierons la dénomination de *différence*, ou *de rapport par soustraction*.

Dans tout rapport, soit par soustraction, soit par division, on distingue deux termes, qui sont les nombres que l'on compare. Le terme qu'on énonce ou qu'on écrit le premier, s'appelle *antécédent*, et le second, *conséquent*.

199. Lorsque deux rapports par soustraction sont égaux, l'ensemble des quatre nombres qui les constituent s'appelle une *équi-différence*, comme étant l'expression de deux différences égales. (On l'appelait autrefois *proportion arithmétique*.)

Par exemple, soient les quatre nombres 12, 5, 27, 17; comme la différence de 12 à 5 est 7, et que la différence de 24 à 17 est aussi 7, on dit que ces grandeurs forment une équi-différence, que l'on écrit ainsi :

$$12 . 5 : 24 . 17 ,$$

en plaçant *un* point entre le premier et le second terme, *deux* points entre le second et le troisième, et *un* point entre le troisième et le quatrième.

On l'énonce d'ailleurs de la manière suivante :

12 *est à* 5 *comme* 24 *est à* 17 ; -

ce qui veut dire que 12 surpasse 5 d'autant d'unités que 24 surpasse 17.

On peut aussi l'écrire, d'après les notations déjà adoptées :

$$12 - 5 = 24 - 17.$$

Le premier et le troisième terme, 12 et 24, se nomment *les antécédens* de l'équi-différence; le second et le quatrième s'appellent *les conséquens* ; ces dénominations s'accordent avec celles qui ont été données aux deux termes d'un *rapport par soustraction*.

Le premier et le dernier terme, 12 et 17, se nomment aussi *les deux extrêmes;* le second et le troisième, 5 et 24, sont dits *les deux moyens*.

200. Lorsque deux rapports par division sont égaux, l'ensemble des quatre nombres qui les constituent, s'appelle *une proportion* (autrefois *proportion géométrique* ; on pourrait le nommer encore un *équi-quotient,* comme étant *l'expression de deux quotiens égaux*. Mais le mot *proportion* est généralement adopté)..

Soient, par exemple, les quatre nombres 15, 5, 36, 12 ; le rapport de 15 à 5, ou le quotient de 15 par 5, étant 3, ainsi que le rapport de 36 à 12, ces quatre nombres forment une *proportion,* que l'on écrit ainsi :

$$15 : 5 :: 36 : 12,$$

en plaçant *deux* points entre le premier et le deuxième, *quatre* points entre le second et le troisième, et *deux* entre le troisième et le quatrième.

On l'énonce d'ailleurs comme une équi-différence : *15 est à 5 comme 36 est à* 12; ce qui veut dire que 15 contient 5 autant de fois que 36 contient 12. Aussi peut-on l'écrire encore sous cette autre forme :

$$\frac{15}{5} = \frac{36}{12}.$$

Les dénominations des termes sont du reste les mêmes que dans les équi-différences.

Ainsi 15 et 36 sont *les antécédens ;* 5 et 12 sont *les conséquens.* Enfin 15 et 12 sont appelés *les extrêmes ;* 5 et 36 *les moyens* de la proportion.

Les équi-différences et les proportions, celles-ci surtout, jouissent de plusieurs propriétés que nous allons développer successivement.

Des Équi-différences.

201. On appelle *équi-différence* (n° 199) l'expression de l'égalité des deux différences.

PROPRIÉTÉ FONDAMENTALE. — *Dans toute équi-différence, la somme des extrêmes est égale à la somme des moyens.*

Soit l'équi-différence $11.7 : 19.15$;

on a évidemment $11 + 15 = 7 + 19.$

Mais pour nous rendre compte de cette proposition d'une manière générale, observons que, si les conséquens étaient égaux à leurs antécédens, que l'on eût, par exemple,

$$11 . 11 : 19 . 19,$$

la proposition serait manifeste : car $11 + 19 = 11 + 19.$

Or, pour ramener l'équi-différence à cet état, il suffit d'augmenter chacun des conséquens, de la même différence 4. Mais par cette addition, on a évidemment augmenté l'un des moyens et l'un des extrêmes, du même nombre 4; ainsi, la somme des moyens et la somme des extrêmes se trouvent augmentées en même temps de ce même nombre. Donc, puisque, après cette addition, les deux sommes sont égales, les précédentes l'étaient aussi.

Remarquons d'ailleurs que, s'il n'y avait pas *équi-différence* entre les quatre nombres, il faudrait, pour rendre les conséquens *égaux* à leurs antécédens, ajouter à chacun d'eux un *nombre différent;* et, puisque, après cette addition, la somme des extrêmes deviendrait égale à celle des moyens, il s'ensuit que les deux sommes devaient être inégales avant l'addition.

Donc, *si quatre nombres, énoncés dans un certain ordre, ou écrits sur une même ligne, forment une équi-différence, la somme des extrêmes est égale à la somme des moyens.*

Réciproquement, *si la somme du premier et du dernier nombre est égale à la somme du second et du troisième; ou si la somme des extrêmes est égale à celle des moyens, les quatre nombres forment une équi-différence, dans l'ordre où ils sont énoncés ou écrits.* Car s'il n'y avait pas équi-différence, on vient de voir que la somme des extrêmes ne serait pas égale à celle des moyens; ce qui serait contraire à la supposition.

N. B. — Il peut arriver que les antécédens soient plus petits que leurs conséquens, comme dans l'équi-différence

$$9 \cdot 14 : 18 \cdot 23.$$

Mais les raisonnemens seraient les mêmes que dans le cas précédent; il suffirait d'ajouter aux deux antécédens la *différence commune* 5; ce qui reviendrait à ajouter le même nombre à la somme des extrêmes et à la somme des moyens.

Voyons avec quelle précision les notations algébriques s'appliquent à la propriété précédente et à sa réciproque.

Soient quatre nombres a, b, c, d, que nous supposons former entre eux une *équi-différence :*

On a donc $a.b : c.d$, ou bien encore $a - b = c - d$.

Cela posé, ajoutons aux deux membres de cette égalité, la somme $b + d$; il vient

$$a - b + b + d = c - d + b + d,$$

ou réduisant, $a + d = c + b$;

donc *la somme des extrêmes* a *et* d *est égale à la somme des moyens* c *et* b.

Réciproquement, soient quatre nombres a, b, c, d, tels que l'on ait $a + d = b + c$;

retranchons $b + d$ des deux membres de cette égalité; il vient $a + d - b - d = b + c - b - d,$

ou, réduisant, $a - b = c - d,$

ou $a.b : c.d.$

Donc, *ces quatre nombres forment une équi-différence dont les extrêmes sont les deux termes de l'une des deux sommes, et les moyens les deux termes de l'autre.*

202. Conséquence. — Il résulte de la propriété précédente, que, *connaissant trois termes d'une équi-différence, on obtiendra le quatrième,* si c'est un extrême, *en retranchant de la somme des moyens, l'extrême connu,* et, si c'est un moyen, *en retranchant de la somme des extrêmes, le moyen connu.*

Ainsi, soit l'équi-différence

$$23 . 11 : 49 . x$$

(*x* désignant le terme inconnu).

Comme on a, d'après la propriété fondamentale,

$$x + 23 = 11 + 49,$$

il en résulte $x = 11 + 49 - 23 = 37$;

ce qui donne

$$23 . 11 : 49 . 37.$$

Pareillement, dans l'équi-différence

$$31 . 25 : x . 78,$$

on a $x + 25 = 31 + 78$;

d'où $x = 31 + 78 - 25 = 84,$

et par conséquent, $31 . 25 : 84 . 78.$

203. Quelquefois, on est conduit à considérer une équi-différence dont les deux moyens sont égaux ; elle s'appelle alors une *équi-différence continue* (ou *proportion arithmétique continue*).

Par exemple,

$$27 . 39 : 39 . 51$$

est une équi-différence continue.

Comme, dans ce cas, le double de l'un des moyens doit, an vertu de la propriété ci-dessus, être égal à la somme des

extrêmes, il s'ensuit que *ce moyen est égal à la demi-somme
des deux extrêmes.*

Ainsi, dans l'équi-différence

$$23 . x : x . 49,$$

on a
$$x = \frac{49 + 23}{2} = 36.$$

Cette valeur de *x* est ce qu'on appelle *un moyen différentiel*
(ou *un moyen proportionnel arithmétique*) entre les deux
nombres 23 et 49.

204. Voici quelques autres propriétés des équi-différences :

On peut *augmenter les deux antécédens ou les diminuer,
augmenter les deux conséquens ou les diminuer, augmenter
soit les deux premiers termes, soit les deux derniers, ou les
diminuer d'un même nombre,* sans que l'équi-différence
cesse d'exister.

En effet, il est évident que, par ces diverses transformations,
on augmente ou l'on diminue d'un même nombre la somme
des extrêmes et celle des moyens; ainsi, l'égalité des deux
sommes n'est pas troublée; et il en est de même de l'équi-
différence, en vertu de la réciproque de la propriété fondamentale.

On peut également *intervertir l'ordre des deux extrêmes,
celui des deux moyens,* ou bien *mettre les moyens à la place
des extrêmes,* sans troubler l'équi-différence; car il est évident
qu'après ces mutations, la somme des extrêmes est encore
égale à celle des moyens.

En général, toute transformation exécutée sur une équi-
différence, et telle que la somme des extrêmes reste égale
à la somme des moyens, ne détruit pas l'équi-différence.

Mais il est inutile d'insister davantage sur les propriétés des
équi-différences, parce qu'elles sont de fort peu d'usage.

Passons aux propriétés des proportions proprement dites,
ou autrement, des *proportions géométriques.*

Des Proportions.

205. On entend (n° 203) par *proportion*, l'expression de l'égalité de deux *rapports* ou *quotiens*.

Lorsque quatre nombres sont en proportion, le *rapport commun* qui existe entre les deux premiers termes et entre les deux derniers, peut être, ou un nombre entier, ou un nombre fractionnaire, ou une fraction proprement dite.

Soient, par exemple, les proportions

$$18 : 6 :: 24 : 8,$$
$$12 : 9 :: 36 : 27,$$
$$5 : 12 :: 20 : 48.$$

Dans la première, le rapport commun est 3 ; dans la seconde, on a $\dfrac{12}{9} = \dfrac{36}{27} = \dfrac{4}{3}$; donc le rapport commun est un nombre essentiellement fractionnaire.

Enfin, dans la troisième, on a $\dfrac{20}{48} = \dfrac{5}{12}$, en supprimant le facteur 4 commun aux deux termes ; ainsi la fraction $\dfrac{5}{12}$ est le rapport commun.

PROPRIÉTÉ FONDAMENTALE. — *Dans toute proportion, le produit des extrêmes est égal à celui des moyens.*

En effet, cette propriété serait évidente, si, au lieu d'une proportion telle que

$$18 : 6 :: 24 : 8,$$

on en avait une dont les antécédens fussent égaux à leurs conséquens, si l'on avait, par exemple,

$$18 : 18 :: 24 : 24.$$

Or, pour ramener la première proportion à cet état, il suffit évidemment de multiplier chaque conséquent par le rapport commun 3 ; mais, par cette multiplication, l'un des moyens et l'un des extrêmes sont multipliés par un même nombre ; ainsi, il en est de même du produit des extrêmes et du produit des moyens ; et, puisque alors les deux produits résultans sont égaux, les produits primitifs l'étaient aussi.

Observons d'ailleurs que, si les quatre nombres donnés ne formaient pas une proportion, il faudrait, pour rendre les conséquens égaux à leurs antécédens, multiplier ces conséquens chacun par un nombre différent qui exprimerait le rapport du premier terme au second, ou du troisième terme au quatrième ; et comme, après cette multiplication, le produit des extrêmes deviendrait égal à celui des moyens, il en résulte qu'avant la multiplication, les deux produits n'étaient pas égaux.

D'où l'on peut conclure que *si quatre nombres, énoncés ou écrits dans un certain ordre, sont en proportion, le produit des extrêmes est égal à celui des moyens.*

Réciproquement, *si le produit des deux termes extrêmes est égal à celui des moyens, les nombres forment une proportion dans l'ordre où ils sont énoncés ou écrits.* Car, s'il n'y avait pas proportion entre ces quatre nombres, on vient de voir que le produit des extrêmes ne serait pas égal à celui des moyens, ce qui serait contraire à la supposition établie.

Appliquons les notations algébriques à la démonstration de cette propriété et de sa réciproque.

Soient quatre nombres a, b, c, d, en proportion, c'est-à-dire tels qu'on ait $a : b :: c : d$, ou ce qui revient au même,

$$\frac{a}{b} = \frac{c}{d}.$$

Multiplions les deux membres de cette égalité par bd ; il vient

$$\frac{abd}{b} = \frac{cbd}{d},$$

ou, réduisant,

$$ad = bc.$$

Donc le *produit des extrêmes*, ad, est égal au *produit des moyens*, bc.

Réciproquement, soient quatre nombres a, b, c, d, tels que l'on ait $\qquad\qquad a \times d = b \times c$;

divisons les deux membres de cette égalité par $b \times d$; il

vient $\qquad\qquad \dfrac{a \times d}{b \times d} = \dfrac{b \times c}{b \times d}$,

ou, en supprimant les facteurs communs, $\dfrac{a}{b} = \dfrac{c}{d}$, c'est-à-dire

$$a : b :: c : d.$$

Donc *les quatre nombres forment une proportion dont les extrêmes sont les facteurs de l'un des deux produits, et dont les moyens sont les facteurs de l'autre.*

206. Conséquence. — De cette propriété fondamentale il résulte que, *connaissant trois termes d'une proportion, on doit, pour obtenir le quatrième, si c'est un extrême, diviser le produit des moyens par l'extrême connu ; et, si c'est un moyen, diviser le produit des extrêmes par le moyen connu.*

Ainsi, soit la proportion $\quad 18 : 24 :: 72 : x$,

comme on a $\qquad\qquad 18 \times x = 24 \times 72$,

il en résulte $\qquad\qquad x = \dfrac{24 \times 72}{18} = 96$;

ce qui donne $\qquad\qquad 18 : 24 :: 72 : 96.$

207. Il peut arriver que les deux moyens d'une proportion soient égaux entre eux, comme dans celle-ci :

$$9 : 12 :: 12 : 16 ;$$

la proportion est dite alors une *proportion continue.* Dans ce cas, le produit des deux moyens devenant le *carré* de chacun d'eux, il s'ensuit que ce carré est égal au produit des extrêmes ; donc *chacun des moyens a pour valeur la racine carrée du produit des extrêmes.*

Soit, par exemple, la proportion $50 : x :: x : 8$, x étant le moyen terme inconnu d'une *proportion continue;* on a

$$x^2 = 50 \times 8 = 400,$$

d'où l'on déduit $x = \sqrt{400} = 20$;

ce qui donne $50 : 20 :: 20 : 8$.

En général, soit la proportion $a : x :: x : b$; il en résulte $x^2 = a \times b$, d'où $x = \sqrt{a \times b}$. Cette valeur de x est ce qu'on appelle *un moyen proportionnel entre les deux nombres a et b*.

208. Autres propriétés. — On peut *multiplier ou diviser les deux premiers termes, ou les deux derniers, par un même nombre*, sans altérer la proportion.

En effet, le rapport des deux premiers termes, ou celui des deux derniers, n'est autre chose (n° 198) que le quotient d'une division dont le dividende est l'antécédent, et le diviseur le conséquent; et l'on sait qu'en multipliant ou divisant les deux termes d'une division par un même nombre, on ne change pas la valeur du quotient.

On peut également *multiplier ou diviser les deux antécédens, multiplier ou diviser les deux conséquens, par un même nombre*, sans altérer la proportion.

Car, par ces transformations, on multiplie ou l'on divise à la fois l'un des extrêmes et l'un des moyens par un même nombre; donc le produit des extrêmes reste toujours égal à celui des moyens. Or, d'après la réciproque de la propriété fondamentale, c'est une condition suffisante pour que les quatre nombres soient en proportion.

On peut encore, comme dans l'équi-différence, *intervertir l'ordre des extrêmes d'une proportion et celui des moyens*, ou bien, *mettre les extrêmes à la place des moyens*, sans que la proportion cesse d'exister entre les quatre termes.

Par exemple, de la proportion $36 : 12 :: 75 : 25$, on déduit alternativement,

1°. en échangeant les extrêmes... $25 : 12 :: 75 : 36$;

2°. en échangeant les moyens.... $36 : 75 :: 12 : 25$;

3°. en mettant les moyens à la place des extrêmes............... $12 : 36 :: 25 : 75$.

Le rapport *commun* est différent d'une proportion à l'autre, ainsi ce rapport est 3 dans la première, $\frac{25}{12}$ dans la seconde, $\frac{12}{25}$ dans la troisième, et $\frac{12}{36}$ ou $\frac{1}{3}$ dans la quatrième. Mais chaque proportion n'en existe pas moins, puisque, après ces *mutations*, il est évident que le produit des extrêmes reste toujours égal à celui des moyens.

N. B. — La plupart des auteurs de Géométrie désignent par les dénominations de *alternando* et *invertendo*, les diverses mutations que l'on fait éprouver aux termes d'une proportion.

Les transformations qui consistent à multiplier ou diviser les termes, s'appellent *multiplicando* ou *dividendo*.

Les propriétés suivantes sont d'un usage continuel en Géométrie, et méritent toute l'attention des commençans.

209. PREMIÈRE PROPRIÉTÉ. — Dans toute proportion, *la somme ou la différence des deux premiers termes est au second terme, comme la somme ou la différence des deux derniers est au quatrième.*

Ainsi, dans la proportion $72 : 24 :: 45 : 15,$

on a, en ajoutant, $72 + 24 : 24 :: 45 + 15 : 15,$

et en soustrayant, $72 - 24 : 24 :: 45 - 15 : 15,$

proportions que l'on peut vérifier facilement.

Pour nous rendre compte de cette propriété d'une manière générale, observons qu'en augmentant ou diminuant chaque antécédent, de son conséquent, on ne fait qu'augmenter ou diminuer d'une *unité*, chacun des deux rapports; et puisque les rapports primitifs étaient *égaux*, les rapports résultans le sont aussi.

De là proportion $72 \pm 24 : 24 :: 45 \pm 15 : 15$

($\pm$ se prononce *plus ou moins*),

on déduit, en changeant les moyens de place (n° **208**),

$72 \pm 24 : 45 \pm 15 :: 24 : 15;$

mais on a déjà $\qquad$ $72 : 24 :: 45 : 15,$

ou bien, $\qquad$ $72 : 45 :: 24 : 15;$

donc, comme deux nombres égaux à un troisième sont nécessairement égaux entre eux, il s'ensuit encore

$$72 \pm 24 : 45 \pm 15 :: 72 : 45,$$

ou bien $\qquad$ $72 \pm 24 : 72 :: 45 \pm 15 : 45.$

On peut donc dire aussi que, dans toute proportion, *la
somme ou la différence des deux premiers termes est au premier terme, comme la somme ou la différence des deux derniers est au troisième,* énoncé qu'il serait facile de comprendre
en un seul avec l'énoncé ci-dessus.

210. SECONDE PROPRIÉTÉ. — Dans toute proportion, *la somme
ou la différence des antécédens est à la somme ou à la différence des conséquens, comme un quelconque des antécédens est
à son conséquent.*

Reprenons la proportion ci-dessus, $72 : 24 :: 45 : 15$, et chan-
geons les moyens de place ; il vient

$$72 : 45 :: 24 : 15.$$

Or, rien n'empêche d'appliquer à cette nouvelle proportion
la propriété du numéro précédent ; et l'on aura

$$72 \pm 45 : 45 :: 24 \pm 15 : 15,$$

ou, changeant les moyens de place,

$$72 \pm 45 : 24 \pm 15 :: 45 : 15, \text{ ou } :: 72 : 24.$$

Cette proportion, énoncée en langage ordinaire, et comparée à
la proportion $72 : 24 :: 45 : 15$, démontre évidemment la propriété énoncée.

Si, dans la proportion $72 \pm 45 : 24 \pm 15 :: 45 : 15$, on considère d'abord les deux signes supérieurs, puis les deux signes
inférieurs, on en déduit successivement

$$72 + 45 : 24 + 15 :: 45 : 15,$$
$$72 - 45 : 24 - 15 :: 45 : 15;$$

d'où, à cause du rapport commun,

$$72 + 45 : 24 + 15 :: 72 - 45 : 24 - 15,$$

ou bien, en changeant les moyens de place,

$$72 + 45 : 72 - 45 :: 24 + 15 : 24 - 15;$$

c'est-à-dire que, dans toute proportion, *la somme des anté-cédens est à leur différence, comme la somme des conséquens est à leur différence.*

211. CONSÉQUENCES DE CETTE PROPRIÉTÉ. — 1°. Soit une suite de nombres a, b, c, d, e, f, g, h, i, k...., tels que l'on ait

$$a : b :: c : d :: e : f :: g : h :: i : k...;$$

je dis que, *dans cette suite de rapports égaux, la somme de tous les antécédens* a, c, e, g, i,... *est à la somme de tous les conséquens* b, d, f, h, k,... *comme un antécédent quel-conque est à son conséquent.*

En effet, les deux pre-
miers rapports........ $a : b :: c : d,$
donnent, en vertu de la
propriété précédente,.. $a + c : b + d :: c : d;$
mais, comme on a..... $c : d :: e : f,$
il en résulte.......... $a + c : b + d :: e : f$
d'où, appliquant à cette
nouvelle proportion, la
même propriété,...... $a + c + e : b + d + f :: e : f;$
mais on a encore...... $e : f :: g : h;$
donc................. $a + c + e : b + d + f :: g : h;$
et par conséquent..... $a + c + e + g : b + d + f + h :: g : h;$
et ainsi de suite, quel que soit le nombre des rapports égaux.

2°. Soient deux fractions égales, $\frac{8}{12}$, $\frac{2}{3}$; *si l'on fait la somme des numérateurs et celle des dénominateurs, il en résulte une nouvelle fraction,* $\frac{10}{15}$, *égale à chacune des frac-tions proposées.*

En effet, l'égalité $\dfrac{8}{12} = \dfrac{2}{3}$, revient à la proportion $8:12::2:3$;

d'où, en appliquant la propriété ci-dessus,

$$8+2:12+3::8:12::2:3;$$

donc
$$\frac{8+2}{12+3} = \frac{8}{12} = \frac{2}{3}.$$

Il en serait de même si l'on faisait la différence des numérateurs et celle des dénominateurs.

Les transformations qui se rapportent aux propriétés précédentes, se désignent par les mots *addendo* et *substrahendo*.

212. TROISIÈME PROPRIÉTÉ. — *Si l'on a un nombre quelconque de proportions, et qu'après les avoir placées les unes au-dessous des autres, on les multiplie par ordre, les produits résultans seront encore en proportion.*

Soient, par exemple, les trois proportions

$$3 : 8 :: 12 : 32,$$
$$7 : 15 :: 28 : 60,$$
$$40 : 12 :: 50 : 15;$$

il résulte d'abord de leur définition, qu'elles peuvent être écrites ainsi :

$$\frac{3}{8} = \frac{12}{32},$$
$$\frac{7}{15} = \frac{28}{60},$$
$$\frac{40}{12} = \frac{50}{15}.$$

Cela posé, si l'on multiplie ces égalités membre à membre, il en résultera nécessairement des produits égaux. Or, en effectuant cette opération d'après la règle de la multiplication des fractions (*voyez* n° 89), on a $\dfrac{3 \times 7 \times 40}{8 \times 15 \times 12} = \dfrac{12 \times 28 \times 50}{32 \times 60 \times 15}$;

d'où $3\times7\times40:8\times15\times12::12\times28\times50:32\times60\times15,$

ou, effectuant les calculs,

$$840 : 1440 :: 16800 : 28800.$$

C. Q. F. D.

On peut facilement constater l'exactitude de cette dernière proportion : car en divisant les deux derniers termes successivement par 10 et par 2, on trouve

$$840 : 1440 :: 840 : 1440,$$

proportion évidente, qu'on appelle *proportion identique*.

N. B. — Il est à remarquer que, d'après la nature des opérations qui viennent d'être effectuées, le *rapport commun* de la proportion précédente, savoir $\dfrac{840}{1440}$, est égal au produit des trois *rapports* des proportions données.

Ainsi, les trois rapports étant, comme il est facile de le vérifier, $\dfrac{3}{8}$, $\dfrac{7}{15}$, $\dfrac{10}{3}$, on a pour leur produit, $\dfrac{210}{360}$, ou, en supprimant le facteur 30 commun aux deux termes, $\dfrac{7}{12}$, résultat auquel la fraction $\dfrac{840}{1440}$ peut être réduite par la suppression du facteur commun 120.

Ce rapport, $\dfrac{7}{12}$, qui provient de la multiplication de plusieurs autres rapports, est appelé par les arithméticiens, *rapport composé*.

L'opération qui a fait l'objet de la propriété précédente, se désigne d'ailleurs par le mot *componendo*.

213. CONSÉQUENCES DE CETTE PROPRIÉTÉ. — 1°. *Lorsque quatre nombres sont en proportion, les carrés, les cubes, et en général les puissances semblables de ces nombres, sont aussi en proportion.*

Pour nous rendre compte de cette conséquence, il suffit d'observer que, d'après la propriété précédente, plusieurs proportions semblables, multipliées par ordre, donneraient lieu à des produits en proportion.

2°. Réciproquement, *lorsque quatre nombres sont en proportion, les racines carrées, cubiques, quatrièmes,... de ces nombres, sont en proportion.*

Soit la proportion $a : b :: c : d$, ou $\dfrac{a}{b} = \dfrac{c}{d}$.

Puisque les deux rapports $\dfrac{a}{b}$, $\dfrac{c}{d}$, sont égaux, les racines carrées de ces rapports sont aussi égales; et l'on a $\sqrt{\dfrac{a}{b}} = \sqrt{\dfrac{c}{d}}$.

Mais, pour extraire la racine carrée d'une fraction, il faut (n° 187) extraire la racine carrée du numérateur et celle du dénominateur, ce qui donne

$$\sqrt{\dfrac{a}{b}} = \dfrac{\sqrt{a}}{\sqrt{b}}, \quad \sqrt{\dfrac{c}{d}} = \dfrac{\sqrt{c}}{\sqrt{d}};$$

donc $\dfrac{\sqrt{a}}{\sqrt{b}} = \dfrac{\sqrt{c}}{\sqrt{d}}$, ou bien, $\sqrt{a} : \sqrt{b} :: \sqrt{c} : \sqrt{d}$.

Le raisonnement serait le même pour la racine cubique, ou pour une racine de degré quelconque, en partant de ce principe général, que *pour extraire une racine de degré quelconque d'une fraction, il faut extraire la racine du numérateur et celle du dénominateur.*

214. Remarque. — Lorsque les nombres a, b, c, d, ne sont pas des *carrés parfaits*, les quantités $\sqrt{a}$, $\sqrt{b}$, $\sqrt{c}$, $\sqrt{d}$, sont des nombres irrationnels; et la proportion ci-dessus a lieu alors entre des nombres incommensurables; c'est-à-dire que l'on est conduit à considérer des rapports entre des nombres incommensurables, rapports qui, en général, sont eux-mêmes irrationnels; et il s'agirait de savoir si l'on peut appliquer à des proportions de cette espèce toutes les propriétés qui ont été établies précédemment.

Pour reconnaître que la réponse est affirmative, il suffit de se rappeler ce qui a été dit précédemment (n°ˢ 182 et 193), qu'un nombre irrationnel peut toujours être remplacé, *mentalement,* par un nombre fractionnaire exact qui ne diffère du nombre proposé que d'une quantité aussi petite que l'on veut; et qui, par conséquent, peut être prise tellement petite, qu'on ne doive avoir aucun égard à l'erreur que l'on commettrait en négligeant cette quantité; et c'est alors entre les nombres commensurables substitués aux grandeurs irrationnelles, que les rapports sont censés établis.

Quant aux rapports entre des nombres fractionnaires exacts, il est aisé de reconnaître, d'après la règle de la division des fractions, qu'ils peuvent toujours être remplacés par des rapports entre des nombres entiers.

Par exemple, le rapport de $\frac{3}{7}$ à $\frac{5}{11}$ étant le quotient de la division de $\frac{3}{7}$ par $\frac{5}{11}$, est égal (n° 62) à $\frac{3}{7} \times \frac{11}{5}$, ou à $\frac{33}{35}$, c'est-à-dire au rapport de 33 à 35.

De même, le rapport de $\frac{7}{8}$ à $\frac{15}{23}$ est égal à $\frac{7}{8} \times \frac{23}{15}$, ou bien au rapport de 161 à 120.

Ainsi, toutes les propriétés démontrées précédemment sur les proportions, en supposant que les termes fussent des nombres entiers, ont toujours lieu, quelle que soit la nature de ces termes.

§ II. *De la Règle de Trois et des Règles qui en dépendent.*

DE LA RÈGLE DE TROIS.

215. En Arithmétique, on donne le nom de *règle de trois simple,* à l'opération par laquelle, *étant donnés trois termes d'une proportion, on parvient à déterminer la valeur du terme inconnu.* Nous avons exposé (n° **206**) le moyen d'obtenir ce quatrième terme; ainsi, pour résoudre une question dépendant de la *règle de trois,* tout se réduit à former la proportion que fournit l'énoncé de la question. C'est ce que les exemples suivans vont éclaircir.

. Premier exemple. — *On demande le prix de* 384 *kilo-grammes d'une certaine marchandise, en supposant que* 25 *kilogrammes de la même marchandise aient coûté* 650 *fr. ?*

Analyse du problème. — Puisque 25^{kil} ont coûté 650^f, est clair que pour 2, 3, 4... fois plus de kilogrammes, on doit payer 2, 3, 4.... fois davantage. Ainsi, les deux nombres de kilogrammes sont nécessairement dans le·même rapport que les prix de ces deux nombres ; et par conséquent, il y a proportion entre eux.

Donc, si l'on désigne par x le prix inconnu des 384^{kil}, on aura la proportion

$$25^{kil} : 384^{kil} :: 650^f : x;$$

d'où (n° 206) $x = \dfrac{384 \times 650}{25} = \dfrac{249600}{25} = 9984$; ce qui donne 9984 fr. pour le prix des 384 kilogrammes.

N. B. — Dans cet exemple, on pouvait simplifier l'opération en observant que les deux antécédens de la proportion ci-dessus sont divisibles par 25 ; car, si l'on supprime ce facteur commun, il vient

$$1 : 384 :: 26 : x; \quad \text{d'où} \quad x = 384 \times 26 = 9984.$$

Toutes les fois que ces simplifications se présentent, on ne doit pas les négliger.

Second exemple. — *On a payé* 743^{tt} 15^s 8^a *pour* 43^T 5^P 4^P *d'un certain ouvrage ; on demande combien il faut payer pour* 77^T 3^P 8^P *du même ouvrage ?*

Il est évident qu'il y a encore proportion entre les deux nombres fractionnaires de toise, et les prix de ces deux nombres.

Soit donc x le prix demandé ; on aura la proportion

$$43^T 5^P 4^P : 77^T 3^P 8^P :: 743^{tt} 15^s 8^a : x.$$

On pourrait, d'après les règles établies pour le calcul des nombres complexes, faire le produit des deux moyens, et diviser ce produit par l'extrême connu ; mais on abrégera considérablement les calculs en réduisant les deux premiers

termes, qui expriment des unités de même nature, en subdivisions de la plus petite espèce que ces deux nombres renferment, et par conséquent en *pouces*. On obtient ainsi la
nouvelle proportion

$$3160^P : 5588^P :: 743^{t} \ 15^{f} \ 8^{a} : x,$$

ou, en supprimant le facteur 4 commun aux deux premiers
termes,

$$790 : 1397 :: 743^{t} \ 15^{f} \ 8^{a} : x.$$

Par là, on est conduit à effectuer une multiplication d'un
nombre complexe par un nombre entier, et à diviser le produit
qui en résulte, par un autre nombre entier; ce qui est beaucoup plus simple.

D'abord, le produit de $743^{t} \ 15^{f} \ 8^{a}$ par 1397 est égal à
$1039065^{t} \ 6^{f} \ 4^{a}$.

Divisant ce produit par 790, on obtient enfin pour quotient,

$$1315^{t} \ 5^{f} \ 5^{a} \ \frac{326}{790} \ ou \ \frac{163}{395}.$$

Cet exemple est le seul que nous nous proposerons sur les
nombres complexes, parce que, depuis l'établissement du nouveau système de poids et mesures, on n'a guère à considérer
de proportions qu'entre des nombres entiers, ou entre des
nombres fractionnaires décimaux. Il suffira de se rappeler que,
dans les exemples de ce genre, il est généralement plus simple
de *réduire les deux premiers termes de la proportion* (qui sont
toujours des nombres de même nature) *en unités de la plus
petite des subdivisions que renferment les deux nombres.*

TROISIÈME EXEMPLE. — *Il a fallu* 20 *jours à* 135 *hommes
pour faire un certain ouvrage; on demande combien il faut de
jours à* 300 *hommes, pour faire le même ouvrage.*

Analyse. — Si un certain nombre d'hommes a employé
20 jours pour faire un certain ouvrage, il est clair qu'un
nombre d'hommes, 2,3,4... fois *plus grand*, doit employer
2,3,4... fois *moins* de temps, toutes choses égales d'ailleurs;
donc, autant de fois le *premier* nombre d'hommes, 135, sera

contenu dans le *second*, 300, autant de fois le nombre de jours nécessaire au *second* nombre d'hommes, c'est-à-dire le nombre cherché x, sera contenu dans le nombre de jours nécessaire au premier nombre d'hommes.

Ainsi, l'on a la proportion

$$135^h : 300^h :: x^j : 20^j,$$

ou, en mettant les moyens à la place des extrêmes, afin d'avoir x comme dernier terme,

$$300 : 135 :: 20 : x;$$

d'où l'on tire $x = \dfrac{135 \times 20}{300} = \dfrac{2700}{300} = 9^{jours}.$

(On peut supprimer dans la proportion, 1°. le facteur 15 commun aux deux premiers termes, 2°. le facteur 20 commun aux deux antécédens, ce qui donne la proportion $1 : 9 :: 1 : x$; d'où $x = 9.$)

216. *Remarques sur les Rapports directs ou inverses.*

C'est ici le lieu de fixer les idées des commençans sur le sens de certaines dénominations dont les mathématiciens se servent fréquemment.

Les questions qui dépendent d'une *règle de trois simple,* renferment toujours dans leur énoncé, quatre nombres, dont deux d'une certaine espèce, et deux d'une autre espèce. Sur ces quatre nombres, *trois* sont connus et *un* inconnu; de plus, chacun des termes de la seconde espèce est lié intimement par les conditions de l'énoncé à l'un des termes de la première espèce.

Ainsi, dans le premier exemple ci-dessus, deux des quatre nombres expriment des poids, tandis que les deux autres expriment les prix *respectifs* de ces poids. Le prix du premier poids est donc lié avec ce poids, et peut, pour cette raison, être appelé le terme *correspondant* au premier poids. Pareillement, le second poids et le prix du second poids, sont des termes *correspondans.*

Dans le second exemple, deux des quatre nombres expriment des longueurs, et les deux autres sont encore les prix de ces longueurs. Chacun des deux prix est dit le terme *correspondant* à la longueur estimée par ce prix.

Enfin, dans le troisième exemple, on considère deux nombres d'hommes, et les deux nombres de jours employés par ces nombres d'hommes à faire un certain ouvrage. Le nombre de jours employé par le premier nombre d'hommes est dit le *correspondant* de ce nombre d'hommes; et le second nombre de jours est le *correspondant* du second nombre d'hommes.

Cela posé, on dit qu'il y a *relation directe* entre les deux nombres de la première espèce et les nombres de la seconde, ou bien que les deux nombres de la première espèce sont *directement proportionnels* à leurs correspondans de la seconde, lorsque, après avoir constaté qu'il y a proportion entre les quatre nombres, on a reconnu de plus que chaque nombre croît ou décroît en même temps que son correspondant; et alors l'un des nombres de la première espèce, et son *correspondant* de la seconde espèce, doivent former *les deux antécédens* de la proportion, tandis que l'autre terme de la première espèce, et son *correspondant* de la seconde, doivent former les *deux conséquens;* c'est-à-dire qu'un terme de la première espèce, et son *correspondant* de la seconde, doivent former *un extrême* et *un moyen*, et que l'autre terme de la première espèce, et *son correspondant,* doivent former un *moyen* et *un extrême*.

Au contraire, il y a *relation indirecte* entre les quatre nombres, ou bien les deux nombres de la première espèce sont dits *réciproquement* ou *inversement proportionnels* à leurs *correspondàns*, lorsque chaque terme croît quand son correspondant décroît, *et vice versâ;* et alors chacun des termes de la première espèce et son *correspondant,* doivent former les *deux extrêmes,* tandis que l'autre terme de la première espèce et son *correspondant* doivent former *les deux moyens*.

En reprenant les proportions des trois exemples déjà traités, on voit aisément que, dans les deux premières, il y a *relation directe* entre les quatre nombres, c'est-à-dire que les deux poids ou les deux longueurs sont *directement proportionnels* aux deux prix ; mais que, dans la troisième, il y a *relation indirecte*, ou bien, que les deux nombres d'hommes sont *réciproquement proportionnels* aux deux nombres de jours (*).

Au reste, l'analyse du problème fait toujours reconnaître si la *relation est directe* ou *indirecte*. Il ne s'agit que de savoir, après avoir toutefois constaté la proportionnalité, si, une des grandeurs de la première espèce augmentant ou diminuant, *sa correspondante* doit augmenter ou diminuer, ou bien, si au contraire, une grandeur de la première espèce augmentant ou diminuant, *sa correspondante* doit diminuer ou augmenter. Dans le premier cas, il y a *relation directe*, ou les deux nombres de la première espèce sont *directement* proportionnels à leurs *correspondans ;* dans le second, il y a *relation indirecte*, c'est-à-dire que les deux nombres de la première espèce sont *réciproquement* proportionnels à leurs *correspondans.*

On dit encore, dans le premier cas, que chaque grandeur de la première espèce est *en raison directe* de sa correspondante, et dans le second, qu'elle est *en raison inverse* de sa correspondante.

Par exemple, le prix d'une certaine marchandise est *en raison directe* du nombre d'unités de cette marchandise, parce que *plus* il y a d'unités de cette marchandise, *plus* il faut payer pour ce nombre d'unités ; au contraire, le nombre de jours nécessaire à un certain nombre d'hommes pour faire un ouvrage, est en *raison inverse* du nombre d'hommes, parce que *plus* il y a d'hommes pour faire cet ouvrage, *moins* il faut de jours.

217. Ces locutions, quoique vicieuses, sont souvent employées en Mathématiques. Ainsi, en parlant de deux fractions qui ont même dénominateur, on dit qu'elles sont *en raison di-*

(*) Les dénominations de *relation directe* et de *relation indirecte* ont été proposées par Mauduit, l'un des meilleurs auteurs de traités d'Arithmétique.

recte de leurs numérateurs, et de deux fractions qui ont même numérateur, qu'elles sont *en raison inverse de leurs dénominateurs*.

Pour interpréter ces deux expressions, considérons d'abord les deux fractions $\frac{7}{12}$, $\frac{11}{12}$, qui ont même dénominateur.

On a évidemment la proportion $\frac{7}{12} : \frac{11}{12} :: 7 : 11$; puisque le second rapport n'est autre chose que le premier dont les deux termes ont été multipliés par 12.

Or la fraction $\frac{7}{12}$ et le numérateur 7 qui lui correspond forment les deux antécédens, tandis que la fraction $\frac{11}{12}$ et le numérateur 11 qui lui correspond, forment les deux conséquens. Ainsi, les deux fractions sont *directement* proportionnelles à leurs numérateurs; ou bien elles sont *en raison directe* de leurs numérateurs.

Soient maintenant les fractions $\frac{15}{23}$ et $\frac{15}{36}$ qui ont même numérateur.

On a d'abord la proportion $\frac{15}{23} : \frac{15}{36} :: \frac{1}{23} : \frac{1}{36}$, puisque le second rapport n'est autre chose que le premier dont les deux termes ont été divisés par 15.

Mais, si l'on multiplie les deux termes du second rapport de cette proportion par 23 × 36, il viendra, réduction faite,

$$\frac{15}{23} : \frac{15}{36} :: 36 : 23.$$

Or la première fraction $\frac{15}{23}$ et son dénominateur 23, forment *les extrêmes* d'une proportion dont la seconde fraction $\frac{15}{36}$ et son dénominateur 36, forment les *moyens*. Ainsi les deux fractions sont *réciproquement* proportionnelles à leurs déno-

minateurs ; ou bien, elles sont *en raison inverse* de leurs dénominateurs.

On a vu d'ailleurs (n° 45) qu'une fraction est *d'autant plus
grande* que son numérateur est *plus grand*, le dénominateur
restant le même, et qu'au contraire, elle est *d'autant plus petite* que son dénominateur est *plus grand*, le numérateur restant le même.

Nous avons cru devoir donner quelques développemens à ces
principes, parce que nous avons remarqué que les jeunes gens
se trompent souvent dans la résolution des questions relatives
aux proportions, faute de notions suffisantes sur la manière de
les établir convenablement.

218. Il est d'usage, lorsqu'on a à résoudre une question dépendant de *la règle de trois*, de faire en sorte que le dernier
terme de la proportion soit le terme inconnu.

Pour satisfaire à cette condition, on commence par écrire
le rapport des deux termes de l'espèce dont l'inconnue fait
partie. Ensuite, après avoir reconnu par l'analyse du problème
si la *relation* entre les quatre nombres est *directe* ou *inverse*,
on place l'autre rapport à la gauche de celui-ci, de manière
que le terme dont x est le correspondant soit le *premier
moyen* ou le *premier extrême*, suivant que la relation est *directe* ou *inverse*. (*Voyez* n° 216.)

QUATRIÈME EXEMPLE. — *On suppose que* 45 *ouvriers aient
fait* 280 *mètres de maçonnerie; et l'on demande combien*
76 *hommes feront du même ouvrage dans le même temps.*

Soit x le nombre de mètres cherché ; on écrira d'abord le
rapport.. 280 : x ;
ensuite on observera que plus il y a d'hommes, plus ils font
d'ouvrage ; ainsi, la *relation est directe;* donc, x étant un
conséquent ou un extrème, son correspondant 76 doit être le
premier conséquent ou le premier moyen, et l'on aura

$$45 : 76 :: 280 : x;$$

d'où l'on tire $x = \dfrac{280 \times 76}{45} = 472^m,89$, à 0,01 près.

CINQUIÈME EXEMPLE.—. Un équipage de vaisseau n'a plus que pour 20 jours de vivres; et cependant il doit encore tenir la mer pendant 35 jours. On demande à combien on doit réduire la ration journalière de chaque individu?

Analyse.—Soient 1 la ration ordinaire de chaque individu, et *x* celle qui doit lui être délivrée, vu les circonstances où l'équipage se trouve; il est clair que cette nouvelle ration doit être 2 fois, 3 fois.... plus petite, par rapport à la première, si le nombre de jours pendant lequel le vaisseau restera en mer devient 2 fois, 3 fois.... plus considérable. Ainsi, les deux rations sont *inversement proportionnelles* aux deux nombres de jours.

Donc, si l'on pose le rapport................. . 1 : *x*, le nombre 35 dont *x* est le correspondant, doit former le premier extrême, puisque *x* est le second; et l'on écrira

$$35 : 20 :: 1 : x;$$

d'où $x = \dfrac{20}{35} = \dfrac{4}{7}$. C'est-à-dire que la ration de chaque individu doit être réduite aux $\dfrac{4}{7}$ de la ration ordinaire.

Autre solution. — On peut parvenir à ce même résultat sans le secours des proportions, et d'une manière plus simple.

Admettons pour le moment qu'il n'y ait plus qu'une seule ration ordinaire par chaque individu, pour tenir la mer pendant 35 jours; la ration journalière se trouvera alors réduite à $\dfrac{1}{35}$ de la ration ordinaire; mais comme, d'après l'énoncé, il y a 20 rations par chaque individu, il s'ensuit que la ration actuelle doit être $\dfrac{1}{35} \times 20$, ou $\dfrac{20}{35}$, c'est-à-dire les $\dfrac{4}{7}$ de la ration ordinaire.

219. *Règle de trois composée.* — On nomme ainsi l'opération par laquelle on détermine le *quatrième* terme d'une proportion résultant de la multiplication de *deux* ou *plusieurs* autres.

SIXIÈME EXEMPLE. — 20 *ouvriers ont employé 18 jours à faire* 500 *mètres d'un certain ouvrage ; on demande en combien de jours 76 ouvriers feront 1265 mètres du même ouvrage.*

Analyse. — Cet énoncé donne lieu à considérer *trois* rapports, savoir, le rapport des deux nombres d'ouvriers, celui des deux nombres de jours, et le rapport des deux ouvrages. Mais, pour simplifier la question et la ramener aux questions précédentes, nous supposerons d'abord que l'ouvrage à faire par les deux troupes d'ouvriers soit le même et égal au premier, 500 mètres. Alors la question reviendra à celle-ci : 20 *ouvriers ont employé 18 jours à faire 500 mètres d'un certain ouvrage ; combien 76 ouvriers emploieront-ils de jours à faire ce même ouvrage ?*

Ici, il y a évidemment proportion (avec *relation indirecte*) entre les deux nombres d'ouvriers et les deux nombres de jours. Ainsi, désignant par x non pas le *nombre de jours qui correspond au premier énoncé*, mais celui qu'on cherche d'après le nouvel énoncé, on aura la proportion.

$$76 : 20 :: 18 : x \ldots \ldots (1).$$

On pourrait tirer de cette proportion la valeur de x ; mais nous allons voir que cela est inutile. Il suffit seulement de raisonner sur x, en le considérant comme déjà connu d'après cette proportion.

Observons maintenant que, x *étant le nombre de jours nécessaire* aux 76 ouvriers *pour faire les 500 mètres*, il ne s'agit plus que de savoir *combien il leur faut de jours pour faire les* 1265 *mètres.*

Or, le nombre des ouvriers étant le même, si l'ouvrage devient double, triple, etc., le nombre de jours devra être double, triple, etc.; ainsi il y a proportion avec *relation directe*; et si l'on désigne par x' (x *prime*) le nombre de jours cherché (c'est alors le *nombre inconnu* du premier énoncé), on aura la nouvelle proportion

$$500 : 1265 :: x : x' \ldots (2).$$

(500 et x forment un extrême et un moyen, parce que la relation est directe.)

Multiplions actuellement, terme à terme, les deux proportions (1) et (2), il en résultera (n° 213)

$$76 \times 500 : 20 \times 1265 :: 18 \times x : x \times x',$$

ou, supprimant le facteur x commun aux deux derniers termes,

$$76 \times 500 : 20 \times 1265 :: 18 : x'.$$

Donc, $x' = \dfrac{20 \times 1265 \times 18}{76 \times 500} = 11^j \dfrac{187}{190}$, ou 12 jours environ.

Passons à un exemple encore plus compliqué.

SEPTIÈME EXEMPLE. — 500 *hommes, travaillant 12 heures par jour, ont employé 57 jours à creuser un canal de 1800 mètres de long sur 7 mètres de large et 3 de profondeur; on demande en combien de jours 860 hommes travaillant 10 heures par jour, creuseront un autre canal de 2900 mètres de long sur 12 mètres de large et 5 de profondeur, dans un terrain 3 fois plus difficile que le premier?*

Voici le tableau des calculs, dont nous donnerons ensuite l'explication :

$$860^{hom} : 500^{hom} :: 57^j : x^{jours} \ldots\ldots(1),$$
$$10^{heur} : 12^{heur} :: x : x' \ldots\ldots(2),$$
$$1800^{m.long} : 2900^{m.long} :: x' : x'' \ldots\ldots(3),$$
$$7^{m.larg} : 12^{m.larg} :: x'' : x''' \ldots\ldots(4),$$
$$3^p : 5^p :: x''' : x^{IV} \ldots\ldots(5),$$
$$1^d : 3^d :: x^{IV} : x^V \text{ ou } X \ldots(6).$$

$$860 \times 10 \times 1800 \times 7 \times 3 \times 1 : 500 \times 12 \times 2900 \times 12 \times 5 \times 3 :: 57 : X;$$

d'où $X = \dfrac{500 \times 12 \times 2900 \times 12 \times 5 \times 3 \times 57}{860 \times 10 \times 1800 \times 7 \times 3 \times 1} = 549^j \dfrac{51}{301}.$

Analyse. — On distingue dans l'énoncé ci-dessus deux parties principales : la première comprend les nombres

$$500^{hom}, 12^h, 57^j, 1800^{m.long}, 7^{m.larg}, 3^{m.p}, 1^d,$$

et la seconde, 860,   10,   X,   2900,   12,   5,   3,

(Puisque le second terrain est trois fois plus difficile à fouiller que le premier, on peut représenter la dureté du premier terrain par 1, et celle du second par 3, comme on le voit ici.)

On a désigné d'ailleurs par X le nombre de jours cherché.

Cela posé, admettons d'abord que l'ouvrage à faire par les deux troupes d'ouvriers soit le même, et de plus que l'une et l'autre troupe travaillent le même nombre d'heures par jour.

Comme, dans ce cas, *plus* il y a d'ouvriers pour faire cet ouvrage, *moins* il faut de jours, on a *une relation indirecte* entre les deux nombres d'ouvriers et les deux nombres de jours. Ainsi, désignant par x le nombre de jours nécessaire aux 860 ouvriers pour creuser le premier fossé, le temps de leur travail par jour étant d'ailleurs de 12 heures, comme pour les 500 ouvriers; on a la proportion (1) dans laquelle 860 et son correspondant x forment les deux extrêmes.

Actuellement, si ces 860 hommes, au lieu de travailler 12 heures, ne travaillent que 10 heures, ils devront nécessairement employer *plus* de jours à faire le même ouvrage. Ainsi, ayant égard aux deux nombres d'heures de travail par jour, comme *moins* il y a d'heures de travail, *plus* il faut de jours, on a encore une *relation indirecte* entre les deux nombres 12^h, 10^h, et les deux nombres de jours x, x'; ce qui donne la proportion (2) dont 10 et son correspondant x' forment les extrêmes.

On pourrait, en multipliant les deux proportions (1) et (2), l'une par l'autre, et observant que le terme x disparaîtrait comme facteur des deux derniers termes de la nouvelle proportion, on pourrait, dis-je, obtenir la valeur de x', qui exprimerait le nombre de jours nécessaires aux 860 ouvriers travaillant 10 heures par jour, pour creuser le premier fossé; mais cela est inutile, et il suffit de regarder x' comme déterminé.

Faisons maintenant *varier* la longueur du fossé en conservant la même largeur, la même profondeur, et la même dureté de terrain.

Or, si le fossé a *plus* de longueur, toutes choses égales d'ailleurs, il faut nécessairement *plus* de jours pour le creuser;

ainsi, il y a *relation directe* entre les deux nombres 1800, 2900 ; et x', x'' (x'' ou x *seconde* désignant le nombre de jours correspondant à la longueur 2900), d'où résulte la proportion (3) dont 2900 et x'' forment *un moyen* et *un extrême*.

Répétant les mêmes raisonnemens par rapport à la largeur et à la profondeur, on obtient les deux proportions (4) et (5), dans lesquelles x''' et x^{iv} (ou x *tierce* et x *quarte*) expriment les nombres de jours qui correspondent aux variations de la largeur et de la profondeur.

Enfin, si l'on a égard à la différence des duretés des deux terrains, il y aura évidemment *relation directe*; et l'on obtiendra la proportion (6) dont le dernier terme x^v ou X exprime le nombre de jours cherché.

Multipliant alors, terme à terme, les *six* proportions établies successivement, et observant que tous les termes x, x', x'', x''', x^{iv}, disparaissent comme facteurs communs dans le second antécédent et le second conséquent de la nouvelle proportion, on obtient la proportion (7); d'où l'on déduit la valeur de X, qui, toute simplification faite, se réduit à $549 \frac{51}{301}$.

Ainsi, le nombre de jours demandé est de 549 jours environ.

N.B. — Rappelons-nous toutefois que, lorsqu'on est parvenu à l'expression $X = \dfrac{500 \times 12 \times 2900 \times 12 \times 5 \times 3 \times 57}{860 \times 10 \times 1800 \times 7 \times 3 \times 1}$, il faut, avant d'effectuer toutes les multiplications indiquées, avoir soin de supprimer tous les facteurs communs qui sont en évidence au numérateur et au dénominateur.

Ici, par exemple, après avoir opéré toutes ces suppressions, on obtient $X = \dfrac{5 \times 4 \times 29 \times 5 \times 57}{43 \times 7}$, ou, en effectuant alors les calculs; $X = \dfrac{165300}{301} = 549 \frac{51}{301}$.

Cet exemple, qui est un des plus compliqués qu'on puisse se proposer, suffit pour mettre les commençans au fait de la marche qu'il faut suivre dans tout autre.

220. *Remarques générales sur la règle de trois.* — L'opération d'après laquelle on parvient à déterminer le nombre inconnu, dans les deux questions précédentes, s'appelle *règle de trois composée*, parce qu'en effet on parvient à une proportion dont le premier rapport est formé par la multiplication de tous les rapports compris dans l'énoncé, à l'exception de celui dont l'inconnue fait partie, et qui forme le second rapport de la proportion.

Autrefois, on distinguait encore les règles de trois, en *règle de trois simple et directe*, *règle de trois simple et inverse*, *règle de trois composée directe et inverse tout-à-la-fois*, etc. ; mais on est généralement d'accord pour rejeter toutes ces dénominations comme vicieuses, ou du moins comme inutiles pour la résolution de la question.

La seule attention qu'il faut avoir, en plaçant les unes au-dessous des autres les différentes proportions dont le produit doit donner lieu à la proportion qui a pour seul terme inconnu le nombre demandé, c'est de s'assurer si les quatre nombres que l'on compare, pour chaque proportion, sont *directement* ou *réciproquement* proportionnels, et d'écrire la proportion en conséquence et d'après la remarque du n° **218.**

Nous proposerons pour exercice les problèmes suivans.

HUITIÈME EXEMPLE. — *15 ouvriers, travaillant 10 heures par jour, ont employé 18 jours à faire 450 mètres d'un certain ouvrage ; on demande combien il faut d'ouvriers, travaillant 2 heures par jour, pour faire en 8 jours 480 mètres du même ouvrage ?*

[*Rép.* X = 30 hommes.]

NEUVIÈME EXEMPLE. — *Il a fallu 1200 mètres de drap à $\frac{5}{4}$ de large, pour habiller 500 hommes ; on demande combien il faut de mètres à $\frac{7}{8}$, pour en habiller 960 ?*

[*Rép.* 3291^m $\frac{3}{7}$.]

DIXIÈME EXEMPLE. — *Un courrier marchant 15 heures par jour, a fait une route de 375 lieues dans 20 jours de temps ;*

on demande combien il doit marcher d'heures par jour, pour faire 400 lieues dans 18 jours ?

[Rép. $17^h \frac{7}{9}$.]

DE LA RÈGLE D'INTÉRÊT.

221. On appelle *intérêt* d'une somme, le bénéfice résultant du prêt que l'on fait de cette somme, ou le prix du *loyer* de cette somme pendant un certain temps; la somme placée se nomme d'ailleurs *le capital*.

L'intérêt d'une somme dépend de la *quotité* de ce capital, du *temps* pendant lequel il est placé, et du *taux* d'intérêt. On appelle *taux*, l'intérêt ou le bénéfice que rapporte une somme déterminée pendant un temps aussi déterminé; ordinairement, c'est le bénéfice que rapportent 100 francs prêtés pendant un an.

Ce *taux*, qui peut être considéré comme une sorte d'*unité d'intérêt*, est de pure convention entre le prêteur et l'emprunteur; il dépend généralement de l'abondance ou de la rareté des capitaux. Cependant, il y a dans le commerce ou dans la banque, des limites (fixées par l'usage et par la loi) au-delà desquelles le *taux* ne peut monter sans être appelé *usure*. (*L'usurier* est celui qui prête son argent beaucoup au-dessus du taux généralement admis.)

La règle d'intérêt n'est qu'un cas particulier de la règle de trois composée; nous allons en donner des exemples.

PREMIER EXEMPLE. — *On demande l'intérêt d'une somme de 4500 francs, pour 2 ans 5 mois; à raison de 7 francs p. $\frac{o}{o}$ par an* (p. $\frac{o}{o}$ est la manière usitée dans le commerce d'écrire pour 100).

Cet énoncé est l'expression abrégée de celui-ci :

100 *francs rapportant 7 francs d'intérêt par an, combien produira, à proportion, une somme de 4500^f, placée ou prêtée pendant 2 ans 5 mois?*

Analyse et solution. — Appliquant à cette question les principes établis précédemment, nous dirons : Les intérêts de deux capitaux placés pendant le même temps, sont directement proportionnels à ces capitaux; ainsi, en appelant x l'intérêt du capital 4500^f placé pendant un an, on aura cette première proportion

$$100 : 4500 :: 7 : x \dots (1).$$

Ensuite, les intérêts *d'un même capital* sont directement proportionnels aux temps pendant lesquels il est placé; donc, si l'on désigne par X l'intérêt de 4500^f pour 2 ans 5 mois, ou l'intérêt demandé, on aura cette nouvelle proportion

$$1^{an} : 2^{ans}\,5^{mois} :: x : X \dots (2);$$

d'où, multipliant terme à terme les proportions (1) et (2),

$$100 : 4500 \times 2^{ans}\,5^{mois} :: 7 : X,$$

et par conséquent, $X = \dfrac{4500 \times 2^{ans}\,5^{mois} \times 7}{100} = 315 \times 2^{ans}\,5^{mois}.$

Effectuant l'opération marquée par $315 \times 2^{ans}\,5^m$, d'après les règles connues, et comme on le voit à côté, on trouve pour résultat, 761 francs 25 centimes. Ainsi, l'intérêt demandé monte à 761 fr. 25 centimes.

$$
\begin{array}{r}
315 \\
\underline{1 \quad 2^{ans}\,5^{mois}} \\
630 \\
4^m \dots 105 \\
\underline{1 \dots 26,25} \\
761,25
\end{array}
$$

Soit, en général, un *capital a placé pendant un temps exprimé par t, à raison de i p. 100 par an.*

En raisonnant comme ci-dessus, on sera conduit aux deux proportions. $\left\{ \begin{array}{l} 100 : a :: i : x \\ 1 : t :: x : X \end{array} \right\}$;

d'où l'on déduit. . . . . $100 : a \times t :: i : X;$

et par conséquent,

$$X = \frac{a \times t \times i}{100} = \frac{ait}{100}.$$

Cette formule $X = \dfrac{ait}{100}$, comprend sous une forme facile à retenir, la manière de déterminer l'intérêt d'une somme quelconque placée pendant un certain temps, et d'après un certain taux.

En langage ordinaire, elle signifie qu'il faut *multiplier la somme proposée par le taux d'intérêt pour un an, puis par le temps pendant lequel la somme est placée, et diviser le résultat par 100.* C'est dans cette opération que consiste la *règle d'intérêt simple.*

222. On peut d'ailleurs parvenir à cette formule sans le secours des proportions, et par un moyen qu'il est bon de faire connaître.

Puisque 100 francs rapportent, dans l'unité de temps ou dans un an, un nombre de francs marqué par i, il est clair qu'un seul franc doit rapporter $\dfrac{i}{100}$. Donc une somme quelconque rapportera, dans un an, $\dfrac{i}{100} \times a$, ou $\dfrac{ai}{100}$; et cette même somme, au bout de t années, devra rapporter $\dfrac{ai}{100} \times t$, ou $\dfrac{ait}{100}$.

N. B. — La fraction $\dfrac{i}{100}$ qui exprime l'intérêt d'un franc pour un an, se présente, dans certains cas particuliers, sous une forme très simple.

Soit, par exemple, $i = 5$ (ce qui veut dire qu'une somme est placée à 5 p. 100 par an) il en résulte $\dfrac{i}{100} = \dfrac{5}{100} = \dfrac{1}{20}$, d'où $\dfrac{ai}{100} = \dfrac{a}{20}$; d'où l'on voit que l'intérêt d'un capital placé à 5 p. 100 par an, est égal au *vingtième* du capital.

Soit encore $i = 10$; il en résulte $\dfrac{i}{100} = \dfrac{10}{100} = \dfrac{1}{10}$. Donc $\dfrac{ai}{100} = \dfrac{a}{10}$; c'est-à-dire que l'intérêt d'un capital placé à 10 p. 100, est égal au *dixième* de ce capital.

On dit que le capital est placé, dans le premier cas, au *denier* 20, et, dans le second, au *denier* 10.

Enfin, dire qu'une personne a placé ses fonds au *denier* 40, c'est supposer qu'elle retire par an, en intérêt, le 40me de son capital ; ou, en d'autres termes, que le taux d'intérêt est de $2\frac{1}{2}$ p. 100 par an ; car on a

$$\frac{2\frac{1}{2}}{100}=\frac{5}{200}=\frac{1}{40}, \text{ d'où } \frac{ai}{100}=\frac{a\times 2\frac{1}{2}}{100}=\frac{a}{40}.$$

Ces dénominations sont usitées dans le commerce.

225. Quelquefois, le taux d'intérêt est donné, non pour un an, mais pour 1 mois ou 30 jours. (*Voyez* n° 221.) Dans ce cas, on prend le mois pour unité de temps ; mais la manière d'opérer est toujours la même.

SECOND EXEMPLE. — *On demande l'intérêt de 5000 francs pour 315 jours, ou 10 mois 15 jours, à raison de $\frac{3}{4}$ p. 100 par mois ?*

Faisant, dans la formule $X=\frac{ait}{100}$, $a=5000$, $t=10^m\frac{1}{2}$, et $i=\frac{3}{4}$, on obtient

$$X=\frac{5000\times 10\frac{1}{2}\times\frac{3}{4}}{100}=50\times\frac{21}{2}\times\frac{3}{4}=\frac{3150}{8}=393,75.$$

Ainsi, l'intérêt demandé est 393 francs 75 centimes.

TROISIÈME EXEMPLE. — *Une somme de 3750 francs a rapporté 719 francs 25 centimes, en intérêt, au bout de 2 ans 6 mois ; on demande le taux d'intérêt auquel la somme a été placée ?*

En raisonnant comme dans le premier exemple, on parviendra aux deux proportions $\begin{cases}3750 : 100 :: 719,25 : x\\ 2^{ans}\frac{1}{2} : 1 :: x : X\end{cases}$;

d'où l'on déduit $3750\times 2\frac{1}{2} : 100 :: 719,25 : X.$

Donc $X=\frac{719,25\times 100}{3750\times 2\frac{1}{2}}=\frac{71925}{9375}=7,672$; c'est-à-dire que le taux d'intérêt est $7^f,67$ p. 100 par an, à 1 centime près.

On peut facilement vérifier ce résultat en déterminant l'intérêt du capital 3750 francs, pendant 2 ans 6 mois, à raison de $7^f,67^c$ p. 100 par an. Toutefois il est nécessaire, pour plus d'exactitude, de prendre pour taux le nombre $7,672$ tel qu'on l'a obtenu ci-dessus.

La formule $X = \dfrac{ait}{100}$ est également propre à faire connaître ce taux. En effet, elle donne évidemment $100X = a \times i \times t$, d'où $i = \dfrac{100X}{a \times t}$.

Or, on a $a = 3750$, $t = 2$ ans 6 mois, $X = 719,25$; donc $i = \dfrac{71925}{3750 \times 2\frac{1}{2}} = \dfrac{71925}{9375}$, comme on l'a déjà trouvé.

224. Considérée en général, cette formule contient *quatre* quantités, a, i, t, et X, dont chacune peut être supposée *inconnue*, les trois autres étant données; et il sera toujours facile d'en déduire la quantité inconnue.

On peut ainsi se proposer quatre questions essentiellement différentes dont voici les énoncés, avec les résultats qui y sont relatifs.

1°. *Déterminer l'intérêt d'un capital pour un certain temps, à raison d'un certain taux d'intérêt?*

Soit X l'intérêt demandé, on a $X = \dfrac{ait}{100}$.

(Les deux premiers exemples se rapportent à cette question.)

2°. *Déterminer le taux d'intérêt auquel une somme doit être placée pour rapporter, au bout d'un certain temps, une autre somme connue?*

La formule est, dans ce cas, $i = \dfrac{100X}{at}$.

(Le troisième exemple se rapporte à cette question.)

3°. *Déterminer le temps pendant lequel une certaine somme doit être placée pour rapporter, à raison d'un certain taux connu, une autre somme aussi connue?*

La formule est alors $t = \dfrac{100X}{ai}$.

Cette valeur de t doit être d'ailleurs calculée en unités de même espèce que celle pour laquelle on a d'abord fixé le taux, soit en années, soit en mois.

4°. *Déterminer le capital qu'il faudrait placer pendant un temps connu, pour rapporter, à raison d'un certain taux donné, une somme aussi connue?*

On a pour la formule, $a = \dfrac{100X}{it}$.

Voici de nouveaux exemples sur lesquels on peut s'exercer.

QUATRIÈME EXEMPLE. — *Un certain capital placé pendant 27 mois, à raison de* $\dfrac{1}{2}$ *p. 100 par mois, a rapporté* 1312^f,65^c *d'intérêt; on demande la valeur du capital?*

[*Rép.* 9723^f,33^c.]

CINQUIÈME EXEMPLE. — *Une somme de* 7400^f *a rapporté pendant 27 mois,* 832^f,50^c; *on demande combien une autre somme de* 8500^f *doit rapporter, au même taux d'intérêt, pendant 45 mois; et quel est le taux d'intérêt?*

[*Rép.* 1593^{f}7,5^c; et 5 p. 100 par an.]

DE LA RÈGLE D'ESCOMPTE.

225. *L'escompte* est une retenue faite sur *le montant* d'un billet qui n'est payable qu'au bout d'un certain temps, et dont on voudrait se faire payer avant son échéance.

Pour fixer les idées, supposons qu'*une personne possédant un billet de* 3000 *francs, payable dans 1 an, se présente chez un banquier pour le faire* ESCOMPTER. *On demande la retenue que doit faire le banquier, ou bien la somme qu'il doit compter actuellement à la personne?* On sait d'ailleurs que le taux d'intérêt est de 6 pour 100.

Analyse. — Il est clair que la personne doit recevoir actuellement une somme qui, réunie à son intérêt pendant 1 an, produise 3000 fr., montant du billet.

Or, puisque 100 fr. rapportent 6 fr. d'intérêt par an, il s'ensuit que 100 fr. vaudront dans un an, 106 fr., y compris le ca-

pital ; ou, ce qui revient au même , qu'un billet de 106 francs,
payable dans 1 an; équivaut à 100 fr. payables actuellement.
Donc, pour trouver *la valeur actuelle* du billet de 3000 francs,
il suffit d'établir la proportion

$$106 : 100 :: 3000 : x;$$

et le quatrième terme représentera la somme que le banquier
doit donner.

On peut dire encore : si pour 106 fr. payables dans 1 an
le banquier doit retenir 6 fr., combien, pour 3000 fr , doit-il
retenir? c'est-à-dire

$$106 : 6 :: 3000 : x';$$

et le quatrième terme exprimera la retenue que le banquier
doit faire, ou l'*escompte* du billet.

La première proportion donne $x = \dfrac{300000}{106} = 2830^f,19^c$;

et la seconde . . . . $x' = \dfrac{18000}{106} = 169,81.$

$$\overline{\hspace{2cm}3000^f,00}$$

La valeur actuelle du billet est donc $2830^f,19^c$; ou bien le
banquier doit retenir $169^f 81^c$.

En effet, le capital $2830^f 19^c$, réuni à son intérêt $169^f,81^c$,
reproduit 3000^f, montant du billet. On voit d'ailleurs ici que
les deux opérations se servent mutuellement de vérification.

Désignons, *en général*, par a le montant d'un billet, par t le
temps qui doit s'écouler jusqu'à son échéance, et par i le taux
de l'intérêt pour l'unité de temps.

Comme 100^f rapportent i^f dans l'unité de temps, ils doivent
rapporter, au bout du temps t, une somme $i \times t$, ou it; et par
conséquent, $100 + it$ exprime ce que devient le capital 100^f au
bout du temps t, y compris l'intérêt ; ce qui revient à dire que
$100 + it$ payable au bout d'un temps t, équivaut à 100^f payables
actuellement.

Donc, pour trouver la *valeur actuelle* du billet a, il faut établir la proportion

$$100 + it : 100 :: a : x; \text{ d'où } x = \frac{100\,a}{100 + it};$$

et pour obtenir l'escompte du billet, on écrira

$$100 + it : it :: a : x; \text{ d'où } x = \frac{a \times it}{100 + it}.$$

En langage ordinaire, *la valeur actuelle d'un billet s'obtient en multipliant le montant du billet par 100, et divisant le produit par* 100[f] *augmenté de l'intérêt de* 100[f], *calculé pour le temps qui doit s'écouler jusqu'à l'échéance.*

On trouve *l'escompte lui-même,* ou la retenue, *en multipliant le montant du billet par l'intérêt de* 100 *francs, calculé pour le temps proposé, et divisant le produit par* 100[f] *augmenté de son intérêt pour ce même temps.*

Si l'opération est exacte, les deux résultats ajoutés entre eux, doivent reproduire le montant du billet.

PREMIER EXEMPLE. — *On demande la valeur actuelle d'un billet de* 4850[f] *payable dans* 13[mois] $\frac{1}{2}$, *en supposant le taux d'intérêt à* $\frac{3}{4}$ *pour* 100 *par mois?*

On a $\qquad a = 4850, \; t = 13^{m}\frac{1}{2}, \; i = \frac{3}{4};$

d'où $\qquad i \times t = \frac{3}{4} \times 13\frac{1}{2} = \frac{81}{8} = 10;125.$

Donc la formule $x = \dfrac{100a}{100 + it}$ devient

$$x = \frac{485000}{110,125} = \frac{485000000}{110125} = \dots\dots\ 4404^{f},09.$$

On a de même pour la deuxième formule,

$$x' = \frac{4850 \times 10,125}{110,125} = \frac{49106250}{110125} = \dots\dots\ 445,9:$$

$$\overline{\qquad\qquad\qquad 4850,00.}$$

226. Cette manière d'escompter n'est pas celle qu'emploient les banquiers et les commerçans. Ordinairement, ils escomptent *à tant pour* 100 par an ou par mois ; c'est-à-dire qu'ils établissent *un taux d'escompte* comme ils ont établi *des taux d'intérêt.*

Reprenons l'exemple ci-dessus, pour le traiter par cette autre méthode.

On demande d'escompter un billet de 485o^f, payable dans $13^{mois} \frac{1}{2}$, *à raison de $\frac{3}{4}$ pour* 100 *par mois ?*

Analyse. —Comme, d'après l'énoncé, on est censé devoir retenir pour 100^f, $\frac{3}{4}$ par mois, il s'ensuit que pour $13^{mois} \frac{1}{2}$, on retiendra $\frac{3}{4} \times 13\frac{1}{2}$, ou $\frac{81}{8}$, c'est-à-dire, en réduisant en décimales, 10^f,125. Ainsi, pour savoir ce qu'il faut retenir sur 485o^f, on devra établir la proportion

$$100 : 10,125 :: 485o : x;$$

d'où l'on tire $x = \dfrac{485o \times 10,125}{100} = 491,06$, à *un centime* près.

Or, si de 485o on ôte 491,06, on obtient le reste 4358^f,94 qui représente alors *la valeur actuelle* du billet.

En comparant ce résultat 4358^f, 94^c, à celui qu'on a obtenu d'après la première méthode, on reconnaît que la personne reçoit 45^f, 15^c de moins par la seconde méthode que par la première....................

$$\begin{array}{r} 4404,09 \\ 4358,94 \\ \hline 45,15 \end{array}$$

Pour expliquer cette différence, il faut observer que les banquiers, en prélevant 491^f,06 sur 485o^f, prélèvent l'intérêt que cette dernière somme rapporterait au bout de $13^{mois} \frac{1}{2}$, tandis qu'ils ne devraient rigoureusement retenir que l'intérêt de la somme qui revient actuellement au possesseur du billet ; et cette condition est remplie par la première méthode.

Ce nombre 491,06 que le banquier retient d'après la seconde méthode, se compose réellement de deux parties l'intérêt de la valeur actuelle du billet, c'est-à-dire 445,91, plus *l'intérêt de cet intérêt,* comme il est aisé de le vérifier.

En effet, la proportion 100 : 10,125 :: 445,91 : x donne

$$\frac{445,91 \times 10,125}{100} = 45;148387{5};$$

c'est-à-dire 45,15; à *un centime* près.

Il résulte de là que ces 45f ; 15c sont en pure perte pour le possesseur du billet; c'est un bénéfice que s'attribue le banquier, indépendamment de celui qui lui appartient de droit en raison de l'anticipation du paiement.

Quoi qu'il en soit, la seconde méthode est généralement reçue dans le commerce, parce qu'elle est plus expéditive et plus commode sous le rapport des calculs.

En effet, désignons toujours par a le montant du billet; par t le temps qui doit s'écouler jusqu'à son échéance, et par i le taux d'intérêt, ou plutôt *le taux d'escompte*; ce qui donne $i \times t$ pour la somme à retenir sur 100 francs prêtés pendant le temps t.

Cela posé, afin d'obtenir l'escompte du billet a, il ne s'agit que d'établir la proportion

$$100 : it :: a : x; \text{ d'où } x = \frac{a \times it}{100},$$

formule semblable à celle de la règle d'intérêt; elle ne renferme que des multiplications et une simple division à effectuer, tandis que les deux formules relatives à la première méthode donnent lieu à des divisions qui sont même assez compliquées.

Il y aurait bien un moyen de concilier les deux méthodes : ce serait d'établir un taux d'escompte un peu moins fort que le taux d'intérêt. Mais là difficulté serait de les proportionner l'un à l'autre dans toutes les circonstances habituelles. Aussi s'en tient-on à la méthode la plus simple, ce qui d'ailleurs, n'est qu'une affaire de convention entre le possesseur du billet et le banquier qui le lui escompte.

N. B. — Pour distinguer les deux manières d'escompter, on

désigne la première sous le nom d'*escompte en dedans*, et la seconde sous celui d'*escompte en dehors*.

Ces dénominations sont vicieuses; et il y aurait peut-être plus de raison d'appeler la première, *escompte en dehors*, et la seconde, *escompte en dedans :* c'est l'opinion de plusieurs arithméticiens; mais l'usage contraire a prévalu.

227. Voici quelques exemples traités par l'une et par l'autre méthode :

SECOND EXEMPLE. — *On demande la valeur actuelle d'un billet de* 2850^f,45^c, *payable dans* 2^{ans} 8^{mois}, *en supposant le taux d'intérêt à* 8^f,75^c *pour* 100 *par an?*

Escompte en dedans.— D'abord, puisque 100 fr. rapportent 8^f,75^c dans 1^{an}, l'intérêt, au bout de 2^{ans} 8^{mois}, doit être égal à 8,75 × 2^{ans} 8^{mois}, ou 8,75 × $\frac{8}{3}$, ou $\frac{70}{3}$. Ainsi *la valeur actuelle* du billet est exprimée par

$$\frac{2850,45 \times 100}{100 + \frac{70}{3}} = \frac{285045 \times 3}{370} = \frac{855135}{370};$$

la somme à retenir est d'ailleurs exprimée par

$$\frac{2850,45 \times \frac{70}{3}}{100 + \frac{70}{3}} = \frac{2850,45 \times 70}{370} = \frac{199531,5}{370}.$$

Effectuant les deux divisions indiquées, on trouve

$$1° \dots \dots \dots \frac{855135}{370} = 2311,18 \left.\begin{array}{c} \\ \\ \end{array}\right\} 2850,45.$$
$$2° \dots \dots \dots \frac{199531,5}{370} = 539,27$$

Donc *la valeur actuelle* du billet est 2311^f,18^c; et la retenue à faire est 539^f,27^c.

Escompte en dehors. — La somme à retenir sur 100^f pour 2^{ans} 8^{mois} étant $\frac{70}{3}$, l'escompte de 2850^f,45^c sera

$$\frac{2850,45 \times \frac{70}{3}}{100} = \frac{950,15 \times 70}{100} = 665^f,105.$$

La valeur actuelle du billet est donc égale à 2850,45—665,10, ou bien à 2185,35.

Ainsi, le possesseur du billet reçoit 125ᶠ83ᶜ de moins par la seconde méthode que par la première.

> 2311,18
> 2185,35
> ——————
> 125,83

Cette perte qu'il éprouve est d'ailleurs, comme nous l'avons déjà fait observer, l'intérêt de 539ᶠ,27.

En effet, on a pour cet intérêt, à raison de $\frac{70}{3}$ p. 100 pour 2ᵃⁿˢ 8ᵐᵒⁱˢ,

$$\frac{539,27 \times \frac{70}{3}}{100} = \frac{37748,9}{300} = 125,829.$$

TROISIÈME EXEMPLE. — *Un banquier a payé pour un billet de 5600ᶠ, payable dans 14 mois, une somme de 5129ᶠ,45ᶜ. On demande d'après quel taux d'intérêt par mois le billet a été escompté?*

Escompte en dedans.—Puisque 5129ᶠ,45ᶜ expriment la valeur actuelle de 5600ᶠ, on obtiendra d'abord la somme dont 100ᶠ représente la valeur actuelle, par la proportion

$$5129,45 : 5600 :: 100 : x;$$

d'où $$x = \frac{560000}{5129,45} = 109^f,1735.$$

Ainsi, l'intérêt de 100ᶠ pendant 14 mois, est 109ᶠ,1735.

Divisant cette expression par 14, on a 0ᶠ,6552 pour le taux d'intérêt par mois : résultat qu'on peut aisément vérifier en escomptant le billet de 5600ᶠ d'après ce taux d'intérêt.

(Nous avons poussé jusqu'aux 10000ᵉᵐᵉˢ la valeur de ce taux d'intérêt, afin que la vérification fût plus exacte.)

Escompte en dehors. — Si l'on retranche 5129,45 de 5600, on obtient 470,55 pour la somme que le banquier retient sur 600.

Maintenant, afin de savoir ce qu'il retient sur 100^f pour 14 mois, on établit la proportion

$$5600 : 470,55 :: 100 : x;$$

d'où
$$x = \frac{47055}{5600} = 8,40.$$

Divisant ce résultat par 14, on a 0^f,60 pour la somme qu'il retient par mois sur 100^f; c'est, à proprement parler, le taux d'escompte par mois.

Ce taux est, comme on le voit, plus faible que le taux déterminé par l'autre moyen ; et cela doit être.

228. L'exemple suivant tient à-la fois de la règle d'intérêt et de la règle d'escompte *en dedans*.

QUATRIÈME EXEMPLE. — *Un marchand a acheté à un fabricant, pour 3859^f,25 d'une certaine étoffe; mais, ne pouvant le payer sur-le-champ, il lui fait un billet payable dans 18 mois. On demande la somme qui doit être portée sur le billet, l'intérêt étant à $\frac{3}{4}$ pour 100 par mois ?*

Analyse. — On conçoit d'abord que le billet doit se composer de la somme due au moment de l'achat, augmentée de son intérêt pendant les 18 mois.

Cela posé, puisque $\frac{3}{4}$ exprime l'intérêt de 100^f pour un mois, il s'ensuit que $\frac{3}{4} \times 18$, ou 13,50, représentera l'intérêt pour 18 mois.

Donc, pour obtenir l'intérêt de 3859,25, il suffit d'établir la proportion

$$100 : 13,50 :: 3859,25 : x;$$

d'où
$$x = \frac{3859,25 \times 13,50}{100} = 520.99875 \text{ ou } 521^f.$$

Ajoutant cet intérêt à 3859,25, on obtient 4380,25 pour le montant du billet.

La vérification de cette opération s'effectuerait d'après la règle d'escompte *en dedans*.

On établirait la proportion

$$113,50 : 100 :: 4380,25 : x ;$$

et le quatrième terme, exprimant la valeur actuelle du billet de 4380f,25c, devrait être égal à 3859f,25c.

Nous renvoyons à la fin du huitième chapitre, les règles d'intérêt et d'escompte composés.

DE LA RÈGLE DE SOCIÉTÉ.

229. Cette nouvelle règle a pour objet de *partager entre plusieurs personnes associées dans un même commerce, le bénéfice ou la perte qui résulte de leur association.*

Il est généralement convenu entre les négocians (et cela est d'ailleurs conforme à la raison comme à la justice) que la part de gain ou de perte de chaque associé est, 1°. *proportionnelle à sa mise* quand les temps sont égaux, 2°. *proportionnelle au temps* quand les mises sont égales. D'où il résulte que, pour des mises et des temps différens, *les parts sont proportionnelles aux produits des mises par les temps.*

Donc la question, considérée sous le point de vue le plus général, revient à *partager un nombre donné* (qui est un bénéfice ou une perte) *en parties directement proportionnelles à d'autres nombres donnés.*

Soient donc A le nombre à partager; $m, n, p, q, \ldots$ les nombres proportionnellement auxquels A doit être partagé, et $x, x', x'', x''', \ldots$ les différentes parts.

On aura, en vertu de l'énoncé, la suite de rapports égaux,

$$m : x :: n : x' :: p : x'' :: q : x''' \ldots ;$$

d'où, faisant (n° **214**) la somme des antécédens et celle des conséquens,

$$m + n + p + q + \ldots : x + x' + x'' + x''' + \ldots :: m : x,$$

ou bien, puisque $x + x' + x'' + x''' + \ldots$, ou la somme des parts, est égale à A,

$$m + n + p + q + \ldots : A :: m : x$$
$$:: n : x'$$
$$:: p : x''$$
$$:: q : x'''$$
$$\cdots\cdots$$
$$\cdots\cdots$$

Ce qui prouve que, pour obtenir chacune des parts, *il suffit de multiplier le nombre à partager, A, respectivement par chacun des nombres* m, n, p, q...., *et de diviser le produit par la somme* m + n + p + q... *de ces mêmes nombres.*

Faisons quelques applications.

230. PREMIER EXEMPLE. — *Trois personnes se sont réunies pour un commerce ; la première a placé* 15000ᶠ*, la seconde* 22540ᶠ*, et la troisième* 25600ᶠ *; au bout d'un an, elles ont fait un bénéfice de* 12000ᶠ *; on demande ce qui revient à chacun des associés ?*

Analyse. — Il résulte des considérations précédentes (ce qui d'ailleurs est évident en soi-même), *que la mise totale* (ou la somme des trois mises), *est au gain total, comme une mise particulière est au gain qui lui correspond.*

Donc chaque gain particulier est égal au produit du gain total et de la mise particulière, divisé par la mise totale.

Cela posé, faisant d'abord la somme des trois mises, on obtient pour cette somme, 63140ᶠ.

Ainsi l'on a successivement pour les expressions des trois gains particuliers,

$$1^{er} \text{ gain} : x = \frac{12000 \times 15000}{63140} = 2850,81 ,$$
$$2^e \quad x' = \frac{12000 \times 22540}{63140} = 4283,81 ,$$
$$3^e \quad x'' = \frac{12000 \times 25600}{63140} = \underline{4865,38}$$
$$12000,00$$

C'est ce que l'on peut vérifier d'ailleurs en faisant la somme de ces gains : car si l'opération est exacte, cette somme doit être égale au gain total 12000.

SECOND EXEMPLE. — *Un particulier commence une entreprise avec un fonds de 25000^f. Cinq mois plus tard, voulant étendre son entreprise, il y intéresse un capitaliste qui lui fournit un fonds de 40000^f. Six mois après ce premier emprunt, il trouve un second capitaliste qui lui prête une somme de 60000^f. Au bout de deux ans, l'entreprise a rapporté un bénéfice de 80000^f ; il est d'ailleurs convenu que le particulier, qui reste seul chargé de l'entreprise, aura* UNE PRIME *de 5 p. 100 sur le bénéfice total, outre la part qui lui revient proportionnellement aux fonds qu'il a placés.*

On demande la part de chacun des trois co-associés?

Analyse. — Puisque le particulier doit, pour prix de son travail, commencer par prélever 5 pour 100 du bénéfice total, il retirera les $\frac{5}{100}$ ou le $\frac{1}{20}$ de 80000^f, savoir : 4000^f.

Il ne reste donc plus que 76000^f à partager entre les trois personnes, proportionnellement aux produits de leurs mises par les temps pendant lesquels ces mises ont été placées dans l'entreprise.

Cela posé, 1°. les 25000^f du particulier, placés pendant 24 mois, donnent pour produit 25000$^f \times 24$, ou 600000^f.

2°. Les 40000^f du premier capitaliste, ayant été 24 — 5, ou, 19 mois, dans la société, donnent 40000$^f \times 19$, ou 760000^f.

3°. Enfin, les 60000^f du second capitaliste, placés pendant 24 — 5 — 6, ou pendant 13 mois, donnent 60000$^f \times 13$, ou 780000^f.

Donc, la question revient à partager 76000^f proportionnellement aux trois nombres 600000, 760000, et 780000, ou, ce qui revient évidemment au même, proportionnellement aux trois nombres 60, 76, et 78.

Or, on trouve d'abord pour la somme de ces trois derniers nombres, 214. Ainsi, l'on obtiendra successivement pour les trois parts,

$$1^{re}\text{ part}... \quad \frac{76000 \times 60}{214} = 21308,41 \,;$$

ou bien, ajoutant *la prime de* 4000ᶠ qui revient à celui qui est chargé de l'entreprise...................,......,..   25308,41

$$2^e........\frac{76000 \times 76}{214} = \frac{5776000}{214} = 26990,65$$

$$3^e.......\frac{76000 \times 78}{214} = \frac{5928000}{214} = 27700,94$$

Vérification..............   80000ᶠ,00

231. La règle de société est une des opérations les plus usuelles chez l'homme civilisé.

Les contributions que les individus d'un même royaume paient au gouvernement, se déterminent par de véritables règles de société.

- On appelle *contribution,* la somme que doit payer annuellement chaque individu, à raison de son revenu présumé; c'est une sorte de *perte* pour lui, mais une perte à laquelle il se soumet pour aider le gouvernement dans sa marche et dans ses efforts pour l'intérêt et le bonheur de tous.

La question qui a pour objet de fixer le montant des contributions proportionnelles, sur un nombre d'individus aussi grand que celui d'un royaume, de la France par exemple, peut sembler, au premier abord, très compliquée; mais les considérations suivantes suffiront pour faire concevoir combien la solution en est simple.

Supposons, pour fixer les idées, qu'il ne s'agisse que des contributions *foncières,* c'est-à-dire des contributions que l'on perçoit sur *les revenus territoriaux.*

Les besoins d'un gouvernement pendant une année, exigent une contribution foncière dont la valeur est A. *De quelle manière en opèrera-t-il le recouvrement?*

Solution. —On commence par répartir, au ministère des finances, la somme A, entre tous les départemens qui composent le royaume, *proportionnellement* aux revenus présumés de ces différens départemens.

Soit B la somme que l'un quelconque des départemens doit payer pour sa *quote-part*.

Ce département étant divisé en trois ou quatre arrondissemens dont les revenus territoriaux sont connus, on partage, à la préfecture de ce département, la somme B entre les arrondissemens, *proportionnellement* à leurs revenus.

Soit C la somme que l'un des arrondissemens doit payer pour sa *quote-part*.

Cet arrondissement se subdivisant en plusieurs communes, on fait à la sous-préfecture de cet arrondissement, la répartition de la somme C, entre toutes les communes qui le composent, *proportionnellement* à leurs revenus présumés.

Soit D la *quote-part* de l'une des communes.

Enfin, cette commune se compose d'un certain nombre de propriétés, soit en maisons, soit en terres ou en prairies, soit en bois, dont les revenus sont évalués; et l'on partage la contribution D entre les propriétaires, *proportionnellement* à leurs revenus présumés.

Les rôles de contribution de tous les propriétaires étant une fois établis, chaque contribuable verse le montant de sa contribution entre les mains du receveur de la commune. Celui-ci verse ses fonds dans la caisse du receveur d'arrondissement; ce dernier verse les siens dans la caisse du receveur général de département; enfin, tous les receveurs de département envoient leurs fonds à la Trésorerie; et le gouvernement se trouve ainsi avoir perçu le montant général de la contribution.

252. Voici de nouvelles questions qui se rattachent à la règle de société.

TROISIÈME EXEMPLE. — *Partager une somme de 36000ᶠ entre quatre personnes, de manière que la seconde ait deux fois autant que la première; que la troisième ait autant, à elle seule, que les deux premières ensemble; et que la quatrième ait trois ois plus que la troisième?*

Pour peu qu'on réfléchisse sur la nature de cette question, on verra que la part de la première personne étant prise pour unité, ou désignée par 1, celle de la seconde est 2; la part de la troisième, $2 + 1$ ou 3; enfin celle de la quatrième, 3×3 ou 9; donc la question est ramenée à partager 36000 en quatre parties qui soient entre elles comme les nombres 1, 2, 3, 9; elle rentre par conséquent dans la question générale du n° **229**.

Faisant d'abord la somme des quatre nombres 1, 2, 3, et 9, on trouve 15 pour cette somme.

Ainsi, l'on obtiendra successivement pour les quatre parts,

$$1^{re} \text{ part} \ldots \ldots \frac{1 \times 36000}{15} = 2400 ;$$

$$2^e \ldots \ldots \ldots \frac{2 \times 36000}{15} = 4800 ;$$

$$3^e \ldots \ldots \ldots \frac{3 \times 36000}{15} = 7200 ;$$

$$4^e \ldots \ldots \ldots \frac{9 \times 36000}{15} = \frac{21600}{36000}$$

Quelquefois, les nombres proportionnellement auxquels on doit partager une somme donnée, sont des fractions ou des nombres fractionnaires.

Mais on peut aisément ramener ce cas à celui où les nombres sont entiers, en réduisant ces fractions au même dénominateur.

Ainsi, pour diviser une somme donnée, a, en parties proportionnelles aux fractions $\frac{2}{3}$, $\frac{3}{4}$, $\frac{5}{6}$, réduisez d'abord ces fractions au même dénominateur : elles deviennent $\frac{8}{12}$, $\frac{9}{12}$, $\frac{10}{12}$. Or, les fractions qui ont même dénominateur, étant proportionnelles à leurs numérateurs (n° **217**), tout se réduit à partager la somme proportionnellement aux nombres donnés 8,9,10, ce qui donne $\frac{8a}{27}$, $\frac{9a}{27}$, $\frac{10a}{27}$, pour les trois parts demandées.

QUATRIÈME EXEMPLE. — *Une personne laisse, en mourant quatre héritiers ; et elle a fait ce singulier testament : le premier héritier doit avoir* $\frac{1}{6}$, *le second* $\frac{2}{5}$, *le troisième* $\frac{4}{9}$, *et le quatrième* $\frac{1}{3}$ *du bien total.*

On demande ce qui revient à chacun d'eux, l'héritage montant d'ailleurs à 40000 *francs?*

Solution. — Si la somme des quatre fractions $\frac{1}{6}$, $\frac{2}{5}$, $\frac{4}{9}$, et $\frac{1}{3}$, était égale à 1, les conditions du testament seraient facilement remplies; il n'y aurait qu'à prendre successivement le 6ᵉ de 40000, les $\frac{2}{5}$ de 40000, etc.; et l'on aurait les quatre parts.

Mais en réduisant ces fractions au même dénominateur, on trouve $\frac{15}{90}$, $\frac{36}{90}$, $\frac{40}{90}$, $\frac{30}{90}$, dont la somme est égale à $\frac{121}{90}$, ou $1\frac{31}{90}$, résultat plus grand que l'unité; d'où l'on voit que le bien se trouverait plus qu'absorbé par les trois premières parts, établies suivant les propres termes du testament.

Cependant, si l'on réfléchit sur l'énoncé, on voit que les intentions du testateur ont été de distribuer son bien entre les quatre héritiers, de manière que leurs parts fussent proportionnelles aux nombres $\frac{1}{6}$, $\frac{2}{5}$, $\frac{4}{9}$, $\frac{1}{3}$.

Ainsi, l'on remplira ses intentions en partageant les 40000 en parties proportionnelles à ces quatre fractions, et par conséquent, aux quatre nombres 15, 36, 40, et 30.

La somme de ces nombres étant 121, on obtiendra successivement pour ces parts,

$$1^{re} \text{ part...} \frac{15 \times 40000}{121} = 4958^f,68,$$

$$2^e \ldots \frac{36 \times 40000}{121} = 11900,82,$$

$$3^e \ldots \frac{40 \times 40000}{121} = 13223,14,$$

$$4^e \ldots \frac{30 \times 40000}{121} = \underline{9917,36}$$
$$40000,00.$$

CINQUIÈME EXEMPLE. — *On fait une remonte de 1200 che-vaux qu'on doit distribuer à trois régimens de dragons, en raison de leur force ; la force du premier régiment est à celle du second comme 11 est à 8 ; la force du premier régiment est à celle du troisième comme 9 est à 7. On demande combien chaque régiment aura de chevaux ?*

Il résulte évidemment de l'énoncé, que le nombre de che-vaux du second régiment doit être les $\frac{8}{11}$ de celui du premier, et pareillement, que le nombre de chevaux du troisième doit être les $\frac{7}{9}$ de celui du premier. Donc les trois nombres demandés sont entre eux comme les nombres 1, $\frac{8}{11}$, $\frac{7}{9}$; ou bien, si l'on réduit l'entier et les fractions au même dénominateur, comme les trois nombres 99, 72, 77.

Ainsi, l'on obtiendra

pour le 1er régiment.... $\dfrac{99 \times 1200}{248} = 479 \quad \dfrac{1}{31}$,

pour le 2me.......... $\dfrac{72 \times 1200}{248} = 348 \quad \dfrac{12}{31}$,

pour le 3me.......... $\dfrac{77 \times 1200}{248} = 372 \quad \dfrac{18}{31}$

$$\overline{\qquad\qquad\qquad 1200 \quad 0.}$$

N. B. — L'addition des fractions donnant 1, il faudra, en négligeant ces fractions, donner 1 cheval de plus au troisième régiment, qui correspond au numérateur le plus fort.

Il existe encore deux autres règles qui, sans dépendre pré-cisément de la règle de trois, n'en sont pas moins importantes à connaître, comme étant d'un usage fréquent dans la banque et dans diverses branches de commerce : ce sont *la règle con-jointe* et *la règle d'alliage.*

DE LA RÈGLE CONJOINTE.

233. Cette règle a pour objet de *déterminer le rapport des monnaies de deux pays , connaissant déjà les rapports de ces monnaies avec celles d'autres pays.* On l'appelle d'ailleurs *règle conjointe,* parce qu'elle consiste à ramener par voie de multiplication plusieurs rapports donnés à un seul ; ce qui donne lieu (n° 212) à *un rapport composé.*

Les deux exemples suivans suffiront pour donner une idée de cette règle et de la manière de l'exécuter.

PREMIER EXEMPLE

48 *francs*.......... *valent* ..... 52 *shillings d'Angleterre,*
15 *shill. d'Angl.*. .... 6 *florins d'Allemagne;*
50 *flor. d'Allem*... .... 7 *ducats de Hambourg;*
14 *duc. de Hamb*... .... 40 *roubles de Russie.*

On demande combien 2500 *francs* valent de *roubles de Russie?*

N. B.—Nous prévenons les lecteurs que les nombres adoptés ci-dessus pour exprimer les rapports des diverses monnaies, ont été pris à peu près au hasard, ces rapports étant d'ailleurs sujets à des variations, suivant le change d'une place sur une autre.

Solution. — Désignons par *a, b, c, d, e, les valeurs intrinsèques* (*) des cinq monnaies qui entrent dans l'énoncé, et par *x* le nombre de roubles qu'il faut pour former 2500 francs; on aura évidemment, d'après l'énoncé, les égalités suivantes:

$$48a = 52b,$$
$$15b = 6c,$$
$$50c = 7d,$$
$$14d = 40e,$$
$$x \times e = 2500a;$$

d'où, multipliant ces égalités membre à membre, et omettant les facteurs communs *a, b, c, d, e,*

$$48 \times 15 \times 50 \times 14 \times x = 52 \times 6 \times 7 \times 40 \times 2500.$$

(*) On appelle VALEURS INTRINSÈQUES, les valeurs des différentes sortes de monnaie, rapportées à une même unité, par exemple AU FRANC.

Donc, $x = \dfrac{52 \times 6 \times 7 \times 40 \times 2500}{48 \times 15 \times 50 \times 14} = 433^{\text{R}}\,\dfrac{1}{3}$.

Il faut observer qu'on ne doit effectuer les calculs indiqués au numérateur et au dénominateur, qu'après avoir supprimé les facteurs communs aux deux termes.

Dans la pratique, voici comment on exécute ces simplifications :

$$
\begin{array}{rcl}
1\ldots2\ldots12\ldots48a &=& 52b\ldots13\\
3\ldots15b &=& 6c\ldots1\\
1\ldots50c &=& 7d\ldots1\\
1\ldots2\ldots14d &=& 40e\ldots1\\
x \times e &=& 2500a\ldots100
\end{array}
$$

Après avoir disposé les unes au-dessous des autres les cinq égalités, comme on l'avait fait plus haut, on commence par supprimer les facteurs communs a, b, c, d, e.

On supprime ensuite le facteur 4 commun à 48 et à 52, ce qui donne les quotiens respectifs 12 et 13.

On supprime encore le facteur 6, commun à 12 et à 6 qu'on remplace respectivement par 2 et 1.

On continue ainsi, jusqu'à ce qu'on ait supprimé tous les facteurs communs aux premiers et aux seconds membres des égalités ; et toute simplification faite, on parvient au résultat $3x = 1300$; d'où $x = \dfrac{1300}{3} = 433\,\dfrac{1}{3}$.

Ces opérations demandent un peu d'habitude ; mais elles ne sont pas difficiles. Il faut seulement avoir le soin de barrer chacun des nombres que l'on divise par un facteur, et de le remplacer par le quotient correspondant.

SECOND EXEMPLE.

Un négociant français veut faire passer à Londres une somme de 1200 livres sterling. Il prie un banquier de Paris de se charger de cette commission, moyennant une remise de 1 p. 100 sur la somme totale. On demande, en francs, la somme qu'il doit au banquier ?

On sait d'ailleurs que

26 *livres sterling valent*....150 *roubles ;*
75 *roubles*............. 30 *ducats de Hamb. ;*
20 *ducats de Hambourg*.... 42 *piastres d'Espagne ;*
12 *piastres d'Espagne*..... 65 *francs.*

Désignons par a, b, c, d, e, les valeurs intrinsèques des monnaies, et par x la valeur de 1200 livres sterling en francs, on aura les égalités suivantes :

$$1....13...26a = 150b...1$$
$$1...75b = 30c...3$$
$$1...20c = 42d..21$$
$$1...12d = 65e...5$$
$$x \times e = 1200a...100$$

d'où l'on tire, en effectuant les réductions d'après la marche indiquée ci-dessus,

$$x = 31500$$
Le 1 p. 100......... $= 315$
$$\overline{31815.}$$

Donc le négociant doit déposer entre les mains du banquier une somme de 31815 francs, pour que celui-ci se charge de faire payer les 1200 livres sterling à Londres.

234. La règle conjointe peut encore être regardée comme un cas particulier de la règle des fractions de fractions, exposée au numéro 65.

Reprenons en effet le premier des deux exemples traités dans le numéro précédent.

Dire que 48 francs valent 52 shillings d'Angleterre, revient à dire que 1 franc vaut $\frac{52}{48}$ du shilling d'Angleterre. De même, puisque 15 shillings valent 6 florins d'Allemagne, il s'ensuit que 1 shilling vaut $\frac{6}{15}$ du florin d'Allemagne ; et par conséquent, 1 franc vaut $\frac{52}{48}$ des $\frac{6}{15}$ du florin d'Allemagne. Pareillement, puisque 50 florins valent 7 ducats de Hambourg,

il s'ensuit que 1 fl. vaut $\frac{7}{50}$ de ducat de Hamb.; et par consé-

quent, 1 fl. vaut les $\frac{52}{48}$ des $\frac{6}{15}$ des $\frac{7}{50}$ d'un ducat de Hamb.

En continuant ces raisonnemens, on parviendra enfin à prouver que l'on a

$2500^t = 2500$ fois les $\frac{52}{48}$ des $\frac{6}{15}$ des $\frac{7}{50}$ des $\frac{40}{14}$ du rouble.

Donc (n° 68) $2500^t = \dfrac{52 \times 6 \times 7 \times 40 \times 2500}{48 \times 15 \times 50 \times 14}$ du R^t ;

résultat trouvé ci-dessus.

DE LA RÈGLE D'ALLIAGE.

233. Les questions qui appartiennent à cette règle sont de
deux espèces :

Ou l'on a pour but de *trouver la valeur moyenne de plusieurs
sortes de choses, connaissant le nombre et la valeur particulière de chaque sorte;*

Ou bien, il s'agit de *déterminer les quantités de chaque sorte
de choses qui doivent entrer dans un mélange ou* ALLIAGE, *connaissant déjà le prix ou la valeur de chaque espèce, et le
prix ou la valeur totale du mélange.*

Nous ne nous occuperons que de la première espèce, la seconde étant tout-à-fait du ressort de l'Algèbre.

PREMIER EXEMPLE. — *Un marchand de vin a mêlé ensemble
des vins de différentes qualités, savoir, 250 litres à 12ˢ le litre, 180 litres à 15ˢ, et 200 à 16ˢ ; on demande le prix du litre de* MÉLANGE.

Observons d'abord que 250 litres à 12ˢ donnent,
pour le prix de ces 250 litres, 250 × 12 ou............ 3000ˢ
De même, 180 litres à 15ˢ font 180 × 15 ou...... 2700
Enfin   200 litres à 16ˢ font 200 × 16 ou...... 3200
                                         ‾‾‾‾‾
ce qui donne, pour le prix total des trois quantités de   8900
vins mélangées, 8900ˢ.

Si maintenant on fait la somme des   250
trois nombres 250, 180, et 200, ce qui   180
donne 630, la question sera évidemment   200
ramenée à celle-ci : $\overline{630}$

630 *litres de vin coûtent* 8900 *sous, à combien revient le litre?*

Pour obtenir ce prix, il suffit de diviser 8900 par 630 ; et le quotient 14^s 1^d exprime le prix demandé.

Règle générale. — Pour avoir le prix de l'unité de mélange, il faut, 1°. *multiplier le prix de l'unité de chaque sorte de choses que l'on veut mêler, par le nombre d'unités de cette sorte, et ajouter tous ces produits ; 2°. faire la somme des nombres d'unités des différentes sortes de choses ; 3°. diviser la somme des produits, ou le prix total, par la somme des nombres d'unités.*

Second exemple. — *On veut fondre ensemble 23 kilogrammes d'argent à 825 millièmes de fin ; 14 kilogrammes à 910 ; 19 à 845 ; et l'on demande le titre de l'*alliage *de ces trois lingots?*

N. B. — Pour comprendre cet énoncé, il faut savoir que, dans l'orfèvrerie, l'or et l'argent sont toujours combinés avec d'autres métaux, tels que le cuivre.

Cela posé, on dit qu'un lingot d'or ou d'argent est à *tel titre* ou à *tel degré de fin*, lorsque, sur un poids déterminé, par exemple, sur un kilogramme, il contient tel poids d'or ou d'argent pur.

Ainsi, un lingot est à $\frac{9}{10}$ *de fin*, ou bien, est *au titre de* $\frac{9}{10}$,

lorsque sur 1 kilogramme de ce lingot, il se trouve $\frac{9}{10}$ de kil. d'or ou d'argent pur. (Ce titre est celui des monnaies actuelles.)

De même, un lingot est à 825 *millièmes de fin*, lorsque, sur un kilogramme, il contient $\frac{825}{1000}$ d'or ou d'argent pur.

Maintenant il résulte de l'énoncé, que

1°. 23^k à 825 ^{mill}....font 23 × 825 ou 18975^{mill},

2°. 14 à 910 .... 14 × 910 ou 12740,

3°. 19 à 845 .... 19 × 845 ou 16055;

56   47770.

Donc, les 56 kilogrammes alliés ensemble, contiennent 47^k,770 d'argent pur.

Ainsi, le titre du nouveau lingot sera exprimé par $\frac{47,770}{56}$ ou 0,853 ; c'est-à-dire que le lingot résultant de l'alliage des trois premiers, est à 853 *millièmes de fin.*

TROISIÈME EXEMPLE. — *On a employé* 500 *ouvriers, dont* 160 *à raison de* 2^f *par jour,* 200 *à* 1^f,75^c, *et* 140 *à* 1^f,50^c. *On demande à combien, l'un dans l'autre, chaque ouvrier revient par jour.*

160$^{ouv.}$ à 2^f, produisent. 320

200   à 1^f 75^c. 350

140   à 1^f 50^c. 210

500   880

Donc, puisque 500 ouvriers ont coûté 880^f ; un seul ouvrier coûte $\frac{880}{500}$ ou 1^f,76^c.

236. La détermination des *valeurs moyennes* de plusieurs choses de valeurs différentes, est un cas particulier de la règle d'alliage de la première espèce.

On appelle *valeur moyenne* de plusieurs choses dont les valeurs particulières sont déjà connues, *la somme des valeurs de ces choses, divisée par la somme d'autant d'unités qu'il y a de choses,* plus simplement, *divisée par leur nombre.*

Ainsi, dans le cas où l'on n'a que deux choses, la *valeur moyenne* est la demi-somme des valeurs de ces choses ; en d'autres termes, c'est (n° **203**) *la moyenne différentielle entre les valeurs de ces deux choses.*

QUATRIÈME EXEMPLE. — *On a mesuré, à quatre reprises différentes, la longueur d'un parc. On a trouvé la première fois, pour celle longueur*, 25o^{mètres},43g ; *la seconde*, 258^m,6g5 ; *la troisième*, 249^m,75 ; *enfin la quatrième*, 251^m,158. *On demande la longueur du parc.*

Puisque, dans les quatre opérations, les mesures obtenues ne s'accordent pas, il est clair que le seul moyen de répondre à la question, est d'établir la *mesure moyenne* entre toutes ces mesures.

On trouve d'abord pour la somme des quatre mesures, le résultat 1002,042; divisant ce résul- tat par 4, on obtient 25o,5105 pour la *mesure moyenne*.

$$
\begin{array}{r}
250,439 \\
250,695 \\
249,750 \\
251,158 \\
\hline
1002,042
\end{array}
$$

De quelques autres questions qui peuvent se résoudre par le secours seul du raisonnement.

237. Dans les questions précédentes, les moyens de parvenir à la solution cherchée étaient fixes et généraux, c'est-à-dire susceptibles d'être appliqués à toutes les questions de même espèce. Mais on peut en proposer une infinité d'autres qui ne se rattachent à celles-là qu'en partie, ou qui n'en dépendent en aucune manière. Dans ce cas, l'Algèbre fournit seule des méthodes sûres et directes de résolution. Cependant, comme on ne saurait trop exercer l'intelligence des commençans, nous allons traiter quelques questions par le secours du seul raisonnement ; c'est ce qu'on appelle résoudre un problème *arithmétiquement*.

Rappelons-nous (n° 197) que résoudre ou analyser un problème, c'est, *en réfléchissant sur son énoncé, tâcher de découvrir dans les relations établies entre les nombres qui en font partie, la suite des opérations à effectuer sur les nombres connus, pour en tirer les valeurs des nombres inconnus.*

PREMIER PROBLÈME. — *On demande un nombre dont la moitié, le tiers, le quart et les* $\frac{2}{7}$, *réunis forment en somme* 575.

Pour résoudre cette question, commençons par observer que

prendre successivement la *moitié*, le *tiers*, le *quart*, et les $\frac{2}{7}$ d'un nombre, puis ajouter toutes ces parties, revient à multiplier ce nombre par la somme des fractions $\frac{1}{2}$, $\frac{1}{3}$, $\frac{1}{4}$, $\frac{2}{7}$, c'est-à-dire par $\frac{115}{84}$ (en effectuant la somme de toutes ces fractions). Or, puisque le produit du nombre cherché, par $\frac{115}{84}$, doit être égal à 575, il s'ensuit, d'après la définition de la division, que ce nombre est égal au quotient de 575 divisé par $\frac{115}{84}$, et par conséquent (n° 62) à $575 \times \frac{84}{115}$.

Effectuant le calcul indiqué, on trouve enfin 420 pour le nombre demandé.

Vérification.......................... 420

la moitié $= 210$
le tiers $\ = 140$
le quart $= 105$
le 7^e $\quad = 60$
le 7^e $\quad = 60$
Total.... $\overline{575}$

SECOND PROBLÈME. — *On demande trois nombres dont la somme soit égale à 96, et tels que le second surpasse le premier de 2, que le troisième surpasse de 4 la somme des deux autres.*

Il est d'abord évident que, si l'on diminuait le second nombre de 2, il deviendrait égal au premier, et que si l'on diminuait le troisième, de 2 + 4 ou de 6 unités, il deviendrait égal au double du premier; ainsi, la somme des trois nombres serait, après ces deux soustractions, quadruple du premier nombre.

D'ailleurs, si l'on retranche de 96, la somme 2 + 6, il reste 88; d'où l'on voit que le quadruple du premier nombre est égal à 88.

Donc, ce premier nombre a pour valeur $\dfrac{88}{4}$. . . . . ou 22.

Par conséquent, le second est égal à. . . . . . 22 + 2 ou 24
et le troisième, à. . . . . 46 + 4 ou 50

Vérification. . . . . $\overline{96}$

TROISIÈME PROBLÈME. — *Trouver deux nombres tels que, si l'on ajoute 21 au premier, la somme résultante soit quintuple du second, et que, si l'on ajoute 21 au second, la somme résultante soit triple du premier.*

On conclut d'abord de cet énoncé, que la différence entre le quintuple du second et le premier, est égale à la différence entre le triple du premier et le second. Il y a donc *équi-différence* entre le quintuple du second nombre, le premier nombre, le triple du premier, et le second. Comme, *dans toute équi-différence, la somme des extrêmes est égale à celle des moyens* (n° 201), il s'ensuit que le *sextuple* du second nombre est égal au *quadruple* du premier ; donc déjà, le second nombre est égal aux $\dfrac{4}{6}$ ou aux $\dfrac{2}{3}$ du premier. Or, ce second nombre augmenté de 21, donne le triple du premier ; ou, ce qui revient au même, 21 est égal au triple du premier, diminué du second ou des $\dfrac{2}{3}$ du premier, c'est-à-dire, est égal au produit du premier par $\left(3-\dfrac{2}{3}\right)$, ou aux $\dfrac{7}{3}$ du premier.

Donc enfin, le premier a pour valeur $21\times\dfrac{3}{7}$, ou 9. Quant au second, qui est les $\dfrac{2}{3}$ du premier, il est égal à $9\times\dfrac{2}{3}$, ou à 6.

En effet : 1°. 9 + 21 donne 30, qui est bien le quintuple de 6. 2°. 6 + 21 donne 27, qui est le triple de 9. Donc les deux nombres 9 et 6 sont les nombres cherchés.

QUATRIÈME PROBLÈME. — *On emploie trois ouvriers pour faire un ouvrage. Le premier le ferait seul en 12 jours, en travaillant 10 heures par jour ; le second dans 15 jours, en travaillant 6 heures par jour ; le troisième dans 9 jours, en travaillant* 8 *heures par jour. On demande* 1°. *dans combien de temps ces trois ouvriers, travaillant ensemble, feront cet ouvrage ;* 2°. *ce que chacun en fera ;* 3°. *ce qu'il gagnera, l'ouvrage total étant payé* 108 *francs.*

SOLUTION. — Observons d'abord que, d'après l'énoncé, le premier ouvrier ferait seul la besogne dans 12 × 10, ou 120 heures ; donc, en 1 heure, il ferait $\frac{1}{120}$ de l'ouvrage.

Le second le ferait dans 15 × 6, ou 90 heures ; ainsi, en 1 heure, il en ferait $\frac{1}{90}$.

Le troisième le ferait dans 9×8, ou dans 72 heures ; donc, en 1 heure, il en ferait $\frac{1}{72}$.

Ces trois ouvriers, travaillant ensemble, feraient donc, en 1 heure, $\frac{1}{120} + \frac{1}{90} + \frac{1}{72}$, ou $\frac{12}{360}$, c'est-à-dire $\frac{1}{30}$ de l'ouvrage.

Or, s'il leur faut 1 heure pour faire $\frac{1}{30}$ de l'ouvrage, il est clair qu'ils emploieront 30 heures pour faire l'ouvrage tout entier

Maintenant, puisqu'en 1 heure le premier ouvrier fait $\frac{1}{120}$, en 30 heures il fera $\frac{1}{120} \times 30$, ou $\frac{1}{4} = \frac{3}{12}$. De même, le second fera en 30 heures, $\frac{1}{90} \times 30$, ou $\frac{1}{3} = \frac{4}{12}$. Enfin, le troisième fera en 30 heures, $\frac{1}{72} \times 30$, ou $\frac{5}{12}$.

Il ne reste plus actuellement qu'à savoir ce qui revient à chaque ouvrier, en raison de la besogne qu'il a faite. Or, pour cela, il suffit de diviser 108 en parties proportionnelles aux trois fractions $\frac{3}{12}$, $\frac{4}{12}$, $\frac{5}{12}$, ou plutôt, aux trois nombres 3, 4, 5 ; ce qui donne (n° 229) 27, 36, et 45, pour les trois gains demandés.

Les diverses questions que nous venons de résoudre, sont du genre de celles que plusieurs auteurs traitent par la règle dite *de fausse position simple ou, double.* Nous avons cru devoir passer cette règle sous silence, parce qu'en général, elle laisse beaucoup de vague dans l'esprit, et que la démonstration rigoureuse de ses procédés est fondée sur certains principes de l'Algèbre, principes qui d'ailleurs s'appliquent avec bien plus de facilité à la résolution immédiate de ces mêmes questions.

CHAPITRE VIII.

Théorie des Progressions et des Logarithmes.

Ce traité d'Arithmétique serait incomplet s'il ne renfermait au moins les premières notions de la théorie des logarithmes. Cette belle découverte, due à Néper, baron écossais, est une des plus importantes qui aient jamais été faites dans les Mathématiques, puisque avec le secours d'une table de logarithmes, on parvient à effectuer, en très peu de temps, les calculs numériques les plus compliqués.

Mais avant de développer les principes de cette théorie, il est indispensable de faire connaître les propriétés principales de deux suites de nombres, suites que l'on peut regarder comme présentant une extension des équi-différences et des proportions : ce sont les progressions par différence et les progressions par quotient.

§ Ier. DES PROGRESSIONS.

238. *Progressions par différence* (autrefois *progressions arithmétiques*). — On appelle ainsi une suite de nombres tels que chacun surpasse celui qui le précède, ou en est surpassé, d'un *nombre constant* qu'on nomme *la raison* ou *la diffé-rence* de la progression..

Ainsi, soient les deux suites

$$÷ \; 2.5.8.11.14.17.20.23.26.29......;$$
$$÷ \; 60.55.50.45.40.35.30.25.20......;$$

dans la première, chaque terme surpasse celui qui le précède, du nombre constant 3; en effet, $5 - 2 = 3$; $8 - 5 = 3$;... 3 est dit *la raison* ou *la différence* de la progression.

Dans la seconde, chaque terme est surpassé par celui qui le précède, du nombre constant 5;

ainsi $\quad 60 - 55 = 5$; $55 - 50 = 5$; $50 - 45 = 5$; ....

5 est donc la raison de la progression.

La première s'appelle une progression *croissante*, parce que les termes y vont en augmentant; et la seconde, une progression *décroissante*, parce que les termes y vont en diminuant.

Pour exprimer que les nombres sont en progression par dif-férence, on place en tête-le signe ÷ qui signifie *comme* (n° 199), et après chaque terme, *un point* qui signifie *est à*.

Cette notation est fondée sur ce qu'une progression par dif-férence n'est autre chose, d'après sa définition, qu'une suite d'*équi-différences* continues. (*Voyez* n° 203.)

La progression s'énonce d'ailleurs ainsi (en considérant la première des deux progressions ci-dessus):

Comme 2 *est à* 5, 5 *est à* 8, 8 *est à* 11, 11 *est à* 14; ou plus simplement, 2 *est à* 5, *est à* 8, *est à* 11, *est à* 14...

N. B. — Il est aisé de voir, dans cette suite d'équi-diffé-rences,

$$2.5 : 5.8 : 8.11 : 11.14 : 14.17......,$$

que chaque terme de la progression proposée est à la fois consé-quent et antécédent, à l'exception du premier terme qui n'est qu'antécédent, et du dernier des termes que l'on considère, lequel n'est que conséquent.

259. PREMIÈRE PROPRIÉTÉ. — *Évaluation d'un terme de rang quelconque au moyen du premier terme.*

Il résulte de la définition d'une progression par différence, que, dans une progression croissante,

Le *second* terme est égal au *premier* plus la raison ;

Le *troisième* est égal au *second* plus la raison, ou bien, est égal au *premier* plus *deux fois* la raison ;

Le *quatrième* est égal au *troisième* plus la raison ; ou au *premier* plus *trois fois* la raison.

En général, *un terme de rang quelconque est égal au premier, plus autant de fois la raison qu'il y a de termes avant celui que l'on considère.*

Pour fixer les idées sur cette propriété, et en présenter un énoncé plus concis, considérons la suite des nombres

$$\div a . b . c . d . e . f . g \ldots . i . k . l,$$

que nous supposons former une progression croissante ; et désignons par r la raison de la progression.

On a évidemment, d'après la nature de la progression,

$$b = a + r,$$
$$c = b + r = a + r + r = a + 2r,$$
$$d = c + r = a + 2r + r = a + 3r,$$
$$e = d + r = a + 3r + r = a + 4r,$$

Donc, si n désigne le rang d'un terme quelconque l, auquel cas $(n - 1)$ exprime le nombre des termes qui précèdent, on a évidemment $l = a + (n - 1)r \ldots (1)$, expression qui, traduite en langage ordinaire, revient à l'énoncé ci-dessus.

Si la progression était décroissante, on aurait au contraire,

$$b = a - r,$$
$$c = b - r = a - r - r = a - 2r,$$
$$d = c - r = a - 2r - r = a - 3r,$$

et par conséquent, $l = a - (n - 1)r \ldots (2)$.

Les deux formules (1) et (2) servent à déterminer un terme

quelconque de la série, sans qu'on soit obligé de calculer tous ceux qui précèdent, puisqu'il suffit de connaître *le premier. terme*, *la raison*, et *le. nombre* des termes compris depuis le premier jusqu'à celui que l'on veut former.

Soit, par exemple, la progression ÷ 2.5.8.11..., dont on demande le 20ème terme.

On a ici, $a = 2$, $r = 3$, et $n = 20$; donc la formule (1) devient

$$l = 2 + 19 \times 3 = 59.$$

On trouverait de même pour le 60ème terme,

$$l = 2 + 59 \times 3 = 179.$$

Soit encore la progression : 80.74.68.62...., dont on demande le 12ème terme.

On a dans ce cas, $a = 80$, $r = 6$, $n = 12$; donc la formule (2) donne $l = 80 - 11 \times 6 = 14.$

240. *Conséquence de la propriété précédente.* — Ces mêmes formules conduisent à la résolution d'une question très importante qui a pour objet *d'insérer entre deux nombres donnés*, *autant* que l'on veut de MOYENS DIFFÉRENTIELS, c'est-à-dire d'autres nombres formant avec les deux nombres donnés, une progression par différence.

Proposons-nous, pour premier exemple, *d'insérer entre* 3 *et* 57, HUIT MOYENS DIFFÉRENTIELS.

Puisque la progression que l'on veut former, doit, y compris les deux nombres donnés, être composée de 8 + 2 ou de 10 termes, il s'ensuit (n° 239) que le dernier terme 57 est égal au premier 3, plus 9 fois la raison ; donc, si de 57 on retranche 3, la différence 54 sera égale à 9 fois la raison ; et par conséquent, le 9ème de 54, ou 6, sera l'expression de la raison qui doit régner dans la progression.

Connaissant la raison, il est facile d'en déduire la progression, qui est alors

$$\div 3.9.15.21.27.33.39.45.51.57.$$

Soient, en général, a et l les deux nombres entre lesquels on veut insérer un nombre m de *moyens différentiels* ; si l'on désigne d'ailleurs par n le nombre total des termes, on aura $n = m + 2$; d'où $n - 1 = m + 1$; et les deux formules du numéro 239 deviennent

$$l = a + (m + 1)r, \quad l = a - (m + 1)r.$$

De la première on tire, en retranchant a des deux membres,

$$l - a = (m + 1)\, r, \text{ d'où } r = \frac{l - a}{m + 1}.$$

Pour la seconde, il faut ajouter aux deux membres, $(m + 1)r$, puis en retrancher l, ce qui donne

$$(m + 1)\, r = a - l, \text{ d'où } r = \frac{a - l}{m + 1}.$$

Donc, *pour insérer entre deux nombres donnés, autant de moyens différentiels que l'on veut, il faut retrancher le plus petit nombre du plus grand, et diviser la différence par le nombre total des termes à insérer, plus* un.

Le résultat ainsi obtenu exprime *la raison* de la progression, qui peut, d'ailleurs, être *croissante* ou *décroissante*.

Soit proposé, pour second exemple, *d'insérer entre 2 et 29, 35 moyens différentiels.*

Ici, l'on a $a = 2$, $l = 29$, $m = 35$; donc $r = \dfrac{29 - 2}{36} = \dfrac{3}{4}$;

et la progression demandée est

$$\div 2 . 2\frac{3}{4} . 3\frac{1}{2} . 4\frac{1}{4} . 5 . 5\frac{3}{4} . \ldots \ldots 29.$$

Le 20me terme de cette progression, ou le 19ème moyen différentiel, a pour valeur (n° 239) $l = 2 + 19 \times \dfrac{3}{4} = 16\dfrac{1}{4}$.

Le 37me terme, ou le dernier terme de la progression, est $l = 2 + 36 \times \dfrac{3}{4} = 29$; ce qui doit être.

241. REMARQUE. — *Si, entre les termes consécutifs d'une progression par différence, considérés deux à deux, on in-*

.sère un, même nombre de moyens différentiels, toutes les progressions partielles ainsi formées composent une seule et même progression.

En effet, soit la progression ÷ $a.b.c.d.e.f...$; et soit m le nombre des moyens qu'on veut insérer entre a et b, puis entre b et c, puis entre c et d...; les raisons des progressions partielles seront, d'après ce qui vient d'être dit, exprimées respectivement par $\dfrac{b-a}{m+1}$, $\dfrac{c-b}{m+1}$, $\dfrac{d-c}{m+1}$...; or, toutes ces quantités sont égales, puisque $a, b, c...$ étant en progression, on a $b-a=c-b=d-c...$; ainsi, la raison est la même pour toutes ces progressions partielles. Comme d'ailleurs, le *dernier* terme de chacune d'elles est en même temps le *premier* terme de la suivante ; on peut conclure que toutes ces progressions partielles constituent une progression unique.

Application.—Soit proposé d'*insérer* 10 *moyens différentiels entre deux termes consécutifs quelconques de la progression*

$$÷ 1.3.5.7.9.11....$$

La raison est ici, $\dfrac{3-1}{11}$, $\dfrac{5-3}{11}$, $\dfrac{7-5}{11}$, ... ou bien $\dfrac{2}{11}$.

On a donc

$$÷ 1.1\frac{2}{11}.1\frac{4}{11}.1\frac{6}{11}...2\frac{9}{11}.3.3\frac{2}{11}.3\frac{4}{11}...4\frac{9}{11}.5.5\frac{2}{11}.....,$$

progression évidente.

Nous ferons bientôt usage de la remarque ci-dessus, remarque qui est très importante.

242. Seconde propriété. — Dans toute progression par différence, *la somme de deux termes quelconques pris à égale distance des deux termes extrêmes*, c'est-à-dire du premier et du dernier, *est égale à la somme des deux extrêmes.*

Ainsi, dans la progression

$$÷ 1.4.7.10.13.16.19.22.25.28.31.34.37,$$

on a $1+37=4+34=7+31=10+28....$

Pour nous rendre compte de cette propriété d'une manière générale, appelons a et l les deux termes extrêmes, x un terme qui occupe le $p^{ième}$ rang, c'est-à-dire qui en a $(p-1)$ avant lui, et y un terme qui en a $(p-1)$ après lui.

Cela posé, l'on a d'abord, en vertu de la formule du n° 239,

$$x = a + (p-1)r.$$

Actuellement, si l'on ne considère que la partie de la progression, comprise depuis le terme y inclusivement jusqu'au terme l aussi inclusivement, le nombre total des termes de cette progression partielle est p, et l'on a encore

$$l = y + (p-1)r.$$

D'où l'on voit que l surpasse y de la même quantité que x surpasse a. Donc les quatre nombres a, x, y, l, forment une *équi-différence*. Or, dans toute équi-différence, *la somme des moyens est égale à la somme des extrêmes* (n° 201); ainsi, l'on a

$$x + y = a + l; \qquad \text{C. Q. F. D.}$$

N. B. — Lorsque la progression est composée d'un nombre *impair* de termes, celui du milieu forme avec les deux extrêmes une *équi-différence continue*; et par conséquent (n° 205) *il est égal à la demi-somme des deux extrêmes*.

Ainsi, dans la progression ci-dessus $\div 1.4.7....$ qui se compose de 13 termes, le 7me terme, ou 19, est égal à $\dfrac{1+37}{2}$, ce qui est évident.

243. CONSÉQUENCE. — Cette propriété fournit un moyen très simple d'*obtenir l'expression de la somme de tous les termes d'une progression par différence*.

Soit en effet la progression $..... \div a.b.c. ..... i.k.l$; et désignons par S la somme inconnue de tous ces termes; n étant d'ailleurs le nombre des termes. Concevons que l'on ait écrit cette progression au-dessous d'elle-même, dans un ordre inverse, ce qui donne..... $\div l.k.i. ..... c.b.a$;

il est d'abord évident que la somme de tous les termes de ces deux progressions, est égale à 2S.

D'un autre côté, comparant *deux à deux* les termes compris dans une même colonne verticale, on a, d'après la propriété précédente, $a + l = b + k = c + i$. . . . ; donc 2S est égal à la somme partielle, $a + l$, prise autant de fois qu'il y a de termes dans la première progression; et par conséquent,

$$2S = (a + l)n;$$

d'où, en divisant par 2, ... ᵇ. . . . $S = \dfrac{(a + l)n}{2}$;

c'est-à-dire que *la somme des termes d'une progression par différence est égale au produit de la somme des extrêmes, multipliée par la moitié du nombre des termes.*

APPLICATIONS. — 1°. *On demande la somme des 25 premiers termes de la progression* . . . . ÷ 2 . 7 . 12 . 17 . . . .

Il faut d'abord rechercher l'expression du 25me terme. Or, la raison étant ici 5, on a (n° 259)

$$l = 2 + 24 \times 5 = 122.$$

Donc $S = \dfrac{(2 + 122)\ 25}{2} = \dfrac{124 \times 25}{2} = 1550.$

2°. *On demande la somme des 100 premiers termes de la progression* . . . . ÷ 1 . 3 . 5 . 7 . 9 . . . .

On trouve d'abord pour le 100me terme,

$$l = 1 + 99 \times 2 = 199.$$

Donc $S = \dfrac{(1 + 199)\ 100}{2} = 10000$, ou le carré de 100.

Généralement, le $n^{ième}$ terme de cette progression étant

$$l = 1 + (n - 1)\ 2 = 2n - 1,$$

on trouve pour la somme des *n* premiers termes,

$$S = \dfrac{(1 + 2n - 1)n}{2} = n^2, \text{ ou le } carré \text{ de } n.$$

Ainsi, la somme des 15 premiers termes est égale à. . . . 15 × 15 ou 225.

244. *Des progressions par quotient* (ou *géométriques*). — On nomme ainsi *une suite de termes dont chacun est égal à celui qui le précède, multiplié par un nombre constant qui est encore appelé* LA RAISON *de la progression.*

La progression est dite *croissante* ou *décroissante*, suivant que *la raison*, ou le nombre constant qui exprime le rapport d'un terme à celui qui le précède, est *plus grand* ou *plus petit* que l'unité.

Une progression par quotient s'écrit en plaçant *deux points* après chacun des termes, et le signe ÷ en tête, parce que, d'après la définition, l'on peut regarder ces nombres comme formant une série de *proportions continues.*

Par exemple, soient les deux suites de nombres

$$\div\ 2 : 6 : 18 : 54 : 162 : 486 : 1458 : \ldots$$

$$\div\ 12 : 6 : 3 : \frac{3}{2} : \frac{3}{4} : \frac{3}{8} : \frac{3}{16} : \ldots$$

Dans la première, chaque terme est égal à celui qui le précède multiplié par 3 ; ainsi, c'est une progression par quotient dont *la raison* est 3.

Dans la seconde, chaque terme est la moitié de celui qui le précède, ou bien, est égal à celui qui le précède multiplié par la fraction $\frac{1}{2}$; donc, c'est une progression par quotient dont *la raison* est $\frac{1}{2}$.

On énonce d'ailleurs ces progressions de la même manière que les progressions par différence, savoir,

2 *est à* 6, *est à* 18, *est à* 54, *est à* 162, . . . ;

et 12 *est à* 6, *est à* 3, *est à* $\frac{3}{2}$, *est à* $\frac{3}{4}$ . . .

Si l'on envisage chaque progression comme une suite de proportions continues, il en résulte que chaque terme de la progression est à la fois *conséquent* et *antécédent*, à l'exception

Arith. B .   22 du *premier* qui n'est qu'antécédent, et du *dernier* qui n'est que conséquent. . . .

Les progressions par quotient jouissent de propriétés analogues à celles des progressions par différence.

248. PREMIÈRE PROPRIÉTÉ.—*Évaluation d'un terme de rang quelconque dans une progression par quotient.*

Soit la progression par quotient, générale,

$$\div a : b : c : d : e : f : g : h \dots;$$

et désignons par q la raison, qui peut d'ailleurs être $>$ ou < 1.
On aura évidemment les égalités suivantes

$$b = aq,$$
$$c = bq = aq \times q = aq^2,$$
$$d = cq = aq^2 \times q = aq^3,$$
$$e = dq = aq^3 \times q = aq^4,$$

d'où l'on voit qu'en général, *un terme de rang quelconque est égal au premier terme multiplié par une puissance de la raison, dont l'exposant est marqué par le nombre des termes qui précèdent celui que l'on considère.*

Ainsi, désignant par n le nombre des termes compris inclusivement depuis le premier jusqu'au terme l, on obtient la formule

$$l = a \times q^{n-1},$$

au moyen de laquelle il est aisé de trouver la valeur d'un terme, sans qu'on soit obligé de former tous ceux qui le précèdent.

APPLICATIONS. — 1°. *On demande la valeur du 12e terme de la progression* . . . . $\div 2 : 6 : 18 : \dots$

La formule devient $l = 2 \times 3^{11}$.

D'abord, la 4e puissance de 3 est $3 \times 3 \times 3 \times 3$, ou 81; multipliant 81 par 81, on obtient 6561 pour la 8e puissance. Multipliant 6561 par 27, 3e puissance de 3, on trouve 177147 pour la 11e puissance.

Donc enfin, $l = 2 \times 177147 = 354294$.

2°. On demande le 10e terme de la progression

$$\div 12 : 6 : 3 : \frac{3}{2} : \ldots\ldots$$

On trouve dans ce cas, $l = 12 \times \left(\frac{1}{2}\right)^9$.

Or le cube de 2 est 8; le cube de 8, qui n'est évidemment autre chose que la 9e puissance de 2, est égal à 512; donc

$$l = 12 \times \frac{1}{512} = \frac{3}{128}.$$

N. B. — Si le rang du terme était un peu éloigné, le calcul deviendrait assez laborieux; mais on n'en parviendrait pas moins à l'expression de ce terme par des multiplications successives. Toutefois, on peut juger, par le premier exemple, avec quelle rapidité les puissances d'un nombre augmentent de valeur lorsque le degré de la puissance est un peu considérable, puisque dans la progression $\div 2 : 6 : 18 : \ldots\ldots$, on obtient 354294 pour le 12e terme seulement.

246. CONSÉQUENCE de la propriété précédente. — *Insérer entre deux nombres donnés*, a *et* l, *un nombre quelconque* m *de* MOYENS PROPORTIONNELS. (On appelle ainsi d'autres nombres formant, avec les deux nombres donnés, une progression par quotient.)

Solution. — Il est évident que pour former la progression, il suffit d'obtenir *la raison*.

Or, de la formule $l = aq^{n-1}$, on déduit, en divisant les deux membres par a,

$$\frac{l}{a} = q^{n-1}; \qquad \text{d'où} \qquad q = \sqrt[n-1]{\frac{l}{a}}.$$

D'ailleurs, n exprimant le nombre total des termes, on a nécessairement $n = m + 2$, et par conséquent, $n - 1 = m + 1$.

Donc enfin, $q = \sqrt[m+1]{\frac{l}{a}}.$

D'où l'on voit que, *pour obtenir la raison, il faut d'abord diviser le second nombre donné par le premier, puis extraire du quotient, une racine d'un degré marqué par le nombre des termes à insérer plus* UN.

Connaissant la raison de la progression, il est facile d'en obtenir les différens termes; il suffit de multiplier successivement le premier terme, a, par la 1re, par la 2e, par la 3e... puissance de q ou de $\sqrt[m+1]{\dfrac{l}{a}}$.

Ainsi, par exemple, le 4e moyen proportionnel, qui n'est autre chose que le 5e terme de la progression, aurait pour valeur, $a \times \left(\sqrt[m+1]{\dfrac{l}{a}}\right)^4$; et ainsi des autres.

N. B. — Nous ne connaissons encore aucun procédé pour extraire une racine d'un degré supérieur au 3e. Mais notre objet principal est d'obtenir pour les progressions par quotient, des formules analogues à celles qui ont été établies pour les progressions par différence. Nous donnerons d'ailleurs bientôt un moyen très expéditif d'effectuer ces sortes d'opérations.

247. On démontre, comme pour les progressions par différence, que si, *entre tous les termes d'une progression par quotient, considérés deux à deux, on insère un même nombre de moyens proportionnels, les progressions partielles ainsi formées constituent une progression unique.*

Soit $\div\!\!\div a : b : c : d$ .... la progression proposée.

La raison, pour la première progression partielle, serait $\sqrt[m+1]{\dfrac{b}{a}}$; pour la seconde, $\sqrt[m+1]{\dfrac{c}{b}}$; .....

Or, on a, par hypothèse, $\dfrac{b}{a} = \dfrac{c}{b} = \dfrac{d}{c}$ ..... ;

donc, les nombres $\sqrt[m+1]{\dfrac{b}{a}}$, $\sqrt[m+1]{\dfrac{c}{b}}$ ... sont égaux, etc.

248. SECONDE PROPRIÉTÉ. — *Dans toute progression par quotient, le produit de deux termes quelconques également distans des deux extrêmes, est égal au produit des extrêmes.*

Soient en effet x et y deux termes dont l'un en ait $(p-1)$ avant lui, et l'autre $(p-1)$ après lui.

Le terme x est égal au premier a multiplié par q^{p-1}; et l'on a $x = a \times q^{p-1}$.

Le dernier terme l est égal au terme y multiplié par q^{p-1}; et l'on a $l = y \times q^{p-1}$; d'où l'on voit que les termes a, x, y, et l, forment une proportion .... $a \,:\, x \,::\, y \,:\, l$.

Donc (n° 205)... $x \times y = a \times l$. ... C. Q. F. D.

249. Désignons enfin par P le produit de tous les termes de la progression $\div\ a\ :\ b\ :\ c\ :\ \ldots\ldots\ :\ i\ :\ k\ :\ l$, multipliés entre eux, en sorte que l'on ait

$$P = abc\ldots\ldots ikl,$$

ou $$P = lki\ldots\ldots cba;$$

on en déduit $$P^2 = abc\ldots\ldots ikl \times lki\ldots\ldots cba,$$

ou bien encore, en intervertissant l'ordre des facteurs,

$$P^2 = al \times bk \times ci \times \ldots\ldots ic \times kb \times la;$$

mais on vient de voir que $al = bk = ci\ldots\ldots$; et le nombre de ces produits partiels est égal à n, nombre des termes de la progression proposée;

ainsi, $$P^2 = (al)^n;$$

et par conséquent,

$$P = \sqrt[2]{(al)^n};$$

ce qui démontre que *le produit de tous les termes d'une progression par quotient, est égal à la racine carrée de la $n^{ième}$ puissance du produit des deux extrêmes.*

Cette formule correspond à celle qui donne la somme des

termes d'une progression par différence, savoir,

$$S = \frac{(a+l)\,n}{2}.$$

Nous n'exposerons point ici le moyen d'obtenir l'*expression de la somme des termes d'une progression par quotient*; parce que cette question est tout-à-fait inutile pour le but que nous nous sommes proposé, et que d'ailleurs elle suppose quelques principes d'Algèbre, que nous n'avons point encore démontrés.

250. *Correspondance entre les propriétés des deux espèces de progressions.* — Rapprochons actuellement les résultats obtenus plus haut.

Prog. par diff. . . . . : . . . . Prog. par quotient.

$$l = a + (n-1)r. \ldots \text{(n}^\circ\text{ 239)} . \ldots l = a \times q^{n-1}. \ldots \text{(n}^\circ\text{ 243)}$$

$$r = \frac{l-a}{m+1}. \ldots \ldots \text{(n}^\circ\text{ 240)}. \ldots q = \sqrt[m+1]{\frac{l}{a}}. \ldots \ldots \text{(n}^\circ\text{ 246)}$$

$$S = \frac{(a+l)\,n}{2}. \ldots \ldots \text{(n}^\circ\text{ 243)}. \ldots P = \sqrt{(al)^n}. \ldots \text{(n}^\circ\text{ 249)}$$

Ces formules nous montrent que les opérations qui s'exécutent sur les élémens d'une progression par quotient, correspondent à des opérations plus simples, exécutées sur les élémens analogues d'une progression par différence.

Ainsi, la *multiplication* correspond à une *addition;*
la *division* à une *soustraction;*
la *formation des puissances* à une simple *multiplication;*
l'*extraction des racines* à une *division.*

Guidé sans doute par ces considérations, le célèbre inventeur des *logarithmes* est parvenu à simplifier les calculs arithmétiques, à partir de la multiplication, en remplaçant les opérations à effectuer sur les termes d'une progression par quotient, par d'autres opérations faites sur ceux d'une progression par différence. Comme, dans un ouvrage élémentaire, il est impossible d'entrer dans tous les détails de cette importante découverte, nous nous bornerons à en faire connaître les résultats principaux.

§ II. *Des Logarithmes.*

251. Considérons une progression quelconque *par quotient,* dont le premier terme soit toutefois égal à 1, et une progression *par différence,* dont le premier terme soit égal à 0. Soient, par exemple, les deux progressions

$$\div 1 : 2 : 4 : 8 : 16 : 32 : 64 : 128 : 256 : 512 : 1024 : 2048$$
$$\div 0 . 3 . 6 . 9 . 12 . 15 . 18 . 21 . 24 . 27 . 30 . 33$$

$$: 4096 : 8192 : 16384 : 32768 : \ldots\ldots\ldots\ldots (A)$$
$$. 36 . 39 . 42 . 45 \ldots\ldots\ldots\ldots (B)$$

Chaque terme de la progression par différence est dit le *logarithme* du terme qui occupe le même rang dans la progression par quotient.

En général, *on entend par logarithmes, des nombres en progression par différence, qui correspondent, terme pour terme, à des nombres en progression par quotient,* sous la condition, toutefois, que l'un des termes de la progression par quotient soit 1, et qu'il ait 0 pour terme correspondant dans la progression par différence (nous verrons bientôt la raison de cette restriction); et le logarithme *d'un nombre* en particulier, est le terme de la progression par différence, qui y tient *le même rang* que celui qu'occupe, dans la progression par quotient, le nombre que l'on considère.

252. PREMIÈRE PROPRIÉTÉ. — Soient *a*, *b*, deux termes pris au hasard dans la progression (A); et proposons-nous d'en obtenir le produit.

A cet effet, considérons le *premier* terme 1 de la progression (A), deux termes *a*, *b*, et un quatrième terme *c*, tel qu'il y ait autant de termes entre *b* et *c*, qu'entre 1 et *a*. Supposons d'ailleurs la progression (A) arrêtée au terme *c*.

Considérons de même, dans la progression (B), les quatre termes qui correspondent aux nombres 1, *a*, *b*, *c*, c'est-à-dire leurs *logarithmes*, que nous désignerons, pour abréger, par o, log. *a*, log. *b*, log. *c* (la notation *log.* signifiant *logarithme de*).

Cela posé, il résulte d'abord de la propriété du n° 245, que les quatre nombres 1, *a*, *b*, *c*, forment une proportion, puisque *a*, *b*, sont deux termes pris à égale distance des extrêmes, dans une progression arrêtée au terme *c*.

Ainsi, l'on a $1 \times c = a \times b$, ou $c = a \times b$.

D'un autre côté, les quatre termes o, log. *a*, log. *b*, log. *c*, forment aussi (n° 239) une équi–différence.

Ainsi, l'on a : $o + \log. c = \log. a + \log. b$,

ou simplement $\log. c = \log. a + \log. b$.

Donc, en mettant à la place de *c* sa valeur $a \times b$,

$$\log. (a \times b) = \log. a + \log. b.$$

D'où l'on voit que *le logarithme du produit de deux nombres de la progression* (A) *est égal à la somme des logarithmes de ces deux nombres.*

D'après cela, pour obtenir le produit de deux nombres quelconques de la progression (A), *il suffit de prendre leurs logarithmes dans la progression* (B), *de les ajouter, puis de chercher à quel nombre correspond cette somme ;* le nombre correspondant est le *produit demandé.*

Ainsi, soient les deux nombres 64 et 256, dont il faut obtenir le produit.

Je prends leurs logarithmes 18 et 24 dans la progression (B) ; je les ajoute, ce qui donne 42 ; puis je cherche à quel nombre correspond 42 ; et je trouve 16384 pour le produit demandé.

On trouve de même que 12 + 27, ou 39, somme des logarithmes de 16 et 512, correspond à 8192, produit des deux nombres 16 et 512.

253. *Conséquence.* Soit *a*, *b*, *c*, *d*.. plusieurs nombres de la progression (A) ; il résulte de ce qui vient d'être dit, que

log. abc = log. ab + log. c = log. a + log. b + log. c;

log. $abcd$ = log. abc + log. d = log. a + log. b + log. c + log. d;

et ainsi de suite.

Donc, en général, *le logarithme du produit d'un nombre quelconque de facteurs est égal à la somme des logarithmes de tous ces facteurs.*

Ainsi, pour obtenir le produit de plusieurs nombres de la progression (A), il suffit *d'ajouter leurs logarithmes pris dans la progression* (B); *et de déterminer à quel nombre correspond la somme; le* nombre correspondant est le *produit demandé.*

254. *Remarque.* — Les deux égalités $c = a \times b$ et ... log. c = log. a + log. b, desquelles on a déduit la propriété précédente, supposent évidemment que le premier terme de la progression (A) est égal à 1, et que le premier terme de la progression (B) est égal à 0.

Voyons ce qui aurait lieu si les premiers termes étaient des nombres quelconques, k pour la première, et log. k pour la seconde.

On aurait, en vertu de ce qui a été dit (n° 252),

1°. Pour la progression (A), ... $k \times c = a \times b$,

d'où . . . . $c = \dfrac{a \times b}{k}$;

2°. Pour la progression (B),... log. k + log. c = log. a + log. b,

d'où . . . . log. c = log. a + log. b — log. k;

c'est-à-dire que *la somme des logarithmes de deux nombres* a *et* b *de la progression* (A), *diminuée du premier terme de la progression* (B), *serait égale au logarithme du quotient de la division du produit des deux nombres* a *et* b, *par le premier terme de la progression* (A).

Ainsi, pour faire usage de cette propriété, il faudrait 1°. faire la somme des logarithmes; 2°. retrancher de cette somme le premier terme de la progression (B), et chercher à quel nombre

de la progression (A) correspondrait la différence ; 3°. multiplier le nombre correspondant, par le premier terme de la
progression (A) ; et l'on obtiendrait *le produit demandé.*

On serait donc conduit à faire *une addition, une soustraction,*
et *une multiplication,* pour trouver le résultat d'une multiplication.

Dans l'hypothèse des premiers termes égaux à 1 et à 0, la
soustraction et la multiplication disparaissent ; cette hypothèse
est donc indispensable (*voyez* n° 251).

255. SECONDE PROPRIÉTÉ. — Puisque, dans la division, le dividende peut être regardé comme un produit dont le diviseur
et le quotient sont les deux facteurs, il s'ensuit que le logarithme
du dividende est égal à la somme des logarithmes respectifs du
diviseur et du quotient ; ainsi, retranchant le logarithme du
diviseur de celui du dividende, on obtiendra le logarithme
du quotient.

Donc, *le logarithme du quotient de la division de deux nombres de la progression* (A), *est égal à l'excès du logarithme du
dividende sur celui du diviseur.*

D'après cela, pour effectuer une division sur deux nombres
qui appartiennent à la progression (A), *il suffit de prendre
dans la progression* (B), *le logarithme du dividende et celui du
diviseur, de retrancher le second du premier, et de déterminer
à quel nombre de la progression* (A) *correspond cette différence ;* on obtiendra ainsi le *quotient demandé.*

Soit proposé de diviser 16384 *par* 256.

Je prends dans la progression (B), les logarithmes, 42 et 24,
de ces deux nombres ; je retranche 24 de 42, ce qui me donne
18. Je cherche le nombre correspondant à 18, et je trouve 64
pour le quotient demandé.

La propriété relative à la division s'exprime ainsi d'une
manière abrégée : log. $\frac{a}{b}$ = log. a — log. b.

256. TROISIÈME PROPRIÉTÉ. — Une puissance de degré quelconque d'un nombre, étant (n° 108, 7°.) le produit d'autant de
facteurs égaux à ce nombre, qu'il y a d'unités dans l'*exposant* de

la puissance, il s'ensuit évidemment (n° 255) que *le logarithme d'une puissance de degré quelconque, d'un nombre de la progression* (A), *est égal au logarithme du nombre, multiplié par l'exposant de la puissance.*

Ainsi,   log. a^5,   ou log. $a.a.a.a.a = 5$ log. a;
.   log. $a^7 = 7$ log. a;
et en général, log. $a^m = m \times$ log. a.

Donc, pour obtenir le résultat de la formation d'une puissance d'un certain nombre de la progression (A), *il suffit de prendre dans la progression* (B) *le logarithme de ce nombre, de le multiplier par l'exposant de la puissance, et de déterminer à quel nombre de la progression* (A) *correspond ce produit ;* le nombre correspondant sera la *puissance demandée.*

Par exemple, *soit à élever* 32 *à la* 3ème *puissance.*

Je prends 15, logarithme de 32; je le multiplie par 3, exposant de la puissance, ce qui me donne 45; je cherche à quel nombre correspond 45, et je trouve 32768 pour la 3ème puissance de 32.

257. QUATRIÈME ET DERNIÈRE PROPRIÉTÉ. — On sait que deux nombres exprimés l'un par a et l'autre par a^m, sont liés entre eux de telle manière que, le second étant la $m^{ième}$ puissance du premier, réciproquement le premier est la *racine* $m^{ième}$ du second.

Or, on vient de prouver que. . . log. $a^m = m$ log. a;

donc, en divisant par m, ... log. $a = \dfrac{\text{log. } a^m}{m}$;

c'est-à-dire que *le logarithme d'une racine de degré quelconque d'un nombre, est égal au logarithme de ce nombre, divisé par l'indice de la racine à extraire ;* ce qui s'exprime ainsi :

$$\text{log. } \sqrt[m]{b} = \frac{\text{log. } b}{m}.$$

Par conséquent, pour extraire la racine $m^{ième}$ d'un nombre de la progression (A), *il suffit de prendre son logarithme dans la progression* (B), *de le diviser par* m, *puis de chercher à* quel nombre correspond ce quotient; le nombre correspondant est *la racine demandée.*

Soit proposé d'extraire la racine 3ᵐᵉ de 32768.

Je prends 45, logarithme de 32768, et je le divise par 3, indice de la racine; je trouve 15, qui a pour nombre correspondant 32; donc 32 est la *racine demandée.*

Soit encore proposé d'extraire la racine 5ᵉᵐᵉ de 32768.

Je prends 45, logarithme de 32768; je le divise par 5, indice de la racine à extraire, ce qui me donne 9. Le nombre correspondant à 9 dans la progression (A), est 8; donc 8 est la racine 5ᵉᵐᵉ de 32768.

Construction des tables de Logarithmes.

258. Les considérations précédentes suffisent pour faire concevoir l'utilité *d'une table de logarithmes*, c'est-à-dire d'une table renfermant, d'une part, une série de nombres en progression par quotient, et de l'autre, leurs logarithmes, ou des nombres en progression par différence (les deux progressions devant satisfaire à la condition énoncée n° 251).

Comme on a vu d'ailleurs que toutes les opérations sur des nombres d'une nature quelconque, se ramènent toujours à des opérations sur des nombres entiers, il s'ensuit que, pour la simplification des calculs, il suffirait que la table contînt les logarithmes des nombres entiers. Or, voici comment on est parvenu à former une pareille table :

Entre tous les systèmes, *en nombre infini*, de deux progressions, l'une par quotient, et l'autre par différence, que l'on pouvait prendre, on a d'abord choisi la progression décuple

$$\div 1 : 10 : 100 : 1000 : 10000 : 100000 : 1000000\ldots,$$

et la suite naturelle des nombres

$$\div 0. \quad 1. \quad 2. \quad 3. \quad 4. \quad 5. \quad 6\ldots$$

Cela posé, concevons qu'entre les nombres 1 et 10, 10 et 100, 100 et 1000, ..., on insère (n° 246) un certain nombre de *moyens proportionnels* (qui soit le même pour chaque couple), mais un nombre assez grand pour qu'on soit assuré que 2, 3, 4....9 | 11, 12, 13....99 | 101, 102....999, soient compris parmi ces moyens proportionnels, ou du moins ; ne diffèrent de quelques-uns d'entre eux que d'une quantité si petite qu'on puisse les substituer, sans erreur sensible, à ces moyens proportionnels.

Concevons ensuite qu'entre les termes 0 et 1, 1 et 2, 2 et 3, 3 et 4,... de la progression par différence, on insère *autant* de moyens différentiels qu'on avait inséré de moyens proportionnels ; il est clair, d'après ce qui a été dit précédemment, que les termes de la nouvelle progression par différence seront les logarithmes des termes de la nouvelle progression par quotient.

Actuellement, supposons que, dans le nombre immense des termes des deux progressions, on ne tienne compte que des nombres entiers 1, 2, 3, 4,... 9, 10, 11, 12, ... appartenant à la progression par quotient, ainsi que des logarithmes qui leur correspondent; on obtiendra une table qui renfermera,

D'une part, tous les nombres entiers consécutifs, qui, à la vérité, ne feront plus entre eux une progression par quotient, mais n'en pourront pas moins être considérés comme des termes d'une progression de cette espèce ;

De l'autre part, leurs logarithmes, qui ne seront pas non plus en progression par différence, mais n'en seront pas moins des termes d'une progression de cette espèce, occupant respectivement les mêmes rangs que ceux qu'occupent, dans la progression par quotient, les nombres de ces deux séries.

Ainsi, les propriétés relatives aux diverses opérations arithmétiques, sont applicables à tous les nombres de cette table et à leurs logarithmes.

N. B. — Au premier abord, il peut paraître difficile de comprendre comment on est parvenu à insérer entre deux nombres donnés, 1 et 10 par exemple, un très grand nombre de moyens proportionnels, puisque, pour en insérer *deux* seulement, il faudrait (n° 246), d'après la formule $q = \sqrt[m+1]{\dfrac{l}{a}}$ qui donne l'ex-

pression de la raison, extraire avec un très grand degré d'ap-

proximation, la racine 3ème de $\dfrac{10}{1}$, ou de 10, opération que

l'on sait être déjà assez laborieuse. Que serait-ce donc s'il

fallait en insérer 10 000 000, comme l'indiquent *les traités*

d'Arithmétique? Mais notre objet était seulement de faire

concevoir la possibilité de l'existence d'une table de loga-

rithmes. C'est dans les parties plus élevées des Mathémati-

ques, qu'on trouve des méthodes de détermination beaucoup

plus expéditives.

259. Voici néanmoins une méthode élémentaire, qui est

peut-être plus aisée à comprendre, en ce qu'elle ne suppose

que des extractions successives de racines carrées.

Supposons qu'on veuille *déterminer le logarithme de 5 en*

particulier.

Comme 5 est compris entre 1 et 10, insérons *un seul moyen*

proportionnel entre 1 et 10, puis *un moyen différentiel* entre o

et 1.

On a (n° 207) $1 : x :: x : 10$;

d'où $x = \sqrt{10} = 3,16227766\ldots$;

et (n° 203) $0 . y : y . 1$;

d'où $y = \dfrac{1}{2} = 0,5$.

Cela posé, $\dfrac{1}{2}$ ou 0,5 sera évidemment le logarithme de $\sqrt{10}$;

résultat qui s'accorde d'ailleurs avec la propriété du n° 257,

puisque l'on a   log. $\sqrt{10} = \dfrac{1}{2}$ log. 10 $= \dfrac{1}{2}$.

Actuellement, comme 5 est plus grand que 3,162... et

plus petit que 10, insérons un *nouveau moyen proportionnel*

entre 3,1622... et 10, puis un *moyen différentiel* entre $\dfrac{1}{2}$

et 1 ;

il vient $3,16227766....: x :: x : 10;$

d'où $x = \sqrt{31,622776.} = 5,623...;$

et $\dfrac{1}{2} : y : y : 1;$

d'où $y = \dfrac{3}{4} = 0,75.$

Le nouveau moyen différentiel est d'ailleurs le logarithme du nouveau moyen proportionnel.

Le nombre 5 se trouvant compris entre 3,162.......... et 5,623..., nous sommes encore conduits à insérer un moyen proportionnel entre 3,162... et 5623..., puis un moyen différentiel entre 0,5 et 0,75.

Or, il est évident qu'en continuant cette série d'insertions de moyens proportionnels, on parviendra à en déterminer deux qui ne différeront l'un de l'autre que d'une quantité aussi petite que l'on voudra, et qui comprendront le nombre 5. On pourra donc, sans erreur sensible, substituer 5 à l'un de ces moyens proportionnels, et le moyen différentiel correspondant au moyen proportionnel, sera le logarithme demandé. On obtiendrait par des opérations analogues, les logarithmes de 2, 3, 7...

Remarquons d'ailleurs qu'il suffit, en calculant ainsi le logarithme de chaque nombre entier, de déterminer directement les logarithmes des *nombres premiers* ; quant aux logarithmes des nombres multiples, on les obtiendrait au moyen des logarithmes des nombres premiers, en faisant usage des propriétés des n°ˢ 252 et 256.

Par exemple, on aurait $\log 15 = \log (5 \times 3) = \log 5 + \log 3$; $\log 36 = \log (2^2 \times 3^2) = 2 \log 2 + 2 \log 3$; et ainsi de suite.

Disposition et usage des Tables vulgaires.

260. On appelle *logarithmes vulgaires*, ceux dont la formation est fondée sur le système des deux progressions

$$\left\{ \begin{array}{cccccc} \div & 1 & : & 10 & : & 100 & : & 1000 & : & 10000\ldots \\ \div & 0 & . & -1 & . & 2 & . & 3 & . & 4\ldots. \end{array} \right\},$$

parce que c'est de cette table qu'on se sert le plus communé-
ment. On les appelle encore *logarithmes de Briggs*, du nom
du premier auteur d'une table de cette espèce.

Il résulte de l'inspection des deux progressions,

1°. *Que le logarithme de* L'UNITÉ *est* ZÉRO ;

2°. *Que le logarithme de.*10 *est* 1 ;

3°. Que les logarithmes de tous les nombres entiers ou
fractionnaires, compris entre 1 et 10, sont *plus petits que
l'unité* ; que ceux des nombres compris entre 10 et 100, se
composent d'*une unité et d'une certaine fraction* ; que ceux
des nombres compris entre 100 et 1000, se composent de
de *deux unités et d'une certaine fraction* ; et ainsi de suite.

Dans les tables de Briggs, ces fractions sont évaluées en
décimales.

Ainsi, les logarithmes des nombres d'un *seul* chiffre sont
représentés par une *fraction décimale* proprement dite ; les
logarithmes des nombres de *deux* chiffres ont 1 pour *partie
entière*, laquelle est d'ailleurs suivie d'une fraction décimale.

Les logarithmes des nombres de *trois* chiffres ont 2 pour
partie entière....

En général, *la partie entière* du logarithme d'un nombre
renferme *autant* d'unités moins UNE, qu'il y a de chiffres dans
le nombre si ce nombre est entier, ou dans la partie entière
de ce nombre s'il est fractionnaire.

Cette partie entière d'un logarithme se nomme *caractéristique*, parce qu'on peut juger, d'après son inspection seule,
l'ordre des plus hautes unités qui se trouvent comprises dans
le nombre correspondant au logarithme proposé.

Ainsi, 2;74056.... correspond à un nombre de *trois* chiffres, c'est-à-dire à un nombre compris entre 100 et 1000 ; de
même, 4,05678... est le logarithme d'un nombre compris
entre 10000 et 100000.

261. Connaissant le logarithme d'un nombre quelconque, on peut obtenir facilement celui d'un nombre 10, 100, 1000 fois plus grand. Il suffit, pour cela, d'*ajouter* 1, 2, 3... *unités à la caractéristique*.

Soit, en effet, *a*, un nombre dont on connaît déjà le logarithme ; on a (n° 252)

$$\log (a \times 10) = \log a + \log 10 = \log a + 1,$$
$$\log (a \times 100) = \log a + \log 100 = \log a + 2,$$
$$\dots\dots\dots\dots\dots\dots\dots\dots\dots\dots$$
$$\log (a \times 10^n) = \log a + \log 10^n = \log a + n.$$

Réciproquement, le logarithme d'un nombre étant connu, pour obtenir celui d'un nombre 10, 100, 1000... fois plus petit, il suffit *de retrancher de la caractéristique* 1, 2, 3,..... *unités*.

En effet, on a (n° 255)

$$\log \frac{a}{1000} = \log a - \log 1000 = \log a - 3;$$ et ainsi des autres.

On peut conclure de là que les logarithmes des nombres 4567 | 456,7 | 45,67 | 4,567, par exemple, ne diffèrent pas les uns des autres par la partie décimale, mais seulement par la caractéristique, qui est 3 pour le premier nombre, 2 pour le second, 1 pour le troisième, et 0 pour le quatrième.

En général, *le logarithme d'un nombre fractionnaire décimal est le même*, A LA CARACTÉRISTIQUE PRÈS, *que le logarithme de son numérateur*, ou *du nombre proposé dans lequel on ferait abstraction de la virgule* : il n'y a point de différence dans la partie décimale du logarithme.

Il est bon d'observer que cette propriété est toute particulière au système des logarithmes de Briggs ; et c'est ce qui doit faire préférer ce système à tout autre, puisque les fractions décimales sont les fractions sur lesquelles on a à opérer le plus souvent.

262. Il était impossible de placer dans les tables d'autres logarithmes que ceux des nombres entiers ; car, deux nombres entiers consécutifs comprenant une infinité de nombres fractionnaires, il n'y aurait pas de raison pour y placer les uns plutôt que les autres. En outre, les calculs que nécessitait la confection d'une table, étaient trop laborieux pour qu'on pût l'étendre au-delà d'une certaine limite, même assez faible.

Ainsi, il y a des tables qui ne vont que jusqu'à 10000, d'autres jusqu'à 20,000 ; une des plus étendues, celle de *Callet*, va jusqu'à 108000.

Cependant, les applications logarithmiques exigent souvent la recherche du logarithme, soit d'un nombre qui excède les limites des tables, soit d'un nombre fractionnaire. Comment alors obtenir ce logarithme? C'est ce que nous allons développer sur des exemples. (Nous supposerons, dans tout ce qui va suivre, que l'on n'ait entre les mains que les petites tables de M. *Reynaud* ou de *Lalande*.)

263. Un nombre quelconque étant donné, déterminer son logarithme.

1°. *Soit à déterminer le logarithme de* 254329.

Ce nombre ayant *six* chiffres, la caractéristique de son logarithme est 5 (n° **260**); ainsi, la question se réduit à en trouver la partie décimale.

Or, il résulte de ce qui a été dit n° **261**, que cette partie décimale est la même que celle de log 2543,29.

Par cette préparation, qui consiste à *séparer vers la droite du nombre, assez de chiffres pour que la partie à gauche se trouve dans la table,* on obtient un nombre compris entre 2543 et 2544 ; ainsi, son logarithme est égal à celui de 2543, *plus* une partie de la différence qui existe entre log 2544 et log 2543.

On trouve dans la table..... log 2543 = 3,40535 ; on y trouve également 17 pour différence entre log 2544 et log 2543 ; cette différence 17 exprime des unités de l'ordre du 5ᵐᵉ chiffre décimal, ou des 100000ᵉᵐᵉˢ.

Cela posé, afin d'obtenir la partie de cette différence qu'il faut ajouter à log 2543, pour en déduire celui de 2543,29, on établit cette proportion : *Si, pour une unité de différence entre les nombres 2544 et 2543, on a 17* CENT-MILLIÈMES *de différence entre leurs logarithmes, combien, pour 0,29 de différence entre 2543,29 et 2543, aura-t-on de différence entre leurs logarithmes ; ou bien,* 1 : 17 :: 0,29 : *x,* d'où . . . .

$$x = 17 \times 0{,}29 = 4{,}93 ;$$

et ce 4ᵐᵉ terme 4,93 est ce qu'il faut ajouter *de cent-millièmes* au logarithme 3,40535, pour avoir le logarithme demandé.

Comme on ne doit tenir compte que de la partie à gauche de la virgule, dans ce 4ᵐᵉ terme, on ajoute 4 ou plutôt 5 (parce que le 1ᵉʳ chiffre à droite de la virgule est plus grand que 5), au chiffre des *cent-millièmes* ou au dernier chiffre de 3,40535 ; et l'on obtient

log 2543,29 = 3,40540 ; donc log 254329 = 5,40540.

Dans la pratique, on dispose ainsi le calcul :

$$\overline{\log 254329 \;=\; \log 2543{,}29 \;+\; 2}$$

$$\log 2543 \;\;= 3{,}40535$$

*Diff*ᶜᵉ *tab*ʳᵉ ... 17
1 : 17 :: 0,29 : x = 4,93 . . . . = $\underline{\qquad 5}$

Donc log 2543,29 = $\overline{3{,}40540}$,
et par conséquent, ... log 254329 = 5,40540.

2°. *Soit encore à déterminer le logarithme de* 1784967.
On a d'abord...... log. 1784967 = $\overline{\log 1784{,}967 + 3}$

$$\log 1784 = 3{,}25139$$

*Diff*ᶜᵉ *tab*ʳᵉ ... 25
1 : 25 :: 0,967 : x = 24,175. . . = $\underline{\qquad 24}$
Donc log 1784,967 = $\overline{3{,}25163}$;
et par conséquent, ... log 1784967 = 6,25163.

264. N. B.—Pour résoudre les deux questions précédentes, on a établi une *proportion entre les différences des nombres* et *les différences de leurs logarithmes*. On démontre en Algèbre, que cette proportion n'est jamais rigoureusement exacte; mais elle approche d'autant plus de l'exactitude, que les nombres pour lesquels on l'établit sont plus grands; et l'on fait voir d'ailleurs qu'en faisant usage des petites tables, l'erreur commise n'influe pas sur le 5me chiffre décimal du logarithme, tant que le nombre est au-dessus de 1000; de sorte que, dans ce cas, la proportion peut être considérée comme tout-à-fait exacte. Voilà pourquoi, lorsqu'un nombre excède les limites des tables, on ne doit séparer vers sa droite que le moins de chiffres possible.

2°. On demande le logarithme de $37\frac{43}{59}$.

Ce nombre revient à $\frac{2226}{59}$; donc (n° 255)

$$\log 37\frac{43}{59} = \log 2226 - \log 59.$$

Or, on trouve dans la table $\quad \log 2226 \quad = 3,34753$
$$\log \quad 59 \quad = 1,77085;$$
d'où, effectuant la soustraction, $\quad \log 37\frac{43}{59} \quad = \overline{1},57668.$

Quant au logarithme d'un nombre fractionnaire décimal, tel que 479,2564, on a déjà vu (n° 261) que tout se réduit à déterminer le logarithme de 4792564 comme il vient d'être dit, puis à retrancher 4 unités de la caractéristique; ou bien, on peut dire :

$$\log 479,2564 = \log 4792,564 - 1$$
$$\log 4792 = 3,68052$$

Diff^{ce} tab^{re} ... 9
1 : 9 :: 0,564 : $x = 5,076$..... $=\quad\quad 5$
d'où .... $\log 4792,564 = \overline{3,68057}.$
Donc $\quad\quad\quad\quad \log 479,2564 = 2,68057.$

Voyez la fin de ce chapitre (n° 273) *pour les logarithmes des fractions proprement dites.*

265. UN LOGARITHME QUELCONQUE ÉTANT DONNÉ, TROUVER LE NOMBRE QUI LUI CORRESPOND.

Lorsque, pour effectuer certaines opérations arithmétiques, on emploie le secours des logarithmes, on parvient ordinairement à un résultat qui exprime le logarithme *du nombre cherché*; et il faut, au moyen de la table, déterminer à quel nombre correspond ce logarithme.

1°. Considérons le cas où la caractéristique est 3, ou la plus forte de celles qui se trouvent dans les petites tables.

Soit à trouver le nombre correspondant au logarithme 3,45936?

On commence par chercher ce logarithme parmi ceux des nombres de quatre chiffres; et l'on trouve qu'il est compris entre 3,45924 et 3,45939 qui sont les logarithmes de 2879 et 2880 ; donc le nombre cherché est égal à 2879 *plus* une certaine fraction.

Pour obtenir cette fraction, on prend la différence tabulaire 15, et la différence 12 entre le logarithme donné et celui de 2879; puis on établit la proportion :

Si, pour 15 CENT-MILLIÈMES *de différence entre* log 2880 *et* log 2879, *on a une unité de différence entre ces nombres, combien, pour* 12 CENT-MILLIÈMES *de différence entre le logarithme donné et celui de* 2879, *doit-on avoir de différence entre les nombres correspondans?*

Ou bien, $15 : 1 :: 12 : x$; d'où $x = \dfrac{12}{15} = 0,8$.

Ajoutant ce 4ᵐᵉ terme à 2879, on obtient 2879,8 pour le nombre demandé.

Voici le tableau des calculs :

Appelant N le nombre cherché, on a log N = 3,45936.
On trouve dans la table............ log 2879 = 3,45924.

Diffᶜᵉ 12
Diffᶜᵉ tabˡʳᵉ .... 15.

$$15 : 1 :: 12 : x = 0,8;$$

donc $$N = 2879,8.$$

266. *N. B.* — La valeur obtenue pour N dans l'exemple précédent, a été trouvée, avant la réduction en décimales, égale
à $2879 + \dfrac{12}{15}$ (à *un* 15ᵉ près), en supposant la proportion exacte,
hypothèse qui peut et doit être admise ici (nᵒ 264), puisque
l'on reconnaît à l'inspection de la table de logarithmes
que des accroissemens constans et égaux à 1, faits sur les nombres, correspondent (pour cette portion de la table) à des
accroissemens constans et égaux à 15 unités (de l'ordre des
cent-millièmes), faits sur les logarithmes correspondans, ou
bien, ce qui revient au même, qu'*une unité* (de l'ordre des
cent-millièmes) d'augmentation sur les logarithmes, correspond à $\dfrac{1}{15}$ d'augmentation sur les nombres.

Maintenant, au lieu de laisser au 4ᵉ terme de la proportion
$\left(\text{ou à la fraction } \dfrac{12}{15}\right)$, cette forme, sous laquelle il s'était
naturellement présenté, nous l'avons réduit en décimales,
comme cela se fait ordinairement pour la commodité des calculs ; et nous avons trouvé ainsi la fraction 0,8, exactement
égale à $\dfrac{12}{15}$. Or, il est important d'observer que si la réduction
ne s'était pas faite exactement en *dixièmes*, il n'en aurait pas
moins fallu arrêter cette opération au *premier* chiffre décimal ; et nous allons en donner la raison.

Chaque 15ᵉ contenant autant de 100ᵉˢ que le nombre 100
contient de fois le nombre 15, il s'ensuit que quand on sait
combien un nombre contient de 15ᵉˢ (à *un* près) on ne sait
pas pour cela combien ce nombre contient de 100ᵉˢ, de 1000ᵉˢ,
de 10000ᵉˢ ; tandis qu'au contraire on peut bien conclure le
nombre de 10ᵉˢ (à *un* près) de celui des 15ᵉˢ, puisque $\dfrac{1}{15}$ étant

plus grand que $\frac{1}{15}$, chaque 15ᵉ d'augmentation ne peut pas faire croître le nombre de plusieurs 10ᵉˢ à la fois.

De ce raisonnement généralisé résulte là règle suivante, applicable à tous les cas où, cherchant un nombre au moyen de son logarithme, on est obligé d'employer la proportion pour le déterminer : *le nombre de chiffres décimaux qu'il est permis de calculer pour le 4ᵉ terme, doit toujours être inférieur, au moins d'une unité, au nombre de chiffres qui composent la différence tabulaire, diminué d'une unité.* Cette règle est générale, quelle que soit la table que l'on emploie : ainsi la table de *Callet* donnera le chiffre des 100ᵉˢ toutes les fois que la différence tabulaire dépassera 100, mais seulement celui des 10ᵉˢ dans tous les cas contraires ; et la table de *Lalande* ne donnera pas même avec certitude le chiffre des 10ᵉˢ, toutes les fois que la différence tabulaire sera moindre que 10. (Au reste, pour plus de détails, voyez l'*Algèbre*.)

2°. *Soit à déterminer le nombre correspondant au logarithme* 1,56834.

On pourrait commencer par rechercher ce logarithme parmi ceux des nombres de deux chiffres ; mais, comme il est probable qu'on ne l'y trouverait pas, il vaut mieux ajouter tout de suite 2 à la caractéristique, ce qui donne 3,56834. Cherchant, d'après la règle ci-dessus, le nombre correspondant à ce nouveau logarithme, on trouve 3,56834 = log 3701,2. Or, puisqu'en ajoutant 2 unités à la caractéristique, on a (n° **264**) multiplié le nombre cherché par 100, il faut, pour obtenir celui-ci, diviser 3701,2 par 100 ; ce qui donne enfin 37,012 pour le *nombre demandé*, à 0,001 près.

Soit encore à trouver le nombre correspondant à 0,86784.

On a d'abord . . 3,86784 = log 7376,3 ;

donc . . . . 0,86784 = log 7,3763, à 0,0001 près.

Soit enfin proposé de déterminer le nombre correspondant à 5,47659.

Retranchant d'abord deux unités, on a

$$3,47659 = \log 2996,3 ;$$

et comme, en ôtant 2 unités de la caractéristique, on a rendu
le nombre 100 fois trop petit, il faut multiplier 2996
par 100, ce qui donne 299630 pour *le nombre demandé*,
à une dixaine près.

Les petites tables ne permettent pas d'obtenir un plus grand
degré d'approximation. Si la caractéristique était plus grande
que 5, le degré d'approximation serait encore moindre.
Aussi doit-on employer les plus grandes tables possibles pour
exécuter un calcul qui demande de l'exactitude.

Applications de la théorie des logarithmes.

Voyons maintenant les diverses applications que l'on peut
faire des tables de logarithmes aux opérations de l'Arithmétique.

267. Règle de trois. — *Déterminer, par logarithmes, le
4me terme de la proportion $a : b :: c : x$.*

On a d'abord (n° 206) $x = \dfrac{b \times c}{a}$; d'où, en prenant les
logarithmes et appliquant les propriétés des n°ˢ 252 et 253,

$$\log x = \log b + \log c - \log a.$$

*Après avoir fait la somme des logarithmes des deux moyens,
retranchez-en le logarithme de l'extrême connu ; puis cherchez
à quel nombre correspond la différence :* vous obtiendrez ainsi
le nombre demandé.

Soit, par exemple, la proportion $37 : 259 :: 497 : x$; *on a*

$$\log x = \log 259 + \log 497 - \log 37,$$

$$\log 259 = 2{,}41330$$
$$\log 497 = 2{,}69636$$
$$\overline{5{,}10966}$$
$$\log 37 = 1{,}56820$$

Donc $\log x = 3{,}54146$

et par conséquent, $x = 3479{,}1$ à $0{,}1$ près.

Second exemple. On demande, *par logarithmes*, la valeur

de $$x = \frac{37 \times 49 \times 17 \times 175}{29 \times 69 \times 154}.$$

(Cette expression peut être regardée comme le terme inconnu dans une *règle de trois composée*.)

Prenant les logarithmes des deux membres, on a

$$l\,x = l\,37 + l\,49 + l\,17 + l\,175 - l\,29 - l\,69 - l\,154.$$

Or,

l 37 = 1,56820	l 29 = 1,46240
l 49 = 1,69020	l 69 = 1,83885
l 17 = 1,23045	l 154 = 2,18752
l 175 = 2,24304	5,48877
6,73189	
— 5,48877	

Donc $\log x = 1,24312$;

d'où $x = 17,503$, à 0,001 près.

268. *Des complémens arithmétiques.* — Dans l'exemple précédent, on a été conduit à retrancher la somme de plusieurs logarithmes, de la somme de plusieurs autres. Or, on peut remplacer les *deux additions* et la *soustraction*, effectuées pour la détermination du résultat, *par une seule addition*, en employant les complémens arithmétiques.

On appelle *complément arithmétique* d'un logarithme, ce qu'il faut ajouter à ce logarithme pour faire 10 unités; en d'autres termes, c'est le *résultat qu'on obtient en soustrayant ce logarithme, de* 10.

Ainsi, *compl. arith.* 4,50364 = 10 — 4,50364; et, pour obtenir ce complément, il faut évidemment, d'après la règle de la soustraction, retrancher chaque chiffre de 9, excepté le dernier chiffre significatif à droite, qu'on retranche de 10; ce qui donne

compl. arith. 4,50364 = 5,49636.

De même, *compl. arith.* 7,32568 = 2,67432.

Les complémens arithmétiques des logarithmes s'obtiennent, pour ainsi dire, d'après l'inspection de ces logarithmes.

N. B. —Si le dernier chiffre à droite du logarithme était un o, il faudrait retrancher de 10 le premier chiffre significatif à la gauche de ce zéro, et de 9 les autres chiffres à gauche.

Ainsi, compl. arith. $5,32570 = 4,67430$.

De même, compl. arith. $8,62400 = 1,37600$.

Cela posé, soit à soustraire de la somme des quatre logarithmes L, L′, L″, L‴, la somme de trois autres logarithmes. l, l', l''; et désignons par D la différence. On a évidemment

$$D \ldots \text{ ou } \ldots L + \overline{L' + L''} + \overline{L'' - (l + l' + l'')} =$$
$$= L + L' + L'' + L'' + \overline{10 - l} + \overline{10 - l'} + \overline{10 - l''} - 30,$$

ou, ce qui revient au même,

$$= L + L' + L'' + L'' + comp.l + comp. l' + comp. l'' - 30 ;$$

d'où l'on déduit cette règle générale :

Prenez les complémens arithmétiques des logarithmes soustractifs ; faites une somme totale de ces complémens et des logarithmes additifs ; puis retranchez de la caractéristique du résultat, autant de fois 10, ou autant de dixaines, que vous avez pris de complémens ; le résultat ainsi obtenu est la différence demandée.

Reprenons le dernier exemple du numéro précédent.

On a $l.x = l.37 + l.49 + l.17 + l.175 - (l.29 + l.69 + l.154)$;

l.	37 $=$	1,56820
l.	49 $=$	1,69020
l.	17 $=$	1,23045
l.	175 $=$	2,24304
Comp. l.	29 $=$	8,53760
Comp. l.	69 $=$	8,16115
Comp. l.	154 $=$	7,81248
		31,24312.

Le résultat de cette addition étant $31,24312$, on en retranche 3 *dixaines*, et il vient 1,24312 pour la différence demandée ; c'est en effet le résultat déjà obtenu (n° 267).

L'usage des complémens arithmétiques abrége beaucoup les calculs par logarithmes.

269. PROGRESSIONS PAR QUOTIENT. — *On propose d'insérer entre deux nombres donnés* a *et* b, *un nombre* m *de moyens proportionnels.*

La formule $q = \sqrt[m+1]{\dfrac{b}{a}}$ trouvée au numéro 246, devient, par l'application des logarithmes, $\log q = \dfrac{\log b - \log a}{m+1}$.

Supposons, par exemple, qu'*on veuille insérer entre* 3 *et* 4, 25 *moyens proportionnels.*

On a dans ce cas, $a = 3, b = 4, m = 25$;

d'où l'on déduit $\log q = \dfrac{\log 4 - \log 3}{26}$.

On trouve dans les tables... $\log 4 = 0{,}60206$

$\log 3 = 0{,}47712$

d'où $\log 4 - \log 3 = 0{,}12494$

donc, en divisant par 26, $\log q = 0{,}00480$.

Cherchant le nombre qui correspond à ce logarithme, on obtient $q = 1{,}0111$; à 0,0001 *près*.

Veut-on maintenant *former le* 10ᵉ *moyen proportionnel ou le* 11ᵉ *terme de cette progression* ;

Appelant x ce moyen proportionnel, on a (n° 246),

$$x = 3\left(\sqrt[26]{\frac{4}{3}}\right)^{10};$$

d'où, employant les logarithmes,

$$\log x = \log 3 + \frac{10(\log 4 - \log 3)}{26}.$$

Or, on a déjà obtenu. . . $\log 4 - \log 3 = 0,12494$

d'où. . . . . $10 (\log 4 - \log 3) = 1,24940$

et . . . . $\dfrac{10}{26} (\log 4 - \log. 3) = 0,04805$;

d'ailleurs. . . . . $\log 3 = 0,47712$;

donc enfin. . . . . $\log x = 0,52517.$

Cherchant à quel nombre correspond ce logarithme, on trouve $3,3510$ pour le moyen proportionnel demandé.

Les règles d'*intérêt* et d'*escompte composés* se réduisent à la détermination du terme d'un rang quelconque dans une progression par quotient.

270. INTÉRÊT COMPOSÉ.—*Une somme a étant placée pendant un nombre n d'années ou de mois, à raison de i pour 100 par an ou par mois, on demande la valeur de cette somme au bout du temps n, en y comprenant non-seulement le capital a et ses intérêts accumulés, mais encore les intérêts des intérêts pendant ce même temps.*

Analyse. — Puisque 100 fr. rapportent une somme i dans un an, il est clair (n^{os} **221** et **222**) que a rapportera $\dfrac{a \times i}{100}$; ainsi, le capital a placé pendant un an, produit, y compris le capital,

$$a + \frac{a \times i}{100}, \text{ ou bien } a\left(1 + \frac{i}{100}\right).$$

Cette nouvelle somme, qui se compose du capital primitif et de son intérêt pendant la première année, peut être regardée comme un nouveau capital placé pendant la seconde année; et en la désignant par a', on trouvera qu'elle devient, au bout de la seconde année, y compris le capital,

$$a'\left(1 + \frac{i}{100}\right), \text{ ou bien , si l'on remplace } a' \text{ par sa valeur,}$$

$$a\left(1 + \frac{i}{100}\right)\left(1 + \frac{i}{100}\right) = a\left(1 + \frac{i}{100}\right)^2.$$

Désignant ce nouveau capital par a'', on obtiendra pour la somme de ce capital et de son intérêt pendant la troisième année,

$$a''\left(1 + \frac{i}{100}\right); \text{ ou bien, remplaçant } a'' \text{ par sa valeur,}$$

$$a\left(1 + \frac{i}{100}\right)^2 \left(1 + \frac{i}{100}\right) = a\left(1 + \frac{i}{100}\right)^3.$$

Donc, en général, n désignant le nombre d'années pendant lequel le capital a est placé, et A représentant la valeur de ce capital réuni à ses intérêts et aux intérêts des intérêts, on obtient

$$A = a\left(1 + \frac{i}{100}\right)^n = a\left(\frac{100 + i}{100}\right)^n.$$

Premier exemple. — *On demande, en intérêt composé, la valeur de* 12000^f *placés pendant* 6 ans, *à raison de* 5^f *pour* $\frac{0}{0}$ *par an.*

On a, dans ce cas, $a = 12000$, $i = 5$, $n = 6$; donc la formule devient

$$A = 12000\left(\frac{100 + 5}{100}\right)^6 = 12000\,(1,05)^6.$$

Cette opération serait très laborieuse à effectuer directement; mais si l'on emploie les logarithmes, il vient

$$\log A = \log 12000 + 6.\log 1,05.$$

Or, on a d'après les tables . . . . log. $1,05 = 0,02119$;

d'où . . . . 6. log $1,05 = 0,12714$;

d'un autre côté . . . . log 12000 $= 4,07918$;

donc . . . . $\log A = 4,20632.$

et par conséquent.... A $= 16081^{fr}$.

Les petites tables ne peuvent donner un plus grand degré d'approximation.

N. B. — Dans cet exemple, la somme du capital, des inté-

rêts, et des intérêts des intérêts accumulés, monte à 16081^f ;
d'un autre côté, si l'on cherche (n° **221**) *l'intérêt.*
simple de 12000^f pour 5 ans, à raison de 5 pour $\frac{o}{o}$,
on trouve. 3600

         Différence. . . . . $\overline{481}$

D'où l'on voit que 481 francs expriment la valeur des intérêts
des intérêts.

 Second exemple. — *On demande, en intérêt composé, la va-*
leur de 5628^f *placés pendant* 9 *mois* $\frac{1}{2}$, *à raison de* $\frac{3}{4}$ *ou de* o^f,75
pour 100 *par mois.*

 Commençons par déterminer la valeur du capital au bout
de 9 mois.

 Comme, dans ce cas, le mois est pris pour unité de temps,
on fait dans la formule générale, $a = 5628$, $i = 0,75$, $n = 9$,
ce qui donne

$$A = 5628 \left(\frac{100 + 0,75}{100} \right)^9 = 5628(1,0075)^9,$$

d'où, appliquant les logarithmes,

$$\log A = \log 5628 + 9 \log 1,0075.$$

On trouve dans la table. . . . . . $\log 1,0075 = 0,00324$

d'où. . . . . 9 $\log 1,0075 = \overline{0,02916}$

d'ailleurs . . . . $\log \quad 5628 = 3,75035$

donc . . . . $\overline{\log A = 3,77951}$

et par conséquent. . . . $A = 6019$ fr.

 Pour obtenir ensuite l'intérêt de 6019 fr. pendant *quinze*
jours, ou $\frac{1}{2}$ mois, on a recours à la formule $\frac{ait}{100}$ (n° **221**),

dans laquelle on pose $a = 6019$, $i = 0,75$, $t = \frac{1}{2}$, ce qui donne

$$\frac{ait}{100} = \frac{6019 \times 0,75 \times \frac{1}{2}}{100} = \frac{6019 \times 75}{20000} = 23; \text{ à une unité près.}$$

Donc enfin, 6042 fr. expriment la valeur du capital 5628 fr., en intérêt composé (*).

271. ESCOMPTE COMPOSÉ. — Les deux quantités A et a qui entrent dans la formule $A = a\left(\dfrac{100+i}{100}\right)^n$, ont entre elles une relation telle, que si a est un capital placé actuellement, A est sa valeur au bout d'un certain temps ; donc *réciproquement*, A désignant une somme payable dans n unités de temps, a exprime *sa valeur actuelle ;* on suppose toutefois qu'on ait égard aux intérêts accumulés et aux intérêts des intérêts, du capital a.

D'ailleurs, on déduit de cette formule

$$a = \frac{A}{\left(\dfrac{100+i}{100}\right)^n}.$$

On peut donc regarder celle-ci comme donnant *la valeur actuelle* d'un billet dont le montant est A, et qui est payable dans n années, en admettant qu'on ait égard à l'intérêt composé de cette valeur actuelle.

Exemple. — *On demande la valeur actuelle d'une somme de* 30000[f], *qui n'est payable que dans* 7 *ans, en supposant* 1°. *que l'escompte soit composé,* 2°. *que le taux d'intérêt soit à* 6 *pour* 100 *par an.*

Faisons, dans ce cas, $A = 30000$, $n = 7$, $i = 6$; et la formule devient $a = \dfrac{30000}{(1,06)^7}$;

d'où appliquant les logarithmes,

$$\log a = \log 30000 - 7.\log 1,06.$$

(*) Dans la pratique, on peut réduire les deux opérations précédentes à une seule, en posant immédiatement dans l'expression générale de A, $n = 9\frac{1}{2} = \frac{19}{2}$; mais cette manière d'opérer est fondée sur la théorie des exposans fractionnaires, dont on ne peut se former une idée nette qu'en Algèbre.

On a. . . . . $\log 30000 = 4,47712$;

d'ailleurs, $\log 1,06 = 0,02531$

d'où.... $7 \log 1,06 = 0,17717$. . . . . $-\ 0,17717$;

donc. . . . . $\log a = \overline{4,29995}$

et par conséquent, $a = 19950$ fr.

. En cherchant la *valeur actuelle* de 30000, d'après la règle d'escompte simple (escompte en dedans, *voyez* n° 227), on trouverait. 21126,76,

résultat qui diffère du précédent, de. . . . . . 1176,76.

Nous ne nous étendrons pas davantage sur les applications des tables de logarithmes. Ce qui précède suffit pour donner une idée de toute leur importance.

Logarithmes des Fractions.

272. Dans les questions précédentes, nous n'avons eu à considérer que des logarithmes de nombres entiers ou de nombres fractionnaires plus grands que l'unité. Ces logarithmes font partie de la table dont nous avons indiqué la formation (n°ˢ 258 et 259), ou bien peuvent s'obtenir facilement à l'aide de ceux-ci, lorsque les nombres correspondans sont entiers et excèdent les limites des tables, ou lorsqu'ils sont fractionnaires.

On sait d'ailleurs que, dans le système de Briggs, les logarithmes de tous les nombres dont nous venons de parler sont compris entre 0 et 1, 1 et 2, 2 et 3, 3 et 4.....; c'est-à-dire que *les logarithmes des nombres compris depuis l'unité jusqu'à l'infini, sont eux-mêmes compris depuis 0 jusqu'à l'infini;* en sorte qu'il n'existe pas de nombre, si petit ou si grand qu'il soit par rapport à l'unité, qui ne puisse être regardé comme le logarithme d'un nombre plus grand que l'unité.

Il est alors naturel de demander si les fractions ont des logarithmes, et comment on les exprime.

.. Pour répondre à ces questions, reprenons la progression décuple ;   ÷ 1 : 10 : 100 :1000 : 10000 : 100000 .....
et observons que, chaque terme étant égal à celui qui le précède, multiplié par 10, *réciproquement*, chaque terme est

égal à celui qui le suit, divisé par 10. Par conséquent, si l'on prolonge cette progression au-dessous du premier terme 1, en divisant successivement 1 par les diverses puissances de 10, c'est-à-dire par 10, 100, 1000...., ce qui donne les fractions $\frac{1}{10}$, $\frac{1}{100}$, $\frac{1}{1000}$...., on en déduit la nouvelle progression

$$\div \ldots \frac{1}{10000} : \frac{1}{1000} : \frac{1}{100} : \frac{1}{10} : 1 : 10 : 100 : 1000 : 10000\ldots$$

qu'on peut supposer commençant à une fraction $\frac{1}{10^n}$ aussi petite que l'on veut.

D'un autre côté, reprenons la progression par différence

$$\div 0.1.2.3.4.5.6.7.8.9\ldots,$$

et observons que chaque terme étant égal à celui qui le précède, augmenté de 1, *réciproquement*, chaque terme est égal à celui qui le suit, diminué de 1. Cela posé, continuons cette progression à la gauche du premier terme 0 (ou *au-dessous de* 0), en retranchant successivement 1, 2, 3, 4..... de ce premier terme, ce qui donne les résultats —1, —2, —3, —4...; il en résulte la nouvelle progression par différence

$$\div \ldots -4. -3. -2. -1.0.1.2.3.4\ldots,$$

qu'on peut supposer commençant à un terme quelconque —n, n étant un nombre entier aussi grand que l'on veut.

On obtient par ce moyen, le système des deux progressions

$$\div \ldots \frac{1}{10000} : \frac{1}{1000} : \frac{1}{100} : \frac{1}{10} : 1 : 10 : 100 : 1000 : 10000\ldots,$$

$$\div \ldots -4. -3. -2. -1. 0. 1. 2. 3. 4\ldots,$$

dont chacune se divise en deux parties, à compter des termes 1 et 0.

La première partie, en allant de gauche à droite, dans les deux progressions, est composée de termes qui comprennent

tous les nombres plus grands que l'unité et leurs logarithmes:
(Ces logarithmes sont, comme nous l'avons déjà fait observer,
tous les nombres imaginables compris depuis o jusqu'à l'infini.)

La seconde partie, en allant de droite à gauche, est composée de termes qui comprennent *tous les nombres plus petits
que l'unité, ainsi que leurs logarithmes,* ceux-ci n'étant autre
chose que les logarithmes de la première partie, précédés du signe —, lequel signe sert alors à distinguer les logarithmes des
nombres plus petits que l'unité, des logarithmes correspondant aux nombres plus grands que l'unité.

273. En général, soit $\dfrac{a}{b}$ une fraction proprement dite, ce
qui suppose $a < b$.

Je dis que l'on a $\log \dfrac{a}{b} = - \log \dfrac{b}{a}$.

En effet, comme on a évidemment $\dfrac{a}{b} = 1 : \dfrac{b}{a}$,

il en résulte (n° 255) $\log \dfrac{a}{b} = \log 1 - \log \dfrac{b}{a}$.

Donc, à cause de $\log 1 = 0$ (n° 260),

$$\log \dfrac{a}{b} = - \log \dfrac{b}{a}.$$ C. Q. F. D.

D'où l'on voit que *le logarithme d'une fraction est égal au
logarithme de la fraction renversée, pris avec le signe —.*

Ainsi, $\log \dfrac{3}{4} = - \log \dfrac{4}{3} = - (\log 4 - \log 3)$;

$\log \dfrac{23}{47} = - \log \dfrac{47}{23} = - (\log 47 - \log 23)$;

ce qui fournit cette règle : *Pour obtenir le logarithme d'une
fraction, soustrayez le logarithme du numérateur de celui du
dénominateur, et prenez le résultat avec le signe —.*

274. Ces notions établies, faisons quelques applications.

1°. *On demande*, par logarithmes, *la valeur du produit*
$\frac{3}{7} \times \frac{5}{12} \times \frac{11}{13}$.

On a (n° 59) $\frac{3}{7} \times \frac{5}{12} \times \frac{11}{13} = \frac{3 \times 5 \times 11}{7 \times 12 \times 13}$;

d'où (n° 273) $\log \left(\frac{3}{7} \times \frac{5}{12} \times \frac{11}{13} \right) = - \log \frac{7 \times 12 \times 13}{3 \times 5 \times 11}$

$= \log 3 + \log 5 + \log 11 - \log 7 - \log 12 - \log 13$,

ou, employant les complémens arithmétiques,

$= \log 3 + \log 5 + \log 11 + c. \log 7 + c. \log 12 + \ldots$
$+ c. \log 13 - 30$.

Effectuant l'opération indiquée, on reconnaît que.....

$$\log \left(\frac{3}{7} \times \frac{5}{12} \times \frac{11}{13} \right) = - 0{,}82074.$$

Or, en appelant x le nombre correspondant à $0{,}82074$, on
a (n° 273)..... $- 0{,}82074 = \log \frac{1}{x}$.

Tout se réduit donc à déterminer x.
Mais on trouve, d'après la règle établie n° 265,

$$0{,}82074 = \log 6{,}6181; \text{ d'où } x = 6{,}6181.$$

Par conséquent, $\frac{1}{x}$, ou *le nombre cherché*, a pour valeur

$$\frac{1}{6{,}6181} = 0{,}1511.$$

N. B. Dans cet exemple, on n'est pas bien sûr de l'exac
titude du dernier chiffre décimal du nombre $6{,}6181$, en vertu
de ce qui a été dit n° 266 ; mais on l'est de celui du nombre
$0{,}1511$ (*voy.* la note placée à la fin de l'ouvrage, n° 20).

- RÈGLE GÉNÉRALE. — Pour trouver à quel nombre correspond
un logarithme affecté du signe —, *cherchez d'abord à quel
nombre appartient le logarithme, abstraction faite de son
signe ; puis, divisez l'unité par le nombre ainsi obtenu ; le
quotient, évalué en décimales, est le nombre demandé.*

24..

On peut encore avoir recours à l'artifice suivant : *mettez*
—0,82074 *sous la forme* 4—0,82074—4, ce qui revient à
*augmenter et diminuer à la fois le logarithme proposé, de
4 unités ;* il vient.... —0,82074 = 3,17926—4.

Or, on a, d'après les tables, 3,17926 = log 1511 ;

d'où　　　3,17926 — 4 = log 1511 — log 10000 (n° **261**) ;

et par conséquent, 0,82074 = log $\dfrac{1511}{10000}$ = log 0,1511.

Ce dernier moyen est, en général, plus simple et surtout
plus rigoureux que le premier, parce que, dans l'expression $\dfrac{1}{x}$,
obtenue par celui-ci, x est un diviseur inexact (*) ; tandis que
par la nature du second moyen, on n'a pas à craindre cette
cause d'erreur.

*Soit encore à déterminer le nombre correspondant au loga-
rithme* —2,35478.

D'abord, ce logarithme étant compris entre — 2 et — 3, le
nombre correspondant est compris entre $\dfrac{1}{100}$ et $\dfrac{1}{1000}$. Mais,
pour en obtenir la valeur d'après le *second moyen*, on met le
logarithme sous la forme 6 — 2,35478 — 6 = 3,64522 — 6.

Or, on a.......... 3,64522 = log 4417,9 ;

donc, 6 — 2,35478 — 6, ou — 2,35478 = log $\dfrac{4417,9}{1000000}$;

ou bien,　　　　— 2,35478 = log 0,0044179.

Ces exemples suffisent pour faire voir que les nombres qui
correspondent à des logarithmes affectés du signe —, peuvent
souvent être obtenus avec un très grand degré d'approximation.

Le second moyen consiste évidemment *à retrancher le logarithme proposé, d'autant d'unités, plus 4, que la caractéristique en renferme ; à déterminer le nombre correspondant au
résultat ainsi obtenu ; puis à diviser ce nombre par l'unité sui-*

(*) *Voyez* la note placée à la fin de l'ouvrage, n° 20.

vie d'autant de zéros qu'on a été obligé de prendre d'unités pour effectuer la soustraction.

2°. *On demande la* 11me *puissance de la fraction* $\dfrac{13}{15}$. On a

(n° **273**) $\log\left(\dfrac{13}{15}\right)^{11} = -\log\left(\dfrac{15}{13}\right)^{11} = -\left(11\,\log\dfrac{15}{13}\right).$

Or, $\log\dfrac{15}{13} = 0,06215$; d'où, $11\times\log\dfrac{15}{13} = 0,68365$; et

par conséquent, $\log\left(\dfrac{13}{15}\right)^{11} = -0,68365 = \log 0,2072.$

Ainsi, 0,2072 est le nombre demandé.

3°. *On demande la racine* 7e *de* $\dfrac{2}{3}$. On a

$$\log \sqrt[7]{\dfrac{2}{3}} = -\log\sqrt[7]{\dfrac{3}{2}} = -\left(\dfrac{1}{7}\,\log\dfrac{3}{2}\right).$$

Or, $\log\dfrac{3}{2} = 0,17609$; d'où $\dfrac{1}{7}\log\dfrac{3}{2} = 0,02515$;

donc $\log\sqrt[7]{\dfrac{2}{3}} = -0,02515 = \log 0,94374,$

et par conséquent, $\sqrt[7]{\dfrac{2}{3}} = 0,94374.$

275. Scolie: — La recherche des logarithmes des fractions nous a conduit à une espèce particulière de nombres, appelés en Algèbre, *nombres négatifs*, par opposition aux nombres ordinaires qu'on appelle *nombres positifs* ou *nombres absolus*. La considération des nombres *négatifs*, dans la théorie des *logarithmes*, est aussi indispensable que celle des nombres positifs, puisque c'est par eux seuls qu'on peut exprimer les logarithmes des fractions. Cela est si vrai que, dans l'hypothèse (très admissible) où l'on aurait d'abord établi le système des deux progressions

$$\div\ 1\ :\ \dfrac{1}{10}\ :\ \dfrac{1}{100}\ :\ \dfrac{1}{1000}\ :\ \dfrac{1}{10000}\ \ldots\ldots$$
$$\div\ 0\ .\ 1\ .\ 2\ .\ 3\ :\ 4\ \ldots\ldots,$$

auquel cas toutes les fractions auraient eu des logarithmes positifs, et d'autant plus grands que les fractions eussent été plus petites, dans cette hypothèse, dis-je, les logarithmes des nombres de plus en plus grands que l'unité, savoir.... 1, 10, 100, 1000..., et tous les nombres compris entre eux, auraient été nécessairement représentés par la série des nombres *négatifs* 0, — 1, — 2, — 3..., et de tous les nombres compris.

Autre manière d'envisager les Logarithmes.

276. Euler, dans ses *Élémens d'Algèbre*, a établi entre les diverses opérations de l'Arithmétique, un rapprochement fort ingénieux que nous allons d'abord faire connaître, parce qu'il donne lieu à une nouvelle manière d'envisager les logarithmes.

Désignons par a, b, c, trois nombres quelconques, et proposons-nous cette question générale : *Deux quelconques de ces trois quantités étant données, déterminer la troisième au moyen de l'une des opérations arithmétiques, effectuée sur les deux quantités données.*

L'opération la plus simple sans contredit, et celle qui se présente la première à l'esprit, est *l'addition.*

Soit donc proposé de *trouver* c *par l'addition des deux nombres* a *et* b.

Cette relation entre les trois nombres a, b, c, sera exprimée par l'égalité

$$a + b = c \ldots (1),$$

qui donne en même temps $a = c - b$, ou $b = c - a$.

D'où l'on voit que si, au lieu de rechercher c, on demandait la valeur de a ou de b, la même égalité (1) donnerait la quantité inconnue *par une soustraction.*

Ainsi, *l'addition* et *la soustraction* sont liées entre elles par la même égalité $a + b = c$.

N. B. — Si, dans l'égalité $a = c - b$, on suppose $c < b$, la valeur de a se réduit évidemment à un *nombre négatif.* Ces sortes de nombres tirent donc leur origine de soustractions indiquées et impossibles à effectuer.

L'addition de plusieurs nombres égaux conduit à *la multiplication*.

Proposons-nous alors de *trouver c par la multiplication des nombres* a *et* b.

Cette relation sera indiquée par l'égalité

$$ab = c \dots \ (2);$$

d'où l'on déduit $\quad a = \dfrac{c}{b}, \text{ ou } b = \dfrac{c}{a}.$

Donc si, au lieu de chercher c d'après l'égalité (2), on demande la valeur de a ou de b, la *division* de c par b, ou de c par a, donnera la valeur du nombre inconnu.

Ainsi, la *multiplication* et la *division* sont liées entre elles par la même égalité.... $ab = c$.

N. B.—Dans l'hypothèse de $c < b$, ou de c non divisible exactement par b, l'expression $\dfrac{c}{b}$ est une *fraction* ou un *nombre fractionnaire*. Donc les fractions tirent leur origine de divisions qui ne peuvent s'effectuer exactement.

Enfin, la multiplication de plusieurs nombres égaux conduit à *la formation des puissances*.

Supposons donc qu'on *veuille obtenir* c *en faisant le produit de* b *nombres égaux à* a.

Cette relation s'exprimera par l'égalité $a^b = c$. . . (3);

d'où l'on déduit d'abord . . . . $a = \sqrt[b]{c}$;

ce qui prouve que, pour obtenir c, quand on connaît a et b, il faut effectuer *une formation de puissance;* et que, pour obtenir a, quand on connaît c et b; il faut effectuer une *extraction de racine*.

Mais actuellement, *connaissant* a *et* c, *comment trouverons-nous* b?

Avant de répondre à cette question, récapitulons ce qui vient d'être dit.

L'égalité $a + b = c$ réunit les deux opérations connues sous le nom d'*addition* et de *soustraction ;* la seconde de ces deux opérations pouvant d'ailleurs donner lieu *aux nombres négatifs.*

L'égalité $ab = c$ réunit *la multiplication* et *la division ;* d'où naît l'idée d'*une fraction* ou d'*un nombre fractionnaire.*

Remarquons en outre que dans chacune de ces deux égalités $a + b = c, ab = c$, le nombre a, ou le nombre b, s'obtient par le moyen de la *même opération* effectuée sur les deux quantités connues (ce que l'on exprime en disant que a et b entrent d'une manière semblable ou symétrique dans ces égalités).

De même, l'égalité $a^b = c$, réunit *la formation des puissances et l'extraction des racines ;* d'où naissent *les nombres incommensurables.*

Mais il y a cette différence entre cette égalité et les deux précédentes, que, pour trouver a, une extraction de racine suffit ; tandis que, pour trouver b, il faut une opération toute particulière, qui sera en quelque sorte une *septième opération* de l'Arithmétique.

Or, si l'on applique à l'égalité . . . . $a^b = c$ la propriété du numéro 256, il vient. . . . $b . \log a = \log c$;

d'où l'on déduit. . . . . $b = \dfrac{\log c}{\log a}$;

c'est-à-dire que la valeur de b s'obtient par le moyen des logarithmes.

277. Faisons quelques applications.

Supposons, dans l'égalité $a^b = c$, $a = 3$ et $c = 81$; elle devient $3^b = 81$; d'où $b = \dfrac{\log 81}{\log 3}$.

Or, $\log 81 = 1{,}90849$; $\log 3 = 0{,}47712$;

Donc $b = \dfrac{1{,}90849}{0{,}47712} = 4 + \dfrac{1}{47712}$.

Négligeant la fraction $\dfrac{1}{47712}$, qui est très petite et qui provient ici de ce que les logarithmes ne sont jamais exacts, on trouve $b = 4$; et en effet, on a $3^4 = 81$.

Proposons-nous encore la question suivante : *La population d'un pays s'accroît chaque année de $\frac{1}{50}$ de ce qu'elle était au commencement de cette année ; on demande au bout de combien d'années elle sera doublée ?*

Désignons par a l'état de la population au commencement de la première année, et par a', a'', a''', ... ce qu'elle est devenue au commencement des autres années.

Puisque, par hypothèse, la population a se trouve augmentée, à la fin de la première année, de $\frac{1}{50}$ de ce qu'elle était au commencement, elle sera devenue, à la fin de cette année, ou au commencement de la seconde,

$$a + \frac{a}{50} = a\left(1 + \frac{1}{50}\right) = a\left(\frac{51}{50}\right),$$

ou bien a', d'après les notations dont nous sommes convenus.

Comme, à la fin de la seconde année, la population a' augmente encore de $\frac{1}{50}$ de ce qu'elle était au commencement de cette année, elle deviendra

$$a' + \frac{a'}{50} = a'\left(1 + \frac{1}{50}\right) = a'\left(\frac{51}{50}\right),$$

ou bien, mettant à la place de a' sa valeur, $= a\left(\frac{51}{50}\right)^2 = a''$.
On trouvera de même, pour l'état de la population, à la fin de la troisième année, $a''\left(\frac{51}{50}\right) = a\left(\frac{51}{50}\right)^3$; et ainsi de suite.

Donc, si x désigne le nombre *inconnu* d'années, $a\left(\frac{51}{50}\right)^x$ exprime l'état de la population à la fin de la dernière année. D'ailleurs, d'après l'énoncé, ce même état est représenté par $2a$. Ainsi, l'on a l'égalité.... $a\left(\frac{51}{50}\right)^x = 2a$;
si l'on supprime le facteur a commun aux deux membres, il

vient

$$\left(\frac{51}{50}\right)^x = 2 \text{ ; d'où } x = \frac{\log 2}{\log\left(\frac{51}{50}\right)} = \frac{\log 2}{\log 51 - \log 50}.$$

Cherchant dans les tables les logarithmes de 2, de 51, et de 50, on trouve, tout calcul fait, $x = 35 + \dfrac{3}{860}.$

Donc, c'est au bout de 35 *ans*, à peu près, que la population se trouvera doublée.

Les logarithmes conduisent donc à un genre particulier d'opération, indispensable pour la résolution de certaines questions.

FIN.

NOTE

Sur les approximations numériques.

Cette note est divisée en deux parties : *dans la première*, on suppose que les nombres sur lesquels on a des opérations arithmétiques à exécuter soient donnés exactement, et l'on expose des méthodes plus expéditives que celles qui ont été présentées dans le corps de l'ouvrage, pour obtenir les résultats des opérations avec un degré d'approximation déterminé.

Dans la seconde partie, on opère sur des nombres qui ne sont donnés eux-mêmes qu'approximativement ; et l'on se propose d'assigner le degré d'approximation que la nature des nombres donnés et le système d'opérations exécutées sur ces nombres, sont susceptibles de fournir pour les résultats.

PREMIÈRE PARTIE.

On est souvent conduit, dans les questions d'Arithmétique (*voyez* la fin du 4e chapitre) à effectuer des opérations dans lesquelles figure un assez grand nombre de chiffres décimaux, bien qu'il suffise pour l'objet qu'on se propose, d'obtenir le résultat avec un nombre de décimales beaucoup moindre que n'en comportent les nombres sur lesquels on opère. Il est donc utile de faire connaître des méthodes à l'aide desquelles on puisse, sans être obligé d'exécuter les opérations en entier, obtenir les seuls chiffres décimaux dont on a besoin.

Méthode abrégée pour la Multiplication.

1. Commençons par la multiplication, et prenons les deux nombres 34,253467 et 5,4637, en supposant qu'*on veuille en obtenir le produit à 0,001 près.*

L'artifice à employer consiste à ne tenir compte, dans les multiplications par les différens chiffres du multiplicateur, que des *millièmes*, ou des unités d'ordres supérieurs, c'est-à-dire des *centièmes*, *dixièmes*, *unités simples*, etc. Cependant, comme il suffit de 10 *dix-millièmes* pour faire 1 *millième*, il est encore nécessaire d'avoir égard aux *dix-millièmes* que peuvent donner les produits partiels.

D'après ces premières observations, voici comment on doit opérer :

$$
\begin{array}{r}
34,253467 \\
73645 \\
\hline
1712673 \quad \text{dix-millièmes.} \\
137013 \\
20551 \\
1,027 \\
239 \\
\hline
187,1507 \\
\end{array}
$$

On commence par écrire le chiffre des unités du multiplicateur sous le chiffre des *millièmes* du multiplicande, et l'on dispose les autres chiffres à la suite, en renversant l'ordre ; de sorte que le chiffre des *dixièmes* du multiplicateur est nécessairement placé sous le chiffre des *millièmes* du multiplicande, le chiffre des *centièmes* sous le chiffre des *centièmes*, et ainsi de suite. Quant aux chiffres des *dixaines*, *centaines*, etc., du multiplicateur, s'il en avait, ils seraient nécessairement placés sous les chiffres des *cent-millièmes*, *millionièmes*, etc., du multiplicande. En un mot, chaque chiffre du multiplicateur est, par cette disposition, placé au-dessous du chiffre du multiplicande, dont le produit par celui du multiplicateur, donne des *dix-millièmes*.

Cela posé, on multiplie d'abord par le chiffre 5 du multiplicateur tous les chiffres du multiplicande, à partir du chiffre 4 qui correspond au chiffre 5, et en négligeant le produit de 67 par 5, à l'exception des 3 unités de retenue que donne le produit de 6 par 5, et qui expriment des *dix-millièmes*, puisque ce produit est 30 *cent-millièmes*. On obtient ainsi 1712673 *dix-millièmes*, que l'on écrit au-dessous des deux facteurs, après avoir souligné ceux-ci.

Passant au chiffre 4 des dixaines du multiplicateur, on multiplie par ce chiffre tout le multiplicande, à partir du chiffre 3, et négligeant le produit de 467 par 4 ; à l'exception de l'*unité* de retenue que donne 4 fois 4, parce que cette unité exprime encore 1 *dix-millième* ; on obtient ainsi 137013 *dix-millièmes*, que l'on place au-dessous du premier produit, de manière que les derniers chiffres se correspondent, comme exprimant tous deux des *dix-millièmes*.

On opère de la même manière par rapport aux autres chiffres du multiplicateur, ayant soin *de commencer chaque multiplication partielle au chiffre du multiplicande qui est placé immédiatement au-dessus du chiffre multiplicateur que l'on considère, et ajoutant seulement au produit les retenues fournies par le chiffre qui suit celui du multiplicande auquel commence la multiplication.*

On obtient ainsi les trois nouveaux produits 20551, 1027, et 239, que l'on place au-dessous des précédens, de manière que les derniers chiffres à droite se correspondent.

On fait ensuite la somme de tous ces produits, et il vient 1871503, nombre dont il faut séparer par une virgule *quatre* chiffres décimaux, puisqu'il doit exprimer des *dix-millièmes*.

Enfin, on *barre* le dernier chiffre, et l'on trouve 187,150 pour le produit demandé, à 0,001 près.

Il est facile de vérifier ce résultat en effectuant la multiplication tout entière.

N. B. On pourrait croire, d'après ce procédé, que, comme on a tenu compte de tous les *dix-millièmes* que renferment les produits particls, le chiffre des *dix-millièmes* est lui-même exact ; mais on se tromperait, car il se ordinairement trop faible de plusieurs unités. Cela tient à ce que la somme des unités de la colonne des *cent-millièmes* peut donner plusieurs unités de retenue. Toutefois, on peut regarder l'erreur comme ne devant pas influer sur le chiffre des *millièmes;* car pour que cela fût, il faudrait que l'on eût au moins $10 : \frac{1}{2}$, ou 20 produits partiels.

Un nouvel exemple achevera d'éclaircir le procédé. *Soit proposé d'obtenir le produit des deux nombres* 763,05403678956 *et* 254,4630578 *à*..... 0,00001 *près.*

$$
\begin{array}{r}
7\,6\,3,0\,5\,4\,0\,3\,6\,7\,8\,9\,5\,6 \\
8\,7\,5\,0\,3\,6\,4\,4\,5\,2 \\
\hline
1\,5\,2\,6\,1\,0\,8\,0\,7\,3\,5\,7 \quad \textit{millionièmes} \\
3\,8\,1\,5\,2\,7\,0\,1\,8\,3\,9 \\
3\,0\,5\,2\,2\,1\,6\,1\,4\,6 \\
3\,0\,5\,2\,2\,1\,6\,1\,4 \\
4\,5\,7\,8\,3\,2\,4\,1 \\
2\,2\,8\,9\,1\,6\,2 \\
3\,8\,1\,5\,2 \\
5\,3\,4\,1 \\
6\,1\,0 \\
\hline
1\,9\,4\,1\,6\,9,0\,6\,3\,4\,6\,2
\end{array}
$$

Puisque l'on veut que les *cinq* premiers chiffres décimaux soient exacts, il faut tenir compte des *millionièmes* que peuvent donner les produits partiels.

Ainsi, après avoir renversé l'ordre des chiffres du multiplicateur, on le place au-dessous du multiplicande, de manière que le chiffre 4 de ses unités soit sous les *millionièmes* du multiplicande ; les autres chiffres se placent alors d'eux-mêmes dans l'ordre prescrit précédemment ; et l'on effectue les multiplications en ayant égard, pour chaque chiffre du multiplicateur, à la retenue que donne le produit de la partie négligée au multiplicande, par ce chiffre.

Faisant ensuite l'addition de tous les produits obtenus, séparant *six* chiffres décimaux, et *barrant* le dernier chiffre, on obtient 194169,06346 pour le produit, à 0,00001 près.

2. Il peut arriver que le multiplicande n'ait pas assez de chiffres décimaux pour qu'on puisse faire correspondre les chiffres des unités, dixaines, centaines, etc....., du multiplicateur, aux chiffres sous lesquels la règle prescrit de les placer. Dans ce cas, on commence par écrire à la droite du multiplicande un nombre convenable de zéros.

Soit, par exemple, à *multiplier* 1825,4037 par 2427,125, et supposons qu'on demande un produit exact jusqu'aux *dix-millièmes* inclusivement.

$$1\,8\,2\,5,4\,0\,3\,7\,0\,0\,0\,0$$
$$5\,2\,1\,7\,2\,4\,2$$

$$3\,6\,5\,0\,8\,0\,7\,4\,0\,0\,0\,0 \quad \textit{cent-millièmes.}$$
$$7\,3\,0\,1\,6\,1\,4\,8\,0\,0\,0$$
$$3\,6\,5\,0\,8\,0\,7\,4\,0\,0$$
$$1\,2\,7\,7\,7\,8\,2\,5\,9\,0$$
$$1\,8\,2\,5\,4\,0\,3\,7$$
$$3\,6\,5\,0\,8\,0\,7$$
$$9\,1\,2\,7\,0\,1$$

$$4\,4\,3\,0\,4\,8,2\,9\,5\,5\,3\,8$$

Comme il faut que le chiffre des *unités* du multiplicateur corresponde au chiffre des *cent-millièmes* du multiplicande, que les *dixaines*, *centaines*, etc., correspondent aux *millionièmes*, *dix-millionièmes*, etc., on pose *quatre* zéros à la droite du multiplicande ; et il vient 1825,40370000. Du reste, l'opération s'effectue comme précédemment.

Nous engageons les commençans à s'exercer sur les exemples de multiplication traités n°ᵒˢ 103 et suivans.

3. Enfin, la méthode précédente est applicable à la multiplication de deux nombres entiers, composés l'un et l'autre d'un assez grand nombre de chiffres, et dont on demanderait le produit, à une unité près d'un certain ordre.

Soient, par exemple, *les deux nombres* 279456 *et* 89764, *dont on veut avoir le produit à* UN MILLION *près.*

$$279456$$
$$46798$$
$$223564 \quad \textit{centaines de mille.}$$
$$25150$$
$$1955$$
$$167$$
$$10$$
$$25084\,8$$

Pour avoir un produit exact jusqu'aux *millions* inclusivement, il est nécessaire de tenir compte des *centaines de mille* que peuvent donner les produits partiels. Ainsi, l'on écrira d'abord le multiplicateur *renversé*, au-dessous du multiplicande, de manière que le chiffre de ses *unités* soit placé sous le chiffre des *centaines de mille*, le chiffre de ses *dixaines* sous le chiffre des *dixaines de mille* ; et l'on effectuera l'opération comme précédemment. On obtiendra par ce moyen 25084, ou plutôt 25085 *millions* pour le produit demandé. (*Voyez* le *N. B.* placé à la fin du n° 102.)

Méthode abrégée pour la division.

4. Il existe aussi, pour la division de deux nombres composés d'un grand nombre de chiffres, un moyen plus simple que le procédé ordinaire, d'obtenir le quotient avec un certain degré d'approximation.

Nous considérerons d'abord le cas où le dividende et le diviseur étant deux nombres entiers, on voudrait obtenir le quotient *à moins d'une unité près seulement*; il sera facile ensuite d'en déduire le cas de deux fractions décimales.

La méthode que nous allons exposer est fondée sur ce que, d'après le procédé ordinaire de la division, la détermination de chacun des chiffres du quotient ne dépend le plus souvent que des deux ou trois premiers chiffres du dividende, et du premier ou des deux premiers chiffres du diviseur; d'où il résulte qu'on peut obtenir les véritables chiffres du quotient sans employer les derniers chiffres de chaque dividende partiel. Cela posé, voici en quoi consiste le procédé abrégé :

Supprimez sur la droite du dividende autant de chiffres MOINS DEUX, QU'IL Y EN A DANS LE DIVISEUR; *faites ensuite la division de la partie à gauche, par le diviseur, comme à l'ordinaire.* S'il n'y a point de reste, *mettez à la suite du quotient autant de zéros que vous avez supprimé de chiffres dans le dividende.* Mais s'il y a un reste, ainsi que cela arrive généralement, *divisez ce reste, non pas par le même diviseur* (ce qui n'est plus possible), *mais par le diviseur dont vous aurez supprimé le dernier chiffre à droite.* Toutefois, dans la multiplication du nouveau diviseur par le chiffre obtenu au quotient, *ayez soin d'ajouter la retenue que donne le produit du chiffre supprimé, par le chiffre du quotient. Divisez ensuite le nouveau reste par le diviseur précédent, dont vous aurez encore supprimé le dernier chiffre à droite.* (Même observation que tout-à-l'heure, pour la multiplication du nouveau diviseur par le chiffre du quotient). *Continuez ainsi de diviser, en supprimant, à chaque division, un chiffre sur la droite du diviseur ; et arrêtez l'opération quand il ne reste plus au diviseur qu'un chiffre non barré. Barrant* alors le dernier chiffre obtenu au quotient, *vous obtenez pour le quotient demandé, la partie à gauche du chiffre barré.*

Pour nous rendre compte de ce procédé, nous allons prendre un exemple assez simple, et le traiter d'abord par le procédé ordinaire, ensuite d'après celui qui vient d'être énoncé.

Soit à diviser 430456896 *par* 5683.

La division à gauche est faite d'après le procédé ordinaire, et il est inutile de s'y arrêter ; occupons-nous seulement de la seconde.

Conformément à la règle, on sépare *deux* chiffres sur la droite du dividende, puisqu'il y en a *quatre* dans le diviseur ; et l'on divise la partie à gauche, 4304568 par 5683 comme à l'ordinaire, ce qui donne pour quotient 757, et pour reste 2537.

Cela posé, on supprime le dernier chiffre 3 du diviseur, et l'on divise 2537 par 568, ce qui donne 4 pour quotient. On multiplie 568 par 4 en ajoutant au produit l'*unité* de retenue que fournit le produit 12 du chiffre supprimé par 4, et l'on retranche le résultat 2273 de cette multiplication, de 2537 ; il vient pour reste 264.

Supprimant le chiffre 8 dans le dernier diviseur, et divisant 264 par 56, on obtient 4 pour quotient. Multipliant 56 par 4, et ajoutant au produit les 3 unités qui proviennent de la multiplication du chiffre supprimé, par 4, on trouve 227, qui, retranché de 264, donne pour reste 37.

Divisant enfin 37 par 5, on a pour quotient 7 ; ce chiffre est trop fort, car en mettant 7, on serait conduit à retrancher $5 \times 7 + 4$, ou 39 de 37. On écrit donc le chiffre 6. *Barrant* alors ce dernier chiffre, on trouve, *à une unité près*, 75744 pour le quotient demandé. (Nous parlerons tout-à-l'heure du chiffre barré.)

En comparant les deux opérations ci-dessus, on reconnaît que les deux ou trois premiers chiffres sont les mêmes dans chaque division partielle, et par conséquent, que les chiffres du quotient doivent être les mêmes dans l'une et l'autre ; mais il faut avoir bien soin de reporter les unités de retenue provenant de la multiplication du chiffre supprimé, par le quotient obtenu ; autrement, on parviendrait à des restes trop forts, qui donneraient au quotient des chiffres plus grands que les véritables.

Soit, pour second exemple, à *diviser*, 540347056789045 par 2786459.

$$
\begin{array}{ll}
540347056\underline{7|89046} & \underline{2786459} \\
26170115 & 1939|188974 \\
10919846 & \\
25604697 & \\
526566 & \\
247921 & \\
25005 & \\
2714 & \\
207 & \\
13 & \\
3 &
\end{array}
$$

Après avoir séparé *cinq* chiffres sur la droite du dividende (c'est-à-dire deux de moins qu'il n'y en a dans le diviseur) ; ou divise la partie à gauche par le diviseur tout entier, ce qui donne le quotient 1939, et le reste 526566.

Cela fait, on supprime le dernier chiffre 9 du diviseur, et l'on divise 526566 par 278645 ; on obtient le quotient 1 et le reste 247921 que l'on divise par 27864 ; il vient pour nouveau quotient 8 , et pour nouveau reste 25005, qu'on divise par 2786 ; et ainsi de suite, jusqu'à ce qu'on soit parvenu au reste 13 qui, divisé par 2, donne pour quotient 4 (6 et 5 seraient trop forts). On barre le chiffre 4, et l'on obtient 193918897 pour le quotient demandé.

5. *Première remarque.* — Si, au commencement de l'opération, quand on a supprimé sur la droite du dividende les chiffres que la règle prescrit, la partie à gauche ne contient pas le diviseur, *on supprime tout de suite à la droite du diviseur le nombre de chiffres nécessaire pour que le nouveau diviseur soit contenu dans cette partie à gauche du dividende.*

Soit à diviser 30564897 par 67364.

```
3 0 5 6 4 | 897 | 67364
    3 6 1 9 |      | 4537
        2 5 1
          5 0
            4
```

Après avoir séparé les trois derniers chiffres à droite dans le dividende, comme la partie à gauche, 30564, ne contient pas le diviseur, on supprime le dernier chiffre du diviseur, puis on divise 30564 par 6736, ce qui donne pour quotient 4, et pour reste 3619, sur lequel on opère comme précédemment.

6. *Seconde remarque.* — En réfléchissant sur la méthode précédente, on peut reconnaître aisément que l'*erreur* commise à chaque opération partielle, et consistant en unités de retenue, qui se trouvent négligées, n'affecte généralement que la dernière colonne à droite du calcul abrégé. (*La limite de cette erreur peut être exprimée par autant d'unités en plus* qu'on a exécuté d'opérations partielles suivant la méthode abrégée, c'est-à-dire, qu'il y a de chiffres, *moins un*, dans le diviseur.) Il résulte de là que le dernier chiffre obtenu au quotient, peut être fautif (*en excès*) de quelques unités, et qu'il ne doit servir qu'à décider s'il y a lieu d'augmenter le chiffre précédent d'*une unité*, pour que le quotient soit exact à *une demi-unité près.*

Ainsi, dans le premier exemple qui avait donné 6 pour dernier quotient, pour s'assurer si l'on doit augmenter le chiffre précédent d'une unité, il suffit de diminuer le dividende partiel 37 de 3 unités, puisque l'on a exécuté trois opérations. Or, en divisant 34 par 5, premier chiffre du diviseur, on a encore pour quotient 6 et pour reste 0 (en ayant égard aux 4 unités de retenue provenant de la multiplication du second chiffre du diviseur par 6).

Il est donc certain que, si l'on eût opéré sur les deux nombres proposés, d'après le procédé ordinaire, on aurait obtenu 6 pour ce quotient partiel; Ainsi, 75745 est le quotient demandé, *à moins d'une demi-unité près*, mais le quotient est *en excès*.

Dans le second exemple, comme le dernier quotient est 4, et qu'il ne peut être que trop fort, on doit conclure que 19391889 est le quotient demandé, *à moins d'une demi-unité près*; et c'est un quotient *en moins*.

Enfin, dans le troisième, où l'on a trouvé 7 pour dernier quotient, si l'on diminue le dividende partiel de 4 unités (puisqu'on a exécuté *quatre* opérations), il vient 46 qui, divisé par 6, donne pour quotient 6, (à cause des retenues). On voit donc que le chiffre 7 peut être trop fort *d'une unité* seulement, et que 454 est le quotient demandé, *à moins d'une demi-unité près*; mais ce quotient est *en excès*.

7 Nous pouvons maintenant établir le procédé qui convient au cas où, les deux nombres étant des fractions décimales, on demande le quotient avec un certain degré d'approximation, par exemple à moins d'un *millième*, d'un *dix-millième*, etc.

Commencez par ramener la division à celle de deux nombres entiers d'après la règle du numéro 90; écrivez ensuite à la droite du dividende autant de zéros que vous voulez avoir de chiffres décimaux au quotient; faites la division d'après la règle (noté n° 4); séparez enfin vers la droite du quotient le nombre de chiffres décimaux demandé, plus un, et effacez le dernier chiffre (en renforçant, s'il y a lieu, le chiffre précédent).

Premier exemple. — *On demande, à moins de 0,001 près, le quotient de 1234,569 par 27,35894?*

```
1234569 | 00000 | 2735894
 140212 |       | 451249
   2418
    683
    136
     27
      3
```

J'écris d'abord *deux* zéros à la droite du dividende, en supprimant la virgule de part et d'autre, ce qui donne 123456900 à diviser par 2735894. Ensuite, comme on me demande *trois* chiffres décimaux au quotient, j'écris *trois* nouveaux zéros à la droite du dividende, c'est-à-dire que je divise 123456900000 par 2735894, et je cherche le quotient à moins d'une unité près. Je trouve 45125; mais comme, en écrivant trois nouveaux zéros à la droite du dividende, je l'ai rendu 1000 fois trop grand, il faut, pour ramener le quotient à sa juste valeur, que je sépare 3 chiffres décimaux sur la droite; et j'obtiens enfin 45,125 pour le quotient demandé. Ce résultat est *en excès*, mais ne diffère du véritable que de moins d'*un demi-millième*.

Second exemple. — *On veut avoir, à moins de* 0,0001 *près, le quotient de* 229,4703568 *divisé par* 7,3594?

$$\begin{array}{c|c|c} 22947035 & 680 & 73894 \\ 86883 & & 31\,858 \\ 132895 & \\ 59301 & \\ 426 & \\ 59 & \\ 1 & \end{array}$$

Comme il faudrait, en vertu de ce qui a été dit plus haut, écrire d'abord *trois* zéros à la droite du diviseur, puis *quatre* à la droite du dividende, tout se réduit à en poser *un seul* à la droite de celui-ci, en supprimant la virgule de part et d'autre, c'est-à-dire à diviser 2294703568o par 73594.

On trouve ainsi pour premier résultat, 311806. Donc 31,1806 est le *quotient* demandé.

Méthode abrégée pour l'extraction de la racine carrée.

8. Toutes les fois qu'on a obtenu plus de la moitié du nombre des chiffres que doit renfermer une racine carrée, on peut, au moyen d'une simple division, trouver tous les autres chiffres.

Désignons en effet par N le nombre dont on demande la racine carrée ; et supposons que cette racine doive renfermer $(2n + 1)$ chiffres. Appelons a la valeur relative de la partie représentée par les $(n + 1)$ premiers chiffres à gauche de cette racine, et b la partie exprimée par les n chiffres suivante partie qu'il s'agit de déterminer.

On a l'égalité. . . . . $N = (a + b)^2 = a^2 + 2ab + b^2$;

d'où, retranchant a^2 des deux membres, $N - a^2 = 2ab + b^2$,

ou, divisant par $2a$,

$$\frac{N - a^2}{2a} = b + \frac{b^2}{2a}.$$

Cela posé, puisque, par hypothèse, b ne renferme que n chiffres, on a nécessairement $b < 10^n$, et par conséquent $b^2 < 10^{2n}$.

D'un autre côté, le nombre exprimé par a se composant de $(2n + 1)$ chiffres dont les n derniers à droite sont des zéros, il en résulte

$$a > 10^{2n}, \text{ et à plus forte raison, } 2a > 10^{2n}.$$

Donc $\frac{b^2}{2a}$ est une fraction proprement dite ; ainsi, d'après la dernière égalité ci-dessus, le quotient exprimé par $\frac{N - a^2}{2a}$, est *en excès* sur b, d'une quantité *moindre que l'unité*. On est ainsi conduit à la règle suivante : —

25.

Après avoir obtenu plus de la moitié du nombre des chiffres de la racine carrée, il suffit, pour obtenir les autres chiffres, de *diviser le reste* N — a² *auquel on est parvenu, par le double de la racine déjà trouvée, considérée avec sa valeur relative.*

Soit, pour premier exemple, à extraire la racine carrée de 4735678956 à *moins d'une unité près?*

Cherchons d'abord les trois premiers chiffres d'après le procédé ordinaire. (*Voyez* le n° 179.)

```
4 7 3 5 6 7 8 9 5 6 | 688
  1 1 3.5            | 12.8 | 136.8
    1 1 1 6.7        |    8 |     8
        2 2 3 8 9 5 6 |
```

Il vient pour cette première partie de la racine, 688, et pour reste, 2238956 qu'il faut maintenant, en vertu de la règle ci-dessus, diviser par le double de 688 considéré avec sa valeur relative, c'est-à-dire par 137600.

```
2238956 | 137600
 862956 | 16
  37356 |
```

La partie entière du quotient étant 16, on en conclut que 68816 est la racine demandée, *à moins d'une unité près.*

En effet, si l'on élève 68816 au carré, on obtient le produit 4735641856, qui, retranché du nombre proposé, donne un reste, 37100, moindre que le double de 68816 augmenté d'une unité. (*Voyez* n° 177.)

[Comme ce reste est même plus petit que la racine obtenue, 68816, on peut affirmer qu'elle est exacte *à moins d'une demi-unité près.*

Car si l'on fait, dans la formule $(a + b)^2 = a^2 + 2ab + b^2$, $b = \frac{1}{2}$, il vient

$$\left(a + \frac{1}{2}\right)^2 = a^2 + a + \frac{1}{4};$$

ce qui démontre que, pour qu'il y ait lieu à augmenter la racine d'une *demi-unité*, il faut et il suffit que *le reste surpasse la racine déjà trouvée d'au moins une unité.*]

Le reste 37100 peut être obtenu plus promptement que par l'élévation de 68816 au carré. En effet, comme, en retranchant le carré de 688 du nombre proposé, on a obtenu le reste 2238956, il suffit de *faire le double produit de* 688 *suivi de* DEUX ZÉROS, *par* 16, *puis le carré de* 16, *et de retrancher la somme de ces deux parties*, de 2238956.

9. Supposons actuellement qu'on veuille *évaluer en décimales* la frac-

tion qui doit être ajoutée à 68816; il faut, conformément à ce qui a été dit n° 183, écrire à la suite du reste 37100, DEUX FOIS autant de zéros que l'on veut avoir de chiffres décimaux, et continuer l'opération comme à l'ordinaire. Mais c'est ici que la méthode abrégée peut recevoir une grande extension.

En effet, pour obtenir *quatre* chiffres décimaux (puisque la racine obtenue a déjà *cinq* chiffres), il suffit de diviser 37100 suivi de *huit* zéros par le double de 68816, ou 137632 suivi de *quatre* zéros, ou ce qui revient au même, 371000000 par 137632; et comme on cherche ce quotient à une unité près, la règle de la division abrégée est même applicable.

$$37100 \mid 0000 \quad \mid \; \cancel{137632}$$
$$9574 \qquad \mid \; 26958$$
$$1317$$
$$79$$
$$1$$
$$1$$

On obtient ainsi pour quotient 2695. Ainsi, 68816,2695 exprime la racine carrée du nombre proposé, à moins de 0,0001 près.

Une nouvelle division donnerait huit chiffres décimaux de plus; mais il faudrait d'abord obtenir *la différence* qui existe entre le nombre proposé, suivi de *huit* zéros, et le carré de 688162695. Or, comme on a déjà trouvé 37100 pour le reste précédent, il suffirait de *faire le double produit de 688160000 par 2695, puis le carré de 2695, et de retrancher la somme de ces deux parties, de* 37100 *suivi de* HUIT *zéros*; ce qui serait beaucoup plus simple que si l'on élevait 688162595 au carré.

Cette soustraction est d'ailleurs indispensable pour la vérification des calculs : car on a vu précédemment 1°. que $\frac{N-a^2}{2a}$ donne un quotient *par excès*; 2°. que l'emploi du procédé abrégé de la division donne aussi un quotient par excès. Ainsi, pour cette double raison, il est possible que le dernier chiffre trouvé à la racine soit *trop fort* d'une ou de deux unités, ce qu'on reconnaît à l'impossibilité de faire la soustraction. On sait d'ailleurs comment, le dernier chiffre étant reconnu trop fort, on peut le ramener à sa juste valeur.

10. Nous présenterons pour second exemple, le tableau des calculs relatifs à l'évaluation de $\sqrt{2}$ en décimales.

1°...... *Application du procédé ordinaire.*

$$2 \qquad \mid \; 1,41$$
$$10.0 \quad \mid \; 24 \mid 281$$
$$40.0 \quad \mid \; 4 \mid 1$$
$$11\;9$$

2°...... *Détermination des deux chiffres suivans par la division.*

$$\begin{array}{c|c} 11900 & 282 \\ 620 & \overline{42} \\ 56 & \end{array}$$

La racine, à moins de 0,0001 près, est 1,4142.

3°...... *Détermination du nouveau reste.*

$$\begin{array}{rr} \text{Produit de 28200 par } 42 = & 1184400 \\ \text{carré de } 42 = & 1764 \\ \hline \text{somme} = & 1186164 \\ \text{à retrancher de} & 1190000 \\ \hline \text{différence...} = & 3836 \end{array}$$

4°...... *Détermination des* QUATRE *chiffres suivans par la division abrégée.*

$$\begin{array}{c|c|c} 38360 & 000 & 28284 \\ 10076 & & \overline{13563} \\ 1591 & & \\ 177 & & \\ 8 & & \\ 0 & & \end{array}$$

La racine, à moins de 0,00000001 près, est 1,41421356.

5°...... *Détermination du nouveau reste.*

$$\begin{array}{rr} \text{Produit de 282840000 par } 1356 = & 383531040000 \\ \text{carré de } 1356 = & 1838736 \\ \hline \text{somme....} = & 383532878736 \\ \text{à retrancher de} & 383600000000 \\ \hline \text{différence...} = & 67121264 \end{array}$$

6°...... *Détermination des* HUIT *chiffres suivans par la division abrégée.* (On a supprimé *sept zéros au dividende, comme inutiles.*)

$$
\begin{array}{r|l}
671212640 & 2828427122 \\
105527216 & 23730950\not6 \\
20674403 & \\
875414 & \\
26886 & \\
1431 & \\
17 & \\
1 & \\
\end{array}
$$

La racine, à moins de 0,000000000000001 près, est

$$1,41421356237309 50.$$

7°..... *Détermination du nouveau resté.*

Produit de 2828427120000000000

par 23730950 = 67121262563364000000000000

carré de 23730950 = 563157987902500

somme... = 6712126261969797957902500

à retrancher de 6712126400000000000000000

différence... = 138032020120 97500

(Cette différence étant moindre que la racine déjà obtenue, on doit conclure (*note n°. 8*) que le chiffre suivant est moindre que 5, quoique, dans la division précédente, on ait trouvé 6 pour le chiffre *barré* du quotient.)

8°...... *Détermination des* SEIZE *chiffres suivans par la division abrégée.*

Pour obtenir ces chiffres, il faut (on a supprimé tous les zéros inutiles)

diviser 138032020120975o par 2828427124746 19,

en ayant soin, après la première opération, de barrer successivement chacun des chiffres du diviseur, à partir de la droite. Toutefois, l'incertitude que présentent les derniers chiffres de cette opération, doit engager à ne tenir compte que des douze premiers; et l'on a alors

$$\sqrt{2} = 1,41421356237309504880168872 42,$$

à moins d'une unité près de l'ordre du 28e chiffre décimal.

On peut d'ailleurs vérifier l'exactitude de ce résultat par les moyens qui ont été indiqués précédemment. (Il faudrait faire le double produit de 14142135623730950 suivi de *douze zéros* par 488016887242, puis le carré de ce dernier nombre, et retrancher la somme de ces deux parties, du reste précédent suivi de *douze zéros*.)

11. La règle abrégée de l'extraction de la racine carrée peut être étendue au cas de la racine *cubique*.

En effet, la formule..... $N = (a + b)^3 = a^3 + 3a^2b + 3ab^2 + b^3$, donne................... $N - a^3 = 3a^2b + 3ab^2 + b^3$, ou, divisant les deux membres par $3a^2$,

$$\frac{N - a^3}{3a^2} = b + \frac{b^2}{a} + \frac{b^3}{3a^2}.$$

Or, en supposant que la racine cubique de N doive renfermer $(2n + 1)$ chiffres, et que a désigne la valeur relative des $(n + 1)$ premiers chiffres à droite de cette racine, b celle des n derniers, on a nécessairement $b < 10^n$, et par conséquent $b^2 < 10^{2n}, b^3 < 10^{3n}$.

D'un autre côté, l'on a $a > 10^{2n}$, d'où a^2, et à plus forte raison, $3a^2 > 10^{4n}$.

On voit donc 1°. que $\frac{b^2}{a}$ est une fraction; 2°. que $\frac{b^3}{3a^2}$ est une autre fraction moindre que $\frac{1}{10^n}$, et dont la valeur ne peut avoir qu'une *très faible influence* sur la partie entière du quotient de la division de $N - a^3$ par $3a^2$.

D'où résulte cette règle : après avoir trouvé plus de la moitié du nombre des chiffres d'une racine cubique, il suffit, pour obtenir les chiffres suivans, de *diviser la différence entre le nombre proposé et le cube de la racine déjà obtenue, prise avec sa valeur relative, par le triple carré de cette même racine*. Mais nous n'insisterons pas sur les applications de cette règle qui n'est guère d'usage.

DEUXIÈME PARTIE.

12. Jusqu'ici, nous avons supposé que les nombres donnés étaient exacts, et que le résultat cherché devait être obtenu avec un degré d'approximation déterminé d'avance, condition qu'il est toujours possible de remplir. Actuellement, nous allons supposer que les nombres donnés ne soient eux-mêmes qu'approximatifs; et dans cette hypothèse, il s'agit de déterminer *à priori* le *maximum* du degré d'approximation qu'on peut obtenir pour le résultat des opérations à effectuer.

La résolution de cette question, telle que nous venons de la poser, est indispensable dans beaucoup de cas, par exemple lorsqu'on a à opérer sur des logarithmes, ces sortes de nombres n'étant exacts, comme nous

l'avons expliqué dans leur théorie, que jusqu'à un certain ordre de décimales déterminé.

Commençons par l'*addition* et la *soustraction*.

Pour fixer les idées, supposons que, dans une opération analogue à
celle de la page 361, 2me exemple, on ait été conduit à ajouter entre eux
25 logarithmes ou *complémens* de logarithmes (n° 268), et que le résultat de cette opération ait donné 6,94268, logarithme auquel il s'agit
maintenant de chercher le nombre correspondant.

Or, chacun des 25 logarithmes ajoutés, étant ou pouvant être en erreur d'une quantité qui est susceptible de s'élever jusqu'à une *demi-
unité* du dernier ordre, il s'ensuit qu'on peut avoir à craindre sur la
somme totale, une erreur susceptible de s'élever jusqu'à 12 ou 13 unités du dernier ordre. Ainsi, non-seulement on ne doit avoir aucun égard
à la différence qui existe entre le logarithme ci-dessus et le logarithme
immédiatement inférieur de la table (et cette conséquence aurait encore
lieu quand bien même la différence tabulaire serait plus grande que 10,
voyez le *N. B.* du n° 266, page 358); mais en outre, comme on n'a
aucun moyen de décider quel est le véritable chiffre des unités du 4me ordre
du nombre cherché, on doit se contenter de dire que ce nombre est
8760000 à *une dixaine de mille* près.

L'exemple précédent suffit pour montrer ce qu'il y aurait à faire dans tous
les cas semblables; et nous n'insisterons pas davantage sur ce point.

13. Avant de passer aux autres opérations de l'arithmétique, nous
ferons connaître sur la *multiplication* un nouveau principe dont nous
aurons occasion de faire usage.

Soient, en général, deux nombres entiers a et b composés l'un de m
chiffres, l'autre de n chiffres; appelons P leur produit, et proposons-
nous de déterminer le nombre des chiffres de ce produit.

D'abord, puisqu'on a
$$a < 10^m \text{ mais } > 10^{m-1}$$
$$\text{et } b < 10^n \text{ mais } > 10^{n-1},$$

il en résulte (n° 112) P, ou $ab < 10^{m+n}$ mais $> 10^{m+n-1}$;

ce qui fait voir déjà que le nombre des chiffres du produit P est au
plus égal à $m + n$, et au moins égal à $m + n - 1$.

Il s'agit maintenant de savoir dans quel cas on aura $m + n$ chiffres,
et dans quel cas on en aura $m + n - 1$.

Pour y parvenir, considérons P comme un dividende, et a comme un
diviseur; le nombre b qui, par hypothèse, renferme n chiffres, sera le
quotient. Or, dans la division de P par a, il peut arriver deux cas:
ou les m premiers chiffres à gauche du produit P forment un nombre
au moins égal à a; ou bien, ils forment un nombre plus petit que a.

Dans le premier cas, comme le premier dividende partiel contient m

chiffres, et que chaque nouveau chiffre abaissé au dividende, doit donner un nouveau chiffre du quotient qui est composé de n chiffres, il faut nécessairement que le nombre des chiffres du dividende P soit $m + n - 1$.

Dans le second, il sera $m + 1 + n - 1$, ou $m + n$.

Remarquons d'ailleurs que ce qui vient d'être dit sur a, considéré comme diviseur, aurait également lieu si l'on prenait b pour diviseur.

Concluons de là que, dans toute multiplication de deux facteurs, l'un de m chiffres, l'autre de n chiffres, *le nombre total des chiffres du produit est* $m + n - 1$, *ou* $m + n$, *suivant que l'un quelconque des facteurs est ou n'est pas contenu dans la partie à gauche du produit, prise avec autant de chiffres qu'il y en a dans le facteur que l'on compare au produit.*

14. Cela posé, passons à la *multiplication*; et pour simplifier la question, considérons d'abord le cas où l'on aurait à multiplier l'un par l'autre deux nombres exprimant des unités entières : il sera facile ensuite d'en déduire le cas de deux fractions décimales, puisque leur multiplication se ramène à celle de deux nombres entiers par une simple transposition de la virgule.

Prenons, pour plus de généralité, deux nombres entiers composés, 'un de m chiffres, l'autre de n chiffres (m étant $> n$); et tous les deux fautifs d'une demi-unité du premier ordre (*en plus* ou *en moins*) (*). Il est clair, d'après les règles ordinaires de la multiplication (**), que le produit total peut être en erreur :

1°. De la moitié de tout le multiplicande, et cette erreur est généralement exprimée par un nombre m de chiffres; — 2°. de la moitié de tout le multiplicateur, et cette erreur est représentée par un nombre n de chiffres; — 3°. du produit $\frac{1}{2} \cdot \frac{1}{2}$, ou $\frac{1}{4}$. (Les deux dernières erreurs peuvent être négligées relativement à la première, d'après l'hypothèse $m < n$.)

D'où l'on peut conclure que les m derniers chiffres à droite du produit sont ou peuvent être fautifs.

(*) Pour déterminer les chiffres du produit sur lesquels il ne peut y avoir d'incertitude, on pourrait *multiplier les nombres proposés, après les avoir successivement augmentés et diminués d'une demi-unité de l'ordre du dernier chiffre à droite; et prendre ensuite les chiffres communs aux deux résultats.* Mais cette manière d'opérer serait beaucoup trop longue, et l'on arrive aussi sûrement au même but par une méthode plus simple que nous allons exposer.

(**) En appelant a et b les deux nombres donnés, $\pm e$, $\pm f$ les deux erreurs commises; on a (n° 112)

$$(a \pm e)(b \pm f) = ab \pm af \pm be \pm ef.$$

Ainsi, *dans toute multiplication de deux nombres entiers dont le dernier chiffre à droite est en erreur d'une demi-unité, le produit peut avoir autant de chiffres fautifs à droite, que le nombre le plus grand contient de chiffres.*

L'erreur commise est moindre que $\dfrac{10^m}{2}$ si l'on a $m > n$; mais la limite de cette erreur est 10^m quand on a $m = n$.

15. Lorsque, des deux facteurs donnés, l'un est exact et l'autre est fautif *d'une demi-unité du premier ordre, le nombre des chiffres fautifs du produit est égal au nombre des chiffres du facteur exact,* puisque l'erreur commise est, en général, estimée par la moitié de ce facteur.

16. Faisons quelques applications, et soient, *pour premier exemple,* les deux nombres 87564219 et 64327.

L'erreur commise dans cette multiplication peut être évaluée de la manière suivante :

$$
\left.
\begin{array}{l}
1^{\text{o}}.\quad 87564219 \times \dfrac{1}{2} = 43782109\ \dfrac{1}{2} \\[2mm]
2^{\text{o}}.\qquad 64327 \times \dfrac{1}{2} = \quad 32163\ \dfrac{1}{2} \\[2mm]
3^{\text{o}}.\qquad\quad \dfrac{1}{2} \times \dfrac{1}{2} = \qquad\quad \dfrac{1}{4}
\end{array}
\right\} = 43814273\ \dfrac{1}{4},
$$

nombre composé de *huit* chiffres. Ainsi, dans le produit total, les chiffres qui suivent les *centaines de millions* doivent être négligés comme étant généralement fautifs; et la partie à gauche exprime alors le produit, à moins d'une *demi-centaine de millions* près.

On doit donc, dans cet exemple, se dispenser de faire la multiplication en entiers, et se borner à évaluer (note n° 3) le produit à une unité près de l'ordre des *centaines de millions.*

$$
\begin{array}{r}
87564219 \\
72346 \\
\hline
525385 \\
35025 \\
2626 \\
175 \\
60 \\
\hline
56327x
\end{array}
$$

Le résultat 56327 considéré comme représentant des millions, exprime la valeur du produit cherché, à moins d'une *demi-centaine de millions* près ; ainsi qu'on peut s'en assurer en effectuant la multiplication en entier.

Soit, *pour second exemple*, à multiplier 32,470563 par 8,70345, chacun de ces nombres étant fautif *de moins d'une demi-unité* de l'ordre du dernier chiffre décimal.

On devrait d'abord (n° 89) faire abstraction de la virgule, puis, après avoir effectué la multiplication, séparer onze chiffres décimaux vers la droite. Mais, en vertu de ce qui a été dit, note n° 14, on doit considérer comme fautifs les *huit* derniers chiffres du produit ; ainsi, le résultat ne saurait être exact qu'à moins de *un demi-millième* près. La question est donc ramenée à évaluer le produit des deux fractions décimales à *un millième* près.

$$
\begin{array}{r}
32,470563 \\
54\ 3078 \\
\hline
259\ 7644 \\
22\ 7293 \\
974 \\
129 \\
16 \\
\hline
282\ 6056
\end{array}
$$

Le produit est 282,606 à *un demi-millième* près.

Soit, *pour troisième exemple*, à multiplier

$$0,0001083 \quad \text{par} \quad 0,05836.$$

D'abord, le produit doit (n° 89) renfermer 7 + 5, ou 12 chiffres décimaux ; mais comme, en vertu du numéro précédent, les *quatre* derniers chiffres décimaux sont inexacts, il s'ensuit que ce produit pourra être calculé avec *huit* chiffres décimaux ; et le dernier chiffre à droite ne sera en erreur que *d'une demi-unité*, ou tout au plus que *d'une unité* de l'ordre de ce chiffre.

On obtient ainsi par la méthode abrégée (note n° 1) 0,00000579 pour la valeur du produit demandé.

17. *Remarque.* Le principe établi (note n° 13) sur le nombre total des chiffres d'un produit, donne lieu à un nouvel énoncé de la règle relative à la multiplication de deux nombres approximatifs.

Puisque, dans un produit de deux facteurs, l'un de m chiffres, l'autre de n chiffres, le nombre total des chiffres est $m + n - 1$, ou $m + n$, et que, dans l'hypothèse où le dernier chiffre de chaque facteur n'est qu'approximatif, le nombre des chiffres du produit qui doivent être exclus, comme étant généralement fautifs, est (note n° 14) exprimée par m

(*m* étant au moins égal à *n*), il s'ensuit nécessairement que *le nombre des chiffres du produit sur lesquels on peut compter, est* ($n-1$) *ou n suivant que l'un quelconque des facteurs est ou n'est pas contenu dans la partie à gauche du produit, prise avec autant de chiffres qu'il y en a dans le facteur que l'on compare au produit.*

Lorsque, des deux facteurs donnés, celui de *m* chiffres est exact, et que l'autre est fautif d'une *demi-unité* de l'ordre du dernier chiffre à droite, *le nombre des chiffres du produit sur lesquels on peut compter est encore* $n-1$ *ou n, puisque celui des chiffres fautifs est* (note, n° 15) *représenté par m.*

Ce nouvel énoncé ne peut, en général, servir *à priori* pour la multiplication ; car, avant de prononcer si le nombre des chiffres dont on doit tenir compte dans le produit, est ($n-1$) ou n, il faut connaître les premiers chiffres à gauche de ce produit. Mais on conçoit qu'il nous sera d'un très grand secours dans la division où le produit est donné *à priori* ainsi que l'un des facteurs.

18. *Dans la division* des nombres approximatifs, on peut faire trois hypothèses : Ou *le dividende seul est approximatif*, le diviseur étant exact ; ou *le diviseur seul est approximatif*, le dividende étant exact ; ou bien enfin, le dividende et le diviseur sont *tous les deux approximatifs.*

PREMIÈRE HYPOTHÈSE. — Considérons d'abord deux nombres entiers dont le premier seul soit supposé en erreur *d'une demi-unité* de l'ordre des unités simples ; et concevons que le quotient de leur division ait été développé en un nombre indéfini de chiffres décimaux, d'après le procédé connu.

Appelons *m* le nombre des chiffres du diviseur, *n* le nombre des chiffres du quotient (à partir du premier chiffre significatif à gauche) sur l'exactitude desquels on peut compter, en raison de l'erreur qui se trouve au dividende, et *p* le nombre total des chiffres du dividende qui ont été employés à la détermination des *n* chiffres du quotient. Ce nombre *p* peut être décomposé en deux parties p', p'', dont la première est le nombre des chiffres du dividende primitif, et la seconde, celui des zéros qu'on a été obligé d'écrire à la droite de ce dividende primitif; en sorte que l'on a

$$p = p' + p''.$$

Cela posé, si, du dividende dont le nombre des chiffres est *p*, l'on retranche le reste correspondant au n^{eme} chiffre du quotient (lequel reste ne peut avoir que *m* chiffres au plus), la différence, composée également de *p* chiffres, est égale au produit des *m* chiffres du diviseur par les *n* chiffres du quotient; et l'on a, en vertu du principe établi, *note* n° 13,

$$p' + p'' = m + n - 1, \text{ ou } p' + p'' = m + n;$$

suivant que les m chiffres du diviseur sont où ne sont pas contenus dans les m premiers chiffres à gauche du dividende.

Or, puisque le diviseur est supposé un facteur exact, il s'ensuit (n° 15) que le nombre total des chiffres fautifs du produit du diviseur par le quotient, est exprimé par m. D'ailleurs, il est aussi représenté par $p'' + 1$, puisque, par hypothèse, le dernier chiffre du dividende primitif est inexact, et que les chiffres suivans, en nombre p'', sont eux-mêmes inexacts. On a donc $m = p'' + 1$; ce qui donne par la substitution de cette valeur de m dans les deux relations précédentes,

$$p' = 1 + n - 1 = n, \text{ d'où } n = p',$$

ou bien $$p' = 1 + n, \text{ d'où } n = p' - 1.$$

Concluons de là que *le nombre des chiffres du quotient sur lesquels on peut compter, est égal au nombre des chiffres du dividende proposé, ou à ce nombre* MOINS UN, *suivant que le diviseur est ou n'est pas contenu dans les m premiers chiffres du dividende (à partir du premier chiffre significatif à gauche).*

19. Développons cette règle sur des exemples.

Soit, *en premier lieu*, à diviser 3745687 par 5638; le diviseur étant exact, et le dernier chiffre à droite du dividende étant ou pouvant être en erreur *d'une demi-unité.*

Comme le diviseur n'est pas contenu dans les *quatre* premiers chiffres à gauche du dividende, et que celui-ci renferme *sept* chiffres, il s'ensuit que, dans l'opération, l'on pourra tenir compte des *six* premiers chiffres à gauche du quotient. D'ailleurs, il est évident que la partie entière de ce quotient doit renfermer *trois* chiffres. Donc le quotient peut être calculé à 0,001 près.

```
3745687  | 5638
 36288    |───────
   24607  | 664,364
   20550
    3636o
    25320
     2768
```

Le quotient cherché est 664,364 à moins de *un demi-millième* près.

On voit, en effet, que le dernier chiffre du dividende proposé étant fautif *d'une demi-unité* simple, et le diviseur étant plus grand que 1000, l'erreur commise est moindre que $\frac{0,001}{2}$.

Il y a plus, comme le double de 5638 surpasse 10000, on pourrait pousser l'opération jusqu'aux 10000mes; et l'on aurait la valeur du quotient à moins de *un dix-millième* près. Mais cette circonstance n'est qu'accidentelle, et l'on ne doit jamais compter que sur les chiffres donnés par la règle précédente.

Soit, *pour nouvel exemple*, à diviser 873 par 3765847.

Puisque le dividende a *trois* chiffres, et que le diviseur, qui en a *sept*, est contenu dans 8730000, il s'ensuit que le nombre des chiffres du quotient dont il est permis de tenir compte, est *trois*. D'un autre côté, comme on doit, pour commencer la division, écrire *quatre* zéros à la droite du dividende, il faut que le chiffre des unités et les trois premiers chiffres décimaux soient des zéros. Le dernier chiffre à droite exprime donc des *millionièmes*.

Le diviseur étant d'ailleurs composé d'un assez grand nombre de chiffres, il y a lieu d'appliquer ici la méthode abrégée de la division (note n° 7).

On trouve ainsi pour résultat 0,000232 à un *demi-millionième* près.

Prenons, *pour troisième exemple*, 37,5 à diviser par 0,2983. Le dividende ayant *trois* chiffres, et le diviseur, abstraction faite de la virgule, étant contenu dans les quatre premiers chiffres du dividende, il s'ensuit que l'on pourra tenir compte de *trois* chiffres au quotient. D'un autre côté, comme la division des deux nombres proposés revient à celle de 375000 par 2983, qui donne *trois* chiffres pour la partie entière du quotient, il en résulte que le quotient demandé ne peut être obtenu au plus, qu'à moins *d'une demi-unité* près.

En divisant 375000 par 2983, on obtient 126 pour résultat; et il n'est pas permis de pousser plus loin l'opération.

N. B. Dans cet exemple, comme l'opération a été ramenée à la division de 375000 par 2983, et que le diviseur surpasse 1000, on pourrait croire que l'erreur commise au quotient, doit être moindre que 0,001. Mais observons que, pour ramener la division à cet état, il a fallu multiplier 37,5 par 10000, ou 375 par 1000; donc l'erreur du dernier chiffre 5 a été elle-même multipliée par 1000; et l'on peut seulement affirmer que l'erreur commise au quotient, est moindre que la moitié de 0,001 × 1000, ou moindre, qu'*une demi-unité* de l'ordre des entiers.

20. SECONDE HYPOTHÈSE. Soient A et *a* deux nombres entiers à diviser l'un par l'autre, *m* le nombre des chiffres du diviseur *a*, dont le dernier à droite peut être fautif d'une demi-unité (*en plus* ou *en moins*). Proposons-nous d'abord de déterminer une limite de l'erreur commise quand on calcule avec un certain nombre de chiffres le quotient *q*.

On a évidemment q ou $\dfrac{A}{a} < \dfrac{A}{a - \frac{1}{2}}$, mais $> \dfrac{A}{a + \frac{1}{2}}$; d'où, en désignant

par e l'erreur commise quand on prend soit $\dfrac{A}{a - \frac{1}{2}}$, soit $\dfrac{A}{a + \frac{1}{2}}$ pour la valeur de q,

$$a < \frac{A}{a - \frac{1}{2}} - \frac{A}{a + \frac{1}{2}} < \frac{A}{a^2 - \frac{1}{4}},$$

expression que l'on peut mettre sous la forme

$$e < \frac{\frac{A}{a}}{a - \frac{1}{4a}} \quad \text{ou} \quad e < \frac{q}{a - \frac{1}{4a}}.$$

Ce résultat démontre que l'erreur n'influera pas d'une unité sur le dernier chiffre du quotient, tant que l'on aura $q < a$. Or, pour que cela soit, il faut et il suffit *premièrement* que le quotient cherché ne renferme pas plus de m chiffres. *En second lieu*, ce nombre sera m ou $m - 1$, suivant que les m chiffres du quotient formeront un nombre plus petit ou plus grand que les m chiffres du diviseur.

Concluons de là généralement que, toutes les fois que le diviseur est approximatif, le dividende étant exact, *le nombre des chiffres du quotient sur lesquels on peut compter, est égal au nombre des chiffres du diviseur, ou à ce nombre* MOINS UN, *suivant que les* m *chiffres obtenus au quotient forment un nombre plus petit ou plus grand que le diviseur.*

Appliquons cette règle à quelques exemples. Soit, pour *premier exemple*, à diviser 547 par 8769.

Comme le premier chiffre à gauche du quotient doit être un 6, il s'ensuit nécessairement que les quatre premiers du quotient formeront un nombre moindre que le diviseur. Ainsi, d'après la règle précédente, on peut calculer le quotient avec quatre chiffres. D'ailleurs, la réduction de ce quotient en décimales ne donne ni *unités simples*, ni *dixièmes*; donc il peut être évalué avec *cinq* chiffres décimaux, et l'on obtient 0,06237, ou plutôt 0,06238 (parce que le chiffre suivant serait un 8) pour le quotient, à moins d'*un demi-cent-millième* près.

Soit, *pour second exemple*, 547 à diviser par 1548. Ici, le premier chiffre à gauche du quotient doit être un 3, ce qui prouve que les *quatre* premiers chiffres du quotient formeraient un nombre supérieur au diviseur; donc, d'après la règle précédente, on ne doit tenir compte que de *trois* chiffres. D'ailleurs, la partie entière de ce quotient réduit en décimales est un o. Ainsi l'on peut obtenir sa valeur à moins de 0,001 près; et l'on trouve 0,553 pour le résultat demandé.

Considérons actuellement deux fractions décimales; et soit, *pour troisième exemple*, 23,479 à diviser par 534,7896.

Comme le diviseur a *sept* chiffres, et que le premier chiffre à gauche du quotient sera un 4, il s'ensuit que le quotient peut avoir *sept* chiffres (à partir du premier chiffre significatif à gauche) sur lesquels on peut compter. D'un autre côté, puisqu'il faut évidemment écrire *trois* zéros pour commencer la division, ce qui prouve que le chiffre *des unités* et celui *des dixièmes* sont des zéros, il en résulte nécessairement que le quotient aura *huit* chiffres décimaux. Ainsi, dans cet exemple, on pourra se proposer d'évaluer le quotient à moins de 0,00000001 près.

En effet, si, en conservant le même dividende 23,479, on prend successivement pour diviseurs les nombres

$$534,78955, \ldots 534,7896, \ldots 534, 78965,$$

et qu'on applique la méthode abrégée du n°.7, on trouvera pour résultats respectifs

$$0,04440812\mathcal{f}, \ldots 0,0444081\mathcal{1f}, \ldots 0,0444081\mathcal{1f};$$

ce qui prouve que 0,04440812 est la valeur du quotient à moins d'*un demi-cent-millionième* près.

21. *Troisième et dernière hypothèse.* Enfin, si le dividende et le diviseur sont fautifs dans leur dernier chiffre à droite, *le nombre des chiffres du quotient sur lesquels il est permis de compter, est égal au plus petit des deux nombres que fournissent les règles relatives aux deux premières hypothèses.*

Proposons-nous, pour *premier exemple*, de diviser 356,3749 par 2,47936.

La règle du n° 18 donnerait *sept* chiffres; mais celle du n° 20 en donne *six* (puisque le premier chiffre à gauche du quotient est 1); donc le nombre des chiffres du quotient sur lesquels il est permis de compter est *six*. D'un autre côté, la partie entière du quotient doit renfermer *trois* chiffres; ainsi l'on ne peut évaluer ce quotient qu'à moins d'*un millième* près.

La division étant effectuée, on obtient pour résultat 143,736.

Soit, *pour second exemple*, à diviser le logarithme de 15 par le logarithme de 7.

On trouve dans les tables de logarithmes

$$\log 15 = 1, 17609 \quad \text{et} \quad \log 7 = 0,84510.$$

(Ces deux logarithmes sont exacts à moins d'une demi-unité près de l'ordre du 5° chiffre décimal.)

Or, l'application de chacune des deux règles à cet exemple, donne également *cinq* pour le nombre des chiffres du quotient sur lesquels on peut compter. D'ailleurs, la partie entière doit évidemment avoir *un seul* chiffre significatif; donc ce quotient peut être obtenu à moins d'*un dix-millième* près, et l'on trouve

$$\frac{\log 15}{\log 7} = \frac{117609}{84510} = 1,3916.$$

N. B. Cette dernière question sert de base, en Algèbre, à la résolution des équations exponentielles. (*Voyez* d'ailleurs le n° 277 de l'*Arithmétique.*)

22. Il nous reste encore à traiter de l'*extraction de la racine carrée* des nombres approximatifs.

Considérons d'abord un nombre entier quelconque A , dont le dernier chiffre à droite soit en erreur d'*une demi-unité* ; et concevons que sa racine carrée ait été développée en un nombre indéfini de chiffres décimaux d'après le procédé connu. Appelons n le nombre des chiffres de cette racine sur lesquels on peut compter, et p le nombre total des chiffres du carré employés à la détermination des n chiffres de la racine. Il peut se présenter deux cas : — Ou le nombre des chiffres de A est *impair*, ou bien il est *pair*.

Dans le premier cas, comme il résulte de la nature même du procédé de la racine carrée d'un nombre entier, que les n premiers chiffres à gauche, de la racine, forment un nombre moindre que les n premiers chiffres à gauche, du carré, on a nécessairement (n° 13)

$$p = 2n - 1 = n + n - 1$$

ou, en désignant par p' le nombre des chiffres de A , par p'' le nombre des zéros écrits à la droite de A pour la détermination des n premiers chiffres de la racine,

$$p' + p'' = n + n - 1.$$

Observons maintenant que, dans la multiplication de la racine par elle-même (le dernier chiffre étant supposé fautif d'*une demi-unité*), le produit renferme (n° 14) n chiffres inexacts. D'un autre côté, le nombre des chiffres inexacts de ce même produit est exprimé par $p'' + 1$, puisque le dernier chiffre de A est inexact, et qu'il en est de même des p'' zéros écrits à la droite de A ; ainsi l'on a $n = p'' + 1$; et l'égalité précédente devient

$$p' + p'' = p'' + 1 + n - 1 ; \quad \text{d'où} \quad n = p'.$$

Dans le second cas, comme les n premiers chiffres à gauche, de la racine, forment au contraire un nombre plus grand que les n premiers chiffres à gauche, du carré, on a entre p et n la relation

$$p = 2n = n + n,$$

on, remplaçant comme ci-dessus p par $p' + p''$, et observant que le nombre des chiffres inexacts du carré de la racine est également exprimé par n et par $p'' + 1$,

$$p' + p'' = p'' + 1 + n ; \quad \text{d'où} \quad n = p' - 1.$$

Donc règle générale : *Le nombre des chiffres sur lesquels on peut compter dans le développement de $\sqrt{A}$ en décimales, est égal au nombre des chiffres de A, ou à ce nombre* MOINS UN, *suivant que A renferme un nombre* IMPAIR *ou un nombre* PAIR *de chiffres*.

23. *N. B.* — La règle précédente ne souffre aucune restriction tant que le nombre des chiffres de A est *impair*. Mais si ce nombre est *pair*, elle est susceptible d'une modification fort importante.

Pour le reconnaître, augmentons et diminuons successivement A *d'une demi-unité* de l'ordre du dernier chiffre à droite ; et proposons-nous d'évaluer la différence Δ qui existe entre $\sqrt{A + \frac{1}{2}}$ et $\sqrt{A - \frac{1}{2}}$.

On a, d'après les règles de l'algèbre,

$$\Delta = \sqrt{A + \frac{1}{2}} - \sqrt{A - \frac{1}{2}} = \frac{1}{2\sqrt{A}} + K,$$

K étant une très petite fraction que l'on peut négliger vis-à-vis de $\frac{1}{2\sqrt{A}}$.

Ainsi la différence Δ est réellement représentée par l'expression $\frac{1}{2\sqrt{A}}$.

Ceci démontre que, si l'on développait $\sqrt{A + \frac{1}{2}}$ et $\sqrt{A - \frac{1}{2}}$ en décimales d'après le procédé connu, les deux développemens auraient une partie commune telle que l'unité du dernier chiffre à droite, de cette partie, serait moindre que $\frac{1}{2\sqrt{A}}$.

Cela posé, soit d'abord A composé d'un nombre *impair* de chiffres exprimé par $2p + 1$; ce qui suppose $p + 1$ tranches de deux chiffres (dont la première à gauche n'en renferme qu'un). On pourra, après avoir calculé les $p + 1$ premiers chiffres de la racine, d'après le procédé ordinaire, déterminer les p chiffres suivans, soit par ce même procédé, soit par la méthode abrégée du n° 8; et l'erreur commise étant moindre que $\frac{1}{2.10^p}$, n'influera pas d'une unité sur le chiffre du rang $2p + 1$. Ainsi, dans ce cas, on pourra compter sur $2p+1$ chiffres.

Maintenant, si A renferme un nombre *pair* de chiffres $2p$, on sera sûr de l'exactitude des p chiffres suivans que donne la méthode abrégée si l'on a $\frac{1}{2\sqrt{A}}$ moindre que $\frac{1}{10^p}$; et cela a lieu quand le premier chiffre à gauche de $\sqrt{A}$ est égal ou supérieur à 5. Or cette dernière circonstance se rencontre, ainsi qu'il est aisé de le reconnaître, toutes les fois que la première tranche à gauche, du nombre proposé, est 25 ou supérieure à 25.

Concluons de là que, dans le cas où le nombre des chiffres de A est PAIR, *le nombre des chiffres sur lesquels on peut compter est égal au nombre des chiffres de A, ou à ce nombre* MOINS UN, *suivant que la première tranche à gauche est égale ou supérieure à 25, ou bien, est moindre que* 25.

24. *Premier exemple.* Soit à extraire la racine carrée du nombre 57806.

Comme ce nombre a *cinq* chiffres, il s'ensuit que sa racine carrée peut être calculée avec *cinq* chiffres; et puisque la partie entière doit en renfermer *trois*, cette racine peut être obtenue *à moins d'un centième près*. On trouve ainsi pour résultat 240,42 ou plutôt 240,43, parce que le chiffre suivant serait un 8;

Second exemple. — On demande la racine carrée du nombre 73854986.

Ce nombre ayant *huit* chiffres, dont les deux premiers à gauche surpassent 25, il s'ensuit (n° 23) qu'on peut calculer *huit* chiffres à la racine; et comme la partie entière doit en renfermer *quatre*, la racine peut être obtenue à *moins d'un dix-millième près.*

On obtient ainsi 8593,8924 pour la racine demandée.

Considérons actuellement des fractions décimales.

Troisième et quatrième exemple. — Soit à évaluer $\sqrt{8,256479}$ et $\sqrt{23,567846}$.

Il faut d'abord, en vertu de la règle établie n° 186, faire abstraction de la virgule, puis, après avoir obtenu la racine, diviser chacun des deux résultats par 1000.

Or, dans la recherche des racines carrées de 8256479 et de 23567846, l'application de la règle n° 23 donne *sept* pour le nombre des chiffres dont il est permis de tenir compte. D'ailleurs, la partie entière de la racine carrée de chacun des nombres proposés ne doit avoir qu'*un seul* chiffre. Ainsi les racines peuvent être obtenues chacune avec *six chiffres* décimaux.

On obtient ainsi $\qquad \sqrt{8,256479} = 2,873409$;

et $\qquad\qquad\qquad \sqrt{23,567846} = 4,854673.$

Cinquième et sixième exemple. — Soit à évaluer $\sqrt{6,73543}$ et $\sqrt{4,737596}$.

On doit d'abord, conformément à la règle du n° 186, rendre le nombre des chiffres décimaux *pair* en plaçant *un zéro* à la droite de chacun de ces nombres, puis, après avoir fait abstraction de la virgule, et extrait les racines carrées des deux nombres résultans, 6735430 et 47375960, diviser ces racines par 1000.

Or, dans la recherche de la racine de 6735430, comme la première tranche à gauche de ce dernier nombre n'a qu'*un seul* chiffre, il faut appliquer la première partie de la règle n° 22, en ne tenant pas compte toutefois du dernier chiffre à droite, qui est tout-à-fait inexact; et le nombre de chiffres dont il est permis de tenir compte à la racine est *six*. D'ailleurs, la partie entière de la racine carrée du nombre proposé ne doit avoir qu'*un seul* chiffre. Donc enfin, la racine demandée peut être calculée avec cinq chiffres décimaux; et l'on a

$$\sqrt{6,73543} = 2,59527.$$

De même, comme dans la recherche de la racine de 47375960, la première tranche à gauche de ce dernier nombre, est composée de *deux* chiffres, il faut appliquer la règle du n° 23, en n'ayant aucun égard au dernier chiffre à droite, qui est tout-à-fait inexact; et le nombre des chiffres dont il est permis de tenir compte à la racine est *sept* (puisque la première tranche à gauche surpass 25). D'ailleurs, la partie entière de la racine du nombre proposé ne peut avoir qu'*un seul* chiffre. Ainsi, cette racine peut être calculée avec *six* chiffres décimaux ; et l'on a

$$\sqrt{47,37596} = 6,883020.$$

N. B. On peut vérifier aisément l'exactitude des résultats obtenus dans les exemples précédens, en augmentant et diminuant d'une demi-unité le dernier chiffre de chacun des nombres, puis opérant successivement sur chacun des nouveaux nombres.

25. *Remarques.* — 1°. De l'analyse des quatre derniers exemples, il résulte une conséquence fort importante, c'est que, toutes les fois que la partie entière d'un nombre fractionnaire décimal, dont on demande la racine carrée, est composée d'*un* ou de *deux* chiffres seulement, *le nombre total des chiffres décimaux dont il est permis de tenir compte à la racine, est* AU MOINS *égal au nombre des chiffres décimaux que renferme la fraction proposée*.

2°. Quand la partie entière du nombre proposé renferme *plus de deux* chiffres, le nombre des chiffres décimaux dont il est permis de tenir compte à la racine, *surpasse toujours* celui des chiffres décimaux que contient le nombre proposé.

Soient *n* le nombre des tranches de deux chiffres, que renferme la partie entière du nombre proposé (la dernière tranche à gauche pouvant n'avoir qu'un seul chiffre, et *p* le nombre des chiffres décimaux contenus dans le nombre proposé. *Le nombre total des chiffres décimaux dont il est permis de tenir compte, est exprimé généralement par* $n - 1 + p$.

(Ce nombre est $n + p$ quand la première tranche à gauche est *de deux* chiffres et surpasse 25.)

3°. Lorsqu'au contraire, il s'agit d'une fraction décimale proprement dite, le nombre des chiffres décimaux dont il est permis de tenir compte à la racine, *peut être moindre que le nombre des chiffres décimaux de la fraction proposée;* et cela a lieu quand les chiffres qui suivent immédiatement la virgule sont des zéros, ou bien quand, le nombre des chiffres décimaux étant *pair,* la première tranche à gauche est inférieure à 25.

Dans tout autre cas, *le nombre des chiffres décimaux est le même que celui du nombre proposé.*

26. C'est sur cette dernière remarque que sont fondés les calculs relatifs à la détermination du rapport de la circonférence au diamètre; et pour ne rien laisser à désirer sur la théorie des approximations numériques, nous terminerons par le développement de la méthode des polygones réguliers isopérimètres. Cette méthode, qui se trouve exposée dans la *Géométrie* de M. Vincent, résume, en quelque sorte, tous les principes établis dans la note précédente.

Soient R , *r* le rayon et l'apothème du carré dont le côté est égal à 1; R', *r'* le rayon et l'apothème de l'octogone régulier isopérimètre avec le carré; R″, r″ le rayon et l'apothème du polygone régulier de seize côtés, isopérimètre avec les deux précédens; et ainsi de suite.

On a, d'après la méthode précitée, les formules

$$r' = \frac{R + r}{2}, \quad R' = \sqrt{Rr'}.$$

Cela posé, puisque 1 est le côté du carré, $\frac{1}{2}\sqrt{2}$ et $\frac{1}{2}$ sont les valeurs de R et de r. Ainsi l'on a

$$R = \frac{1}{2}\sqrt{2} = 0,707106781 \quad (\sqrt{2} = 1,414213562, \text{ note } n° 8),$$

$$r = \frac{1}{2} \quad = 0,5;$$

ce qui donne $\qquad r' = \frac{R + r}{2} = 0,603553390.$

$$R' = \sqrt{Rr'} = \sqrt{0,707106781 \times 0,603553390.}$$

Pour effectuer ce dernier calcul, observons que chacun des deux facteurs sous le radical étant exact à moins d'*une demi-unité* de l'ordre du dernier chiffre à droite, le produit correspondant peut être lui-même (n° 14) évalué à moins d'une unité de l'ordre de ce dernier chiffre, d'après la méthode abrégée du n° 2. Ainsi l'on obtient d'abord

$$R' = \sqrt{0,426776695.}$$

Maintenant, puisque le nombre dont il s'agit d'extraire la racine carrée est une fraction décimale dont la première tranche à gauche surpasse 25, il s'ensuit (note n° 23) que cette racine peut être obtenue avec *neuf* chiffres. décimaux; et en appliquant la méthode ordinaire pour la détermination des *cinq* premiers chiffres, puis la méthode abrégée du n° 8 pour les *quatre* suivans, on trouve

$$R' = 0,653281482.$$

Passons à la détermination de R″ et de r″. On a

$$r'' = \frac{R' + r'}{2} = \frac{0,603553390 + 0,653281482}{2} = 0,628417436,$$

et $\quad R'' = \sqrt{R'r''} = \sqrt{0,653281482 \times 0,628417436,}$

et en opérant sur cette expression comme sur celle de R', on trouve

$$R'' = 0,640728862.$$

Et ainsi de suite.

Voici d'ailleurs le tableau des opérations poussées jusqu'aux rayons R^{xiii} et r^{xiii} :

Côté du carré égal à 1.

$$R = \frac{1}{2}\sqrt{2} \qquad = 0{,}70710678\text{i} \left.\right\} 1{,}207106781,$$
$$r = \frac{1}{2} \qquad\qquad = 0{,}50000000$$

$$r' = \frac{R + r}{2} \qquad = 0{,}603553390 \left.\right\} 1{,}266834872,$$
$$R' = \sqrt{R.r'} \qquad = 0{,}653281482$$

$$r'' = \frac{R'+r'}{2} \qquad = 0{,}628417436 \left.\right\} 1{,}269146298,$$
$$R'' = \sqrt{R'.r''} \qquad = 0{,}640728862$$

$$r''' = \frac{R''+r''}{2} \qquad = 0{,}634573149 \left.\right\} 1{,}272216726,$$
$$R''' = \sqrt{R''.r'''} \qquad = 0{,}637643577$$

$$r^{iv} = \frac{R'''+r'''}{2} \qquad = 0{,}636108363 \left.\right\} 1{,}272983870,$$
$$R^{iv} = \sqrt{R'''.r^{iv}} \qquad = 0{,}636875507$$

$$r^{v} = \frac{R^{iv}+r^{iv}}{2} \qquad = 0{,}636491935 \left.\right\} 1{,}273175627,$$
$$R^{v} = \sqrt{R^{iv}.r^{v}} \qquad = 0{,}636683692$$

$$r^{vi} = \frac{R^{v}+r^{v}}{2} \qquad = 0{,}636587813 \left.\right\} 1{,}273223564,$$
$$R^{vi} = \sqrt{R^{v}.r^{vi}} \qquad = 0{,}636635751$$

$$r^{vii} = \frac{R^{vi}+r^{vi}}{2} \qquad = 0{,}636611782 \left.\right\} 1{,}273235548,$$
$$R^{vii} = \sqrt{R^{vi}.r^{vii}} \qquad = 0{,}636623766$$

$$r^{viii} = \frac{R^{vii}+r^{vii}}{2} \qquad = 0{,}636617774 \left.\right\} 1{,}273238544,$$
$$R^{viii} = \sqrt{R^{vii}.r^{viii}} \qquad = 0{,}636620770$$

$$r^{ix} = \frac{R^{viii}+r^{viii}}{2} \qquad = 0{,}636619272 \left.\right\} 1{,}273239293,$$
$$R^{ix} = \sqrt{R^{viii}.r^{ix}} \qquad = 0{,}636620021$$

$$r^{\mathrm{x}} = \frac{R^{\mathrm{ix}} + r^{\mathrm{ix}}}{2}, \quad = 0,636619646 \left.\right\} \quad 1,273239479,$$

$$R^{\mathrm{x}} = \sqrt{R^{\mathrm{ix}} \cdot r^{\mathrm{x}}} \quad = 0,636619833$$

$$r^{\mathrm{xi}} = \frac{R^{\mathrm{x}} + r^{\mathrm{x}}}{2} \quad = 0,636619739 \left.\right\} \quad 1,273239525,$$

$$R^{\mathrm{xi}} = \sqrt{R^{\mathrm{x}} \cdot r^{\mathrm{xi}}} \quad = 0,636619786$$

$$r^{\mathrm{xii}} = \frac{R^{\mathrm{xi}} + r^{\mathrm{xi}}}{2} \quad = 0,636619762 \left.\right\} \quad 1,273239536:$$

$$R^{\mathrm{xii}} = \sqrt{R^{\mathrm{xi}} \cdot r^{\mathrm{xii}}} \quad = 0,636619774$$

$$r^{\mathrm{xiii}} = \frac{R^{\mathrm{xii}} + r^{\mathrm{xii}}}{2} \quad = 0,636619768 \left.\right\} \quad 1,273239539.$$

$$R^{\mathrm{xiii}} = \sqrt{R^{\mathrm{xii}} \cdot r^{\mathrm{xiii}}} = 0,636619771$$

Il résulte de l'inspection des valeurs de r^{xiii} et de R^{xiii} que, si l'on néglige le dernier chiffre à droite dans chacune d'elles, on a 0,63661977 pour la valeur de chaque rayon, à moins d'*une demi-unité* de l'ordre du dernier chiffre à droite.

Divisant maintenant le périmètre constant 4 par le nombre approximatif 0,63661977, et appliquant la règle du n° 20, on trouve 6,2831853 pour le rapport de la circonférence au rayon, à moins de 0,0000001 près, ou bien

$$3,1415926$$

pour le rapport de la circonférence au diamètre.

N. B. Il est à remarquer que, pour obtenir ce rapport, à moins d'une unité d'un ordre décimal déterminé, il est nécessaire, en suivant la marche précédente, de calculer d'abord les rayons avec deux chiffres décimaux de plus qu'on ne veut en avoir au résultat. On pousse les opérations jusqu'à ce que les deux rayons ne diffèrent l'un de l'autre que d'une quantité moindre que la moitié de l'unité de l'ordre de l'avant-dernier chiffre à droite. Or néglige alors le dernier chiffre; puis on divise le périmètre constant par la valeur de l'un des rayons, abstraction faite de ce dernier chiffre, et en renforçant, s'il y a lieu, l'avant-dernier.

FIN DE LA NOTE SUR LES APPROXIMATIONS NUMÉRIQUES.

www.ingramcontent.com/pod-product-compliance
Lightning Source LLC
Chambersburg PA
CBHW052104230326
41599CB00054B/3744